数·据·库·技·术

空间信息数据库

牛新征 ◎ 主编

牛新征 张凤荔 文军 ◎ 编著

人民邮电出版社

北 京

图书在版编目（CIP）数据

空间信息数据库 / 牛新征主编；牛新征，张凤荔，
文军编著. -- 北京 : 人民邮电出版社，2014.4
ISBN 978-7-115-34419-9

Ⅰ. ①空… Ⅱ. ①牛… ②张… ③文… Ⅲ. ①空间信
息系统 Ⅳ. ①P208

中国版本图书馆CIP数据核字(2014)第028180号

内 容 提 要

  本书主要介绍空间信息处理相关的技术，包括空间信息的基础、基本类型、空间数据库及其相关内容。具体内容包括空间信息系统的基本概念、空间数据基础、空间数据库、空间数据采集、空间数据挖掘、空间数据库设计、空间数据库的新型技术和领域、空间数据库应用示例。本书内容丰富，具有先进性和实用性，既是一本论述空间信息和空间数据库的专著，又是一本空间信息数据库的教材。

  本书可作为空间信息处理专业、计算机应用专业和各类信息技术、管理专业的大学本科高年级学生和硕士、博士研究生的教材或参考书，也可作为空间信息系统、空间数据库应用和开发的科技、管理、工程人员的工作参考书。

◆ 主　　编　牛新征

　　编　　著　牛新征　张凤荔　文　军

　　责任编辑　邹文波

　　责任印制　彭志环　杨林杰

◆ 人民邮电出版社出版发行　　北京市丰台区成寿寺路 11 号

　　邮编　100164　电子邮件　315@ptpress.com.cn

　　网址　http://www.ptpress.com.cn

　　北京鑫正大印刷有限公司印刷

◆ 开本：787×1092　1/16

　　印张：19　　　　　　　　　2014 年 4 月第 1 版

　　字数：494 千字　　　　　　2014 年 4 月北京第 1 次印刷

定价：65.00 元

读者服务热线：**(010)81055256**　印装质量热线：**(010)81055316**

反盗版热线：**(010)81055315**

前　言

近年来，随着对地观测技术的发展，在线地图的出现，地理信息系统（GIS）的研究更加深入，应用更加广泛，地理空间信息已成为现代信息社会的基础要求。寻求方法来扩充传统数据库管理系统的功能，以支持空间数据存储，逐渐成为数据库领域中最热门的研究方向。而空间数据库管理系统作为存储、查询、管理空间数据的平台，其研究领域主要集中在找到能有效处理空间信息数据的模型和操作算法的步骤。

空间信息数据来源、收集方法、数据质量都会直接影响到空间信息系统应用的潜力、成本和效率。用户可以根据实际情况通过地图数据、遥感影像数据、实测数据、共享数据等多种方式来获取数据。而将空间数据集成到数据库中也需要解决许多重要的问题，如确定空间数据的表示方式、数据模型或文件管理这种琐碎但又十分重要的问题。由这些问题所衍生出的课题使得空间数据库成为了一个多学科研究项目。

数据库技术经过长时间的发展历程，数据组织管理从早期文件管理发展成现在的面向对象关系数据库，数据模型也从传统模型演变成现在的面向对象模型或面向关系模型，各式各样的研究成果也在逐渐应用于各行各业。正是由于空间数据库的发展，我们才能不断推进资源配置、城市规划管理、地学研究与应用等领域的不断前进。

基于上述的空间数据库开发背景，很多高校相继开设了有关课程。但因为内容广泛，系统复杂，目前市场上尚缺乏一本能够从整体上多方面阐述空间数据库的教材。我们希望本书能够满足各大高校的教学需求。本书内容丰富，覆盖全面，但又较为独立，除了具有 SQL 语句的基本知识外，读者不需要对空间数据库或者地理信息系统有特定的了解即可阅读本书。本书的主要特点如下：

1. 结构合理。本书着重讲述数据库从设计到实现的各个步骤，并用大量篇幅介绍空间信息数据的基础知识，以帮助读者更好地理解如何从数据采集到建立数据库的各个环节。

2. 通俗易懂。本书语言简练，使用生活中易于理解的常识性领域作为例子，并配了大量图片。

3. 注重实践。本书使用符合标准的 OGIS 规范 SQL 语句描写了如何进行建表或查询等基本操作的简单实例。在读者学习的过程中，希望能达到抛砖引玉的作用。

除了空间数据库的相关知识，本书还单独讲述了空间数据挖掘的内容。随着空间数据库技术的普及应用，人们积累了大量的空间数据，导致了空间数据急剧地产生和增加。而空间数据挖掘是指从空间数据库中提取用户感兴趣的空间模式与特征、空间与非空间数据的普遍关系及其他一些隐含在数据库中的普遍的数据特征，在一定程度上帮助用户快速分析数据。

本书共有 8 章，每章介绍空间数据库重要的一部分。第 1 章介绍空间信息系统的基本概念。第 2 章介绍空间数据基础。第 3 章探讨空间数据模型以及在数据库中如何查找和索引数据。第 4 章介绍空间数据采集的相关问题。第 5 章描述了空间数据挖掘，介绍如何在海量空间数据中分析数据。第 6 章描述了空间数据库的建库步骤，并详细介绍了3 种主流空间数据库的操作实验，以及一个实际空间数据库系统设计实现。第 7 章全面涵盖了空间数据库的新型技术和领域，阐述空间数据库未来的可能发展方向。第 8 章则描写了空间数据库的可能应用领域。

本书附录还提供了 Oracle、ArcView、MapInfo 的实验实例，以及一个基于 ArcGIS 的数字化城市系统。数字化城市系统是一个集信息化、数字化和网络化等为一体的巨型系统工程，是数字地球建设的一个重要区域层次。从技术上来看，是一个较为复杂的城市地理信息系统。它不仅能在计算机上建立虚拟城市，再现全市的各种资源分布状态，更为重要的是，它可以在对各类信息进行专题分析的基础上，通过各种信息的交流、融合和挖掘，促进城市不同部门、不同层次之间的信息共享、交流和综合，进而对城市的所有信息进行整体的综合处理和研究，为城市各种资源在空间上的优化配置、在时间上的合理利用，宏观、全局地制定城市整体规划和发展战略，减少资源浪费和功能重叠，实现城市可持续发展提供科学决策的现代化工具。通过此系统，可以帮助大家加深对空间数据库理论与实践的理解。同时，本书还在第 8 章描述了空间数据库在多种场合下的应用实例，以此，读者可以看出空间数据库在现实生活中广泛的适用性。空间数据库的发展历史经过了几十年的发展，尽管人们在不断提高对空间数据库的数据处理能力，但是随着科技的进步，新的要求也在不断促使着数据库新技术的发展，如时态空间数据库、移动对象数据库或者支持场实体的空间数据库。而随着新技术的不断完善，也必将融入现有技术以构建更加高效的空间信息数据管理系统。

本书的内容是以电子科技大学本科生的空间信息数据库课程内容为基础而形成的，得到了 2013 年电子科技大学计算机学院教学杰出人才计划、2013 年电子科技大学非全日制专业学位研究生教学研究项目、2013 年电子科技大学本科教育教学改革研究项目、电子科技大学 2013 年新编特色教材项目的支持，课程的内容和章节安排通过了电子科技大学计算机学科专业委员会专家的认可，他们给出了很多宝贵的意见。

本书由牛新征主编。书中的第 1 章、第 2 章和第 4 章由张凤荔老师编写，第 3 章、第 6 章和第 7 章由牛新征老师编写，第 5 章和第 8 章由文军老师编写，3 位老师共同完成了本书的审校工作。

致谢

在本书的撰写过程中，我们有幸得到了很多人的帮助，在此向他们表示感谢。没有各位老师和同仁的鼓励，本书是不会如期面世的。感谢电子科技大学计算机学院教学委员会为本书的内容提出的宝贵建议，还要特别感谢计算机学院的研究生和博士生，他们付出了很多的时间和精力查找文献、设计图表，对全书的结构和内容提出意见，并对本书多次进行了仔细的批改和审阅。感谢电子科技大学实验教学部门为本书的课程设计提供的支持和帮助，也要感谢学习"空间信息数据库"课程的本科生同学为本书实验的设计与验证、空间数据库设计提供了实践基础。一些试读本书的老师和同学也提出了许多宝贵的意见，在此一并表示感谢。

希望本书能够对教师工作者和学生有所帮助，在编写过程中，我们力求全面覆盖空间数据库的相关内容，但由于编者水平有限，因而书中难免存在不妥之处，敬请读者批评指正。

编　者

2014 年 1 月

目　录

第1章
空间信息系统概述

　　空间数据是指用来表示空间实体的位置、形状、大小及其分布特征诸多方面信息的数据，用它描述现实世界的实体，并具有定位、定性、时间和位置关系等特性。关于空间数据的使用可以追溯到三万五千年前，在那个时候克鲁马努猎人就已经在现在法国拉斯科附近的洞穴岩壁上用有意义的标识符来描绘其生活的迁移路线。可以说在那个时候，人类已经开始使用带有地理信息的空间数据了。如今，空间数据已经充实着我们的生活，表示空间数据的方法也是多种多样，从最早的岩壁绘制的线段到如今信息社会中的全球定位系统 GPS 导航发送的报文、基于位置的服务信息、各种不同用处的网络，如道路网、天然气管道网等，数字城市中各种基础设施的数据都属于空间数据的范畴。但是，如何能够高效的存储和管理空间数据，并方便人们使用一直是一个难题。

　　空间信息（Spatial Information）是反映地理实体空间分布特征的信息。地理学通过空间信息的获取、感知、加工、分析和综合，揭示区域空间分布、变化的规律。空间信息借助于空间信息载体（图像和地图）进行传递。空间信息和属性信息、时间信息结合起来可以完整地描述地理实体。

　　数据库技术是计算机科学技术中发展最快的领域之一，也是应用最广泛的技术之一。从 20世纪 60 年中期开始到现在，经历了三代演变，造就了 C.W.Beachman, E.F.Codd 和 James Gray 三位图灵奖得主，发展为以数据建模和数据库管理系统（DBMS）核心技术为主，内容丰富、领域宽广的一门科学。数据库技术已成为信息管理、电子商务、网络服务等应用系统的核心技术和重要基础。人们在数据库技术的理论研究和系统开发方面都取得了辉煌的成就，数据库系统已经成为现代计算机系统的重要组成部分。随着计算机技术、通信技术、网络技术的迅速发展，人类社会进入了信息时代，数据库的应用无处不在，从个人的应用到全球化的企业，行之有效的数据管理信息系统已成为每家企业或组织生存和发展的重要条件。从某种意义而言，数据库的建设规模、数据库信息量的大小和使用频度，已成为衡量一个国家信息化程度的重要标志。

　　空间数据库是存放空间数据的数据库，它是描述物体的位置数据元素（点、线、面、体）之间的拓扑关系及描述这些物体的属性数据的数据库，它是描述与特定空间位置有关的真实世界对象的数据集合，空间数据库中的数据即有和位置相关的数据，又有属性数据。如何表示空间或地理对象的位置及其关系是设计适应空间数据与属性数据表示的数据模型。由于传统的关系数据库在空间数据的表示、存储、管理、检索上存在许多缺陷，从而形成了空间数据库这一数据库研究领域。空间数据库技术包括空间相关的数据的采集、存储、查询分析、显示等一系列技术，是整个空间信息系统的核心。

　　空间信息系统是由计算机软硬件、各类空间数据及其模型库和用户组成的，通过对空间数据包括位置和属性数据的采集、输入、建模、存储、检索、分析和挖掘，生成并输出各种空间相关的应用信息，从而为工程设计、土地利用、资源管理、城市管理、环境监测、管理决策等应用提供服务。

随着信息技术的发展和空间数据库、空间信息处理理论与技术方法的进步，空间信息系统的应用早已渗透到人类生活的许多方面。空间信息系统在如下几个方面得到了普遍的应用，取得了明显的经济效益和社会效益。

① 资源管理：应用于农业和林业领域，解决各种资源（如土地、森林、草场）分布、分级、统计、制图等问题，回答"定位"和"模式"两类问题。

② 资源配置：在城市中各种公用设施、救灾减灾中物资的分配、不同范围内能源保障、粮食供应等到机构的在各地的配置等都是资源配置问题。空间信息系统的目标是保证资源的最合理配置和发挥最大效益。

③ 城市规划和管理：在大规模城市基础设施建设中解决如何保证绿地的比例和合理分布问题，以保证城市建设中的学校、公共设施、运动场所、服务设施等能够拥有最大的服务面（城市资源配置问题）。

④ 土地信息系统和地籍管理：利用空间信息系统可以对土地和地籍管理涉及土地使用性质变化、地块轮廓变化、地籍权属关系变化等进行高效的管理。

⑤ 生态、环境管理与模拟：区域生态规划、环境现状评价、环境影响评价、污染物削减分配的决策支持、环境与区域可持续发展的决策支持、环保设施的管理、环境规划等都需要空间信息系统的支持。

⑥ 应急响应：解决在发生洪水、战争、核事故等重大自然或人为灾害时，如何安排最佳的人员撤离路线，并配备相应的运输和保障设施的问题。

⑦ 地学研究与应用：地形分析、流域分析、土地利用研究、经济地理研究、空间决策支持、空间统计分析、制图等都离不开空间信息系统的支持。

⑧ 商业与市场：大型商场的建立要考虑其他商场的分布、待建区周围居民区的分布和人数，商场销售的品种和市场定位都必须与待建区的人口结构（年龄构成、性别构成、文化水平）、消费水平等结合起来考虑。房地产开发和销售过程中也可以利用 GIS 功能进行决策和分析。这些都是用空间信息系统提供的数据来分析的。

⑨ 基础设施管理：城市的地上地下基础设施（电信、自来水、道路交通、天然气管线、排污设施、电力设施等）的管理、统计、汇总都可以借助空间信息系统来完成。

⑩ 选址分析：利用空间信息系统，可以根据区域地理环境的特点，综合考虑资源配置、市场潜力、交通条件、地形特征、环境影响等因素，在区域范围内选择最佳位置。

⑪ 网络分析：建立交通网络、地下管线网络等的计算机模型，研究交通流量、进行交通规则、处理地下管线突发事件（爆管、断路）等应急处理。警务和医疗救护的路径优选、车辆导航等也是空间信息系统网络分析应用的实例。

⑫ 可视化应用：借助于空间信息系统，建立以数字地形模型为基础，建立城市、区域、或大型建筑工程、著名风景名胜区的三维可视化模型，实现多角度浏览，可广泛应用于宣传、城市和区域规划、大型工程管理和仿真、旅游等领域。

⑬ 分布式地理信息应用：在空间信息系统中，实现地理信息的分布式存储和信息共享，以及远程空间导航等。

1.1　空间数据与空间信息

数据是描述现实世界事物的符号记录，是用物理符号记录的可以鉴别的信息。物理符号有多种表现形式，包括数字、文字、图形、图像、声音及其他特殊符号。信息是人们消化理解的数据，是人们进行各种活动所需要的知识。信息是一个抽象概念，是反映现实世界的知识，是被加工成特定形式的数据，用不同的数据形式可以表示同样的信息内容。信息与数据的关系：信息=数据+处理。数据是重要的资源，把收集到的大量数据经过加工、整理、转换，从中获取有价值的信息，数据处理正是指将数据转换成信息的过程。数据处理可定义为对数据的收集、存储、加工、分类、检索、传播等一系列活动。

从不同的角度看空间（Space），物理学是三维的外延；天文学是时空连续体系的一部分；地理学是物质、能量、信息的存在形式在形态、结构、功能上的分布式机器在时间上的延续。地理空间的范围可以是上至大气电离层，下至地理圈层。绝对地理空间常用经纬度、平面直角坐标表示，相对地理空间是依赖于与其他实体之间的空间关系。地球的自然表面复杂、难于表达，物理表面是大地水准面（重力等位面，由于地球内部质量不均匀起伏不平），数学表面是椭球体模型和数学模型。在这里，空间数据是指地球表面的位置和属性数据的总和。

在空间数据库中，数据可以是一个数值，如一个线段的长度、一个多边形的面积等，也可以是一组符号，如一个地名、一个河流标注、一个图像等。在本书中，空间是指地理环境或地球表层空间，是地理信息系统表达和研究的对象。

1.1.1　空间数据

空间数据是用来描述来自于地球表层的表明空间实体的位置、形状、大小及其分布特征等诸多方面信息的数据，它描述现实世界的对象实体，具有定位、定性、时间和空间关系等特性。定位是指在已知的坐标系里空间目标都具有唯一的空间位置；定性是指伴随着目标的地理位置有关空间目标的自然属性；时间是指空间目标随时间的变化而变化；空间关系通常用拓扑关系表示。在数学上的二维空间中，空间数据的基本类型可以用点、线、面表示。空间数据具有 3 个基本特征：空间特征（定位）、属性特征（非定位）、时间特征（时间尺度）。空间数据是数字地球的基础信息，空间数据已广泛应用于城市规划、交通、银行、航空航天等。空间数据是数据的一种特殊类型，它是指凡是带有空间坐标的数据，如把建筑设计图、机械设计图和各种地图表示成计算机能够接收的数字形式。空间相关的数据包括两个部分，即空间位置或地理位置相关的数据和表示该位置数据特征的属性数据。

1.1.2　空间信息技术

空间信息是反映地理实体空间分布特征的信息。空间分布特征包括实体的位置、形状及实体间的空间关系、区域空间结构等。地理学通过空间信息的获取、感知、加工、分析和综合，揭示区域空间分布、变化的规律。空间信息借助于空间信息载体（图像和地图）进行传递。地理实体可被描述为点、线、面等基本图形元素。空间信息只有和属性信息、时间信息结合起来才能完整地描述地理实体。

空间信息技术（Geotechnologies）被看成是世界上继生物技术（Biotechnology）和纳米技术

（Nanotechnology）之后，发展最为迅速的第三大新技术。空间信息系统是对空间数据进行组织、管理、分析、显示的系统，它由计算机、地理信息系统软件、空间数据库、分析应用模型和图形用户界面及系统人员组成。

1.1.3　空间数据库

数据库是长期存储在计算机内、有组织的、可共享的数据集合。它具有以下特点。

① 最小的冗余度。以一定的数据模型来组织数据，数据尽可能不重复。

② 应用程序可以共享数据库中的数据资源。

③ 数据独立性高。数据结构独立于使用它的应用程序，数据库中的数据对应用程序透明。

④ 统一管理和控制。数据库管理系统统一对数据库中所有数据进行的定义、操纵、管理和控制。

空间数据库指的是在计算机物理存储介质上存储的地理或空间位置信息及其与应用相关的地理或空间数据的总和，以一系列特定结构的文件的形式组织来表示和存储空间相关的数据。空间数据库是能够存储、处理空间相关数据的数据库，它具有数据库的所有特点，它随着地图制图、全球定位系统、位置相关的服务与遥感图像处理的应用等而产生的。空间数据库指以特定的信息结构(如国土、规划、环境、交通等)和数据模型(如关系模型、面向对象模型等)表达、存储和管理从地理空间中获取的某类空间相关的信息（包括位置、属性、时间等特征），以满足不同用户对空间信息需求的数据库。

1.1.4　空间信息系统

空间信息系统（Spatial Information System，SIS）是地球空间信息科学（Geo-Spatial Information Science-Geomatics）的技术系统，它是基于计算机技术和网络通信技术的解决与地球空间信息有关的数据获取、存储、传输、管理、分析与应用等问题的信息系统。在人类解决全球性环境问题、经济与信息的全球化、国家经济战略、安全战略和政治战略的研究与决策、自然资源的调查和开发与利用、区域和城市的规划与管理、自然灾害预测和灾情监控、工程设计、环境监测与治理、数字战场与作战指挥自动化等诸多方面，空间信息系统都有着十分广泛的应用。

空间信息系统是实现"数字地球"战略目标的有效技术途径，它是对空间数据进行组织、管理、分析、显示的系统，它由计算机、地理信息系统软件、空间数据库、分析应用模型和图形用户界面及系统人员组成。

1.1.5　空间信息技术的发展

空间信息技术涉及卫星通信、航天航空遥感、卫星定位技术和地理信息系统技术等专业领域，是当前人类快速获取大区域地球动态和定位信息的重要手段。借助航天、航空对地观测平台人类开始实现对地球不间断的观测，通过信息处理快速再现和客观的反映地球表层的状况、现象、过程及其空间的分布和定位，服务于经济建设和社会发展。

空间信息技术包括空间信息的采集、存储、分析、管理等，发展趋势在数据采集方面包括全球对地观测能力不断增强、国际竞争和合作及多极化发展、遥感卫星的专业化和综合集成化等，以综合各种数据采集方式，将 GPS（Global Position System，全球定位系统）、RS（Remote Sensing，遥感系统）和 GIS（Geographic Information System，地理信息系统）技术融合，实现实时、快速地提供目标空间位置，实时或准实时地提供目标及其环境的语义或非语义信息，发现地球表面上的各种变化，及时地对空间数据进行更新；完成对多种来源的时空数据的综合处理、集成管理、动态存取。卫星遥感、航天航空、地面测量，以及各种新型的传感器，提供了全天候一体化的空间信息采集模式。

空间信息存储利用异构数据库体系结构实现数据的共享和透明访问，异构数据库可以统一各地区不同的数据库，进行数据采集和分析，最后综合考虑作出决策。空间信息存储有向新型的数据存储模型的发展趋势涉及影像数据库、传感器数据库和微小型数据库等技术。数据库存储要求空间信息的共享性、透明度会更高，空间信息的存储将由聚合型数据库存储逐渐向发散型演变，大型数据库向微型数据库转变。

空间信息分析有如空间查询和量算、邻近度分析、缓冲区分析、网络分析、叠加分析、空间统计分析、空间插值等。一些新的技术如探索性空间数据分析（Exploring Spatial Data Analysis，ESDA）、空间数据挖掘（Spatial Data Mining，SDM）、空间交互建模（Spatial Interaction Modeling）、地理计算（GeoComputation）等也在不断用到空间分析中，空间信息分析在总体特征将朝着智能化、网络化等方面发展。空间信息管理和存储对应数据的存入、复制、删除和取用。其发展趋势包括网格数据管理、移动数据管理、数据流管理等。

空间信息的采集、存储、分析、管理等技术都具有一定的联系，各种技术和理念都能相互运用，它们的任何一个方面或多个方面的进步都将促进整个空间信息科学的发展。

1.2　空间数据包含的内容

空间相关的数据包括两个部分：空间位置数据或地理位置相关的数据和表示该位置数据特征的属性数据。空间数据或位置数据是一种用点、线、面以及实体等基本空间数据结构来表示人们赖以生存的自然世界的数据。空间位置数据表现了地理空间实体的位置、大小、形状、方向以及空间关系，空间关系在这里包括拓扑关系、方位关系和度量关系 3 个方面，涵盖了空间位置的绝对关系和相对关系。属性数据表现了空间实体的空间属性以外的其他属性特征，属性数据主要是对空间数据的说明。例如，一个城市可以用一个空间的点作为城市中心来表示它的位置数据，它的属性数据有城市人口、城市的国民产值 GDP、城市绿化率等描述指标，来对城市这个数据进行进一步的说明。

1.2.1　空间数据的特点

空间数据是表示地球表面的数据，包括位置和属性，位置数据就是地球表面的地理信息（Geographic Information），是指与空间地理分布有关的信息，它表示地表物体和环境固有的数量、质量、分布特征，表示和其他空间实体相联系和规律的数字、文字、图形、图像等的总称。地理空间信息的特性如下。

- 区域性：地理位置信息属于空间信息，是地理信息的定位特征。区域性是指用特定的表示空间位置信息的经纬网或公里网建立的地理坐标来实现空间位置的识别，并可以根据需要按照指定的区域进行信息的合并或划分。
- 多维性：在二维空间的基础上扩展多个专题的多维结构。在一个坐标位置上可以有多个专题和属性信息。例如，在一个地面点上，可取得高程数据、污染数据、交通流量数据等多种信息。

- 动态性：地理空间信息的动态变化特征即时序特征。按照时间尺度将地球表面的信息划分为超短期的（如台风、地震）、短期的（如江河洪水、秋季低温）、中期的（如土地利用、作物估产）、长期的（如城市化、水土流失）、超长期的（如地壳变动、气候变化）等，使地理信息以时间尺度划分成不同时间段信息，空间信息的及时采集和更新是必须的，并根据多时相、区域性指定特定的区域得到的数据和信息来寻找时间分布规律，进而找出相关的规律来指导人们的生活。

1.2.2 空间数据的基本类型

1. 空间数据的种类

根据空间数据的特征，可以把空间数据归纳为 3 类。

① 属性数据——描述空间数据的属性特征的数据，也称非几何数据。此类数据的目的是回答"是什么"，如类型、等级、名称、状态等。

② 几何数据——描述空间数据的空间特征的数据，也称位置数据、定位数据。回答"在哪里"，如用 x、y 坐标来表示。

③ 关系数据——描述空间数据之间的空间关系的数据，包括相对关系、绝对关系和方位关系等，如空间数据的相邻、包含、方位顺序等，包括拓扑关系、方位关系、度量关系等内容。

2. 空间数据的基本类型

在地球表面，按照表达和位置相关的空间数据的维数划分，空间数据有 4 种基本类型：点数据、线数据、面数据和体数据。

点是零维的，抽象的一个孤立的点。点数据可以是以单独地物目标的抽象表达，也可以是地理单元的抽象表达。这类点数据种类很多，如水深点、高程点、道路交叉点、一座城市中心点、一个区域给定位置等。

线数据是一维的，它只记录长度数据一个特征。某些地物可能具有一定宽度，如道路或河流，也可以把它抽象为线。线数据可以表示不可见的行政区划界，水陆分界的岸线，物体运输线或物质传播的路线等。

面数据是二维的，指的是某种类型的地理实体或现象的区域范围，它具有长度和宽度数据，通常抽象成一个多边形。例如，公园、学校、城市、国家、气候类型、植被特征等。

真实的地物通常是三维的，体数据更能表现出地理实体的特征。它具有长、宽、高三维特征，可以计算体积。体数据被想象为从某一基准展开的向上下延伸的数据，如相对于海水面的陆地或水域，也可以表示一栋大楼、不同的建筑等。

1.2.3 空间数据的基本特征

空间数据描述的是现实世界各种现象，它的三大基本特征是空间、时间和专题属性特征。

1. 空间特征

空间特征是空间信息系统所独有的，是指空间地物的位置、形状和大小等几何特征，以及与相邻地物的空间关系。空间位置可以通过坐标来描述，如空间信息系统中的面实体包括各种形状的图形实体。例如，长方形、多边形等，这些实体的描述使用多边形的顶点的坐标序列来描述，长方形用 4 个顶点，多边形用多个顶点坐标。空间信息系统中的坐标系统可以采用地球椭球体的经纬度地理坐标系，也可以用数学的方法把地球的椭球体投影到平面上的一些标准的地图投影坐标系或其他直角坐标系等。

人们对空间目标的定位不是通过记忆其空间坐标，而是确定某一目标与其他更熟悉的目标间的空间位置关系。例如，一个学校是在哪两条路之间，或是靠近哪个道路叉口；一块农田离哪户农家或哪条路较近等。通过这种空间关系的描述，可在很大程度上确定某一目标的位置，而一串纯粹的地理坐标对人的认识来说几乎没有意义。对计算机来说，最直接最简单的空间定位方法是使用坐标。

在空间信息系统中，直接存储的是空间实体的空间坐标。对于空间关系，有些空间信息系统软件存储部分空间关系，如相邻、连接等关系，而大部分空间关系则是通过空间坐标进行运算得到。空间实体的空间位置就隐含了各种空间关系。

2. 专题特征

专题特征也指空间目标的属性特征，它是指除了时间和空间特征以外的空间现象的其他特征。例如，对某个区域可以用多边形来表示它的空间位置特征，它的专题特征可以有该区域的地形的坡度、波向，或者该区域的年降雨量、土地酸碱度、土地覆盖类型、人口密度、交通流量、空气污染程度等。这些属性数据可能是一个空间信息系统派专人采集的，也可能从其他信息系统中收集。

3. 时间特征

空间数据总是在某一特定时间或时间段内采集得到或计算得到的。例如，一座城市的地图中的某个位置，因为每年城市都在修建新的道路、建设新的小区等，上一年该位置是一片空地，下一年可能是一个小区的位置了，所以每年的城市地图都可能不一样，地图的信息随着时间的变化而变化。有些空间数据随时间的变化相对较慢有时被忽略。在许多不同的情况下，空间信息系统的用户又把时间处理成专题属性，即在设计属性时，考虑多个时态的信息，可以记录空间数据的时态特征。

1.3　空间数据结构

空间数据结构是指适合于计算机系统存储、管理和处理的地学图形的逻辑结构，是空间实体的空间排列方式和相互关系的抽象描述。描述地理空间实体的数据本身的组织方法，称为内部数据结构，它是对数据的一种理解和解释，不说明数据结构的数据是毫无用处的，不仅用户无法理解，计算机程序也不能正确的处理。对同样的一组数据，按不同的数据结构去表示，得到的可能是截然不同的内容。空间数据结构是地理信息系统沟通信息的桥梁，只有充分理解地理信息系统所采用的特定数据结构，才能正确地使用系统。内部数据结构基本上可分为两大类：矢量结构和栅格结构（有些文献也称为矢量模型和栅格模型）。两类结构都可用来描述地理空间实体的点、线、面 3 种基本类型和它们的属性。

1.3.1　矢量结构

矢量数据结构通过记录实体坐标及其关系，尽可能精确的表示点、线、多边形等地理实体，坐标空间设为连续，允许任意位置、长度和面积的精确定义。在矢量模型中，现实世界的实体的要素位置和范围采用点、线或面表达，与它们在地图上表示相似，每一个实体的位置是用它们在坐标参考系统中的空间位置（坐标）定义。地图空间中的每一位置都有唯一的坐标值。点、线和多边形用于表达不规则的地理实体在现实世界的状态（多边形是由若干直线围成的封闭区域的边界）。一条线可能表达一条道路，一个多边形可能表达一块林地等。矢量模型中的空间实体与要表达的现实世界中的空间实体具有一定的对应关系。

矢量数据结构直接以几何空间坐标为基础，记录取样点坐标，该结构可以对复杂数据以最小的数据冗余进行存储，它还具有数据精度高、存储空间小等特点。矢量数据结构中，传统的方法是几何图形及其关系用文件方式组织，而属性数据通常采用关系型表文件记录，两者通过实体标识符连接。

1.3.2　栅格结构

在栅格模型中，空间被规则地划分为栅格（通常为正方形）。地理实体的位置和状态是用它们占据的栅格的行、列来定义的。每个栅格的大小代表了定义的空间分辨率。由于位置是由栅格行列号定义的，所以特定的位置由距它最近的栅格记录决定。例如，某个区域被划分成 10×10 个栅格，那么仅能记录位于这 10×10 个栅格附近的物体的位置。栅格的值表达了这个位置上物体的类型或状态。采用栅格方法，空间被划分成大量规则格网，而且每个栅格取值可能不一样。空间单元是栅格，每一个栅格对应于一个特定的空间位置，如地表的一个区域，栅格的值表达了这个位置的状态。

与矢量模型不一样，栅格模型最小单元与它表达的真实世界空间实体没有直接的对应关系。栅格数据模型中的空间实体单元不是通常概念上理解的物体，它们只是彼此分离的栅格。例如，道路作为明晰的栅格是不存在的，栅格的值才表达路是一个实体。道路是被具有道路属性值的一组栅格值表达的。在这两种数据结构中，空间信息都是使用统一的单位表达。在栅格方法中，统一的单位是栅格（栅格是不可再分的，其属性用于表达对应位置物体的性质），表达一个区域所用栅格的数量很大，但其栅格单元的大小一样。栅格数据文件包含有上百万个栅格，每个栅格的位置都被严格定义。

在具体的应用中究竟采用何种数据结构，取决于利用数据的目的。有些地理现象用栅格数据表达更合适，有些地理现象则用矢量数据更有利，以便表达它们之间的空间关系。

1.4　空间数据库

数据库是以一定方式储存在一起、能为多个用户共享、具有尽可能小的冗余度、与应用程序彼此独立的数据集合，空间数据库是能够存储和处理空间相关数据的数据库。空间数据库是以特定的信息结构(如国土、规划、环境、交通等)和数据模型(如关系模型、面向对象模型等)表达、存储和管理从地理空间中抽象出来的位置和属性信息，以满足不同用户对空间信息需求的数据库。空间数据库指的是地理信息系统在计算机物理存储介质上存储的与应用相关的地理空间数据的总和，一般是以一系列特定结构的文件的形式组织存储介质之上的数据集合。空间数据库的目的是利用数据库技术实现空间数据的有效存储、管理和检索，为各种空间数据库用户使用。目前，空间数据库的研究主要集中于空间关系与数据结构的形式化定义；空间数据的表示与组织；空间数据查询语言；空间数据库管理系统。

空间数据库的特征：空间特征、抽象特征、空间关系特征、多尺度与多态性、非结构化特征、分类编码特征和海量数据特征等。

空间数据库，是以描述空间位置和点、线、面、体特征的拓扑结构的位置数据及描述这些特征的性能的属性数据为对象的数据库，位置数据为空间数据，属性数据为非空间数据，空间数据表示空间物体的位置、形状、大小和分布特征等信息，描述所有二维、三维和多维分布的区域信息，它不仅表示物体本身的位置及状态，还表示物体的空间关系。非空间信息包含表示专题属性和质量描述数据，表示物体的本质特征，对地理物体进行语义定义。空间数据库的核心内容是对获取的空间对地观测数据进行标准化处理、信息提取和分析，形成适宜多领域规模化应用的数据库。

1.4.1 空间数据模型

数据库中的数据和文件系统中的数据的区别是在数据库中不但要存储数据本身，而且要存储数据之间的关系，数据库中的数据要用特定的数据模型来表示数据和数据之间的关系。在数据库中用数据模型来抽象、表示和处理现实世界中的数据和信息。空间数据模型是空间数据库的基础，它是在实体概念的基础上发展起来的，包含两个基本内容：实体组和它们之间的相关关系。实体和相关关系可以通过性质和属性来说明。空间数据模型可以被定义为一组由相关关系联系在一起的实体集。

层次模型、网状模型、关系模型和面向对象数据模型是 4 种重要的数据模型。层次模型和网状模型是第一代数据库采用的数据模型，它们采用格式化的结构，实体用记录型表示，而记录型抽象为图的顶点，记录型之间的联系抽象为顶点间的连接弧，整个数据结构与图相对应，利用图的顶点和顶点之间的连线表示数据和数据之间的关系。对应于树形图的数据模型为层次模型；对应于网状图的数据模型为网状模型。关系模型是用单一的二维表的结构表示实体及实体之间的联系，即实体与实体之间的关系都用一个二维表来表示，满足一定条件的二维表，称为一个关系。面向对象数据模型用类表示实体的类型，用类的进化、层次关系、集成等表示实体之间的关系。

空间数据库的数据模型可以采用基于关系的空间数据模型和基于对象的空间数据模型。基于关系的空间数据模型：空间相关的数据包括位置数据和属性数据，位置数据和属性数据放在两个分离的系统中，位置数据用地理信息系统表示，属性数据用关系模型表示，它们通过一个唯一的ID 进行连接。基于对象的空间数据模型：用类来表示空间实体，类的定义和其他属性表示空间实体的关系。

1.4.2 空间数据库的特点

空间数据库具有以下特点。

数据量庞大：空间数据库面向的是地理学及其相关对象，涉及的是地球表面信息、地质信息、大气信息、社会和经济等及其复杂的现象和信息，描述这些信息的数据容量很大，容量通常达到GB 级。

具有高可访问性：空间数据库具有强大的信息检索和分析能力，需要高效访问大量数据。

空间数据模型复杂：空间数据库存储的不是单一性质的数据，而是涵盖了几乎所有与地理相关的数据类型，包括属性数据用来描述地学现象的各种属性，一般包括数字、文本、日期类型；图形图像数据是空间数据库系统中大量的数据借助于图形图像来描述；空间关系数据存储拓扑关系的数据，通常与图形数据是合二为一的。

属性数据和空间数据联合管理：在空间数据库中的每个实体都包含两部分的数据：位置数据和属性数据，对每个实体的操作必须保证这两部分数据的一致性、安全性等。

应用范围广泛：空间数据库是当今很多系统的基础，它的应用几乎遍布我们生活中的各行各业，如城市规划、智能交通、基于位置的服务等都需要空间数据库的支持。

1.4.3　空间数据库的作用

空间数据库是空间信息系统中空间数据的存储场所。在一个项目的工作过程中，空间数据库发挥着核心的作用。

空间数据处理与更新：地理信息数据一般时效性很强，要求不断更新数据库。更新的过程是用现势性强的现状数据更新数据库中的非现势性数据，以保证现状数据库中空间信息的现势性和准确性，同时被更新的数据存入历史数据库供查询检索、时间分析、历史状态恢复等，更新不是简单的删除替换，必须解决保持原有数据的不变、更新数据与原有数据正确连接等多方面的问题。

海量数据存储与管理：地理信息包括地球表面信息、地质信息、大气信息、社会和经济等人类活动多种及其复杂的信息，描述的信息量十分巨大，容量通常达到吉字节级，空间数据的存储、布局等对空间信息系统的实现和工作效率影响极大，空间数据库要为空间数据的管理提供便利、解决数据冗余问题、加快查询速度，充分利用关系数据库管理系统用户安全管理、数据备份恢复、数据控制等功能，实现空间数据与属性数据的无缝连接，提高数据库管理与应用的效率。

空间分析与决策：在空间数据库中通过对原始数据库的操作获得空间相关的各种数据，在此基础上建立不同内容主题的空间数据仓库，给用户提供面向主题的决策支持环境。

空间信息的交换与共享：随着网络和空间数据库的发展，使得空间信息的交流和共享更加便捷。空间数据库要提供各种数据交换的接口、标准和网络结合的交换方法，以适应各种空间数据的应用环境。

1.5　空间信息系统

信息和信息技术对当代的经济、社会、文化、生活等产生了巨大的影响。空间信息技术是20世纪60年代以来逐步发展起来的以获取、管理、分析与地理位置相关的空间信息为主的信息技术的总称，它包括空间数据库、遥感（Remote Sensing，RS）、地理信息系统（Geography Information System，GIS）、全球定位系统（Global Positioning System，GPS）（简称3S技术）等。空间信息技术把整个人类的生活环境作为主要的研究对象，具有信息获取的客观性、信息定位的准确性、信息管理的灵活性、信息分析的空间性、信息表达的直观性等特点。

空间信息系统（Geo-Spatial Information System：SIS，空间信息系统的结构与功能或GIS）——空间信息系统是地球空间信息科学的技术系统，是基于计算机技术和网络通信技术解决地球空间信息相关的数据获取、传输、存储、管理、分析与应用等问题的信息系统。SIS是一个比GIS更广的概念，具有与GIS相同的功能，但能处理的数据和能解决的问题要广泛一些，在一般不至于造成混淆的情况下，SIS和GIS两个术语可以相互代用。

空间信息系统的物理外壳是计算机化的技术系统；空间信息系统的操作对象是地球空间数据，即地球空间实体的空间位置数据及相应的属性数据和拓扑关系数据；空间信息系统的技术优势，在于它的集地球空间数据获取、传输、存储、管理、分析、制图、显示与输出于一体的数据流程，在于它的空间分析、预测预报和辅助决策的能力。空间信息系统由多媒体地球数据库系统、空间数据库系统、有模型库和知识库及符号库构成的支撑子系统、地球空间数据获取（采集）子系统、空间数据查询与分析子系统、仿真与虚拟子系统、决策支持子系统、制图、显示与输出子系统等部分构成。

地球空间数据库系统或地理数据库是空间信息系统的核心，是系统运行的基础，存储和管理系统各种操作的对象，提供空间数据基础设施建设符合标准的空间数据，为空间数据的查询与分析、仿真与虚拟、决策支持、制图与显示输出提供所需空间数据集。空间数据库的管理是有效发挥空间数据库作用的关键。

模型库和知识库及符号库构成的支撑工具子系统，它们的含义是：面向用户的各种分析和应用模型的集合构成模型库，与地球空间信息系统相关的各个方面知识的综合并存储在计算机系统中的知识的集合构成知识库，空间数据的图形显示和输入/输出的各种符号构成符号库。

地球空间数据获取或采集子系统，通过 3S 技术和其他多种手段组成的地球空间数据的采集、融合和集成完成空间信息系统数据的采集。

地形仿真与虚拟现实子系统，依赖多媒体地球空间数据库提供的数据，为空间数据的查询和分析提供三维的、动态的、可交互的地理操作环境。

空间数据查询与分析子系统，通过空间数据库高效访问海量空间数据库，完成空间分析的功能。

决策支持子系统、制图、显示与输出子系统，在多媒体空间数据库和支持工具、空间查询与分析支持先实现的辅助决策子系统和利用多媒体空间数据库、模型库、符号库为基础的各种地图制作功能的直观表达查询与分析结果提供各种比例尺地图和各种输出方式的模拟地图。

空间信息系统是对空间数据进行组织、管理、分析、显示的系统，它由计算机、地理信息系统软件、空间数据库、分析应用模型和图形用户界面及系统人员组成。

地理空间信息系统指以特定的地球投影数据模型进行空间定位，对地理空间实体的空间特征信息和属性特征信息，进行组织管理、存储查询、空间计算分析、可视化表达输出、专业模型处理和应用的信息系统，该系统所处理的对象是人类社会赖以生成的地球三维空间中的物体，它的定义主要有以下几种。

① 面向数据处理过程的定义：地理信息系统是一个具有输入、存储、查询、分析和输出地理空间数据信息的计算机系统。

② 面向专题应用的定义：根据处理信息的类型来定义地理空间信息系统，如房地产管理信息系统，土地管理信息系统，城市交通管理信息系统，资源开采管理信息系统等。

③ 工具箱定义：基于软件系统分析的观点，地理空间信息系统包括各种复杂的处理空间数据的计算机程序和各种算法。工具箱定义系统地描述了地理信息系统应具备的功能，这为软件系统的评价提供了基本的技术指标。

④ 数据库定义：强调分析工具与数据库管理系统的联接。一个通用的地理空间信息系统可以看成是许多特殊的空间分析方法与数据库管理系统的结合。

综合来说，空间信息系统是整个地球或部分区域的资源、环境在计算机中的缩影；地理空间信息系统是反映人们赖以生存的现实世界（资源或环境）的现势与变迁的各类空间数据及描述这些空间数据特征的属性，在计算机软件和硬件的支持下，以一定的格式输入、存储、检索、显示和综合分析应用的技术系统；它是一种特定而又十分重要的空间信息系统，它是以采集、贮存、管理、处理分析和描述整个或部分地球表面（包括大气层在内）与空间和地理分布有关的数据的空间信息系统。

1.5.1　空间信息系统的组成

从系统论和应用的角度出发，空间信息系统被分为 4 个子系统，即计算机硬件和系统软件，空间数据库，空间数据库管理系统，应用人员和组织机构。

① 计算机硬件和系统软件：这是开发、应用地理信息系统的基础。其中，硬件主要包括计算机、打印机、绘图仪、数字化仪；系统软件主要指操作系统。

② 空间数据库：完成对数据的存储，它包括几何（图形）数据和属性数据。根据不同的应用采用不同的数据模型，把几何和属性数据库统一进行处理，是目前空间数据库系统研究的主要内容之一。

③ 空间数据库管理系统：这是地理信息系统的核心。通过数据库管理系统，可以完成对空间相关数据包括位置数据和属性数据的输入、处理、管理、分析和输出。

④ 应用人员和组织机构：专业人员，特别是那些复合人才（既懂专业又熟悉地理信息系统）是地理信息系统成功应用的关键，而强有力的组织是系统运行的保障。由于地理信息系统的应用往往具有专业背景，所以，无论是需求分析、总体设计，还是专业功能的开发和应用，都离不开专业人员的参与。

从数据处理的角度出发，地理信息系统又被分为空间数据输入子系统，空间数据存储与检索子系统，空间数据分析和处理子系统，空间数据输出子系统。

① 空间数据输入子系统：负责空间相关数据的采集、预处理和数据的转换（主要指不同管理信息系统间的数据交流，包括位置数据和属性数据）。

② 空间数据存储与检索子系统：负责组织和管理数据库中的空间相关数据，以便于数据查询、更新与编辑处理；本部分包括建立空间元数据模型即模型库和知识库及符号库的定义和建立。

③ 空间数据分析与处理子系统：负责对数据库中的空间相关的数据进行计算和分析、处理，如面积计算，储量计算，体积计算，缓冲区分析，空间叠置分析等。

④ 空间数据输出子系统：以表格、图形、图像方式将数据库中的空间相关数据的内容和计算、分析结果输出到显示器、绘图纸或透明胶片上。

1.5.2　空间信息系统软件

空间信息系统软件一般分为系统软件与应用软件：系统软件主要包括计算机操作系统、编译系统、编程语言、网络软件（网络协议、网络管理软件等）系统、数据库管理系统、应用程序接口等；应用软件包括地理信息系统基础软件、二次开发软件和应用分析模型等。专业软件一般指通用 GIS 软件，包含了地理信息系统的各种功能，作为其他应用系统建设的平台，如 ArcInfo、MapInfo、MapGIS、SuperMap、GeoStar、CityStar 等。空间信息基础软件由以下 6 大核心模块组成。

① 数据输入和编辑：把图形、图像、文字、卫星遥感影像、航空照片及属性数据通过量化工具（数字化仪、扫描仪等）转化成地理信息系统可读的数据形式，进行编辑检查、输入系统。

② 数据存储与数据库管理：这是核心软件，保证空间要素的几何数据、拓扑数据和属性数据的有机联系和合理组织，涉及系统的数据结构和处理方式、数据库的存取、查询、维护、更新、共享及数据库的完整性、一致性检验等。

③ 数据处理和分析：包括两类操作，第一类是数据的预处理，如消除错误，修改，地图投影变换等；第二类操作是数据分析，空间模型的建立等。

④ 数据输出与显示：用来处理信息的显示方式或提供方式，包括表格数据、统计分析、图形终端显示、打印机与绘图仪制图等的软拷贝方式（屏幕显示）和硬拷贝方式（打印机输出）。

⑤ 用户界面：该功能用于接收用户的指令和程序。系统通过多窗口与菜单方式或解释命令方式接收用户的输入，友好的界面为非计算机专业人员提供了极大的方便。

⑥ 二次开发能力：利用开发语言，开发应用系统。

1.5.3 空间信息系统的功能

空间信息系统是能够采集、存储、查询、分析和输出空间相关数据的一个计算机信息系统。一般均具备 4 种类型的基本功能，它们分别是：数据采集与编辑功能、空间数据库管理系统的基本功能、空间查询与空间分析功能、空间数据输出（制图功能）功能。

1. 数据采集与编辑功能

数据采集与编辑功能包括图形数据采集与编辑和属性数据编辑与分析。

（1）数据输入

数据采集指在系统外部的原始数据进行采集，从外部格式转换为系统能处理的内部格式的过程。空间数据存在形式的多样性，如数字、字符、图形、影像、动画、声音等。数据输入工作有多种形式，如人工输入、半自动输入与自动输入等。空间数据的获取技术主要有野外测量、GPS测量、数字化仪输入、地图扫描数字化、数字摄影测量、遥感影像等。数据采集是空间信息系统的基本功能，是整个系统运行的基础。为了清除数据采集的错误，需要对图形及文本数据进行编辑与修改。

（2）数据编辑

任何空间信息系统都具备通过键盘、鼠标、扫描仪、数字化仪等设备输入或由其他数据格式转换等多种方式获取数据并形成数据文件（创建新文件）、打开旧文件、添加数据文件、存储文件、更改文件名与多种方式的数据格式转换等基本编辑功能。

① 属性数据的编辑功能。空间信息系统具有处理属性数据的功能，对属性数据的编辑，一般在属性数据处理模块中进行，为了建立属性数据与几何图形的联系，需要在图形编辑系统中，设计属性数据的编辑功能，将一个实体的属性数据连接到相应的几何目标上，在数字化及建立图形拓扑关系的时候，对照一个几何目标直接输入属性数据。在图形编辑系统应能提供属性数据的删除、修改、拷贝等功能。属性数据是用来描述对象特征性质的，提供用户自定义数据结构，修改、拷贝、删除、合并结构等功能。

② 图形数据的编辑功能。图形基本编辑功能：基本类型分为点、线、面三种类型,对面状要素几何数据的处理，又都是以弧（或链）为基础进行。进而图形编辑的基本对象是点和弧。点的编辑有增加、删除、检索等基本操作，而弧段数据修改涉及拓扑信息的调整,具有修改一段弧、删除弧段上一部分、删除一条弧、弧段的连接与断开、移动一个地物、删除一个目标、旋转一个实体、图形对象拷贝与镜面反射等。还应有开窗、缩放、粘贴、复制、图形分层显示、产生平行线、曲线光滑等功能；建立拓扑关系功能；图形修饰与计算功能设置不同的线型、颜色、符号与注记，包括设置字体大小、方向和注记位置等；图形修饰涉及计算功能，如多边形的面积、周长、线段间的长度、结点间距离等，都可在几何坐标的基础上进行。

图形计算拼接功能：消除相邻图幅的出现的逻辑裂痕与几何裂痕等。

2. 空间数据库的基本功能

空间数据库管理系统的基本功能包括空间数据库定义、空间数据库的建立与维护、空间数据的操作、通信功能等。

空间数据库为空间相关的数据提供存储和处理的功能，利用数据库管理系统来对空间实体对象进行管理。空间数据库功效类似对图书馆的图书进行编目，分类存放，以便于管理人员或读者快速查找所需的图书。其基本功能包括数据库定义：确定空间数据模型，对位置数据和属性数据进行数据库模型的表示，设计空间数据的存储方式。空间数据库的建立与维护，负责数据库的建立、删除、修改和数据库的维护等功能，数据库操作提供用户界面操作空间数据库中的所有数据，如数据查询语言的设计与实现等。通信功能完成不同数据库之间的数据的交互和处理。数据存储是将数据以某种格式记录在计算机内部或外部存储介质上。各式的不同数据类型建立数据记录的逻辑顺序不同，即如何确定存储的地址。可以直接利用数据库软件如 ORACLE、SQL Server 等数据库产品来辅助完成空间数据库的功能。空间数据库的管理是数据管理的核心，各种图形图像信息都以严密的逻辑结构存放在空间数据库中。

3. 空间查询与分析

空间查询与分析包括拓扑空间查询、缓冲区分析、叠置分析、空间集合分析、地学分析。数据查询与分析是空间信息系统的核心，其主要内容包括数据操作运算、数据查询检索与数据综合分析。数据查询检索是从数据文件、数据库或存储装置中，查找和选出所需的数据，可实现多媒体查询。查询本质上是为了满足各种查询条件而进行的系统内部的数据操作，如数据格式的转换、矢量数据叠合、栅格数据叠加等操作，以及按照一定的模式进行的各种数据运算，包括算术运算、关系运算、逻辑运算、函数运算等。综合分析主要包括属性分析、缓冲区分析、统计分析、地形分析、二维模型分析、三维模型分析等。总之，空间信息系统可用于回答以下问题：定位（Location）：对象在何处?条件（Condition）：哪些地方符合……特定的条件?趋势（Trends）：从何时起发生了哪些变化? 模式（Patterns）：对象的分布存在何种空间模式? 模拟（Modeling）：如果……将如何?

4. 数据显示与输出

数据显示与输出包括空间数据、属性数据及其他们结合的分类、分时段、分模型的输出。数据显示是中间处理过程和最终结果的屏幕显示,通常以人机交互的方式来选择显示的对象与形式,对于图形数据可根据信息量和密集程度，选择放大或缩小显示。输出是在屏幕外的其他介质上显示，可以打印普通地图，各种专题地图，各类统计图、表与数据等。根据系统中空间数据结构及绘图仪的类型，用户可获得矢量地图或栅格地图。系统不仅为用户输出全要素地图，而且根据用户需要分层输出各种专题地图，如行政区划图、土壤利用图、道路交通图、等高城图等。还可以通过空间分析得到一些特殊的地学分析用图，如坡度图、坡向图、剖面图等，包括决策支持子系统、制图、显示与输出子系统的各种功能。

1.6　空间信息系统及其发展

空间信息系统是实现"数字地球"战略目标的有效技术途径，在自然资源的调查开发与利用、区域和城市的规划与管理、自然灾害预测和灾情监控、环境监测与治理、战场数字化建设与作战指挥自动化等诸多方面，空间信息系统都有着十分广泛的应用。

1.6.1　国际发展状况

空间信息系统的基础是地理信息的采集与处理，地理信息系统是随着计算机辅助制图的产生而发展的，与计算机软硬件技术的发展、相关学科领域的理论与方法的创新紧密相连。地理信息系统是从制图自动化脱胎出来的，现在的发展已扩大到国民经济与自然资源等各个领域。整个发展史分成如下几个阶段。

1. 20 世纪 50 年代准备期

在 20 世纪 50 年代前后，随着计算机、地图、摄影测量技术的发展，人们从自动制图到地图修饰、更新，提出了由数字化建立空间数据库的设想，用数据库存储地图数据完成自动制图。

2. 20 世纪 60 年代开拓期

在 20 世纪 60 年代，产生了第一个地理信息系统：加拿大地理信息系统。实现了手扶跟踪的数字化，可以完成地图数据的拓扑编辑，分幅数据的自动拼接，开创了网格单元的操作方法。这些处理空间数据技术奠定了地理信息系统发展的基础。

3. 20 世纪 70 年代发展期

20 世纪 70 年代，随着计算机技术不断发展与完善及社会对利用地理信息系统进行管理和综合分析的需求增多，不同专题、不同规模、不同类型的各具特色的地理信息系统在世界各地纷纷出现，地理信息系统理论也得到了发展。国外许多大学创建了地理信息系统实验室，商业化软件问世。

4. 20 世纪 80 年代成熟期

20 世纪 80 年代是地理信息系统普遍发展和应用的阶段。随着新一代微型计算机和远程通信传输设备的问世，加上计算机网络的建立，使地理信息的技术和应用得到极大提高。

遥感开始作为地理信息系统的重要数据源。地理信息系统由比较简单的、单一功能的、分散的系统发展到多功能的、共享的、综合性信息系统，并向智能化发展，使地理信息系统将计算机技术、自动控制技术、数据库技术、计算机辅助制造技术、现代化地图生产技术与遥感技术融为一体，成为多学科、多功能、综合化、智能化，并运用专家系统知识进行分析、预测与决策的高新技术系统。

5. 20 世纪 90 年代用户期

20 世纪 90 年代以来，地理信息系统已被列入信息高速公路计划，新的技术不断涌现：空间信息分析的新模式和新方法；空间信息应用模型；地理信息系统的效益分析；三维空间数据结构和数据模型；人工智能和专家系统的引入；网络地理信息系统；虚拟现实技术与地理信息系统地结合等。

20 世纪 60 年代初加拿大测量学家 R.F Tomlinson 首先提出 GIS 概念，并建成世界上第一个 GIS：加拿大地理信息系统，用于自然资源的管理和规划。美国哈佛大学开发出完整的 GIS 系统软件 SYMAP，标志着 GIS 正式起步。GIS 发展阶段可概括为：60 年代开拓期，注重空间数据的处理，确立了 GIS 基本概念和方法；70 年代巩固期，注重地理信息的管理，商品化的 GIS 改善了 GIS 的应用性能；80 年代发展期，注重空间决策支持分析，GIS 应用领域扩大，技术显著进步；90 年代用户期，注重实用化、集成化、工程化，GIS 成为诸多机构和个人必备的工作系统深入到各行各业。

1.6.2 国内发展状况

我国地理信息系统起步较晚，但发展较快，经历了从研究到实用，形成领域，走向产业化道路的过程。

1. 20 世纪 70 年代准备期

组建队伍，组织实验研究。主要开展了计算机在地图和遥感领域的应用研究与实验。1972 年制图自动化，1974 年卫星图像的处理和分析，1976 年后红外线遥感、航空遥感、环境遥感等研究与全国范围内的航空摄影测量与地形制图，对环境卫星系列数据和图像进行接收、处理和应用。1977 年对数字地形模型基本数据的特征参数与提取技术的实验，第一张由计算机输出的全要素地图出现。

2. 20 世纪 80 年代实验期

进行理论探讨和区域性实验研究，并进行数据采集和数据库模型设计。研究空间数据库的建设、数据处理、算法分析、系统分析软件的开发、建立数据规范与标准等；研究地理信息系统的设计与应用，如资源、环境等专题；研究地理信息系统必须具有的支撑软件，支撑软件可和不同的领域与专业相结合，构成不同的专题信息系统。

3. 20 世纪 90 年代前后发展期

地理信息系统逐步和国民经济建设相结合。国家与地方级的地理信息系统相继投入运行与应用，专业遥感基地已进入产业化运行，适用于数据采集、处理、输出的设备已研制成功，数字化测绘基地已建成，数字化地图数据已经采集入库，设计数字化地理信息技术的标准和规范指南已产生，开发了一系列信息处理和制图软件。

4. 1996 年至今产业化阶段

我国地理信息系统在实用化、工程化、集成化、辅助分析与决策方面取得突破，全面走向产业化道路。

1.6.3 空间信息系统技术演变

随着计算机和信息技术的发展，GIS 在实现的平台、应用的级别、完成的任务和功能以及系统的体系结构等方面发生了根本性的变化；空间信息系统的实现平台从单机 GIS 向基于局域网环境的 GIS、基于互联网环境的 GIS 发展；应用的需求导致了技术的发展，在需求方面进化的路线以空间数据的单个工程要求为背景，以部门级的空间信息综合处理 GIS、企业级的和位置相关的各种业务的综合的 GIS 到现在的社会化的基于互联网络面向服务的各种 GIS 应用组件 3 个层次的变迁；空间信息系统完成的任务包括图形、图像处理分析、空间相关的数据管理、局域网络环境下空间相关数据的合作、广域网络环境和基于服务的空间数据的存取和发布等；空间信息系统体系结构的进化，包括单机状态下空间数据与属性数据的分别处理、基于给的的中间件在传统的 DBMS 之上使用空间数据处理中间件来完成空间数据应用处理、基于 Internet 平台空间数据库结构提供开放接口和地图发布服务器的应用模式；系统的应用模式包括单机模式、局域网模式、广域网模式。空间 GIS 在信息系统中的位置如图 1-1 所示。

空间信息系统的基本功能依赖于 GIS 基本功能的实现过程，整个过程包括从地球表面获取空间数据成为系统的原始数据，通过数据的编辑和投影变换成为可以存储到空间数据库中的结构化数据，使用空间数据库对空间相关的数据提供管理，在此基础上进行空间数据的分析、挖掘、检索等，然后利用交互显示得到结果进行输出，如图 1-2 所示。在图 1-2 中，我们可以看到空间数据库的作用十分重要。本书将关注各个部分的设计与实现。

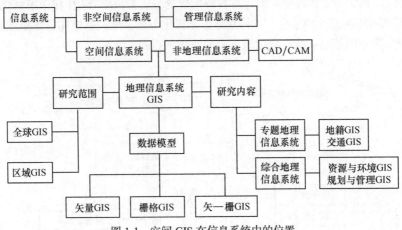

图 1-1　空间 GIS 在信息系统中的位置

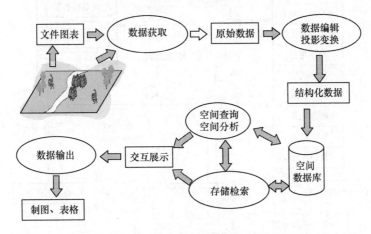

图 1-2　GIS 基本功能的实现过程

　　空间信息系统 GIS 属于综合的交叉性的学科，测量学、摄影测量、遥感等提供空间数据的采集手段，地理学、地图制图学提供空间数据类型的设计和标识，计算机科学、信息科学、数据库理论、辅助设计、软件工程为空间数据库理论与设计提供定义和技术支撑，并提供空间数据操作的各种规范理论。总之，空间信息系统是传统科学与现代技术相结合的产物，为各种设计空间数据处理和分析的学科提供了新的技术方法，这些学科又不同程度地提供了一些构成空间地理信息系统的技术与方法，如图 1-3 所示。

　　数字城市是一个在城市范围内建立的以空间位置为主线，将信息组织起来的复杂系统，在一个城市范围内的以空间地理位置及其相互关系为基础而组成的信息框架。空间信息系统 GIS 是城市数字化的必要手段，提供城市空间

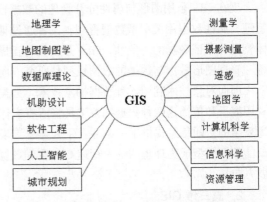

图 1-3　空间信息系统 GIS 与其他学科的联系图

数据的各种采集技术；极大地丰富了城市网络化的内容，提供各种网络分析和优化方法；城市智能化的重要技术，提供基于地理空间信息各种智能化的分析与决策支持；城市可视化的有效工具，提供基于地理空间纬度的各种层次、各种专题的可视化方法。空间数据库是数字城市的基础数据库，图 1-4 所示为空间信息系统在数据城市中的作用示意图。

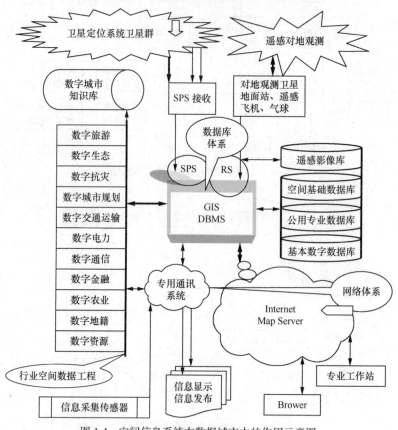

图 1-4　空间信息系统在数据城市中的作用示意图

1.6.4　空间信息系统的发展趋势

1. 面向对象技术与 GIS 结合

现在 GIS 采用图形与属性分开管理的数据模型管理数据，即实体的图形数据用拓扑文件储存管理，属性数据用关系型数据管理，二者通过唯一的标识符连接。这种模型不利于空间数据的整体管理和保证数据的一致性；GIS 开放性与互操作性受限制；数据共享和并行处理无保障。寻求统一管理图形数据与数据的数据模型是研究方向之一。

面向对象技术利用 4 种数据抽象技术（分类、概括、联合、聚集）可构建复杂的地理实体，利用继承和传播这两种数据抽象工具将所有实体对象构建成一个分层结构。面向对象的方法为描述复杂的空间信息提供了一条适合于人类思维模式的直观、结构清晰、组织有序的方法，面向对象的数据模型成为理想的统一管理 GIS 空间数据的有效模型。面向对象的 GIS，已成为 GIS 的发展方向。

2. 真三维 GIS

GIS 处理的空间数据，从本质上说是三维连续分布的。目前 GIS 的主要应用在处理地球表面的数据上，支持点、线、面三类空间物体，对曲面（体）的支持还有欠缺，因为三维 GIS 在数据的采集、管理、分析、表示和系统设计等方面要比二维 GIS 复杂得多。有些 GIS 软件采用建立数字高程模型的方法来处理和表达地形的起伏，但涉及地下和地上的真三维的自然和人工景观就显得无能为力，只能把它们先投影到地表，再进行处理。这种试图用二维系统来描述三维空间的方法，存在不能精确地反映、分析和显示三维信息的问题。真三维 GIS 研究内容包括三维数据结构的研究，即数据的有效存储、数据状态的表示和数据可视化；三维数据生成的生成和管理；地理数据的三维显示，包括三维数据的空间操作和分析，表面处理，栅格图像的显示、层次处理等。

3. WebGIS

基于 WWW 的地理信息系统（WebGIS）使 Internet 用户可以浏览 WebGIS 站点中的空间数据、制作专题图，进行各种空间检索、空间分析等。WebGIS 系统可以分为 4 个部分：WebGIS 浏览器，用以显示空间数据信息并支持在线处理，如查询和分析等；WebGIS 信息代理，用以均衡网络负载，实现空间信息网络化；WebGIS 服务器，接收浏览器的数据请求，完成后台空间数据库的管理；WebGIS 编辑器，提供导入空间数据库数据的功能，形成完整的 GIS 对象、GIS 模型和 GIS 数据结构的编辑和表现环境。WebGIS 的实现方法有 Java 编程法、ActiveX 法、公共网关接口法（CGI）、服务器应用程序接口法（ServerAPI）和插件法（Piugins）等。

4. Com 组件式 GIS

组件式 GIS，将已有的内容分解为若干可互操作的自我管理、相互独立的组件，包括数据管理组件、空间查询组件、数据获取组件、专题制图组件、显示组件等。ComGIS 的基本思想是把 GIS 的功能模块划分为多个控件，每个控件完成不同的功能。各个 GIS 控件之间，以及 GIS 控件与其他非 GIS 控件之间，通过可视化的软件开发工具集成起来，形成最终的 GIS 应用。控件如同一堆各式各样的积木，分别实现不同的功能（包括 GIS 和非 GIS 功能），根据需要把实现各种功能的"积木"搭建起来，就构成地理信息系统基础平台和应用系统。

5. OpenGIS

OpenGIS，即开放式地理信息系统，基于使不同的地理信息系统软件之间具有良好的互操作性，以及在异构数据库中实现信息共享的途径而设计。

6. 专家 GIS（GIS 与专家系统、神经网络的结合）

专家系统研究的是利用计算机模拟人类专家的推理思维过程，系统根据知识库中的知识，对输入的原始事实进行复杂推理、并作出判断和决策。专家 GIS 或智能 GIS 是解决复杂地学问题的重要途径，如将专家 GIS 其应用土地资源管理；将智能 GIS 用于铁路与高速公路交叉口的安全管理与分析；将 GIS 决策支持系统用于环境管理决策等。

7. GIS 与虚拟现实技术的结合

虚拟现实是模拟自然过程与人在自然环境中行为的高级人机交互技术。虚拟现实是通过计算机建立一种仿真数字环境，将数据转换成图像、声音和触摸感受，利用多种传感设备使用户投入到该环境中，用户可以如同在真实世界中那样处理计算机系统所产生的虚拟物体。将虚拟现实技术引入 GIS，采用虚拟现实中的可视化技术，在三维空间中模拟和重建逼真的、可操作的地理三维实体，可更有效地管理、分析空间实体数据。

8. 3S 结合

3S 指 GIS 地理信息系统、GPS 空间定位系统、RS 遥感系统，其核心是 GIS。GIS 是空间数据库和决策系统，向用户提供多种形式的空间分析、空间查询、辅助决策功能；GPS 是以卫星为基础的无线电测时定位、导航系统，可为航空、航天、陆地、海洋等方面的用户提供空间定位数据；RS 是从地面到高空的观测系统，在资源调查、环境检测等方面提供大范围的动态数据和图像。3S 各自独立，不仅是目前对地观测系统中空间信息获取、存储管理以及更新、分析和应用的 3 大支撑技术，也是资源合理规划、城乡规划与管理、自然灾害动态监测与防治等的重要技术手段，还是地理学定量化研究的方法之一。3S 的集成可改变人类观测地球、测绘地球的传统模式（由点到线、由线到面，由外业到内业，由实测到编绘，由大比例尺到小比例尺）。3S 集成一体化将在观测、测绘地球方面达到从宏观到微观、从全球到局部的人类认知过程。

1.7 空间数据库和不同应用领域的结合

1. 空间数据库的发展状况

空间数据库的发展是随着空间信息系统的发展而进行的，20 世纪 60 年代中期以前，受到计算机软硬件的限制，空间数据保留自身的文件格式，空间数据库的建立就是空间数据目录下空间数据文件的组织；20 世纪 70 年代，将所有的空间数据存储在自定义的数据结构与操纵工具的文件中，按照不同的空间数据类型如点、线、面分别存储和管理；20 世纪 80 年代，以 ESRI 公司为代表的矢量 GIS 技术实现了基于关系数据库技术，提出空间数据管理的数据模型——地学关系模型(Geo-relational Model)，采用关系数据库与图形文件混合管理方式，图形数据用文件方式、属性数据用关系数据库方式，两类数据用唯一的标识符来建立空间数据与属性数据的关联；到 20 世纪 90 代初期，扩展关系模型的提出，给出了大二进制字段（变长的）存储方法用来存储图形、图像、声音等信息，将空间数据和属性数据全部存储到关系数据库中；20 世纪 90 代中后期，空间数据库引擎（Spatial Database Engine, SDE）的设计和实现，突破了地学关系模型，采用基于关系数据库的客户/服务器的模式，实现了图形数据和属性数据在商业关系数据库的后台统一管理，空间数据可以存储在关系数据库也可保存到一系列文件中，SDE 作为中间应用服务器向用户提供所有空间数据操作的应用，通过 SDE 使空间操作函数可以不改变 DBMS 对数据的处理方式即 DBMS 像处理表结构一样处理空间数据。空间数据仓库、空间数据挖掘、空间联机分析随着不同的应用需求越来越重要，虚拟现实技术完成空间数据的可视化，空间数据库在现代互联网的大环境下将实现分布式事务处理、透明存取、跨平台应用、多协议转换等功能，空间数据库系统将是表示复杂和可变对象的、面向对象的、主动的、模糊的、多媒体的、虚拟的、面向各种应用的集成数据库系统。

2. 空间数据库与关系数据库的差异

空间数据库与关系数据库的差异表现在：信息描述差异，空间数据的复杂性；数据管理差异，空间数据的连续性和空间相关性、空间关系的复杂性等；数据操作差异，空间数据的查询和显示需要有工具支持；数据更新差异，空间数据的更新随着应用的不同有不同的时间要求，在数据更新的同时必须保留原来的数据即空间数据的时序性；服务应用差异，空间数据库的应用涉及地球表面上的所有和位置相关的应用。

3. 空间数据库与不同应用领域的结合

数据库技术与网络通信技术、人工智能技术、面向对象程序设计技术、并行计算技术等互相渗透，互相结合，成为当前数据库技术发展的主要特征，涌现出各种新型的数据库系统。例如，分布式数据库系统是数据库技术与网络处理技术结合的产物；并行数据库系统是数据库与并行计算技术的结合；面向对象数据库系统是数据库技术与面向对象技术的结合；多媒体数据库系统是数据库与多媒体的结合；知识库系统和主动数据库系统是数据库技术与人工智能的结合和应用；模糊数据库系统包括数据库与模糊技术；各类不同应用的工程数据库系统是数据库与各种工程技术领域的结合与应用。工程数据库、地理数据库、统计数据库、科学数据库、空间数据库等多种数据库是数据库技术被应用到特定的领域中而出现的新技术，不同学科的相互交叉与新的应用的需求，使数据库领域中新的技术内容层出不穷。据统计，我们日常生活中的数据有 80%和空间位置相关，空间数据的处理在各种系统中的地位越来越重要，空间数据库和这些应用领域的结合是当今数据库发展的一个重要的方向。

1.7.1　分布式空间数据库

分布式数据库系统是为了满足地理上分散的用户对数据库共享的要求，利用计算机网络完成数据的传送。分布式数据库的特点有以下 5 个方面。

① 数据的物理分布性：数据库中的数据是分布在不同场地（不同物理位置）的多台计算机上。

② 数据的逻辑整体性：数据库中的数据在逻辑上是相互联系的，它们组成一个有机的整体。

③ 数据的分布独立性（也称分布透明性）：用户不用关心数据在逻辑上是如何划分的。

④ 场地自治和协调：系统中的每个结点独立完成自己的局部应用；每个结点又是整个系统的一部分，通过网络通信协作完成全局应用。

⑤ 数据的冗余及冗余透明性：有些数据存在适当冗余以适合分布处理。

分布式数据库管理系统（DDBMS）是建立、管理、维护分布式数据库的一组软件，由 4 部分组成：局部场地上的数据库管理系统 LDBMS（Local DBMS）建立和管理局部数据库，提供结点自治能力，执行局部应用及全局查询的子查询；全局数据库管理系统 GDBMS（Global DBMS）提供分布透明性，协调全局事务的执行，协调各局部 DBMS 以完成全局应用，保证数据库的全局一致性，执行并发控制，实现更新同步，提供全局恢复功能等；全局数据字典（Global Data Directory，GDD）存放全局概念模式、分片模式、分布模式的定义以及各模式之间映像的定义，存放用户存取权限的定义，以保证全部用户的合法权限和数据库的安全性，存放数据完整性约束条件的定义，其功能与集中式数据库的数据字典类似；通信管理（Communication Management，CM）负责在分布式数据库的各结点之间传送消息和数据，完成通信功能。

随着 GIS 的广泛应用，社会上积累了大量的 GIS 数据资源，各区域、各应用部门的 GIS 数据在数据结构、数据模型、数据格式等方面都存在很大的差异，形成了在不同物理场地的空间数据库的数据孤立不能共享的局面，分布式空间数据库技术为该问题提供了解决方案。为在不同存储场地的空间数据进行分片管理，可以按照地理区域分片、专题分片或同构分片、异构分片等多种方法来组织空间数据，使其完成全局应用。

分布式空间数据库系统结构如图 1-5 所示。

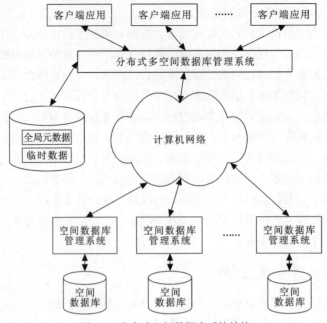

图 1-5　分布式空间数据库系统结构

1.7.2　专家数据库

人工智能是研究计算机模拟人的大脑和模拟人的活动的一门科学，因此逻辑推理和判断是其最主要的特长，但对于信息检索则效率很低。数据库技术是数据处理的最先进的技术，对于信息检索有其独特的优势，但对于逻辑推理却无能为力。专家数据库是人工智能与数据库技术相结合的产物。它具有两种技术的优点，而避免了它们的缺点。它是一种新型的数据库系统，它所涉及的技术除了人工智能和数据库以外还有逻辑、基于空间数据的知识发现、空间数据挖掘、信息检索等多种技术和知识。

1. 专家数据库的研究目标

专家数据库中包含大量的事实和规则；具有较高的检索和推理效率；具有推理功能；管理复杂的类型对象，如 CAD，CAM，CASE 等；能进行模糊检索、空间推理。

2. 专家系统的研究成果

智能数据库接口，主要有自然语言输入理解；多媒体声图文一体化用户接口；不确定推理；知识数据模型的发展，扩展数据模型成为知识数据模型，使新系统能处理复杂的对象，如时态、特殊坐标、事件、活动等，存取动态数据库，知识数据模型的研究工具和方法。

存储模型：将内存模式（全部事实和规则都进内存）改为内外存交互模式，即采用缓冲区技术；将规则、模式、数据等存在磁盘上；可有效存取大型数据库和知识库；不用其他逻辑方法，使用带有递归子句逻辑作设计语言的基础；捕捉规则寻找规则/目标树；提出了对数据库进行查询/子查询的优化方法。

1.7.3　演绎数据库

演绎数据库是将逻辑程序设计思想和关系数据库思想结合起来。空间数据库可以利用关系模型来建立，也可以使用对象的模型来建立。

1. 演绎数据库的基本概念

演绎的含义是根据已知的事实和规则进行推理，回答用户提出的各种问题。演绎数据库也被称为逻辑数据库、演绎关系数据库或虚关系数据库。演绎数据库可包含 3 方面内容：实数据（事实可以是任何形式的数据包括空间数据）、规则及虚数据。虚数据系根据已知的实数据经使用规则推理而得到的，它不必存放在数据库中。演绎数据库可获得远远多于传统数据库中的数据，但其占有的实际物理空间与传统数据库差不多。而且还具有易维护、易扩充、冗余度小和数据录入量少等优点。

2. 演绎数据库的基本结构

演绎数据库由 3 部分组成；①数据库管理是演绎数据库的基础；②具有对一阶谓词逻辑进行推理的演绎结构，推理功能由此结构完成；③实现数据库与推理机构的接口完成物理上的连接。

3. 演绎数据库的研究现状

对演绎数据库的研究分两个方面：数学模型和实现方法。

（1）数学模型

在演绎数据库中往往用证明论作为其实现的数学模型。演绎数据库可视为一个一阶谓词演算的公理系统。一个公理系统包括；①公理；一阶谓词演算公式；②定理；有公理通过证明而获得的一阶谓词演算公式；③证明；有公理经推理而得到定理的证明工程。

（2）实现方法

目前演绎数据库的实现方法有两种，一种是 PROLOG 语言实现，另一种是用现有的 DBMS+RULE 来实现。由于 PROLOG 语言是一种基于证明论的语言，用 PORLOG 语言表示演绎数据库无须编制专门的系统软件，将传统数据库与演绎结构均用证明论方法表示，整个演绎数据库也变得极为简单。用现有 DBMS+RULE 处理，RULE 部分需要完成推理与接口两部分功能。推理部分由演绎结构完成；接口部分的功能是将推理中的逻辑表示转换正给定 DBMS 中的数据描述与数据操纵语言中的语句。当用户查询演绎数据库时，如果涉及的是实关系，则如同通常的数据库查询一样处理；如果涉及虚关系，则由规则处理部分的演绎结构将其转换成对实关系的查询，最后通过 DBMS 的查询结构完成，将最终结果提交给用户。

4. 演绎数据库、知识库与智能数据库

这三者既有联系又有差别，其共同之处是三者都是人工智能与数据库的结合，都是以数据库为基础，吸取了人工智能的成功技术的成果。

数据库与知识库是不同的概念，前者管理数据，后者管理知识。知识与数据是不同的两个概念。知识包含的内容远比数据丰富得多。知识至少包括了规则与数据两大部分。

演绎数据库与智能数据库均属于数据库范围，它们均以数据库为基础，吸取了人工智能的技术。演绎数据库含有的规则较少，含有的数据却是大量的，这是与知识数据库不同的。至于智能数据库不仅应用人工智能中的逻辑推理思想，而且还应用人工智能中自然语言理解、语言识别，图像、文字处理等多种方法与技术于数据库，以求得更多的功能、性能的改善与提高。因此，从某种意义讲，演绎数据库是智能数据库的一部分。

1.7.4　多媒体数据库

媒体是信息的载体，多媒体是指多种媒体，如数字、正文、图形、图像和声音的有机集成。其中数字、字符等称为格式化数据，文本、图形、图像、声音、视像等称为非格式化数据，非格式化数据具有大数据量、处理复杂等特点，空间数据是多媒体数据的一种特例。多媒体数据库实现对格式化和非格式化的多媒体数据的存储、管理和查询，具有以下特征。

① 表示多种媒体的数据：非格式化数据表示起来比较复杂，需要根据多媒体系统的特点来决定表示方法。如果操作的是数据的内部结构且主要是根据其内部特定成分来检索，则可把它按一定算法映射成包含它所有子部分的一张结构表，采用格式化的表结构来表示它。如果操作的是数据的内容整体，可以用源数据文件来表示，文件由文件名来标记和检索。

② 协调处理各种媒体数据：正确识别各种媒体数据之间在空间或时间上的关联。例如，关于乐器的多媒体数据包括乐器特性的描述、乐器的照片、利用该乐器演奏某段音乐的声音等，不同媒体数据之间存在着自然的关联，多媒体对象在表达时必须保证时间上的同步特性。

③ 提供适合非格式化数据查询的搜索功能：对图像、图形、声音等非格式化数据作整体和部分搜索。

④ 提供特种事务处理与版本管理能力。

1.7.5　主动数据库

主动数据库是相对于传统数据库的被动性而言的；在实际的应用领域如计算机集成制造、管理信息系统、办公室自动化中常常希望数据库系统在紧急情况下能根据数据库的当前状态，主动适时地做出反应，执行某些操作，向用户提供有关信息。空间数据库在这里的体现是处理数据的扩展。

主动数据库通常采用的方法是在传统数据库系统中嵌入 Event-Condition-Action（ECA 即事件—条件—动作）规则，在某一事件发生时引发数据库管理系统去检测数据库当前状态，若满足给定的条件，触发规定动作的执行。主动数据库的研究主要集中于解决以下问题。

① 主动数据库的数据模型和知识模型：扩充传统的数据库模型。

② 执行模型：ECA 规则的处理和执行方式，对传统数据库系统事务模型的发展和扩充。

③ 条件检测：主动数据库系统实现的关键技术，高效地对条件求值保证系统效率。

④ 事务调度：满足并发环境下的可串行化要求而且要满足对事务时间方面的要求。

⑤ 体系结构：在传统数据库管理系统的基础上，扩充事务管理部件和对象管理部件以支持执行模型和知识模型，并增加事件侦测部件、条件检测部件和规则管理部件。

⑥ 系统效率：设计各种算法和选择体系结构时应主要考虑的设计目标。

1.7.6　对象—关系数据库

对象关系数据模型是空间数据库中的数据模型的一种表示方式，对象—关系数据库系统兼有关系数据库和面向对象的数据库两方面的特征。对象—关系数据库系统除了具有原来关系数据库的特点外，还应该提供以下特点。

① 允许扩充基本数据类型：用户根据应用需求自己定义数据类型、函数和操作符，一经定义，这些新的数据类型、函数和操作符将存放在数据库管理系统核心供所有用户公用。

② 能够在 SQL 中支持复杂对象：由多种基本类型或用户定义的类型构成的对象。

③ 能够支持子类对超类的各种特性的继承，支持数据继承和函数继承，支持多重继承，支持函数重载。

④ 能够提供功能强大的通用规则系统，规则系统与其他的对象—关系能力是集成为一体的；规则中的事件和动作可以是任意的 SQL 语句，可以使用用户自定义的函数，规则能够被继承等。

实现对象—关系数据库系统的方法主要有以下 5 类。

① 从头开发对象—关系 DBMS。一般不采用。

② 在现有的关系型 DBMS 基础上进行扩展。扩展方法又分为两种：对关系型 DBMS 核心进行扩充，逐渐增加对象特性；在关系型 DBMS 外面加上一个包装层来提供对象—关系型应用编程接口，并负责将用户提交的对象—关系型查询映象成关系型查询，送给内层的关系型 DBMS 处理。

③ 将现有的关系型 DBMS 与其他厂商的对象—关系型 DBMS 连接在一起，使现有的关系型 DBMS 直接而迅速地具有了对象—关系特征。连接方法主要有两种：一是关系型 DBMS 使用网关技术与其他厂商的对象—关系型 DBMS 连接，但网关这一中介手段会使系统效率打折扣；二是将对象—关系型引擎与关系型存储管理器结合起来，以关系型 DBMS 作为系统的最底层，具有兼容的存储管理器的对象—关系型系统作为上层。

④ 将现有的面向对象型 DBMS 与其他厂商的对象—关系型 DBMS 连接在一起，使现有的面向对象型 DBMS 直接而迅速地具有了对象—关系特征。连接方法是：将面向对象型 DBMS 引擎与持久语言系统结合起来；以面向对象的 DBMS 作为系统的最底层，具有兼容的持久语言系统的对象－关系型系统作为上层。

⑤ 扩充现有的面向对象的 DBMS，使之成为对象—关系型 DBMS。

1.7.7　工程数据库

工程数据库是一种能存储和管理各种工程图形，并能为工程设计提供各种服务的数据库，这些工程数据具有空间数据的所有特点，只是表示的坐标在一个局部工程环境内。它适用于计算机辅助设计与制造（CAD/CAM）、计算机集成制造(CIM)等通称为计算机辅助应用的工程应用领域。工程数据库针对工程应用领域的需求，对工程对象进行处理，并提供相应的管理功能及良好的设计环境。在工程数据库的设计过程中，由于传统的数据模型难以满足计算机辅助应用对数据模型的要求，需要运用当前数据库研究中的一些新的模型技术，如扩展的关系模型、语义模型、面向对象的数据模型。所以，满足各种工程应用，具有语义的数据模型研究和实现是工程数据研究的重要内容。

1.7.8　统计数据库

统计数据是人类对现实社会各行各业、科技教育、国情国力的大量调查数据。大多数统计数据都可以和空间位置联系起来，可以利用空间数据库技术丰富统计数据库的各种处理和表现形式。采用数据库技术实现对统计数据的管理，对于充分发挥统计信息的作用具有决定性的意义。统计数据库是一种用来对统计数据进行存储、统计（如计算数据的平均值、最大值、最小值、总和等）、分析的数据库系统。第一，多维性是统计数据的第一个特点，也是最基本的特点。第二，统计数据是在一定时间（年度、月度、季度）期末产生大量数据，故入库时总是定时的大批量加载。经过各种条件下的查询以及一定的加工处理，通常又要输出一系列结果报表。这就是统计数据的"大进大出"特点。第三，统计数据的时间属性是一个最基本的属性，任何统计量都离不开时间因素，而且经常需要研究时间序列值，所以统计数据又有时间向量性。第四，随着用户对所关心问题的观察角度不同，统计数据查询出来后常有转置的要求。

1.7.9　时态数据库

在实际应用中，数据往往随时间而变化。我们称随时间而变化的数据为时态数据。很多数据库应用都涉及时态数据。这些应用不仅需要存取数据库的当前状态，也需要存取数据库随时间变化的情况。空间数据的特点之一是和时间的相关性，利用空间数据库技术可以为时态数据库提供更好的管理和输出效果。

管理时态数据的数据库系统需要对时间语义提供 3 方面的支持：时间点、时间间隔、与时间有关的关系。传统数据库管理系统在时态数据的表示上有两种局限性。第一种局限性是；不保存数据库改变的历史。每一个数据更新操作都删除了更新前的事实。数据库仅仅保存某个领域的当前状态，而不能保存这个领域的历史状态。第二种局限性是；数据一进入数据库就立即生效。在很多应用中，数据的录入时间（即数据进入数据库的时间）和数据可以被利用的时间是不同的。

为了克服这两种局限性，我们需要新的数据模型。这种数据模型必须具有如下能力：①能够准确地表示时态数据的时间语义；②能够区分随时间变化的信息和与时间无关信息并分别表示之。除了数据模型方面的要求以外，时间数据库应用在查询语言、存取方法、物理组织等数据库管理系统的各个方面都需要新的技术。

1.7.10　实时数据库

实时数据库是用于实时应用的数据库，如股票市场监控系统中的数据库、工业工程控制系统中的数据库、雷达跟踪与控制系统中的数据库、卫星接收处理中的数据库、和位置相关的环境变化数据等。用于实时数据库管理的数据库系统称为实时数据库系统。实时应用的实时性使得实时数据库系统中的事务具有严格的时间约束，如起始运行时间、结束时间等。

实时数据库系统的正确性不仅依赖于数据处理的结果，而且还依赖于结果产生的时间。实时数据库系统与传统数据库系统和实时系统既有很多相似之处也有很多不同之处，这三者的主要区别如下：传统数据库不考虑单个事务的响应时间，实时系统忽略数据库的一致性，实时数据库把事务的时间约束处理和数据库完整性处理有机地结合为一体。

实时数据库系统的核心问题是如何把事务的时间约束处理和数据库完整性处理有机地结合为一体。我们需要深入地研究实时数据库系统的一系列新问题，如实时数据库的物理组织、实时事务的模型、实时事务的调度策略、并发控制和恢复的协议与算法、查询处理算法等。所有这些问题的核心是保证最小化违背时间约束事务的数量。

1.8　GIS 工具介绍

1.8.1　ESRI 产品系列

ESRI 公司（Environmental Systems Research Institute Inc.）于 1969 年成立于美国加利福尼亚州的 Redlands 市，公司主要从事 GIS 工具软件的开发和 GIS 数据生产。 ESRI 的产品中，最主要的是运行于 UNIX/Windows NT 平台上的 ArcInfo，它由两部分组成：Workstation ArcInfo 和 Desktop ArcInfo。

① Workstation ArcInfo 基于拓扑数据模型，实现了图库（Map Library）的管理，并且具有了栅格数据的分析功能，支持栅格矢量一体化查询和叠加显示。此外，ArcInfo 还提供了二次开发语言 AML 以及开放开发环境 ODE，以便于用户定制自己的 GIS 应用。Workstation ArcInfo 提供了最基本的 GIS 功能，包括数据录入和编辑、投影变换、制图输出、查询分析及其分析功能（缓冲区分析、叠加复合分析等）。除了上述基本功能以外，Workstation ArcInfo 还通过一些扩展模块

实现特定的专门功能。

TIN：基于不规则三角网的地表模型生成、显示和分析模块，可以根据等高线、高程点、地形线生成 DEM，并进行通视、剖面、填挖方计算等。

GRID：栅格分析处理模块，可以对栅格数据进行输入、编辑、显示、分析、输出，其分析模型包括基于栅格的市场分析、走廊分析、扩散模型等。

NETWORK：网络分析模块，提供了最短路径选择、资源分配、辖区规划、网络流量等功能，可以应用于交通、市政、电力等领域的管理和规划。

ARCSCAN：扫描矢量化模块。

ARCSTORM：基于客户机/服务器机制建立的数据库管理模块，可以管理大量的图库数据。

COGO：侧重于处理一些空间要素的几何关系，用于数字测量和工程制图。

ArcPress：图形输出模块，可以将制图数据转换成为 PostScript 格式，并可分色制版。

ArcSDE：SDE 指空间数据引擎（Spatial Database Engine），它是一个连续的空间数据模型，通过它可以将空间数据加入到关系数据库管理系统中去，并基于客户机/服务器机制提供了对数据进行操作的访问接口，支持多用户、事物处理和版本管理。用户可以以 ArcSDE 作为服务器，定制开发具体的应用系统。

② Desktop ArcInfo 包括 3 个应用：ArcMap、Arc Catalog 和 Arc Toolbox。ArcMap 实现了地图数据的显示、查询和分析；Arc Catalog 用于基于元数据的定位、浏览和管理空间数据；Arc Toolbox 是由常用数据分析处理功能组成的工具箱。

③ ArcView GIS 是 ESRI 的桌面 GIS 系统，它以工程为中心，实现了对地图数据、结构化的属性数据、统计图、地图图面配置、开发语言等多种文档的管理。除了提供脚本语言 Avenue 使用户可以定制系统以外，ArcView 还以"插件"的形式提供了一些扩展模块，包括 Spatial Analyst：栅格数据的建模分析；Network Analyst：网络分析；ArcPress：制图输出；3D Analyst：利用 DEM 实现三维透视图的生成；Image Analyst：影像分析处理；Tracking Analyst：通过直接接收、回放实时数据，实现对 GPS 的支持。

④ MapObjects 是一组供应用开发人员使用的 GIS 功能 OCX（OLE Custom Control）控件，用户可以采用其他的支持 OCX 的开发平台，如 Visual Basic，Delphi 等，集成 MapObjects，建立具体的应用系统。

⑤ ArcFM 支持公共设施规划、管理和服务的模块。

⑥ Internet Map Server(IMS)实现了 Internet 上地理数据发布功能。

1.8.2　MapInfo 产品系列

MapInfo 公司于 1986 年成立于美国特洛伊（Troy）市，成立以来，该公司一直致力于提供先进的数据可视化、信息地图化技术，其软件代表是桌面地图信息系统软件——MapInfo。

① MapInfo Professional 是 MapInfo 公司主要的软件产品，它支持多种本地或者远程数据库，较好地实现了数据可视化，生成各种专题地图。此外还能够进行一些空间查询和空间分析运算，如缓冲区等，并通过动态图层支持 GPS 数据。

② MapBasic 是为在 MapInfo 平台上开发用户定制程序的编程语言，它使用与 BASIC 语言一致的函数和语句，便于用户掌握。通过 MapBasic 进行二次开发，能够扩展 MapInfo 功能，并与其他应用系统集成。

③ MapInfo ProServer 是应用于网络环境下的地图应用服务器，它使得 MapInfo Professional

运行于服务器端，并能够响应应用户的操作请求；而客户端可以使用任何标准的 Web 浏览器。由于在服务器上可以运行多个 MapInfo Professional 实例，以满足用户的服务请求，从而节省了投资。

④ MapInfo MapX 是 MapInfo 提供的 OCX 控件。

⑤ MapInfo MapXtrem 是基于 Internet/Extranet 的地图应用服务器，它可以用于帮助配置企业的 Internet。

⑥ SpatialWare 是在对象—关系数据库环境下基于 SQL 进行空间查询和分析的空间信息管理系统。在 SpatialWare 中，支持简单的空间对象，从而支持空间查询，并能产生新的几何对象。在实际应用中，一般使用 SpatialWare 作为数据服务器，而 MapInfo Professional 作为客户端，可以提高系统开发效率。

⑦ Vertical Mapper 提供了基于网格的数据分析工具。

1.8.3　SuperMap 产品系列

SuperMap GIS 是超图软件研制的大型地理信息系统软件系列，适用于从嵌入式设备到个人电脑、从工作站到大型服务器、从单机环境到网络环境、从局域网到互联网等多种应用环境。SuperMap GIS 集成了许多新的技术。

① 统一的技术内核。SuperMap GIS 系列软件具有相同的数据模型，具有统一的地图配置，各个组件之间可以自由交换信息而不需要任何额外的处理。

② 企业级的网络服务器。采用基于面向服务的开发与架构。

③ 多源数据集成技术。支持多种数据格式转换，可与流行的 GIS 和 CAD 软件交换数据，支持多种文本、图形和影像格式，流行的文本交换格式、二进制数据格式等。多源空间数据无缝集成技术无须转换就可以直接访问多种格式的数据。全面支持 OpenGIS GML 3.0 标准，把每一个数据集和每一个几何对象输出为 XML 字符串；同时也可以从 XML 字符串创建几何对象。

④ 海量空间数据管理技术。多级混合空间索引技术，采用了基于四叉树、R 树和网格的多级混合索引技术，海量空间数据库引擎技术 SDX+，海量影像数据管理技术。

⑤ 至强的地图编辑功能。直接使用 GIS 软件进行数据建库、管理、更新和开发工作。灵活的交互式地图编辑，内嵌了几十种不同类型的几何对象，包括简单的点、线、面、文本和复杂的参数化几何对象、复杂几何对象等。

超强智能捕捉功能。线捕捉：当前线水平垂直捕捉、当前线经过点捕捉、当前线固定角度捕捉、当前线固定长度捕捉；当前线与被捕捉线性地图要素平行和当前线与被捕捉线性地图要素垂直；点捕捉：当前鼠标点在其他线性要素的延长线上、当前鼠标点在其他线性要素上、当前鼠标点在其他线性要素中点和当前鼠标点在其他点要素上等。半自动跟踪矢量化，支持黑白和彩色，支持对矢量面对象的自动跟踪。自动维护拓扑关系：编辑网络数据集时，完成了结点与弧段的关系等拓扑维护。无限次 Undo/Redo 功能。

⑥ 完整的数据安全机制。空间数据库的数据安全：采用关系数据库存储空间数据，系统管理员可以在服务器端定义每一个客户端的访问账号、密码和权限，客户端系统则只能在规定的权限范围内访问或使用空间数据，无法得到原始数据。文件型数据安全：提供了文件格式数据（SDB）的密码保护功能。影像数据安全：把影像数据存储于空间数据库和 SDB 文件中，通过上述数据库和文件的保密技术对其进行安全保护；支持 MrSID 影像数据格式的密码功能。

⑦ 丰富的制图与地图表达。精美的地图显示；方便的符号制作与管理工具；填充模式编辑器；规整的地图排版布局。

⑧ 完善的空间分析功能。三维建模与分析（3D Analysis）：内置了三维可视化引擎内核，允许像二维地图一样把多个图层叠加在一起显示，并能对每个图层进行控制。网络分析（Network Analysis）：网络分析功能包括最短及最佳路径分析；关键点和关键边分析；旅行商分析；最近设施查找；服务区分析；资源分配；选址分析等。缓冲区分析（Buffer Analysis）：对点、线、面对象创建普通缓冲区，也可以创建环状缓冲区、多级缓冲区、多对象复合缓冲区和不对称缓冲区等分析功能。叠加分析（Overlay Analysis）：在几何对象与矢量数据集之间、矢量数据集相互之间进行；提供了 Intersect、Identity、Union、Clip 和 Erase 等分析功能。栅格分析（Grid Analysis）：提供了栅格数据之间的加、减、乘、除四则运算，而且提供了乘方、开方、对数和三角函数等任意复杂的混合运算。自由扩展栅格分析模型：提供了基于地形表面的水文分析功能，包括伪洼地填充、生成流向图、勾绘流域面、水系提取和累积汇水量等功能。

⑨ Web 富客户端开发：为二次开发用户提供了基于 Ajax 技术的开发方式——AjaxMap，开发者使用 AjaxMap 可以快速构建起一套应用网站。

1.8.4 Intergraph 产品系列

Intergraph 公司成立于 1969 年，总部位于美国阿拉巴马州的汉斯维尔市，公司致力于计算机辅助设计、制造以及专业制图领域的硬件软件以及服务支持。Intergraph 提供的 GIS 产品包括专业 GIS 系统（MGE）、桌面 GIS 系统（GeoMedia），以及因特网 GIS 系统（GeoMedia Web Map）。

① MGE 构成了 Intergraph 专业 GIS 软件产品族，提供了从扫描图像矢量化，拓扑空间分析到地图整饰输出的基本 GIS 功能，此外还包括了其他一些扩展模块，实现了图像处理分析、网络分析、格网分析、地形模型分析，以及基于真三维的地下体分析等一系列增强功能。

② GeoMedia Professional 设计成为与标准关系数据库一起工作，用于空间数据采集和管理的 GIS 产品，它将空间图形数据和属性数据都存放于标准关系数据库中，支持多种数据源，包括其他 GIS 软件厂商的数据文件以及多种关系数据库；实现了矢量栅格的集成操作；提供了多种空间分析功能。GeoMedia Network 用于交通网络以及逻辑网络的管理、分析、规划，具体包括最短路径查询、线路规划等功能。GeoMedia SmartSketch：提供的图形编辑能力。GeoMedia Relation Moduler：建立设备间的网络关系。GeoMedia Object：GeoMedia 是基于控件的系统，它包含多个 OCX 控件，基于栅格数据的分析模块，可以将地理数据写入 Oracle 数据库并读出。

③ GeoMedia WebMap 是 Intergraph 提供的基于因特网的空间信息发布工具，提供了多源数据的直接访问和发布，并且支持多种浏览器。GeoMedia WebMap Enterprise 提供了空间分析服务，如缓冲区分析、路径分析、地理编码等。

1.8.5 MapGIS 产品系列

MapGIS 是中国地质大学开发的地理信息系统软件，功能模块包括：

① 数据输入模块：提供了各种的空间数据输入手段，包括数字化仪输入，扫描矢量化输入以及 GPS 输入；

② 数据处理模块：可以对点、线、多边形等多种矢量数据进行处理；

③ 数据输出：可以将编排好的图形显示到屏幕或者输出到指定设备上，也可以生成 PostScript 或 EPS 文件；

④ 数据转换：提供了 MapGIS 与其他系统之间数据转换的功能；

⑤ 数据库管理：实现了对空间和属性数据库管理和维护；

⑥ 空间分析：提供了包括 DTM 分析、空间叠加分析、网络分析等一系列空间分析功能；

⑦ 图像处理：图像配准镶嵌以及处理分析模块；

⑧ 电子沙盘系统：实时生成地形三维曲面；

⑨ 数字高程模型：可以根据离散高程点或者等高线插值生成网格化的 DEM，并进行相应的分析，如剖面分析、遮蔽角计算等。

1.8.6 GeoStar 产品系列

GeoStar（吉奥之星）是武汉测绘科技大学开发的、面向大型数据管理的地理信息系统软件，其功能模块包括：

① GeoStar：是整个系统的基本模块，提供的功能包括空间数据管理、数据采集、图形编辑、空间查询分析、专题制图和符号设计、元数据管理等；

② GeoGrid：数字地形模型和数字正射影像的处理、分析模块；

③ GeoTIN：利用离散高程点建立 TIN，进而插值得到 DEM，并进行相关分析运算和三维曲面生成；

④ GeoImager：可以进行遥感图像的处理和影像制图；

⑤ GeoImageDB：可以建立多尺度的遥感影象数据库系统；

⑥ GeoSurf：利用 Java 实现的因特网空间信息发布系统；

⑦ GeoScan：图像扫描矢量化模块，支持符号识别。

1.8.7 CityStar 产品系列

CityStar（城市之星）地理信息系统软件由北京大学开发研制，是一个面向桌面应用的 GIS 平台，其具体模块包括：

① CityStar 编辑模块：矢量数据的录入、编辑；

② CityStar 查询分析模块：矢量栅格综合的空间数据管理、查询、分析模块；

③ CityStar 制图模块：提供了地图的整饰输出以及符号制作功能；

④ CityStar 扫描矢量化模块：提供了线状图形扫描、细化、跟踪并矢量化的一系列操作；

⑤ CityStar 可视开发模块：包括 OCX 控件，使用户可以进行二次开发；

⑥ CityStar 遥感图像处理模块：提供了从遥感图像纠正到增强、变换、分类以提取专题信息整个流程的功能；

⑦ CityStar 数字地形模块：等值线、离散点插值生成 DEM，并基于 DEM 进行各种分析；

⑧ CityStar 三维模块：基于 DEM 的三维曲面生成和查询分析；

⑨ CityStar GPS 模块：GPS 数据的接收、显示和分析。

习 题

1. 给出空间数据、空间信息和空间数据库的含义。

2. 空间数据的基本类型有哪些？空间数据基本特征有哪些？

3. 简述空间信息系统的组成和功能。

4. 定义空间相关数据。

5. 定义位置数据和属性数据。
6. 空间数据的基本类型有哪些？
7. 空间数据的基本特征有哪些？
8. 什么是空间数据结构？
9. 空间数据库的特点有哪些？
10. 空间数据库的作用有哪些？
11. 简述空间信息系统的组成。
12. 简述空间信息系统的功能。
13. 实验题：了解一种 GIS 产品。选用 ESRI 系列产品，熟悉通用的 GIS 工具的基本功能。

第2章
空间数据基础

数据是空间信息系统的最基础的组成部分，空间数据是 GIS 的操作对象，是现实世界经过模型抽象的实质性内容。一个空间信息系统必须建立在准确合理的地理数据基础上。数据包括空间数据和属性数据，空间数据的表达可以采用栅格和矢量两种形式，空间数据包括地理空间实体的位置、大小、形状、方向以及几何拓扑关系，属性数据包括空间实体的空间属性以外的其他属性特征，属性数据是对空间数据的说明。

空间数据结构是指空间数据适合于计算机存储、管理、处理的逻辑结构，即空间数据以什么形式在计算机中存储和处理，它是指空间数据在计算机内的组织和编码形式。它是一种适合于计算机存储、管理和处理空间数据的逻辑结构，是地理实体的空间排列和相互关系的抽象描述。空间数据结构是指空间数据的编排方式和组织关系。空间数据编码是指空间数据结构的具体实现，是将图形数据、影像数据、统计数据等资料按一定的数据结构转换为适合计算机存储和处理的形式。

对空间数据的有效利用，要求空间数据的规范化和标准化。应用于地学领域的数据库不但要提供空间和属性数据，还应该包括大量的引导信息以及由纯数据得到的推理、分析和总结等，这些都是由空间数据的元数据系统实现的。

2.1　空间坐标系统

根据大地测量学的研究成果，地球表面几何模型可以分为 4 类。

第一类是地球的自然表面，它是一个起伏不平、十分不规则的表面，包括海洋底部、高山高原在内的固体地球表面。固体地球表面的形态是多种成分的内、外地貌应力在漫长的地质时代里综合作用的结果，难以用一个简洁的数学表达式描述出来，不适合于数字建模，在诸如长度、面积、体积等几何测量中都面临着十分复杂的困难。

第二类是相对抽象的面即大地水准面。地球表面的 72% 被流体状态的海水所覆盖，可以假设当海水处于完全静止的平衡状态时，从海平面延伸到所有大陆下部，而与地球重力方向处处正交的一个连续、闭合的水准面。以大地水准面为基准，可以方便地用水准仪完成地球自然表面上任意一点高程（海拔高度）的测量。

第三类是以大地水准面为基准建立起来的地球椭球体模型。在测量和制图中用旋转椭球来代替大地球体称地球椭球体。地球椭球体表面是一个规则的数学表面。

第四类是数学模型，是在解决其他一些大地测量学问题时提出来的，如类地形面（Telluriod）、准大地水准面、静态水平衡椭球体等。

地球坐标框架是指定义、规范和度量运行在数字地球环境下的海量多维时空信息的坐标参照系统。主要内容包括地球参考椭球体、空间坐标系统等内容。地球坐标框架是组织和管理浩如烟海的数字地球中全方位、多平台、多格式空间地理信息的数学基础。

2.1.1　地理空间坐标系的建立

建立地理空间坐标系，确定地面点的位置，用地理坐标（纬度、经度）来表示。地理坐标系是以地理极（北极、南极）为极点。地理极是地轴（地球椭球体的旋转轴）与椭球面的交点，如图 2-1 所示，N 为北极，S 为南极。所有含有地轴的平面，均称为子午面。子午面与地球椭球体的交线，称为子午线或经线。经线是长半径为 a、短半径为 b 的椭圆。所有垂直于地轴的平面与椭球体面的交线，称为纬线。纬线是不同半径的圆。赤道是其中半径最大的纬线。

设椭球面上有一点 A（见图 2-1），通过 A 点作椭球面的垂线，称为过 A 点的法线。法线与赤道面的交角，叫作 A 点的纬度，通常以字母 ψ 表示。纬度从赤道起算，在赤道上纬度为 0°。过 A 点的子午面与通过英国格林尼治天文台的子午面所夹的二面角，叫作 A 点的经度，通常以字母 λ 表示。国际上规定，通过英国格林尼治天文台的子午线为本初子午线（或叫首子午线），作为计算经度的起点。

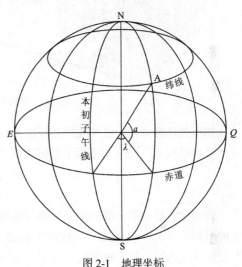

图 2-1　地理坐标

地面上任一点的位置可由该点的纬度和经度来确定，经纬度坐标是一种球面坐标，难以进行距离、方向、面积等参数的计算，最好把地面上的点表示在平面上。用平面坐标表示地面上任何一点的位置，需要把球面展开为平面，地球表面是不可展开的曲面，即曲面上的各点不能直接表示在平面上，必须运用地图投影的方法，建立地球表面的点和平面上点的函数关系，使地球表面上任一个由地理坐标 $(\psi、\lambda)$ 确定的点，在平面上必有一个与它相对应的点。主要考虑二维地理空间的理论问题，对三维地理信息系统中的地理空间，则是在上述笛卡儿平面直角坐标系上加上第三维 z，假设该笛卡儿平面是处处切过地球旋转椭球体的，z 就代表了地面相对于该旋转椭球体表面的高程。

2.1.2　地图投影

将地球椭球面上的点映射到平面上的方法，称为地图投影。地图投影就是指建立地球表面上的球面坐标点与投影平面（即地图平面）上点之间的一一对应关系的方法。用建立数学转换公式的方法将一个不可展平的曲面即地球表面投影到一个平面的基本方法，保证了空间信息在区域上的联系与完整。由于地球球面的不展开特性，投影过程将产生投影变形，变形的性质和大小与采用的投影方法密切相关。

球面上任何一点的位置是用地理坐标经纬度 (λ,ϕ) 表示的，平面上的点的位置是用直角坐标 (x,y) 表示的，要将地球表面上的点转移到平面上，必须确定地理坐标与平面直角坐标之间的关系。这种在球面和平面之间建立点与点之间函数关系的数学方法，就是地图投影方法。地图投影变形是球面转化成平面的必然结果，没有变形的投影是不存在的。地球球面是不可展平的曲面，要把它展成平面，势必会产生破裂与褶皱；这种不连续的、破裂的平面是不适合制作地图的，所以必须采用特殊的方法来实现球面到平面的转化。球面上任何一点的位置取决于它的经纬度，所以实际投影时首先将一些经纬线交点展绘在平面上，并把经度相同的点连接而成为经线，纬度相同的点连接而成为纬线，构成经纬网。然后将球面上的点按其经纬度展绘在平面上相应的位置。地图投影就是研究将地球椭球体面上的经纬线网按照一定的数学法则转移到平面上的方法及其变形问题，如图 2-2 所示。

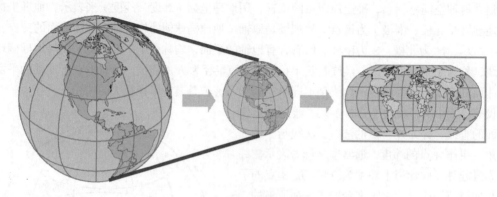

图 2-2 地球投影：地球—比例尺—平面

建立地球椭球面上经纬线网和平面上相应经纬线网的数学基础，也就是建立地球椭球面上的点的地理坐标 (λ, ϕ) 与平面上对应点的平面坐标 (x, y) 之间的函数关系，其数学公式表达为：

$$x = f_1(\lambda, \phi)$$
$$y = f_2(\lambda, \phi)$$

根据地图投影的一般公式，只要知道地面点的经纬度 (λ, ϕ)，就可在投影平面上找到相对应的平面位置 (x, y)，按一定的制图需要，将一定间隔的经纬网交点的平面直角坐标计算出来，并展绘成经纬网，构成地图的"骨架"。经纬网是制作地图的"基础"，是地图的主要数学要素。

2.1.3 投影的分类

1. 投影面不同

根据投影面的不同进行分类，利用透视的关系，将地球体面上的经纬网投影到平面上或可展位平面的圆柱面和圆锥面等几何面上。

① 平面投影（Plane Projection）：又称方位投影，将地球表面上的经、纬线投影到与球面相切或相割的平面上去的投影方法；平面投影大多是透视投影，即以某一点为视点，将球面上的图像直接投影到投影面上去。

② 圆锥投影（Conical Projection）：用一个圆锥面相切或相割于地面的纬度圈，圆锥轴与地轴重合，然后以球心为视点，将地面上的经、纬线投影到圆锥面上，再沿圆锥母线切开展成平面。地图上纬线为同心圆弧，经线为相交于地极的直线。

③ 圆柱投影（Cylindrical Projection）：用一圆柱筒套在地球上，圆柱轴通过球心，并与地球表面相切或相割将地面上的经线、纬线均匀地投影到圆柱筒上，然后沿着圆柱母线切开展平，即成为圆柱投影图网。

2. 投影面位置

根据投影的位置把投影分成以下几种：正轴投影是投影面中心轴与地轴相互重合；斜轴投影

是投影面中心轴与地轴斜向相交；横轴投影是投影面中心轴与地轴相互垂直；相切投影是投影面与椭球体相切；相割投影是投影面与椭球体相割。几何投影的构成如图 2-3 所示。

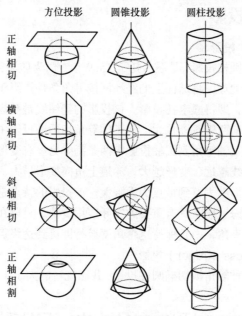

图 2-3　几何投影的构成

2.1.4　投影变形

按照地图投影后的变形方式有以下分类。

① 等角投影（Conformal Mapping）：又称为正形投影，指投影面上任意两方向的夹角与地面上对应的角度相等，即保持图上的图形与实地相似；图上任意点的各个方向上的局部比例尺都应该相等；等角投影中地物形状保持不变，在地图上测量两个地物之间的角度也和实地保持一致。绘制航海图、风向图、洋流图，还有城市规划图中要求规划的结果和实物地形保持相似。

② 等（面）积投影（Equivalent Mapping）：投影完成后地图上任何图形面积经主比例尺放大以后与实地上相应图形面积保持大小不变。等面积投影显示出来的地物相对面积比例准确，但形状会有变化。绘制经济地区图、各个国家的地图应该采取等积投影。

③ 任意投影：投影后的长度、角度、面积可能都有变形，其中有些投影在某个主方向上保持长度比例等于 1。任意投影常用作数学地图、要求沿某一方向保持距离正确的地图。

④ 等距投影：等距投影是一种任意投影，沿某一特定方向的距离，投影之后保持不变，在应用中多把经线绘成直线，并保持沿经线方向距离相等，多用于绘制交通图，该投影既有角度变形又有面积变形。

由于投影的变形，地图上所表示的地物如大陆、岛屿、海洋等的几何特性（长度、面积、角度、形状）也随之发生变形。每一幅地图都有不同程度的变形；在同一幅图上，不同地区的变形情况也不相同。地图上表示的范围越大，离投影标准经纬线或投影中心的距离越长，变形也越大。由于地球是一个赤道略宽两极略扁的不规则的梨形球体，其表面是一个不可展平的曲面，运用任何数学方法进行这种转换都会产生误差和变形，为按照不同的需求缩小误差，就产生了各种投影方法。目前常用的投影方法有墨卡托投影（正轴等角圆柱投影）、高斯—克吕格投影、斜轴等面积方位投影、双标准纬线等角圆锥投影、等差分纬线多圆锥投影、正轴方位投影等。

2.1.5 常用地图投影

1. 墨卡托（Mercator）投影

墨卡托投影为正轴等角圆柱投影，是墨卡托于 1569 年专门为航海目的设计的。令一个与地轴方向一致的圆柱切于或割于地球，将球面上的经纬网按等角条件投影于圆柱表面上，然后将圆柱面沿一条母线剪开展成平面，即得墨卡托投影。该投影的经纬线是互为垂直的平行直线，经线间隔相等，纬线间隔由由赤道向两极逐渐扩大。在正轴等角切圆柱投影中赤道为没有变形的线，随纬度增高面积变形增大。在正轴等角割圆柱投影中两条割线为没有变形的线，在两条标准纬度之间是负向变形，离开标准纬线越远，变形越大，赤道上负向变形最大，两条标准纬线以外呈正变形，离开标准纬线越远，变形越大，到极点为无限大。该投影的特点是：投影图上不仅保持了方向和相对位置的正确，对航海、航空具有重要的实际应用价值。只要在图上将航行的两点连一直线，并量好该直线与经线间夹角，一直保持这个角度航行即可到达终点。

2. 高斯—克吕格（Gauss-Kruger）投影

高斯—克吕格投影是一种等角横切椭圆柱投影，我国现行的大于 1:50 万地形图都采用高斯—克吕格投影。

3. 通用横轴墨卡托（Universal Transverse Mercator，UTM）投影

UTM 投影属于横轴等角椭圆柱投影的系列，是一种"等角横轴割圆柱投影"，椭圆柱割地球于南纬 80°、北纬 84° 两条等高圈，投影后两条相割的经线上没有变形，而中央经线上长度比为 0.9996。该投影角度没有变形，中央经线为直线，且为投影的对称轴，中央经线的比例因子取 0.9996 是为了保证离中央经线左右约 330km 处有两条不失真的标准经线。投影带内变形差异小，其最大长度变形不超过 0.04%。我国的卫星影像资料常采用 UTM 投影。

4. 等角圆锥投影（兰勃特投影）

有一个圆锥其轴与地轴一致，套在地球椭球体上，将椭球体面的经纬线网按照等角的条件投影到圆锥面上，再把圆锥面沿母线切开展平，得到正轴等角圆锥投影的经纬网图形。其中纬线投影成为同心圆弧，经线投影成为向一点收敛的直线束。当圆锥面与椭球体上的一条纬圈相切时为切圆锥投影；当圆锥面相割于椭球面两条纬圈时为割圆锥投影。相切或相割纬圈称为标准纬圈，标准纬圈在圆锥展开前后不变。两条纬线间的经线长度处处相等。在同一条纬线上，其变形值相等。在同一条经线上，标准纬线外侧为正变形，两条标准纬线之间为负变形。切圆锥投影只有正变形，割圆锥投影既有正变形又有负变形。

我国 1：100 万地形图、1：400 万和 1：600 万挂图、全国性的普通地图和专题地图等使用等角割圆锥投影，全国性自然地图中的各种分布图、类型图、区划图，以及行政区划图、人口密度图、土地利用图等均采用等积割圆锥投影。

5. 方位投影

在投影平面上，由投影中心（平面与球面相切的切点，或平面与球面相割的割线的圆心）向各方向的方位角与实地相等，其等变形线是以投影中心为圆心的同心圆。投影适合作区域轮廓大致为圆形的地图。

正轴方位投影：投影中心为地球的北极或南极，纬线为同心圆，经线为同心圆的半径，两条经线间夹角与实地相等。正轴方位投影包括等角、等积、等距 3 种变形性质，用于两极地区图。

正轴等角方位投影：投影后经线长度比与纬线长度比相等，使球面上的微分圆经投影后仍保持正圆形状，不随方向改变而改变；但其长度和面积变形则随离投影中心越远而变形越大。为改善投影区域变形，多采用正轴等角割方位投影。

正轴等距方位投影：由数学家波斯托（G.Postel）于 1581 年设计，又称波斯托投影。投影由投影中心至任意一点的距离均与实地相等，即投影后经线长度比 $m=1$。由于该投影具有由投影中心至任意点的距离和方位均保持与实地不变的特点，应用广泛，多用于两极地区图。

横轴与斜轴方位投影：当平面与球面相切，其切点在赤道上的任意点，称为横轴方位投影；其切点不在极点或赤道，而是介于两者之间的任意点，称为斜轴方位投影。常见的横轴与斜轴方位投影具有等积和等距两种变形性质。

横轴或斜轴等积方位投影：使球面任意一块面积投影后仍然保持不变，其长度变形和角度变形将随距离投影中心的远近变化，距投影中心越近变形越小。横轴等积方位投影主要用于编制东西半球图和非洲地图。斜轴等积方位投影主要用于编制水陆半球图、亚洲地图、欧亚地图、北美洲地图、拉丁美洲地图、大洋州地图及全球航空图等。我国用此投影编制出版的包括南海诸岛完整连续表示的《中华人民共和国全图》，也常用此投影。

横轴或斜轴等距方位投影：其变形分布规律和等角、等积方位投影一样，都在投影中心无变形，距投影中心越远变形越大。横轴等距方位投影适合绘制东西半球图；斜轴等距方位投影适合绘制以机场为投影中心的航行半径图、以震中为投影中心的地震影响范围图、以大城市为投影中心的交通等时线图等。

2.1.6　地图投影的选择依据

1. 制图区域的地理位置、形状和范围

制图区域的地理位置决定了所选择投影的种类。例如，区域在极地位置可选正轴方位投影；区域在赤道附近可选横轴方位投影或正轴圆柱投影；区域在中纬地区可选正轴圆锥投影或斜轴方位投影。

地图的用途和性质：等积投影适用于经济、政治和自然地图；等角投影适用于航行、军事和地形图；等距离投影适合军事地图、普通地图等；任意投影用于教学地图和各种科学一览图。

制图区域形状直接制约地图投影的选择。例如，在对中纬地区，制图区域是沿纬度方向延伸的长形区域，应选择单标准纬线正轴圆锥投影；制图区域是沿经线方向略窄、沿纬线方向略宽的长形区域，应选择双标准纬线正轴圆锥投影；制图区域呈现沿经线方向南北延伸的长形区域应选多圆锥投影；制图区域呈现南北、东西方向差别不大的圆形区域，应选斜轴方位投影等。在低纬赤道附近，沿赤道方向呈东西延伸的长条形区域则应选正轴圆柱投影；呈现东西、南北方向长宽相差无几的圆形区域则选择横轴方位投影。

制图区域的范围大小也影响地图投影的选择。当制图区域范围不太大时，无论选择什么投影，制图区域范围内各处变形差异都不会太大。

2. 制图比例尺

普通地图按地图比例尺可以分为：大比例尺地图——1∶10 万及更大比例尺地图；中比例尺地图——1∶10～1∶100 万比例尺之间的地图；小比例尺地图——1∶100 万及更小比例尺地图。我国把 1∶1 万、1∶2.5 万、1∶5 万、1∶10 万、1∶25 万（过去是 1∶20 万）、1∶50 万、1∶100万 7 种比例尺的普通地图列为国家基本比例尺，统称为地形图。由于不同比例尺地图对精度要求的不同，导致在投影选择上亦各不相同。以我国为例，大比例尺地形图，由于要在图上进行各种

量算及精确定位，因此应选择各方面变形都很小的地图投影，如分带投影的横轴等角椭圆柱投影（如高斯—克吕格投影）。而中小比例尺的省区图，由于概括程度高于大比例尺地形图，因而定位精度相对降低，选用正轴等角、等积、等距的圆锥投影即可满足用图要求。

制图区域大小的影响表现在面积的增大，如大比例尺地图就不需要更多考虑区域的形状和地理位置。实际工作中，凡面积为 500 ~ 600 km^2 的区域，选择投影的变形为 0.5%；面积为 3500 ~ 4000 km^2 的区域，长度变形在 2% ~ 3%即可；若是更大的区域，其长度变形往往超过 3%。对于中等或不大的区域，投影选择一般只考虑几何因素，不必考虑地图的用途和性质。

3. 地图的内容

对同一个制图区域，因地图所表现的主题和内容不同，地图投影选择也不同。例如，交通图、航海图、航空图、军用地形图等要求方向正确的地图，应选择等角投影；自然地图和社会经济地图中的分布图、类型图、区划图等则要求保持面积对比关系的正确，应选用等积投影；世界时区图，为使时区的划分表现得清楚，只能选择经线投影成直线的正轴圆柱投影；中国政区图，为了能完整连续地将祖国的大陆及海疆表现出来，故应选用斜轴方位投影。

4. 中国各种地图投影

中国全国地图投影：斜轴等面积方位投影、斜轴等角方位投影、正轴等面积割圆锥投影、正轴等角割圆锥投影。中国分省（区）地图的投影：正轴等角割圆锥投影、正轴等面积割圆锥投影、正轴等角圆柱投影、高斯—克吕格投影（宽带）。中国大比例尺地图的投影：高斯—克吕格投影。中国大部分地方采用圆锥投影。中国疆域辽阔，纬度跨度很大（有 50° 的纬差），用割投影（双标准纬线）来控制形变。为强调各省区之间和中国与相邻国家之间的面积对比关系，采用等面积投影。

在完成了把地球上任意一点转换到平面上以后，就可以用坐标来表示所有在地球表面的空间实体了。

2.2 空间实体

空间实体（Spatial Entity）是空间信息系统中不可再分的最小单元，包括位置和属性两个部分。位置给出空间实体的几何特征，属性是空间实体的其他特征（如人口数量、林地上林木的平均胸径等）。空间实体是指现实世界中地理实体的最小抽象单位，对二维空间来说，空间实体的类型有点、线和面 3 种。空间检索的目的是对给定的和空间实体的相关信息搜索到给定信息范围内的空间对象，进而对这些对象进行相互关系的分析处理。空间实体可以是一条断裂、一个湖泊、一个高程点等，它们可以用矢量数据点、线、面或栅格的数据表述。

空间对象一般按地形维数进行归类划分，点是零维的空间对象，线是一维的空间对象，面是二维的空间对象，体是三维的空间对象，时间通常以第四维表达，目前还很难处理时间属性。空间对象的维数与比例尺是相关的的。

实体属性是对实体的描述，有属性值的概念并有等级之分；实体要素是实体的点、线、面、体多种要素的复杂组合；实体的描述有识别码、位置、实体特征、实体的角色、行为或功能以及实体的空间特性；实体的特征是实体根据空间特征进行分类，所以常常被认为由一些基本的空间单元组合生成的编码包括空间维数、类型、组合方式说明空间实体的空间特征。

识别码用于区别同类而有不同的实体。

位置可用坐标描述也可用其他形式。

空间特征是未知信息的一种,如维数、类型及实体的组合等。

实体的行为和功能是指在数据采集过程中不仅要重视实体的静态描述,还要设计那些动态的变化,如岛屿的侵蚀、水体污染的扩散、建筑的变形等。

实体的衍生信息如一个实体有许多个名称。

地图是现实世界的模型,它按照一定的比例、一定的投影原则有选择地将复杂的三维现实世界的某些内容投影到二维平面媒介上,并用符号将这些内容要素表现出来。地图上各种内容要素之间的关系,是按照地图投影建立的数学规则,使地表各点和地图平面上的相应各点保持一定的函数关系,在地图上表达地表空间各要素的关系和分布规律,反映它们之间的方向、距离和面积。把地理空间的实体分为点、线、面 3 种要素,分别用点状、线状、面状符号来表示。

2.2.1 点实体

点实体表示一个抽象的点,有位置,无宽度和长度,属于 0 维实体。

地面上真正的点状事物很少,这里点实体是指那些占面积较小,不能按比例尺表示,又要定位的事物。面状物和点状物的界限并不严格,如居民点,在大、中比例尺地图上表示为面状地物,在小比例尺地图上则表示为点状地物。

对点实体的质量和数量特征,用点状符号表示。通常以点状符号的形状和颜色表示质量特征,以符号的尺寸表示数量特征,将点状符号定位于事物所在的相应位置上。图 2-4 所示为几种点状符号举例。

图 2-4 几种点状符号

2.2.2 线实体

线实体有长度,但无宽度和高度,属于一维实体。线实体在网络分析中使用较多,一般度量实体距离。

对于地面上呈线状或带状的事物如交通线、河流、境界线、构造线等,在地图上均用线状符号来表示。对于线状和面状实体的区分,也和地图的比例尺有很大的关系。例如,河流,在小比例尺的地图上表示成线状地物,在大比例尺的地图上表示成面状地物。通常用线状符号的形状和颜色表示质量的差别,用线状符号的尺寸变化(线宽的变化)表示数量特征。图 2-5 所示为几种线状符号。

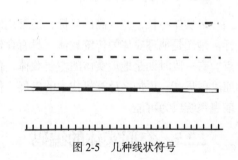

图 2-5 几种线状符号

2.2.3 面实体

面实体是具有长和宽的目标,用来表示自然或人工的封闭多边形,分为连续面和不连续面,属于二维实体。不连续变化曲面:如土壤、森林、草原、土地利用等,属性变化发生在边界上,面的内部是同质的。连续变化曲面:如地形起伏,整个曲面在空间上曲率变化连续。

面状分布有连续分布的,如气温、土壤等;有不连续分布的,如森林、油田、农作物等;它们所具有的特征也不尽相同,有的是性质上的差别,如不同类型的土壤,有的是数量上的差异,如气温的高低等。

用面状符号表示表示不连续分布或连续分布的面状事物的分布范围和质量特征,符号的轮廓线表示其分布位置和范围,轮廓线内的颜色、网纹或说明符号表示其质量特征。例如,土地利用图中，描述的是一种连续分布的面状事物，在地图上通常用地类界与底色、说明符号以及注记等配合表示地表的土地利用情况（见图 2-6）。

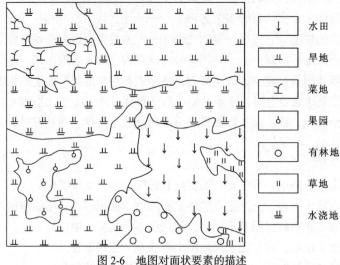

↓	水田
⊥⊥	旱地
⅄	菜地
♂	果园
○	有林地
‖	草地
⊥⊥	水浇地

图 2-6　地图对面状要素的描述

用一组线状符号——等值线表示连续分布的面状事物的数量特征及变化趋势，如等温线、等降水量线、等深线、等高线等，等值线的符号一般是细实线加数字注记，其数值间隔一般是常数，根据等值线的疏密，判断制图对象的变化趋势或分布特征。

通过地图符号形状、大小、颜色的变化及地图注记对这些符号的说明、解释，不仅能表示实体的空间位置、形状、质量和数量特征，而且还可以表示各实体之间的相互联系，如相邻、包含、连接等。

2.2.4　体实体

体实体有长、宽、高的目标，通常用来表示人工或自然的三维目标，如建筑、矿体等三维目标。地图是地理实体的传统载体，具有存储、分析与显示地理信息的功能，因其直观、综合的特点，有一段时期是地理实体的主要载体，但随着人们对地理信息需求量的增加及对其需求质量和速度的提高，再加之计算机技术的发展，使得用计算机管理空间信息，建立具有三维功能的地理信息系统成为可能。

2.2.5　空间实体的编码

空间实体包含语义信息、度量信息和关系结构信息 3 种信息。语义信息表明实体的类型，度量信息描述实体的形状和位置，关系结构信息描述一个实体与其他实体的联系。空间实体的编码是语义信息的数据化，是建立在地理特征的分类及其等级组织基础之上的空间信息数据编码。

空间数据的编码用于表明实体元素在数据分级中的隶属关系和属性性质。编码由主码和子码共同组成，主码表示实体元素的类别，子码则是对实体元素的标识和描述。子码又可分为识别码和描述码（有时还需参数码），识别码用于唯一地标识具体的实体元素，描述码则是对实体元素的进一步性质描述。如果规定编码格式为主码占 3 位，子码占 5 位，则每个属性编码占一个字节。

现有两种常用的编码：层次分类编码表示分类对象的从属和层次关系，有明确的分类对象类别和严格的隶属关系；多源分类编码按空间对象不同特性进行分类并进编码；代码之间没有隶属关系，反映对象特性。下面主要从属性数据的编码原则、编码内容、编码方法方面加以说明。

1. 编码原则

数据的编码要遵循以下原则。

① 编码的系统性和科学性：编码系统在逻辑上必须满足所涉及学科的科学分类方法，以体现该类属性本身的自然系统性，还能反映出同一类型中不同的级别特点。

② 编码的一致性：对象的专业名词、术语的定义等必须严格保证一致，对代码所定义的同一专业名词、术语必须是唯一的。

③ 编码的标准化和通用性：制定的编码系统要遵从标准，编码的标准化是拟定统一的代码内容、码位长度、码位分配和码位格式。

④ 编码的简捷性：每一种编码应该是以最小的数据量载负最大的信息量。

⑤ 编码的可扩展性：编码的设置应留有扩展的余地，避免新对象的出现而使原编码系统失效、造成编码错乱现象。

2. 编码内容

属性编码一般包括 3 个方面的内容：登记部分标识属性数据的序号，用简单的连续编号，也可划分不同层次进行顺序编码；分类部分标识属性的地理特征，可采用多位代码反映多种特征；控制部分通过一定的查错算法，检查在编码、录入和传输中的错误，在属性数据量较大情况下具有重要意义。

3. 编码方法

编码的一般方法是：①列出全部制图对象清单；②制定对象分类、分级原则和指标，将制图对象进行分类、分级；③拟定分类代码系统；④设定代码及其格式，设定代码使用的字符和数字、码位长度、码位分配等；⑤建立代码和编码对象的对照表，这是编码最终成果档案，是数据输入计算机进行编码的依据。属性的科学分类体系是 GIS 中属性编码的基础。下面介绍层次分类编码法与多源分类编码法两种基本类型。

（1）层次分类编码法

层次分类编码法是按照分类对象的从属和层次关系为排列顺序的一种代码，它的优点是能明确表示出分类对象的类别，代码结构有严格的隶属关系。图 2-7 所示为以土地利用类型的编码为例，说明层次分类编码法所构成的编码体系。

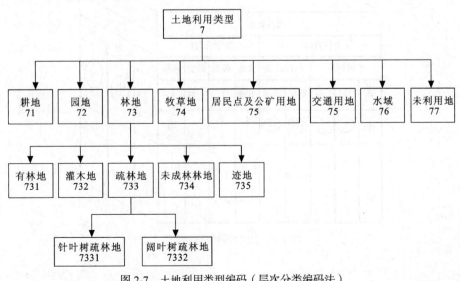

图 2-7　土地利用类型编码（层次分类编码法）

（2）多源分类编码法

多源分类编码法又称独立分类编码法，是指对于一个特定的分类目标，根据诸多不同的分类依据分别进行编码，各位数字代码之间并没有隶属关系。表 2-1 所示是以河流为例说明属性数据多源分类编码法的编码方法。

表 2-1   河流编码的标准分类方案

通 航 情 况	流 水 季 节	河 流 长 度	河 流 宽 度	河 流 深 度
通航：　1 不通航：2	常年河：1 时令河：2 消失河：3	<1 km：　1 <2 km：　2 <5 km：　3 <10 km　4 >10 km　5	<1 m：　1 1~2 m：　2 2~5 m：　3 5~20 m：　4 20~50 m：5 >50 m：　6	5~10 m：　1 10~20 m：　2 20~30 m：　3 30~60 m：　4 60~120 m：　5 120~300 m：6 300~500 m：7 >500 m：　8

例如，表中常年河、通航、河床形状为树形，主流长 7km，宽 25m，平均深度为 50m 在表中表示为：11454。由此可见，该种编码方法一般具有较大的信息载量。有利于对于空间信息的综合分析。

在实际工作中，以上两种编码方法可以结合使用达到更理想的效果。

2.3　空间数据的基本特征

空间数据一般具有如下 3 个基本特征，如图 2-8 所示。

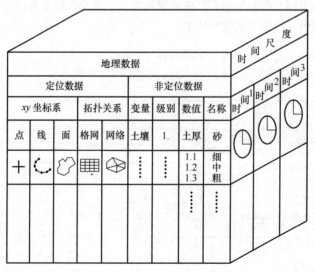

图 2-8　空间数据的基本特征

① 空间特征数据：表示空间实体的位置或现在所处的地理位置以及拓扑关系和几何特征。几何特征又称为定位特征，一般以坐标加以表示。

② 属性特征数据：专题属性是非定位数据。专题属性是指实体所具有的各种性质，如房屋的结构、高度、层数、使用的主要建筑材料、功能等；通常以数字、符号、文本和图像等方式表达。可以通过固定的表格格式详细列出空间实体的参数和描述数据；也可以用图形或图像来描述：通过矢量或栅格表达空间实体，用栅格表达在绘制或显示某一城市的污染专题图时，任意级别的污染区域通过颜色来加以表示；以图形图像表达的属性数据具有隐含的性质，必须通过图例或有关技术规范才能加以理解。

③ 时间特征数据：指现象或物体随时间的变化，其变化的周期有超短期的、短期的、中期的、长期的、超长期的。

空间特征数据和属性特征数据常常呈相互独立的变化，即在不同的时间，空间位置不变，但属性数据可能发生变化，或者相反。对于现有的大量 GIS 系统，由于它们并非是时态（Temporal）GIS 系统，所以把专题属性和时间特征数据统称为属性数据。

2.3.1　空间数据的类型和表示方法

随着信息技术和通信技术的进步，空间数据的类型更加复杂多样。归纳起来，地理空间中的空间数据可以被分为 10 种类型。类型及相关的表示方法如下：

① 分类或分级数据：如环境污染类型、土地类型数据，测量、地质、水文、城市规划等的分类数据等；

② 面域数据：如多边形的中心点，行政区域界线及行政单元等；

③ 网络数据：如道路交点、街道和街区等；

④ 样本数据：如气象站，环境污染监测点，用于航空、航天影像校正的野外控制数据等；

⑤ 曲面数据：如高程点、等高线或等值线区域；

⑥ 文本数据：如地名、河流名称和区域名称；

⑦ 符号数据：如点状符号、线状符号、面状符号等；

⑧ 音频数据：如电话录音、运动中的汽车产生的噪声；

⑨ 视频数据：交通路口的违章摄影、工矿企业大量使用的工业电视；

⑩ 图像数据：航空、航天图像，野外摄影照片等。

根据应用需求和不同的处理方法，通过矢量结构或栅格结构表达上述所有类型的空间数据并做相应的存储处理。

2.3.2　空间数据的拓扑关系及其表示

1. 拓扑属性和非拓扑属性

"拓扑"（Topology）一词来源于希腊文，是"形状的研究"。拓扑学是几何学的一个重要分支，它研究在拓扑变换下能够保持不变的几何属性——拓扑属性。为了更好地理解拓扑变换和拓扑属性，用例子来说明：假设一块高质量的橡皮，它的表面为欧氏平面，它的表面上有由结点、弧段、多边形组成的任意图形。如果只对橡皮进行拉伸、压缩，而不进行扭转和折叠，在橡皮形状变化的过程中，图形的一些属性将继续存在，而一些属性则将发生变化。例如，如果多边形中有一点 A，那么，点 A 和多边形边界间的空间位置关系不会改变，但多边形的面积会发生变化。这时，多边形内的点具有拓扑属性，而面积不具有拓扑属性，拉伸和压缩这样的变换称为拓扑变换。

2. 空间数据的拓扑关系

为真实地描述空间实体，不仅需要反映实体的大小、形状及属性，还要反映出实体之间的相互关系，通过结点、弧段、多边形可以表达任意复杂程度的地理空间实体，结点、弧段、多边形之间的拓扑关系就显得十分重要。结点、弧段、多边形间的拓扑关系主要有如下 3 种。

① 拓扑邻接指存在于空间图形的同类图形实体之间的拓扑关系，如结点间的邻接关系和多边形间的邻接关系。

② 拓扑关联指存在于空间图形实体中的不同类图形实体之间的拓扑关系，如弧段在结点处的联结关系和多边形与弧段的关联关系。

③ 拓扑包含指不同级别或不同层次的多边形图形实体之间的拓扑关系。

在同一有限的空间范围内（如同一外接多边形），具有邻接和关联拓扑关系或完全不具备邻接和关联拓扑关系的多边形处于同一级别或同一层次。

空间数据的拓扑关系，在数据处理和空间分析中具有十分重要的作用：根据拓扑关系就可以确定一种空间实体相对于另一种空间实体的空间位置关系，拓扑数据反映出空间实体间的逻辑结构关系，而且不随地图投影而变化；利用拓扑数据有利于空间数据的查询，如判别某区域与哪些区域邻接；某条河流能为哪些居民区提供水源，某行政区域包括哪些土地利用类型等；利用拓扑数据进行道路的选取，进行最佳路径的计算等。

2.3.3 空间关系

1. 空间关系的描述

空间关系是指地理空间实体对象之间的空间相互作用关系，包括绝对关系和相对关系两大类。绝对关系是空间实体自身固有的特性，如坐标、角度、方位、距离等；相对关系包括拓扑空间关系（Topological Spatial Relationship）、顺序空间关系（Order Spatial Relationship）和度量空间关系（Metric Spatial Relationship）。拓扑空间关系描述空间对象的相邻、包含等；顺序空间关系描述空间对象在空间上的排列次序，如前后、左右、东、西、南、北等；和度量空间关系描述空间对象之间的距离等。

（1）欧氏空间

设 R 表示实数域，V 是 R 上向量的非空集合，如果在 V 上定义了满足如下条件并称为内积的一个二元函数$<x, y>$，则称 V 为 R 的欧氏空间。

非负性：$<x, x> \geq 0$，$<x, x>=0 \Leftrightarrow x=0$，$x \in V$

对称性：$<x, y>=<y, x>$

线性性：$<\alpha x+\beta y, z>= \alpha <x, z>+\beta<y, z>$，$\alpha$，$\beta \in R$；$x, y, z \in V$

直线 R，平面 R^2 和空间 R^3 通过适当的定义内积都是欧氏空间。

在欧氏空间的环境中定义所有空间对象相互间关系可以分为基于集合、拓扑、方位和度量的关系。

（2）基于集合的关系

基于集合的空间对象关系主要有元素与集合的属于及不属于的关系，集合与集合的包含、相交、并等关系。用集合的关系理论适合讨论空间对象间的层次关系，如城市包含公园，公园包含树林等。

（3）基于拓扑的关系

基于拓扑的空间对象关系主要有邻接（meet）、包含（within）和交叠（overlap）。在平面上两个对象 A 和 B 之间的二元拓扑关系是基于以下对象成分的相交（insection）关系：A 的内部——A^o，A 的边界∂A，A 的外部——A-。B 的内部——B^o，B 的边界∂B，B 的外部——B-。对象的这 6 个部分构成 9 种相交情况：$A^o \cap B$，$A^o \cap \partial B$，$A^o \cap B-$；$\partial A \cap B^o$，$\partial A \cap \partial B$，$\partial A \cap B-$；$A- \cap B^o$，A-$\cap \partial B$，A-$\cap B-$。考虑到{0，1}取值情况，可确定有 2 的 9 次方=512 种二元拓扑关系，这里只研究其中的 8 种彼此互斥关系：相离（disjoint），邻接（meet），交叠（overlap），相等（equal），包含（contain），在内部（inside），覆盖（cover）和被覆盖（covered by）。

拓扑空间关系描述空间实体之间的相邻、包含和相交等空间关系，它的建立依据是基于点集拓扑理论，拓扑元素包括点：孤立点、线的端点、面的首尾点、链的连接点；线：两结点之间的有序弧段，包括链、弧段和线段；面：若干弧段组成的多边形；基本拓扑关系包括关联：不同拓扑元素之间的关系；邻接：相同拓扑元素之间的关系；包含：面与其他元素之间的关系；层次：相同拓扑元素之间的层次关系；拓扑元素量之间的关系：欧拉公式。点、线、面之间的拓扑关系如图 2-9 所示。

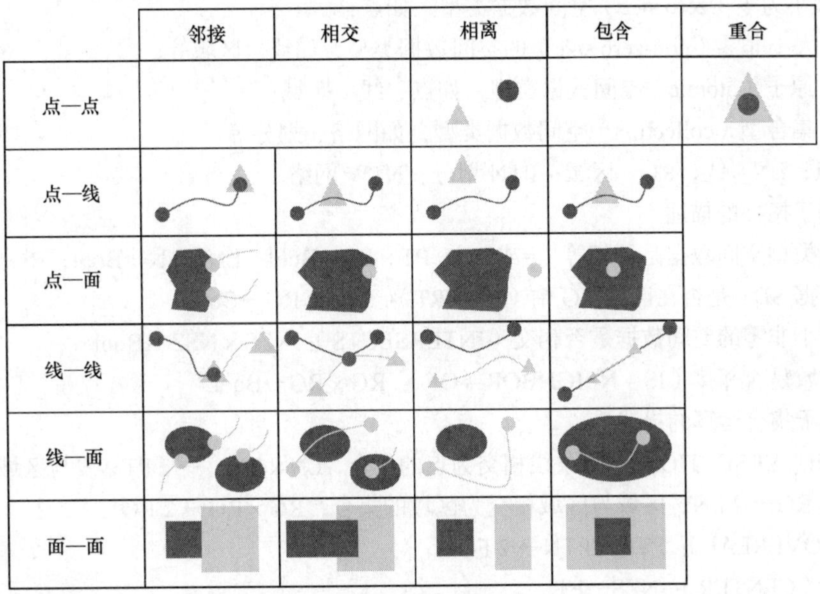

图 2-9　点、线、面之间的拓扑关系

（4）基于方位的关系

绝对方位是在全球定位系统背景下定义的方位，如东、西、南、北，东南、西南、东北等。相对方位是根据与给定目标的方向来定义的方位，如左右、前后、上下等。基于观察者的方位是按照专门指定的参照对象来定义的方位。顺序空间关系描述空间实体之间在空间上的排列次序，如实体之间的前后、左右和东南西北等方位关系。在实际应用中，建立和判别三维欧氏空间中的顺序空间关系比二维欧氏空间中更加具有现实意义。三维欧氏空间中顺序空间关系的建立将为空间实体的三维可视化和虚拟环境的建立奠定必要的技术基础。

（5）基于度量的关系

设有一个集合 E，如果在 E 上定义了一个二元函数 d（x，y），x，y $\in$ E，满足如下条件：

① 非负性：d（x，y）$\geqslant 0$

② 对称性：d（x，y）=d（y，x）

③ 三角不等性：d（x，y）≤d（x，z）+d（z，y）

则称 V 是一个度量空间，d（x，y）称为 V 上的度量函数。

考察一个空间的"测度"，如线段的长度、平面图形的面积、空间立体的体积，以及一个空间对象相对于另一个空间对象的距离等都是基于度量的关系。度量空间关系描述空间实体的距离或远近等关系。距离是定量描述，而远近则是定性描述。

2. 空间数据操作的谓词描述

空间数据操作特别是空间数据查询的基础，是空间对象之间的相互关系，这些操作由现实中的应用所决定。从空间对象相互关系角度考虑的相对比较基本的通用操作，空间数据操作的描述可以有谓词形式、集合形式和代数形式 3 种。

（1）基本符号

先定义空间数据操作中的一些记号。

SDT：空间数据类型；

ZS：大小为零（zero size）空间数据类型，如点；

NZS：大小非零（non-zero size）的空间数据类型，如线、区域等；

ADT：原子（atomic）空间数据类型，如点、线、区域；

CDT：集合型（collection）空间数据类型，如网络、划分等；

PT：点；LN 线；RG 区域；PTN 划分；NTW 网络。

（2）基于拓扑的描述

两个同类型空间数据是否相等（=或≠）：PT×PT→Bool；LN×LN→Bool；RG×RG→Bool

空间数据 SDT 是否在区域 RG 中（INSERT）：SDT×RG→Bool

两个大小非零的空间数据是否相交（INTERSECTS）：NZS×NSZ→Bool

两个区域是否邻接（IS – NEIGHBOR—OF）：RG×RG→Bool

（3）基于集合运算的描述

相交（INTERSECTION）：两条线相交为点的集合，LN×LN → 2 PT；线与区域相交为线的集合，LN×RG→ 2 LN；区域与区域相交为区域的集合，RG×RG→ 2 RG

重叠（OVERLAP）：PTN×PTN→ 2 FG

中心点（CENTER）：NZS→PT

（4）基于度量的描述

两点间距离（DIST）：PT×PT → NUM DIST

两空间图形间的最大、最小距离（MAXDIST，MINDIST）：SDT×SDT→NUM MAXDIST 或 MINDIST

多点的直径（DIAMETER）：PT→ NUM DIAMETER

线的长度（LENGTH）：LN → NUM LENGTH

区域的周长（PERIMETER）或面积（AREA）：RG → NUM PERIMETER 或 AREA

3. 空间关系的集合描述与判断

为了提高查询效率，在空间数据库中把空间对象用点、矩形等简单、规则的图形表示，只讨论这些规则几何图形的空间关系，并把规则的几何图形看作空间中标准的"点集合"，用这些标准集合间关系的描述表示空间数据操作的集合。

（1）一维空间中两个线段的关系

一维空间中两个线段的 7 种可能的关系，分别用记号"=、[、%、]、/、|、<"表示，如图 2-10

所示。其中，（1）～（5）是相交关系，（6）和（7）是非相交关系。

设 A、B 线段的起点和终点分别为 $x1A$，$x2A$，$x1B$，$x2B$，则（1）～（5）的关系可以归纳为

$$\max\{x1A, x1B\} < \min\{x2B, x2B\}$$

（2）二维空间中边平行于坐标轴矩形间的关系

设 A、B 为这种矩形，其左下角坐标和右上角坐标分别为{（$x1A$,$y1A$），（$x2A$,$y2A$）}和{（$x1B$, $y1B$），（$x2B$, $y2B$）}。如果 A 和 B 在 x 轴和 y 轴上的投影分别相交，则 A、B 相交。因此，A、B 相交的条件可以表示为

$$[\max\{x1A, x1B\} < \min\{x2A, x2B\}]和[\max\{y1A, y1B\} < \min\{y2A, y2B\}]$$

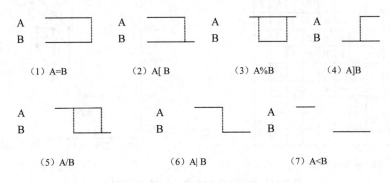

图 2-10 一维空间中两个线段的关系

在空间数据库中，空间关系用函数表示，提供给空间数据进行各种操作。对拓扑空间关系和度量空间关系的算法较为简单，而顺序空间关系的判别方法则较为复杂，特别是在三维欧氏空间中更是如此。

2.4 空间数据结构

空间数据结构是对空间数据进行合理的组织用于计算机的处理。空间数据结构指适合于计算机存储、管理、处理的几何数据的逻辑结构，是几何数据以什么形式在计算机中存储和处理。数据结构的选择主要取决于数据的性质和使用的方式。空间数据结构是指对空间数据逻辑模型描述的数据组织关系和编排方式，对空间信息系统中数据存储、查询检索和应用分析等操作处理的效率有着至关重要的影响。空间数据结构分为矢量数据结构和栅格数据结构两种，如图 2-11 所示。

1. 矢量数据结构

矢量数据结构是利用欧几里得几何学中的点、线、面及其组合体来表示地理实体空间分布的一种数据组织方式。这种数据组织方式能最好地逼近地理实体的空间分布特征，数据精度高，数据存储的冗余度低，便于进行地理实体的网络分析。矢量数据结构通过记录空间对象的坐标及空间关系表达空间对象的几何位置，通过记录实体坐标及其关系，尽可能精确地表现点、线、多边形等地理实体，坐标空间设为连续，允许任意位置、长度和面积的精确定义。矢量数据结构直接以几何空间坐标为基础，记录取样点坐标。

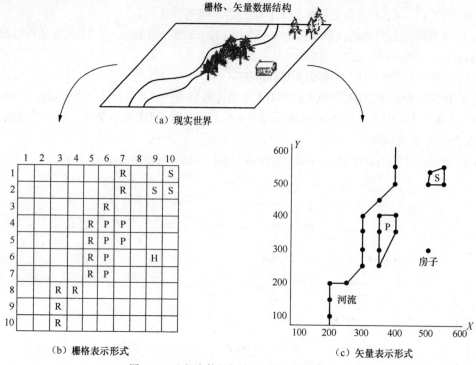

图 2-11　空间实体的栅格、矢量数据结构表示

　　矢量数据结构中，传统的方法是几何图形及其关系用文件方式组织，而属性数据通常采用关系型表文件记录，两者通过实体标识符连接。矢量数据结构——通过坐标值来精确地表示点、线、面等地理实体，点由一对 x，y 坐标表示，线由一串有序的 x，y 坐标对表示，面由一串有序的、且首尾坐标相同的 x，y 坐标对表示。矢量数据结构可以表示现实世界中各种复杂的实体，并包含空间实体的拓扑信息，便于深层次分析，且其输出质量好、精度高。

　　矢量数据的获取方式通常有：

①　由外业测量获得，利用测量仪器自动记录测量成果，然后转到空间数据库中；

②　由栅格数据转换，利用栅格数据矢量化技术把栅格数据转换为矢量数据；

③　跟踪数字化，用跟踪数字化的方法，把地图变成离散的矢量数据。

2．栅格数据结构

　　栅格数据是按网格单元的行与列排列、具有不同灰度或颜色的阵列数据。栅格结构是大小相等分布均匀、紧密相连的像元（网格单元）阵列来表示空间地物或现象分布的数据组织。是最简单、最直观的空间数据结构，它将地球表面划分为大小、均匀、紧密相邻的网格阵列。每一个单元（像素）的位置由它的行列号定义，所表示的实体位置隐含在栅格行列位置中，数据组织中的每个数据表示地物或现象的非几何属性或指向其属性的指针。栅格结构表示基本空间数据类型的方法为：点实体由一个栅格像元来表示；线实体由一定方向上连接成串的相邻栅格像元表示；面实体（区域）由具有相同属性的相邻栅格像元的块集合来表示。栅格结构的特点：数据直接记录属性的指针或属性本身，而其所在位置则根据行列号转换成相应的坐标给出，定位是根据数据在数据集合中的位置得到的。

2.5　矢量数据结构

矢量数据结构——通过坐标值来精确地表示点、线、面等地理实体的方法。矢量数据结构通过记录实体坐标及其关系，尽可能精确地表示点、线、多边形等地理实体，坐标空间设为连续，允许任意位置、长度和面积的精确定义。矢量数据结构直接以几何空间坐标为基础，记录取样点坐标。

2.5.1　矢量数据结构编码的基本内容

矢量数据的基本内容包括对基本空间数据实体的矢量表达，即简单的实体结构。

1. 点实体

最简单点的矢量数据结构包括标识码和 x、y 坐标两个部分，其中标识码是按一定的原则编码，简单情况下可顺序编号。标识码具有唯一性，是联系矢量数据和与其对应的属性数据的关键字。根据空间数据库的不同数据模型，属性数据单独存放在数据库中，空间数据和属性数据存放在不同的系统中，它们用标识码联系。在点的矢量数据结构中也可包含属性码，即点这时的数据结构为标识码、属性码和 x、y 坐标 3 个部分；属性码表示与实体有关的基本属性（如等级、类型、大小等）作为属性码。属性码可以有一个和多个。

点实体表示由一对 x，y 坐标定位的一切地理或制图实体，点在空间上是不可再分的，可以是具体的也可以是抽象的，如地物点、文本位置点或线段网络的结点等，如果点是一个与其他信息无关的符号，则应记录符号类型大小、方向等信息；如果点是文本实体，记录的数据应包括字符大小、字体、排列方式、比例、方向以及与其他非图形属性的联系方式等信息。对其他类型的点实体也应做相应的处理。图 2-12 所示为点实体的矢量数据结构的一种组织方式。

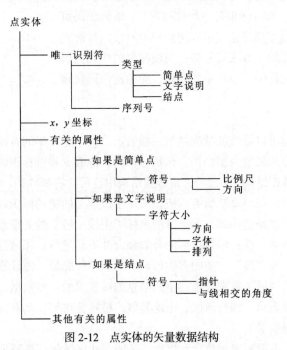

图 2-12　点实体的矢量数据结构

2. 线实体

线(链)的矢量数据结构包括标识码、坐标对数 n 和 x，y 坐标串 3 个部分；标识码的含义与点的说明相同，线的表示可以是线段（只有首尾两个结点）或折线（有多个结点组成），在这里要给出坐标对数 n 和 x，x 坐标序列说明线的空间表示。坐标对数 n 是构成该线（链）的坐标对的个数。x，y 坐标串是构成线（链）的矢量坐标，共有 n 对。可把所有线（链）的 x，y 坐标串单独存放，这时只给出指向坐标串的首地址指针。线实体的属性码表示线的类型、等级、是否要加密、光滑等，属性数据单独存放在数据库中，用标识码联系，组成完整的线实体的定义。

线实体定义为直线元素组成的各种线性要素，直线元素由两对 x，y 坐标定义，最简单的线实体只存储它的起止点坐标、属性、显示符等有关数据。符号信息说明线实体的输出方式，虽然线实体并不是以虚线存储，线实体输出时可能用实线或虚线描绘。

弧、链是 n 个坐标对的集合，描述任何连续而又复杂的曲线。组成曲线的线元素越短，x，y 坐标数量越多，越逼近于一条复杂曲线，在节省存储空间和精确地描绘曲线的要求下，增加数据处理工作量来输出较精确的曲线，在线实体的纪录中加入一个指示字，该指示字告诉输出程序需要数学内插函数（如样条函数）加密数据点且与原来的点匹配。弧和链的存储记录中也要加入线的符号类型等信息。

在供排水网和道路网分析中，线的网络结构即线或链携带彼此互相连接的空间信息是不可少的信息。在数据结构中建立指针系统让计算机在复杂的线网结构中逐线跟踪每一条线，指针的建立结点为基础，如建立水网中每条支流之间连接关系，指针系统包括结点指向线的指针，每条从结点出发的线汇于结点处的角度等，从而完整地定义线网络的拓扑关系。

线实体用来表示线状地物（公路、水系、山脊线等）、符号线和多边形边界，有时也称为"弧"、"链"、"串"等，其矢量结构如图 2-13 所示。唯一标识是系统排列序号；线标识码可以标识线的类型；起始点和终止点可以用点号或直接用坐标表示；显示信息是显示线的文本或符号等；与线相联的非几何属性可以直接存储于线文件中，也可单独存储，而由标识码联接查找。

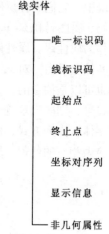

图 2-13　线实体矢量编码的基本内容

3. 面实体

面的矢量数据结构可以像线的数据结构一样表示，只是坐标串的首尾坐标相同。这里介绍链索引编码的面（多边形）的矢量数据结构，包括标识码、链数 n 和链标识码集单个部分。标识码的含义同点和线的矢量数据结构，在面的矢量数据结构中也可含有属性码。链数 n 是指构成该面（多边形）的链的数目。链标识码集是所有构成该面（多边形）的链的标识码的集合，共有 n 个。一个面（多边形）就可由多条链构成，每条链的坐标可由线（链）的矢量数据结构获取。这种方法可保证多边形公共边的唯一性；但多边形的分解和合并不易进行；邻域处理比较复杂，需追踪出公共边；在处理"洞"或"岛"之类的多边形嵌套问题时较麻烦，需计算多边形的包含等。

多边形（有时称为区域）数据是描述空间信息的最重要的一类数据，具有名称属性和分类属性的的实体多用多边形表示，如行政区、土地类型、植被分布等；具有标量属性的有时也用等值线描述（如地形、降雨量等）。

多边形矢量编码，不但要表示位置和属性，还能表达区域的拓扑特征，如形状、邻域、层次结构等，使该多边形可以作为专题图的资料进行显示和操作，基于多边形的运算多而复杂导致此多边形矢量编码比点和线实体的矢量编码要复杂得多。

多边形数据结构编码需要对多边形网做如下规定。

① 组成地图的每个多边形应有唯一的形状、周长和面积。

② 编码应能够记录每个多边形的邻域关系。

③ 多边形可以嵌套，即上一级的多边形内嵌套小的多边形（次一级）。湖泊的水岸线是个岛状多边形，而湖中的岛屿为"岛中之岛"。

2.5.2　矢量数据的拓扑数据结构

拓扑数据结构是具有拓扑关系的矢量数据结构，它的表示方式没有固定的格式，这里只讨论它的基本原理。

1. 拓扑元素

矢量数据可抽象为点（结点）、线（链、弧段、边）、面（多边形）3 种要素，称为拓扑元素。点（结点）可以是孤立点、线的端点、面的首尾点、链的连接点等。线（链、弧段、边）是两结点间的有序弧段。面（多边形）是若干条链构成的闭合多边形。

2. 最基本的拓扑关系是关联和邻接

关联是不同拓扑元素之间的关系，如结点与线（或链），线（或链）与多边形等。邻接是相同拓扑元素之间的关系，如结点与结点，线（或链）与线（或链），面与面等。邻接关系可以用不同类型的拓扑元素来描述，如面通过链而邻接。其他拓扑关系有包含关系给出面与其他拓扑元素之间的关系，面包含是指点、线、面在给定的面内，如某省包含的湖泊、河流等；几何关系定义拓扑元素之间的距离关系，如拓扑元素之间距离不超过给定值的关系；层次关系定义相同拓扑元素之间的等级关系，由省(自治区、直辖市)组成国家，由县组成省(自治区、直辖市)等。

3. 拓扑关系的表示

拓扑数据结构的关键是拓扑关系的表示，几何数据的表示参照矢量数据的简单数据结构。下面通过一个例子来说明如何表示矢量数据拓扑关系。用 4 个关系表格来描述各个实体之间的空间拓扑关系，每个关系表有 2 个或 3 个属性。

① 面链关系表：面 ＋ 构成面的链；

② 链结点关系：链 ＋ 链两端点的结点；

③ 结点链关系表：结点 ＋ 通过该结点的链；

④ 链面关系表：链 ＋ 左面 ＋ 右面。该数据结构的基本元素如图 2-14 所示: N_1, N_2, N_3, N_4, N_5 为结点； a_1, a_2, a_3, a_4, a_5, a_6, a_7 为弧段（链段）； P_1, P_2, P_3, P_4 为面(多边形)。在这种数据结构中，弧段或链段是数据组织的基本对象。弧段文件由弧段记录组成，每个弧段记录包括弧段标识码、FN、TN、LP 和 RP。结点文件由结点记录组成，包括每个结点的结点号、结点坐标及与该结点连接的弧段标识码等。多边形文件由多边形记录组成，包括多边形标识码、组成该多边形的弧段标识码以及相关属性等，则拓扑关系表示如下。

（1）拓扑关联性

表示空间图形中不同类元素之间的拓扑关系，如结点、弧段及多边形之间的拓扑关系。如图 2-14 所示的图形，具有多边形和弧段之间的关联性： P_1/ a_1, a_5, a_6； P_2/a_2, a_4, a_6 等，

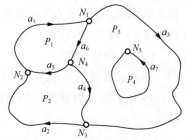

图 2-14　矢量数据的拓扑关系

也有弧段和结点之间的关联性：N_1/a_1，a_3，a_5；N_2/a_1，a_6，a_2等。从图形的关联性出发，图 2-14 可用表 2-2、表 2-3 所示的拓扑关联表来表示。

（2）拓扑邻接性

拓扑邻接性表示图形中同类元素之间的拓扑关系，如多边形之间的邻接性、弧段之间的邻接性以及结点之间的邻接性（连通性）。由于弧段的走向是有方向的，因此，通常用弧段的左右多边形来表示并求出多边形的邻接性。图 2-14 中用弧段的左右多边形表示时，得到表 2-4（a）。显然，同一弧段的左右多边形必然邻接，从而得到如表 2-4（b）所示的邻接矩阵表，表中值为 1 处，所对应多边形邻接。根据表 2-4（b）整理得到多边形邻接性表，如表 2-4（c）所示。

表 2-2　　多边形与弧段的拓扑关联表

多 边 形 号	弧 段 号
P_1	a_1，a_5，a_6
P_2	a_2，a_4，a_5
P_3	a_3，a_4，a_6
P_4	a_7

表 2-3　　　　弧段与结点的拓扑关联表

弧 段 号	起 点	终 点	坐 标 点
a_1	N_2	N_1	
a_2	N_3	N_2	
a_3	N_1	N_3	
a_4	N_4	N_3	
a_5	N_4	N_2	
a_6	N_1	N_4	
a_7	N_5	N_5	

表 2-4　多边形之间的邻接性

（a）

弧段号	左多边形	右多边形
a_1	—	P_1
a_2	—	P_2
a_3	—	P_3
a_4	P_3	P_2
a_5	P_2	P_1
a_6	P_3	P_1
a_7	P_4	P_3

（b）

	P_1	P_2	P_3	P_4
P_1	—	1	1	0
P_2	1	—	1	0
P_3	1	1	—	1
P_4	0	0	1	—

（c）

	邻接多边形
P_1	P_2　P_3
P_2	P_1　P_3
P_3	P_1　P_2　P_4
P_4	P_3

同理，从图 2-14 中可以得到如表 2-5 所示的弧段和结点之间的关系表。由于同一弧段上两个结点必相通，同一结点上的各弧段必相邻，所以分别得弧段之间邻接矩阵和结点之间连通性矩阵如表 2-6、表 2-7 所示。

（3）拓扑包含性

拓扑包含性是表示空间图形中，面状实体所包含的其他面状实体或线状、点状实体的关系。面状实体中包含面状实体的情况又分 3 种，即简单包含、多层包含和等价包含，如图 2-15 所示。

表 2-5　　　　弧段和结点之间的关系表

弧　段	起　点	终　点
a_1	N_2	N_1
a_2	N_3	N_2
a_3	N_1	N_3
a_4	N_4	N_3
a_5	N_4	N_2
a_6	N_1	N_4
a_7	N_5	N_5

结　点	弧　段
N_1	a_1，a_3，a_6
N_2	a_1，a_2，a_5
N_3	a_2，a_3，a_4
N_4	a_4，a_5，a_6
N_5	a_7

表 2-6　　　　　　　　　　　　　　弧段之间的邻接性

弧　段	a_1	a_2	a_3	a_4	a_5	a_6	a_7
a_1	—	1	1	0	1	1	0
a_2	1	—	1	1	1	0	0
a_3	1	1	—	1	0	1	0
a_4	0	1	1	—	1	1	0
a_5	1	1	0	1	—	1	0
a_6	1	0	1	1	1	—	0
a_7	0	0	0	0	0	0	—

表 2-7　　　　　　　　　　　　　　结点之间的连通性

结　点	N_1	N_2	N_3	N_4	N_5
N_1	—	1	1	1	0
N_2	1	—	1	1	0
N_3	1	1	—	1	0
N_4	1	1	1	—	0
N_5	0	0	0	0	—

  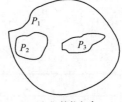

（a）简单包含　　　　　　　（b）多层包含　　　　　　（c）等价包含

图 2-15　面状实体之间的包含关系

　　图 2-15（a）中多边形 P_1 包含多边形 P_2；图 2-15（b）中多边形 P_3 包含在多边形 P_2 中，而多边形 P_2、P_3 又包含在多边形 P_1 中；图 2-15（c）中多边形 P_2、P_3 都包含在多边形 P_1 中，多边形 P_2、P_3 对 P_1 而言是等价包含。

　　空间数据的拓扑关系，对地理空间信息系统的数据处理和空间分析，具有重要的意义。

① 根据拓扑关系，不需要利用坐标或距离，可以确定一种地理实体相对于另一种地理实体的空间位置关系。因为拓扑数据已经清楚地反映出地理实体之间的逻辑结构关系，而且这种拓扑数据较之几何数据有更大的稳定性，即它不随地图投影而变化。

② 利用拓扑数据有利于空间要素的查询。例如，应答像某区域与哪些区域邻接；某条河流能为哪些政区的居民提供水源；与某一湖泊邻接的土地利用类型有哪些；特别是野生生物学家可能想确定一块与湖泊相邻的土地覆盖区，用于对生物栖息环境作出评价等，都需要利用拓扑数据。

③ 可以利用拓扑数据作为工具，重建地理实体。例如，建立封闭多边形，实现道路的选取，进行最佳路径的计算等。

2.5.3 矢量数据结构编码的方法

按照其功能和方法对矢量数据结构的进行编码有实体式、索引式、双重独立式和链状双重独立式4种方式。

1. 实体式

空间实体包括点实体、线实体和多边形，对应的编码方法是点实体用 (x,y) 坐标表示，线实体用 (x,y) 坐标序列表示，面实体即多边形的编码方法有坐标序列法、树状索引编码法和拓扑结构编码法。实体式数据结构是以多边形为单元进行组织，对每个多边形给出构成边界的各个线段，这样边界坐标数据和多边形单元实体——对应。例如，对图 2-16 所示的多边形 A、B、C、D、E，可以用表 2-8 所示的数据来表示。

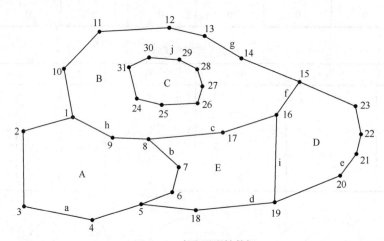

图 2-16　多边形原始数据

表 2-8　　　　　　　　　　　　　　　　多边形数据文件

多　边　形	数　据　项
A	$(x_1,y_1),(x_2,y_2),(x_3,y_3),(x_4,y_4),(x_5,y_5),(x_6,y_6),(x_7,y_7),(x_8,y_8),(x_9,y_9),(x_1,y_1)$
B	$(x_1,y_1),(x_9,y_9),(x_8,y_8),(x_{17},y_{17}),(x_{16},y_{16}),(x_{15},y_{15}),(x_{14},y_{14}),(x_{13},y_{13}),(x_{12},y_{12}),(x_{11},y_{11}),(x_{10},y_{10}),(x_1,y_1)$
C	$(x_{24},y_{24}),(x_{25},y_{25}),(x_{26},y_{26}),(x_{27},y_{27}),(x_{28},y_{28}),(x_{29},y_{29}),(x_{30},y_{30}),(x_{31},y_{31}),(x_{24},y_{24})$
D	$(x_{19},y_{19}),(x_{20},y_{20}),(x_{21},y_{21}),(x_{22},y_{22}),(x_{23},y_{23}),(x_{15},y_{15}),(x_{16},y_{16}),(x_{19},y_{19})$
E	$(x_5,y_5),(x_{18},y_{18}),(x_{19},y_{19}),(x_{16},y_{16}),(x_{17},y_{17}),(x_8,y_8),(x_7,y_7),(x_6,y_6),(x_5,y_5)$

这种方法编码容易、数字化操作简单和数据编排直观，明显缺点有：①相邻多边形的公共边界要数字化两遍，造成数据冗余和输出公共边界可能出现间隙或重叠；②缺少多边形的邻域信息

和图形的拓扑关系；③岛只是单个图形，没有建立与其他多边形的联系。为克服这些缺点，引入索引式方法。

2. 索引式

索引式数据结构采用树状索引以减少数据冗余间接增加邻域信息，对所有边界点进行数字化，将坐标对以顺序方式存储，点索引与边界线号相联系，线索引与各多边形相联系，形成树状索引结构。

树状索引结构消除了相邻多边形边界的数据冗余和不一致的问题，邻域信息和岛状信息通过对多边形文件的线索引处理得到，但是比较烦琐，给邻域函数运算、消除无用边、处理岛状信息以及检查拓扑关系等带来一定的困难，而且两个编码表都要以人工方式建立，工作量大且容易出错。

图 2-17、图 2-18 分别为图 2-16 所示的多边形文件和线文件树状索引图。

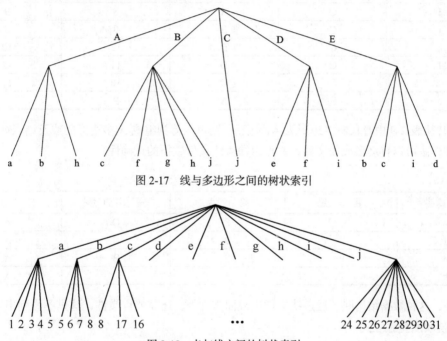

图 2-17　线与多边形之间的树状索引

图 2-18　点与线之间的树状索引

3. 双重独立式

双重独立式的地图编码法（Dual Independent Map Encoding，DIME）最早是由美国人口统计局研制来进行人口普查分析和制图的，以城市街道为编码的主体，采用了拓扑编码结构。双重独立式数据结构是对图上网状或面状要素的任何一条线段，用其两端的结点及相邻面域来定义。对图 2-19 用双重独立数据结构表示如表 2-9 所示。表中的第一行表示线段 a 的方向是从结点 1 到结点 8，其左侧面域为 O，右侧面域为 A。在这里结点与结点或者面域与面域之间为邻接关系，结点与线段或者面域与线段之间为关联关系。利用邻

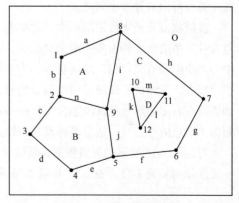

图 2-19　多边形原始数据

接与关联关系来组织数据，可以有效地进行数据存储正确性检查，同时便于对数据进行更新和检索。

表2-9 双重独立式（DIME）编码

线　号	左多边形	右多边形	起　点	终　点
a	O	A	1	8
b	O	A	2	1
c	O	B	3	2
d	O	B	4	3
e	O	B	5	4
f	O	C	6	5
g	O	C	7	6
h	O	C	8	7
i	C	A	8	9
j	C	B	9	5
k	C	D	12	10
l	C	D	11	12
m	C	D	10	11
n	B	A	9	2

例如，从表2-9中寻找右多边形为A的记录，则可以得到组成A多边形的线及结点如表2-10，通过这种方法可以自动形成面文件，并可以检查线文件数据的正确性。

表2-10 自动生成的多边形A的线及节点

线　号	起　点	终　点	左多边形	右多边形
a	1	8	O	A
i	8	9	C	A
n	9	2	B	A
b	2	1	O	A

此外，这种数据结构除了通过线文件生成面文件外，还需要点文件，这里不再列出。

4. 链状双重独立式

链状双重独立式数据结构是DIME数据结构的一种改进。在DIME中，一条边只能用直线两端点的序号及相邻的面域来表示，而在链状数据结构中，将若干直线段合为一个弧段（或链段），每个弧段可以有许多中间点。

在链状双重独立数据结构中，主要有4个文件：多边形文件、弧段文件、弧段坐标文件、结点文件。多边形文件由多边形记录组成，包括多边形号、组成多边形的弧段号以及周长、面积、中心点坐标及有关"洞"的信息等，当多边形中含有"洞"时则此"洞"的面积为负，并在总面积中减去，其组成的弧段号前也冠以负号；弧段文件主要有弧记录组成，存储弧段的起止结点号和弧段左右多边形号；弧段坐标文件由一系列点的位置坐标组成；结点文件由结点记录组成，存储每个结点的结点号、结点坐标及与该结点连接的弧段。

对如图2-16所示的矢量数据，其链状双重独立式数据结构的多边形文件、弧段文件、弧段坐标文件分别如表2-11、表2-12和表2-13所示。

表 2-11　　　　　　　　　　　　　　　　多边形文件

多边形号	弧段号	周　长	面　积	中心点坐标
A	h,b,a			
B	g,f,c,h,-j			
C	j			
D	e,i,f			
E	e,i,d,b			

表 2-12　　　　　　　　　　　　　　　　弧段文件

弧　段　号	起　始　点	终　结　点	左　多　边　形	右　多　边　形
a	5	1	O	A
b	8	5	E	A
c	16	8	E	B
d	19	5	O	E
e	15	19	O	D
f	15	16	D	B
g	1	15	O	B
h	8	1	A	B
i	16	19	D	E
j	31	31	B	C

表 2-13　　　　　　　　　　　　　　　　弧段坐标文件

弧　段　号	点　号	弧　段　号	点　号
a	5,4,3,2,1	f	15,16
b	8,7,6,5	g	1,10,11,12,13,14,15
c	16,17,8	h	8,9,1
d	19,18,5	i	16,19
e	15,23,22,21,20,19	j	31,30,29,28,27,26,25,24,31

在矢量数据结构中，主要是空间图形实体的定位和拓扑关系的建立。在空间信息系统中，矢量数据结构的属性数据表达方式如图 2-20 所示。矢量数据结构的属性数据表达包括属性特征类型中的类别特征：是什么，说明信息：同类目标的不同特征；属性特征表达包括类别特征：类型编码，说明信息：属性数据结构和表格等。属性表的内容取决于用户，图形数据和属性数据的连接通过目标识别符或内部记录号实现。空间数据的矢量结构的表达包括点状对象、线状对象、面状对象和地物类型特征与制图属性，每一种类型的对象都包括了位置相关的信息和属性信息。图 2-20 给出了这几类对象的一个实例，有了这些表示，在空间数据库中就可以对它们进行管理和操作了。

图 2-20 空间数据的矢量结构的表达

2.6 栅格数据结构

2.6.1 简单栅格数据结构

栅格数据结构是以规则的像元阵列来表示空间地物或现象分布的数据结构，其阵列中的每个数据表示地物或现象的属性特征。栅格数据结构就是像元阵列，用每个像元的行列号确定位置，用每个像元的值表示实体的类型、等级等的属性编码。

在栅格结构中，地表被分成相互邻接、规则排列的矩形方块（也可以是三角形或菱形、六边形等）如图 2-21 所示，每个地块与一个栅格单元相对应。栅格数据的特征由栅格值、分辨率、栅格层次 3 个部分组成。栅格值是每个像元的值，该值和栅格表示的空间实体和像元所占的存储相关。例如，栅格图是一个黑白图片时栅格值只取 0 或 1（1 位），栅格图是一个伪彩色图片时栅格值用 1 个字符（8 位）表示，栅格图是一个真彩色图片时栅格值用 3 个字符（24 位）表示，栅格图要包含更多的信息，其值就需要更多的数据来表示；分辨率是数据的比例尺，即栅格大小与地表相应单元大小之比，对一个 $10 \times 10km^2$ 的区域，可以用一个 10×10 的栅格图表示，每个栅格代表的面积是 $1km^2$，用一个 100×100 的栅格图表示，每个栅格代表的面积是 $0.1km^2$，分辨率越高数据量就越大，描述的空间实体也越精确；栅格层次如遥感影像的混合像元问题，如 Landsat MSS 卫星影像单个像元对应地表 $79 \times 79m^2$ 的矩形区域，影像上记录的光谱数据是每个像元所对应的地表区域内所有地物类型的光谱辐射的总和效果，要得到每个地物的特有数据，就必须进行分层处理。在许多栅格数据处理时，常假设栅格所表示的量化表面是连续的。由于栅格结构对地表的量化，在计算面积、长度、距离、形状等空间指标时，若栅格尺寸较大，误差就越大，这种误差不仅有形态上的畸变，还可能包括属性方面的偏差。每个像元的属性是地表相应区域内地理数据的近似值。栅格数据记录的是属性数据本身，而位置数据可以由属性数据对应的行列号转换为相应的坐标。

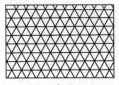 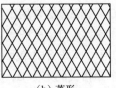 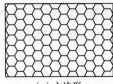

（a）三角形　　　　　　　（b）菱形　　　　　　　（c）六边形

图 2-21　栅格数据结构的几种其他形式

　　栅格结构是最简单最直观的空间数据结构，又称为网格结构（raster 或 grid cell）或像元结构（pixel），每个网格作为一个像元或像素，由行、列号定义，并包含一个代码，表示该像素的属性类型或量值，或仅仅包含指向其属性记录的指针。如图 2-22 所示，在栅格结构中，点用一个栅格单元表示；线状地物则用沿线走向的一组相邻栅格单元表示，每个栅格单元最多只有两个相邻单元在线上；面或区域用记有区域属性的相邻栅格单元的集合表示，每个栅格单元可有多于两个的相邻单元同属一个区域。任何以面状分布的对象（土地利用、土壤类型、地势起伏、环境污染等），都可以用栅格数据逼近。遥感影像就属于典型的栅格结构，每个象元的数字表示影像的灰度等级。

　　栅格结构的显著特点是：属性明显，定位隐含，即数据直接记录属性的指针或属性本身，而所在位置则根据行列号转换为相应的坐标给出，也就是说定位是根据数据在数据集中的位置得到的。图 2-21 中表示了一个代码为 6 的点实体，一条代码为 9 的线实体，一个代码为 7 的面实体。栅格结构表示的地表是不连续的，是量化和近似离散的数据。

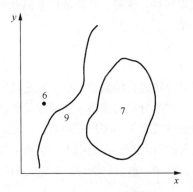

（a）点、线、面数据　　　　　　　　　（b）栅格表示

图 2-22　点、线、面数据的栅格结构表示

　　栅格结构数据主要可由 4 个途径得到：①目读法，在图上均匀划分网格，逐个决定其代码，形成栅格数字地图文件；②数字化仪手扶或自动跟踪数字化地图，得到矢量结构数据后，再转换为栅格结构；③扫描数字化，逐点扫描专题地图，将扫描数据重采样和再编码得到栅格数据文件；④分类影像输入，将经过分类解译的遥感影像数据直接或重采样后输入系统，作为栅格数据结构的专题地图。

　　在转换和重新采样时，尽可能保持原图或原始数据精度，通常有两种办法。

　　第一，由于在一个栅格的地表范围内，可能存在多于一种的地物，表示在相应的栅格结构中常常只能是一个代码。在决定栅格代码时尽量保持地表的真实性，图 2-23 所示为一块矩形地表区域，内部含有 A、B、C 三种地物类型，O 点为中心点，将这个矩形区域近似地表示为栅格结构中的一个栅格单元时，采取如下方案之一决定该栅格单元的代码。

　　① 中心点法：每个栅格单元的值由该栅格的中心点所在的面域的属性来确定。在图 2-23 中

该矩形区域相应的栅格单元代码应为 C，中心点法常用于具有连续分布特性的地理要素，如降雨量分布、人口密度图等。

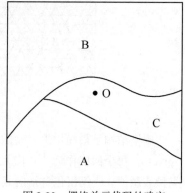

② 面积占优法：每个栅格单元的值由该栅格中单元面积最大的实体的属性来确定。在图 2-23 中栅格代码定为 B，面积占优法常用于分类较细，地物类别斑块较小的情况。

③ 重要性法：根据栅格内不同地物的重要性，选取最重要的地物类型决定相应的栅格单元代码，假设图 2-23 中 A 比 B和 C 类更为重要，则栅格单元的代码应为 A。重要性法常用于具有特殊意义而面积较小的地理要素，特别是点、线状地理要素，如城镇、交通枢纽、交通线、河流水系等。

图 2-23　栅格单元代码的确定

④ 百分比法：根据矩形区域内各地理要素所占面积的百分比数确定栅格单元的代码参与，如可记面积最大的两类 BA，也可根据 B 类和 A 类所占面积百分比数在代码中加入数字。

逼近原始精度的第二种方法是缩小单个栅格单元的面积，即增加栅格单元的总数，行列数也相应地增加，即提高分辨率，使每个栅格单元可代表更为精细的地面矩形单元，混合单元减少，混合类别和混合的面积都大大减小；接近真实的形态，表现更细小的地物类型。

直接编码是把栅格数据看作一个数据矩阵，逐行（或逐列）记录代码，可以每行都从左到右记录，也可以奇数行从左到右，偶数行从右到左。这种记录栅格数据的文件常称为栅格文件，且常在文件头中存有该栅格数据的长和宽，即行数和列数。这样，具体的像元值就可连续存储了。为了节省存储空间，需要进行栅格数据的压缩存储。

2.6.2　栅格数据的存储

栅格数据的存储可以逐行或逐列进行，也可以分块进行。栅格数据结构是以栅格数据模型或网格模型为基础的，空间对象是通过规则、相邻、连续分布的栅格单元或像元表达的。栅格单元的坐标可以：①直接记录栅格单元的行列号；②根据规则（如按行或列顺序）记录栅格单元，利用分辨率参数（指行数和列数）计算当前栅格单元的行列号。在应用中一个栅格数据层存储栅格的一种属性，采用完全栅格数据结构，即栅格单元顺序一般以行为序，以左上角为起点，按从左到右从上到下的顺序扫描。

1. 直接编码

直接编码就是将栅格数据看作一个数据矩阵，逐行（或逐列）逐个记录代码，可以每行从左到右逐像元记录，也可奇数行从左到右而偶数行由右向左记录，为了特定的目的还可采用其他特殊的顺序。将栅格数据看作一个数据矩阵，逐行（或逐列）逐个记录代码并存储。例如对图 2-22（b）所示的栅格数据的直接编码为按行编码 8×8。

0, 0, 0, 0, 9, 0, 0, 0;
0, 0, 0, 9, 0, 0, 0, 0;
0, 0, 0, 9, 0, 7, 7, 0;
0, 0, 0, 9, 0, 7, 7, 0;
0, 6, 9, 0, 7, 7, 7, 7;
0, 9, 0, 0, 7, 7, 7, 0;
0, 9, 0, 0, 7, 7, 7, 0;
9, 0, 0, 0, 0, 0, 0, 0.

同样，可以得到按列编码的数据。

由于栅格模型的表达与分辨率密切相关，同样属性的空间对象（如公路）在高分辨率的情况下占据更多的像元或存储单元；栅格模型是通过同样颜色或灰度像元来表达具有相同属性的面状区域的。上述两种情况可能造成许多栅格单元或像元与其邻近的若干像元都具有相同的属性值。为了节省存储空间，就必须对栅格数据进行压缩。

2. 链式编码（chain codes）

链式编码又称为弗里曼链码（Freeman，1961）或边界链码。链式编码主要是记录线状地物和面状地物的边界。它把线状地物和面状地物的边界表示为：由某一起始点开始并按某些基本方向确定的单位矢量链。基本方向可定义为：东 = 0，东南 = 1，南 = 2，西南 = 3，西 = 4，西北 = 5，北 = 6，东北 = 7 共 8 个基本方向（见图 2-24）。如果对于图 2-25 所示的线状地物确定其起始点为像元（1，5），则其链式编码为：1，5，3，2，2，3，3，2，3。对于图 2-25 所示的面状地物，假设其原起始点定为像元（5，8），则该多边形边界按顺时针方向的链式编码为：5，8，3，2，4，4，6，6，7，6，0，2，1。链式编码的前两个数字表示起点的行、列数，从第 3 个数字开始的每个数字表示单位矢量的方向，8 个方向以 0 ~ 7 的整数代表。

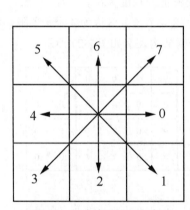

图 2-24 链式编码的方向代码

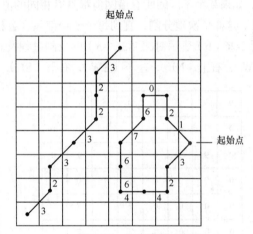

图 2-25 链式编码示意图

链式编码对线状和多边形的表示具有很强的数据压缩能力，且具有一定的运算功能，如面积和周长计算等，探测边界急弯和凹进部分等都比较容易，比较适于存储图形数据。缺点是对叠置运算如组合、相交等则很难实施，对局部修改将改变整体结构，效率较低，而且由于链码以每个区域为单位存储边界，相邻区域的边界则被重复存储而产生冗余。

3. 游程长度编码（run–length code）

游程长度编码是栅格数据压缩的重要编码方法，它的基本思路是：对于一幅栅格图像，常常有行（或列）方向上相邻的若干点具有相同的属性代码，因而可采取某种方法压缩那些重复的记录内容。其编码方案是，只在各行（或列）数据的代码发生变化时依次记录该代码以及相同代码重复的个数，从而实现数据的压缩。例如，对图 2-26（a）所示的栅格数据，可沿行方向进行如下游程长度编码：

(9,4),(0,4),(9,3),(0,5),(0,1)(9,2),(0,1),(7,2),(0,2),(0,4),(7,2),(0,2),(0,4),(7,4),(0,4),(7,4) ,(0,4),(7,4),(0,4),(7,4)

游程长度编码对图 2-26（a）用了 40 个整数就可以表示，而用直接编码需要 64 个整数表示，游程长度编码可以节省存储空间，压缩比的大小与图的复杂程度成反比，变化越多游程数就多，变化越少游程数就少，图件越简单压缩效率就越高。游程长度编码在栅格加密时数据量没有明显增加，压缩效率较高，且易于检索、叠加合并等操作。

4. 块状编码（block code）

块码是游程长度编码扩展到二维的情况，采用方形区域作为记录单元，每个记录单元包括相邻的若干栅格，数据结构由初始位置（行、列号）和半径，再加上记录单元的代码组成。根据块状编码的原则，对图 2-26（a）所示图像可以用 12 个单位正方形，5 个 4 单位的正方形和 2 个 16 单位的正方形就能完整表示，具体编码如下：

(1,1,2,9),(1,3,1,9),(1,4,1,9),(1,5,2,0),(1,7,2,0),(2,3,1,9),(2,4,1,0),(3,1,1,0),(3,2,1,9),(3,3,1,9),(3,4,1,0), (3,5,2,7), (3,7,2,0),(4,4,1,0),(4,2,1,0), (4,3,1,0), (4,4,1,0), (5,1,4,0), (5,5,4,7)

一个多边形所包含的正方形越大，多边形的边界越简单，块状编码的效率就越好。块状编码在合并、插入、检查延伸性、计算面积等操作时有优越性。

5. 四叉树编码(quad-tree code)

四叉树结构的基本思想是将一幅栅格地图或图像等分为 4 部分，逐块检查其格网属性值（或灰度），如果某个子区的所有格网值都具有相同的值，这个子区就不再继续分割，否则再分割成 4 个子区。这样依次地分割，直到每个子块都只含有相同的属性值或灰度为止。

图 2-26（b）表示对图 2-26（a）的分割过程及其关系。这 4 个等分区称为 4 个子象限，按左上（NW）、右上（NE）、左下（SW），右下（SE），用一个树结构表示如图 2-27 所示。

9	9	9	9	0	0	0	0
9	9	9	0	0	0	0	0
0	9	9	0	7	7	0	0
0	0	0	0	7	7	0	0
0	0	0	0	7	7	7	7
0	0	0	0	7	7	7	7
0	0	0	0	7	7	7	7
0	0	0	0	7	7	7	7

（a）原始栅格数据

9	9	9	9	0	0	0	0
9	9	9	0	0	0	0	0
0	9	9	0	7	7	0	0
0	0	0	0	7	7	0	0
0	0	0	0	7	7	7	7
0	0	0	0	7	7	7	7
0	0	0	0	7	7	7	7
0	0	0	0	7	7	7	7

（b）块式和四叉树编码示意图

图 2-26　四叉树编码示意图

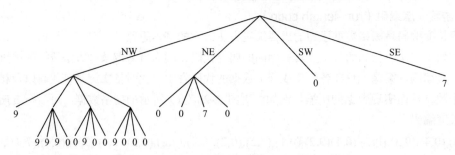

图 2-27　四叉树的树状表示

四叉树编码法的优点：①容易有效地计算多边形的数量特征；②阵列各部分的分辨率是可变

的，边界越复杂四叉树较高即分级多，分辨率也高；③栅格到四叉树及四叉树到简单栅格结构的转换容易；④可方便表示多边形嵌套异类小多边形的情形。

四叉树编码的缺点是转换的不定性，用同一形状和大小的多边形可能得出多种不同的四叉树结构。上述这些压缩数据的方法应视图形的复杂情况合理选用，同时应在系统中备有相应的程序。另外，用户的分析目的和分析方法也决定着压缩方法的选取。

四叉树结构按其编码的方法不同又分为常规四叉树和线性四叉树。常规四叉树除了记录叶结点之外，还要记录中间结点。结点之间借助指针联系，每个结点需要用 6 个量表达：4 个叶结点指针，1 个父结点指针和 1 个结点的属性或灰度值。这些指针不仅增加了数据储存量，而且增加了操作的复杂性。常规四叉树主要在数据索引和图幅索引等方面应用。

线性四叉树则只存储最后叶结点的信息，包括叶结点的位置、深度和本结点的属性或灰度值。所谓深度是指处于四叉树的第几层上，由深度可推知子区的大小。

线性四叉树叶结点的编号需要遵循一定的规则，这种编号称为地址码，它隐含了叶结点的位置和深度信息。

6. 八叉树

三维坐标位置的索引可以用八叉树来实现。八叉树结构（见图 2-28）就是将空间区域不断地分解为 8 个同样大小的子区域（即将一个六面的立方体再分解为 8 个相同大小的小立方体），分解的次数越多，子区域就越小，一直到同一区域的属性单一为止。按从下而上合并的方式来说，就是将研究区空间先按一定的分辨率将三维空间划分为三维栅格网，然后按规定的顺序每次比较 3 个相邻的栅格单元，如果其属性值相同则合并，否则就记盘。依次递归运算，直到每个子区域均为单值为止。

八叉树同样可分为常规八叉树和线性八叉树。常规八叉树的结点要记录 10 个位，即 8 个指向子结点的指针，1 个指向父结点的指针和 1 个属性值（或标识号）。线性八叉树则只需要记录叶结点的地址码和属性值。线性八叉树可直接寻址，通过其坐标值则能计算出任何输入结点的定位码（称编码），在操作方面，所产生的定位码容易存储和执行，容易实现象集合、相加等组合操作。

八叉树的编码图解如图 2-28 所示。

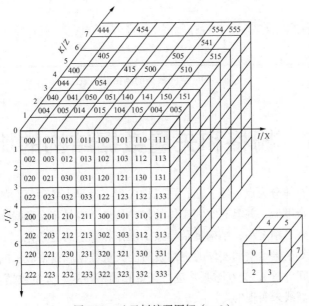

图 2-28　八叉树编码图解（n=3）

7. 几种编码方法比较分析

表 2-14 所示为几种编码方法的比较。

表 2-14　　　　　　　　　　　　几种编码方法比较分析

编码	直接栅格编码	链　码	游程长度编码	块码和四叉树编码
特点	简单直观，是压缩编码方法的逻辑原型（栅格文件）	压缩效率较高，已接近矢量结构，对边界的运算比较方便，但不具有区域性质，区域运算较难	在很大程度上压缩数据，又最大限度的保留了原始栅格结构，编码解码十分容易，十分适合于微机地理信息系统采用	具有区域性质，又具有可变的分辨率，有较高的压缩效率，四叉树编码可以直接进行大量图形图像运算，效率较高，是很有前途的编码方法

8. 栅格数据的属性表达

栅格数据的属性数据如图 2-29 所示，可以对每个像元给出它的属性数据，也可以图层（每个图层表示一类实体）为单位来说明其属性数据，表示的方法根据实际的应用需求来确定。这里提供 3 种方法：第一种方法（见图 2-29 中的栅格数据文件（1））是对栅格文件的每个像元进行属性的记录，录入的内容包括给出像元的 x，y 坐标和各个图层的属性（遥感的图像就是用该方式给出的）；第二种方法（见图 2-29 中的栅格数据文件（2））是对栅格文件的每个图层分别进行处理，对每个图层的所有像元，给出像元的相关属性，包括像元的值、x，y 坐标和它的属性表达；第三种方法（见图 2-29 中的栅格数据文件（3））是对每个图层按照多边形来对属于多边形的所有像元，给出像元的坐标和属性。这样就可以在数据库中存储和处理相关的栅格数据了。

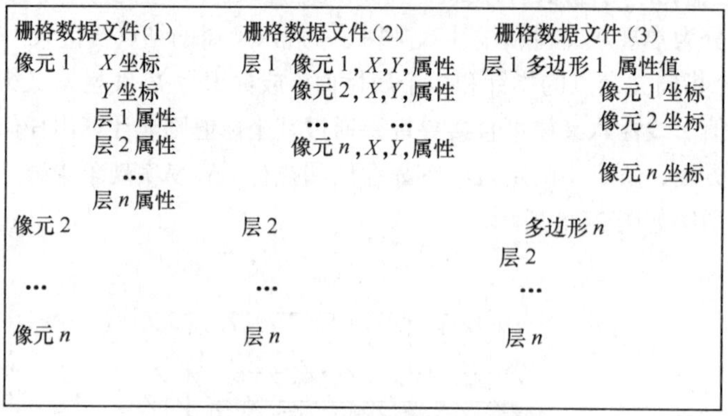

图 2-29　空间数据的栅格结构表达

2.7　栅格和矢量数据结构的比较

矢量数据结构可具体分为点、线、面，可以构成现实世界中各种复杂的实体；矢量数据的特点有：结构紧凑，冗余度低，并具有空间实体的拓扑信息，容易定义和操作单个空间实体，便于网络分析；输出质量好、精度高；结构复杂导致了操作和算法的复杂化，不能有效地支持影像代数运算；结构的存储复杂导致空间实体的查询费时。矢量数据和栅格表示的影像数据不能直接运算（如联合查询和空间分析），交互时必须进行矢量和栅格转换。矢量数据与 DEM（数字高程模型）的交互是通过等高线来实现的。

　　栅格数据结构是通过空间点的密集而规则的排列表示整体的空间现象的；结构简单，定位存取性能好，可与影像和 DEM 数据进行联合空间分析，数据共享容易，操作比较容易。数据量有其分辨率决定；使用行和列来作为空间实体的位置标识，难以获取空间实体的拓扑信息，难以进行网络分析等操作。栅格数据各种实体是叠加在一起反映出来的难以识别和分离。矢量数据结构和栅格数据结构的优缺点是互补的，为了有效地实现 GIS 中的各项功能（如与遥感数据的结合，有效的空间分析等）需要同时使用两种数据结构，并实现两种数据结构的高效转换。

　　栅格数据结构类型具有"属性明显、位置隐含"的特点，它易于实现且操作简单，有利于基于栅格的空间信息模型的分析，如在给定区域内计算多边形面积、线密度等；但栅格数据精度不高，数据存储量大，效率较低。使用栅格数据时，需要根据应用项目的自身特点及其精度要求平衡栅格数据的表达精度和工作效率之间的关系；因为栅格数据格式的简单性，基于栅格数据基础之上的信息共享容易；遥感影像本身就是以像元为单位的栅格结构，栅格数据结构比较容易和遥感相结合。

　　矢量数据结构类型具有"位置明显、属性隐含"的特点，操作复杂，许多分析操作（如叠置分析等）难于实现；它的数据表达精度较高，数据存储量小，输出图形美观且工作效率较高。

　　栅格和矢量数据结构的比较如表 2-15 所示，二者的优缺点如表 2-16 所示。

表 2-15　　　　　　　　　　　　　栅格和矢量数据结构特点比较

比较内容	矢量格式	栅格格式
数据结构	复杂、紧凑、	简单
数据量	小	大
图形精度	高	低
图形运算	复杂、高效	简单、低效
遥感影像格式	不一致	一致或接近
输出表示	抽象、昂贵、质量高	直观、便宜、质量差
数据共享	不易实现	容易实现
图形和属性数据的恢复、更新和综合	容易实现	识别的效果差
拓扑和网络分析	容易实现	不易实现、难以建立网络连接关系
数学模拟	困难	方便
空间数据的叠置和组合	多边形叠置分析比较困难	方便

表 2-16　　　　　　　　　　　　　栅格和矢量数据结构的优缺点

名　　称	优　　点	缺　　点
矢量数据结构	（1）表示地理数据的精度高 （2）数据结构紧凑、存储空间小 （3）有利于网格分析 （4）图形输出质量好、精度高 （5）图形和属性数据的恢复、更新和综合都能有效地实现	（1）数据结构与处理算法均较复杂 （2）多边形叠置分析比较困难 （3）对软硬件的技术要求较高 （4）显示和绘图成本较高 （5）数学模拟比较困难
栅格数据结构	（1）数据结构与处理算法均较简单 （2）空间数据的叠置和组合十分方便 （3）易于进行各类空间分析 （4）数学模拟方便 （5）数据输入与技术开发的费用低	（1）图形数据存储量大 （2）投影转换比较困难 （3）图形输出的质量较低，精度不够 （4）图像识别的效果不如矢量方法 （5）难以建立网络连接关系

矢量与栅格一体化的基本概念：新一代集成化的地理信息系统，要求能够统一管理图形数据、属性数据、影像数据和数字高程模型（DEM）数据，称为四库合一。关于图形数据与属性数据的统一管理，可以利用空间数据库引擎（SDE）初步解决图形数据与属性数据的一体化管理。矢量与栅格数据，利用它们来表达空间目标时，对于线状实体，习惯使用矢量数据结构。对于面状实体，基于矢量的 GIS 主要使用边界表达法，基于栅格的 GIS 用元子空间填充表达法。由此，人们联想到对用矢量方法表示的线状实体，是否可以采用元子空间填充法来表示，在数字化一个线状实体时，除记录原始取样点外，还记录所通过的栅格。同样，每个面状地物除记录它的多边形边界外，还记录中间包含的栅格。这样，既保持了矢量特性，又具有栅格的性质，就能将矢量与栅格统一起来，这就是矢量与栅格一体化数据结构的基本概念。

2.8 矢量数据结构与栅格数据结构的相互转换

在 GIS 中栅格数据与矢量数据各具特点与适用性，为了在一个系统中可以兼容这两种数据并便于进一步的分析处理，需要实现两种结构的转换。

2.8.1 矢量数据结构向栅格数据结构的转换

许多数据如行政边界、交通干线、土地利用类型、土壤类型等都是用矢量数字化的方法输入计算机或以矢量的方式存在计算机中，表现为点、线、多边形数据。矢量到栅格的转换包括以下操作。

① 将点和线实体的角点的笛卡儿坐标转换到预定分辨率和已知位置值的矩阵中。

② 基于弧段数据的栅格化方法，首先计算所有弧段结点或中间点所在的格网位置，并赋予该结点正确的属性，然后根据下面的算法完成弧段的栅格化。利用弧段的数据列与格网的行列线相交，以得到正确的栅格化结果。实际计算时，需逐段处理弧段中的局部直线段，待处理完某一局部线段后，再进行下一局部线段的处理，直至完成整条弧段的处理。局部线段与行列线求交后，存储交点坐标，并对 x 或 y 从小到大排序。根据排序结果，相邻交点所构成线段通过的格网需赋予属性值。

③ 对多边形而言，测试过角点后，剩下线段处理，这时只要利用二次扫描就可以知道何时到达多边形的边界，记录其位置与属性值。多边形转换的算法有内部点扩散算法、射线算法、扫描填充法、边界代数算法等。

内部点扩散算法是由每个多边形一个内部点（种子点）开始，向其 8 个方向的邻点扩散，判断各个新加入点是否在多边形边界上，如果是边界上，则该新加入点不作为种子点，否则把非边界点的邻点作为新的种子点与原有种子点一起进行新的扩散运算，并将该种子点赋予该多边形的编号。重复上述过程直到所有种子点填满该多边形并遇到边界停止为止。

射线算法可逐点判断数据栅格点在某多边形之外或在多边形内，由待判点向图外某点引射线，判断该射线与某多边形所有边界相交的总次数，如相交偶数次，则待判点在该多边形外部，如为奇数次，则待判点在该多边形内部。

扫描算法是射线算法的改进，将射线改为沿栅格阵列列或行方向扫描线，判断与射线算法相似。

边界代数算法（Boundary Algebra Filling，BAF）是一种基于积分思想的矢量格式向栅格格式转换算法，它适合于记录拓扑关系的多边形矢量数据转换为栅格结构。转换单个多边形的情况，多边形编号为 a，模仿积分求多边形区域面积的过程，初始化的栅格阵列各栅格值为零，以栅格行列为参考坐标轴，由多边形边界上某点开始顺时针搜索边界线，当边界上行时，位于该边界左侧的具有相同行坐标的所有栅格被减去 a；当边界下行时，该边界左边（前进方向看为右侧）所有栅格点加一个值 a，边界搜索完毕则完成了多边形的转换。

矢量数据变成栅格数据的原理与方法简单，对几条线交叉处。一个网格元素中包括了相邻的几种类别，转换时只能用其中的一种类别作为交叉点所在元素的类别，这种误差应在允许的范围以内。矢量数据向栅格数据转换的方法还有内部点扩散法，复数积分算法，射线算法和扫描线算法，相比之下，这些方法都比较复杂限制条件多，这里就不讨论。

2.8.2 栅格数据结构向矢量数据结构的转换

栅格向矢量转换处理主要目的是为了能将自动扫描仪获取的栅格数据加入矢量形式的数据库。转换处理时，基于图像数据文件和再生栅格数据文件的不同，分别采用不同的算法。把栅格单元中的空间信息转换为几何图形的过程叫矢量化。矢量化的过程要保证两点：一是拓扑转换，即保持栅格表示出的连通性和邻接性；否则，转换出的图形是杂乱无章的，没有任何实用价值的；二是转换空间对象正确的外形。

1. 基于图像数据的矢量化方法

图像数据是由不同灰阶的影像或线划，通过自动扫描仪（scanner），按一定的分辨率进行扫描采样，得到以不同灰度值（0～255）表示的数据。

① 二值化图形扫描后产生栅格数据，这些数据是按从 0～255 的不同灰度值量度的，设以 $G(i, j)$ 表示，将这种不同的灰阶压缩到 2 个灰阶，即 0 和 1 两级，设阈值为 T，则如果 $G(i, j) \geq T$，则记此栅格的值为 1，如果 $G(i, j) < T$，则记此栅格的值为 0，得到一幅二值图。

② 细化。细化是消除线划横断面栅格数的差异，使得每一条线只保留代表其轴线或周围轮廓线（对面状符号而言）位置的单个栅格的宽度。对于栅格线的"细化"方法，可分为"剥皮法"和"骨架化"两大类。剥皮法的实质是从曲线的边缘开始，每次剥掉等于一个栅格宽的一层，直到最后留下彼此连通的由单个栅格点组成的图形。因为一条线在不同位置可能有不同的宽度，故在剥皮过程中必须注意一个条件，即不允许剥去会导致曲线不连通的栅格。

③ 跟踪。跟踪的目的是将写入数据文件的细化处理后的栅格数据，整理为从结点出发的线段或闭合的线条，并以矢量形式存储于特征栅格点中心的坐标。跟踪时，从图幅西北角开始，按顺时针或逆时针方向，从起始点开始，根据 8 个邻域进行搜索，依次跟踪相邻点，并记录结点坐标，然后搜索闭曲线，直到完成全部栅格数据的矢量化。

④ 去除多余点及曲线光滑。在保证线段精度的情况下可以删除部分数据点。可以采用如下算法删除多余点：计算当前点 A 与相邻点 B、C 组成的线段 BA、AC 的夹角，如果大于某一固定值（如175°），就删除 B 点。

⑤ 拓扑关系的生成。判断弧段与多边形间的空间关系，以形成完整的拓扑结构并建立与属性数据的关系。

2. 基于再生栅格数据的矢量化方法

再生栅格数据是指根据弧段数据或多边形数据生成的栅格数据。这种数据除了要与图像数据相匹配，加入数据库，一般只提供分析应用，无须作为永久文件保存。而作为永久文件保存的是原始的矢量数据文件，包括结点坐标文件、弧段文件、多边形文件及多边形内部点文件；这种再生栅格数据的矢量化，其主要目的是为了通过矢量绘图装置输出，具体的矢量化方法主要有以下几个步骤。

① 边界线追踪：对每个边界弧段由一个结点向另一个结点搜索，通常对每个已知边界点需沿除进入方向的其他 7 个方向搜索下一个边界点，直到连成边界弧段。

② 拓扑关系生成：对于矢量表示的边界弧段，判断其与原图上各多边形的空间关系，形成完整的拓扑结构，并建立与属性数据的联系。

③ 去除多余点及曲线圆滑：由于搜索是逐个栅格进行的，必须去除由此造成的多余点记录以减少冗余。搜索结果曲线由于栅格精度的限制可能不够圆滑，需要采用一定的插补算法进行光滑处理。常用的算法有线性叠代法、分段三次多项式插值法、正轴抛物线平均加权法、斜轴抛物线平均加权法、样条函数插值法等。

2.9　空间数据的分层

在栅格数据结构中可按每种属性数据形成一个独立的层，各层叠置在一起则形成三维数据阵列。原则上层的数量是无限制的，主要与具体的应用和有效的存储空间有关。同样层的概念也用于矢量数据结构。与栅格结构不同的是，矢量结构的层是用来区分实体空间的主要类别，目的是为了制图和显示。根据 GIS 矢量结构的特点及应用，层主要有以下两种类型：与 GIS 理论和技术有关的层和与制图学有关的层。

2.9.1　空间信息系统中的层

这里指 Coverage。Coverage 是一个 GIS 专业术语，意指一个覆盖面或一个数据层，用于精确地表达点、线和面状要素的形状和边界。在 ARC/INFO 中，地理特征是描述 Coverage 的最基本的数据单位。最常见的地理特征数据类型包括弧段（arc）、结点（node）、标识点（label point）、多边形（polygon）。例如，道路、河流 Coverage 由线状特征（弧段）构成，地块 Coverage 由面状（多边形）特征构成。这些特征可以看成是对现实世界地理现象的高度抽象和概括。

2.9.2　与制图学有关的层

这里是指 Layer。根据制图的需求，把相同或不同的实体类型归为一类，以利于图形的处理和管理。例如，可以把道路、河流、管道归为"线状图形"层，也可以把它们分别归为"道路"层、"河流"层、"管道"层。一般情况下，一个 Coverage 可以包括多个 Layer。

2.10　空间数据元数据

对空间数据的有效生产和利用，要求空间数据的规范化和标准化。应用于地学领域的数据库不但要提供空间和属性数据，还应该包括大量的引导信息以及由纯数据得到的推理、分析和总结等，这些都是由空间数据的元数据系统实现的。

2.10.1　元数据概念与分类

1. 元数据概念

"meta"是一希腊语词根，意思是"改变"，"Metadata"一词的原意是关于数据变化的描述，一般都认为元数据就是　"关于数据的数据"。元数据并不是一个新的概念。传统的图书馆卡片、出版图书的介绍、磁盘的标签等都是元数据。纸质地图的元数据主要表现为地图类型、地图图例，包括图名、空间参照系统和图廓坐标、地图内容说明、比例尺和精度、编制出版单位和日期或更新日期等。在这种形式下，元数据是可读的，生产者和用户之间容易交流，用户可以很容易地确定地图是否能够满足其应用需要。

元数据的主要作用可以归纳为如下几个方面。

① 帮助数据生产单位有效地管理和维护空间数据，建立数据文档。

② 提供有关数据生产单位数据存储、数据分类、数据内容、数据质量、数据交换网络（clearing house）及数据销售等方面的信息，便于用户查询检索。

③ 提供通过网络对数据进行查询检索的方法或途径，以及与数据交换和传输有关的辅助信息。

④ 帮助用户了解数据，以便就数据是否能满足其需求做出正确的判断。

⑤ 提供有关信息，以便用户处理和转换有用的数据。

由此也可以得出元数据的根本目的是促进数据集的高效利用，另一个目的是为计算机辅助软件工程（CASE）服务。

元数据的内容主要包括对数据集的描述；对数据集中各数据项、数据来源、数据所有者及数据生产历史等的说明；对数据质量的描述，如数据精度、数据的逻辑一致性、数据完整性、分辨率、源数据的比例尺等；对数据处理信息的说明，如量纲的转换等；数据转换方法的描述；对数据库的更新、集成方法等的说明。

元数据的性质：元数据是关于数据的描述性数据信息，它应尽可能多地反映数据集自身的特征规律，以便于用户对数据集的准确、高效与充分的开发与利用。不同领域的数据库，其元数据的内容会有很大差异。

2. 元数据的常用形式和类型

元数据也是一种数据，可以以数据存在的任何一种形式存在；元数据的传统形式是填写了数据源和数据生产工艺过程的文件卷宗，也可以是用户手册；更主要的形式是与元数据内容标准相一致的数字形式。数字形式的元数据可以用多种方法建立、存储和使用：最基本的方法是文本文件；另一种形式是用超文本链接标示语言（Hyper Text Markup Language，HTML）编写的超文本文件；还有用通用标示语言（Standard for General Markup Language，SGML）建立元数据。SGML提供一种有效的方法连接元数据元素。这种方法便于建立元数据索引和在空间数据交换网络上查询元数据，并且提供一种在元数据用户间交换元数据、元数据库和元数据工具的方法。

对元数据分类，分类的原则不同，元数据的分类体系和内容将会有很大的差异。下面列出了几种不同的分类体系。

（1）根据元数据的内容分类

造成元数据内容差异的主要原因有两个：不同性质、不同领域的数据所需要的元数据内容有差异；为不同应用目的而建设的数据库，其元数据内容会有很大的差异。将元数据化分为以下 3 种类型。

① 科研型元数据。目标是帮助用户获取各种来源的数据及其相关信息，包括诸如数据源名称、作者、主体内容等传统的、图书管理式的元数据，还包括数据拓扑关系等。帮助科研工作者高效获取所需数据。

② 评估型元数据。服务于数据利用的评价，包括数据最初收集情况、收集数据所用的仪器、数据获取的方法和依据、数据处理过程和算法、数据质量控制、采样方法、数据精度、数据的可信度、数据潜在应用领域等。

③ 模型元数据。内容包括模型名称、模型类型、建模过程、模型参数、边界条件、作者、引用模型描述、建模使用软件、模型输出等。

（2）根据元数据描述对象分类

根据元数据描述对象分类，可将元数据划分为以下 3 种类型。

① 数据层元数据。描述数据集中每个数据的元数据，内容包括日期邮戳（指最近更新日期）、位置戳（指示实体的物理地址）、量纲、注释（如关于某项的说明见附录）、误差标识（可通过计算机消除）、缩略标识、存在问题标识（如数据缺失原因）、数据处理过程等。

② 属性元数据。关于属性数据的元数据，内容包括为表达数据及其含义所建的数据字典、数据处理规则（协议），如采样说明、数据传输线路及代数编码等。

③ 实体元数据。描述整个数据集的元数据，内容包括数据集区域采样原则、数据库有效期、数据时间跨度等。

（3）根据元数据在系统中的作用分类

根据元数据在系统中所起的作用，可以将元数据分为两种。

① 系统级别（System—level）元数据。用于实现文件系统特征或管理文件系统中数据的信息，如访问数据的时间、数据的大小、在存储级别中的当前位置、如何存储数据块以保证服务控制质量等。

② 应用层（Application—level）元数据。有助于用户查找、评估、访问和管理数据等与数据用户有关的信息，如文本文件内容的摘要信息、图形快照、描述与其他数据文件相关关系的信息。它往往用于高层次的数据管理，用户通过它可以快速获取合适的数据。

（4）根据元数据的作用分类

根据元数据的作用可以把元数据分为两种类型。

① 说明元数据。专为用户使用数据服务的元数据，如源数据覆盖的空间范围、源数据图的投影方式及比例尺的大小、数据集说明文件等，多为描述性信息，侧重于数据库的说明。

② 控制元数据。用于计算机操作流程控制的元数据，由一定的关键词和特定的句法来实现。其内容包括：数据存储和检索文件、检索中与目标匹配方法、目标的检索和显示、分析查询及查询结果排列显示、根据用户要求修改数据库中原有的内部顺序、数据转换方法、空间数据和属性数据的集成、根据索引项把数据绘制成图、数据模型的建设和利用等，是与数据库操作有关的方法描述。

2.10.2 空间数据元数据的概念和标准

1. 空间数据元数据的概念

空间数据（Geospatial Data）用于确定具有自然特征或者人工建筑特征的地理实体的地理位置、属性及其边界的信息；空间数据元数据指对于这些空间数据的描述或说明，主要包括以下方面。

· 类型（Type）：在元数据标准中，数据类型指该数据能接收的值的类型；

- 对象（Object）：对地理实体的部分或整体的数字表达；
- 实体类型（Entity Type）：对于具有相似地理特征的地理实体集合的定义和描述；
- 点（Point）：用于位置确定的 0 维地理对象；
- 结点（Node）：拓扑连接两个或多个链或环的一维对象；
- 标识点（Label Point）：显示地图或图表时用于特征标识的参考点；
- 线（Line）：一维对象的一般术语；
- 线段（Line Segment）：两个点之间的直线段；
- 线（String）：由相互连接的一系列线段组成的没有分支线段的序列，线可以自身或与其他线相切；
- 弧（Arc）：由数学表达式确定的点集组成的弧状曲线；
- 链（Link）：两个结点之间的拓扑关联；
- 链环（Chain）：非相切线段或由结点区分的弧段构成的有方向无分支序列；
- 环（Ring）：封闭状不相切链环或弧段序列；
- 多边形（Polygon）：在二维平面中由封闭弧段包围的区域；
- 外多边形（Universe Polygon）：数据覆盖区域内最外则的多边形，其面积是其他所有多边形的面积之和；
- 内部区域（Interior Area）：不包括其边界的区域；
- 格网（Grid）：组成一规则或近似规则的棋盘状镶嵌表面的格网集合，或者组成一规则或近似规则的棋盘状镶嵌表面的点集合；
  格网单元（Grid Cell）：表示格网最小可分要素的二维对象；
- 矢量（Vector）：有方向线的组合；
- 栅格（Raster）：同一格网或数字影像的一个或多个叠加层；
- 像元（Pixel）：二维图形要素，它是数字影像的最小要素；
- 栅格对象（Raster Object）：一个或多个影像或格网，每一个影像或格网表示一个数据层，各层之间相应的格网单元或像元一致且相互套准；
- 图形（Graph）：与预定义的限制规则一致的 0 维（如 Node 点）、一维（Link 或 Chain）和二维（T 多边形）有拓扑相关的对象集；
- 数据层（Layer）：集成到一起的面域分布空间数据集，它用于表示一个主体中的实体，或者有一公共属性或属性值的空间对象的联合（Association）；
- 层（Stratum）：在有序系统中数据层、级别或梯度序列；
- 纬度（Latitude）：在中央经线上度量，以角度单位度量离开赤道的距离；
- 经度（Longitude）：经线面到格林尼治中央经线面的角度距离；
- 中央经线（Meridian）：穿过地球两极的地球的大圆圈；
- 坐标（Ordinate）：在笛卡儿坐标系中沿平行于 x 轴和 y 轴测量的坐标值；
- 投影（Projection）：将地球球面坐标中的空间特征（集）转化到平面坐标体系时使用的数学转化方法；
- 投影参数（Projection Parameters）：对数据集进行投影操作时用于控制投影误差、变形实际分布的参考特征；
- 地图（Map）：空间现象的空间表征，通常以平面图形表示；
- 现象（Phenomenon）：事实、发生的事件、状态等；

- 分辨率（Resolution）：由涉及或使用的测量工具或分析方法能区分开的两个独立测量或计算的值的最小差异；
- 质量（Quality）：数据符合一定使用要求的基本或独特的性质；
- 详述（Explicit）：由一对数或 3 个数分别直接描述水平位置和三维位置的方法；
- 介质（Media）：用于记录、存储或传递数据的物理设备；
- 其他。

2. 空间数据元数据的标准

同物理、化学等学科使用的数据结构类型相比，空间数据是一种结构比较复杂的数据类型。它既涉及对于空间特征的描述，也涉及对于属性特征以及它们之间关系的描述，所以空间数据元数据标准的建立是项复杂的工作。空间数据元数据标准的建立是空间数据标准化的前提和保证，只有建立起规范的空间数据元数据才能有效利用空间数据。目前，空间数据元数据已形成了一些区域性或部门性的标准。表 2-17 所示为有关空间数据元数据的几个现有主要标准。

美国联邦空间数据委员会（Federal Geographical Data Committee, FGDC）的空间数据元数据内容标准的影响较大，该标准用于确定地学空间数据集的元数据内容。该标准于 1992 年 7 月开始起草，于 1994 年 7 月 8 日，FGDC 正式确认该标准。该标准将地学领域中应用的空间数据元数据分为 7 个部分，即数据标识信息、数据质量信息、空间数据组织信息、空间参照系统信息、地理实体及属性信息、数据传播及共享信息和元数据参考信息。

表 2-17 　　　　　　　　　　　空间元数据的几个现有主要标准

元数据标准名称	建立标准的组织
CSDGM 地球空间数据元数据内容标准	FGDC，美国联邦空间数据委员会
GDDD 数据集描述方法	MEGRIN，欧洲地图事务组织
CGSB 空间数据集描述	CSC，加拿大标准委员会
CEN 地学信息—数据描述—元数据	CEN / TC287
DIF 目录交换格式	NASA
ISO 地理信息	ISO / TC211

2.10.3　空间数据元数据的获取与管理

空间数据的地理特征（包括空间特征和属性特征）要求对数据的各种操作，从数据获取、数据处理、数据存储、数据分析、数据更新等方面应有一套面向地理对象的方法，相应的空间数据元数据的内容及相关的操作也就具有了不同于其他种类数据元数据的特点。

1. 空间数据元数据的获取

空间数据元数据的获取是个较复杂的过程，相对于基础数据（Primary Data）的形成时间，它的获取可分为 3 个阶段：数据收集前、数据收集中和数据收集后。对于模型元数据，这 3 个阶段分别是模型形成前、模型形成中和模型形成后。第一阶段的元数据是根据要建设的数据库的内容而设计的元数据，内容包括：①普通元数据，如数据类型、数据覆盖范围、使用仪器描述、数据变量表达、数据收集方法等；②专指性元数据，即针对要收集的特定数据（如中国 1950—1980 年 30 年间的逐旬降水数据）的元数据，内容包括数据采样方法、数据覆盖的区域范围、数据表达的内容、数据时间、数据时间间隔、空间上数据的高度（或深度）、使用的仪器、数据潜在利用等。

第二阶段的元数据随数据的形成同步产生，如在测量海洋要素数据时，测点的水平和垂直位置、深度、温度、盐度、流速、海流流向、表面风速、仪器设置等是同时得到的。第三阶段的元数据是在上述数据收集到以后，根据需要产生的，它们包括数据处理过程描述、数据的利用情况、数据质量评估、浏览文件的形成、拓扑关系、影像数据的指示体及指标、数据集大小、数据存放路径等。

空间数据元数据的获取方法主要有 5 种：键盘输入、关联表、测量法、计算法和推理法。关联表方法是通过公共项（字段）从已存在的元数据或数据中获取有关的元数据，计算法由其他元数据或数据计算得到的元数据，推理方法指根据数据的特征获取元数据。在元数据获取的不同阶段，使用的方法也有差异。在第一阶段主要是输入方法和关联表方法；第二阶段主要采样测量方法；第三阶段主要方法是计算和参考方法。

2. 空间数据元数据的管理

空间数据元数据管理的理论和方法涉及数据库和元数据两方面。由于元数据的内容、形式的差异，元数据的管理与数据涉及的领域有关，它是通过建立在不同数据领域基础上的元数据信息系统实现的。

另外，全球信息源字典采用两步实体关系模型（Two Stages Entity Relationship Model）来管理元数据。

2.10.4　空间数据元数据的应用

在地理信息系统中使用元数据的原因如下：

（1）完整性（Completeness）

面向对象的地理信息系统和空间数据库的目标之一，是把事物的有关数据都表示为类的形式，而这些类也包括类自身，即复杂的"类的类"结构。这就要求有支持类与类之间相互印证和操作的机制，而元数据可以帮助这个机制的实现。

（2）可扩展性（Extensibility）

有意地延伸一种计算机语言或者数据库特征的语义是很有用途的，如把跟踪或引擎信息的生成结果添加到操作请求中，通过动态改变元数据信息可以实现这种功能。

（3）特殊化（Specialization）

继承机制是靠动态连接操作请求和操作体来实现的，语言及数据库以结构化和语义信息的关联文件（Context）方式把操作请求传递给操作体，而这些信息可以通过元数据表达。

（4）安全性（Safety）

分类完好的语言和数据库都支持动态类型检测，类的信息表示为元数据，这样在系统运行时，可以被类检测者访问。

（5）查错功能（Debugging）

在查错时使用元数据信息，有助于检测可运行应用系统的解释和修改状态。

（6）浏览功能（Browsing）

为数据的控制类开发浏览器时，为显示数据，要求能解译数据的结构，而这些信息是以元数据来表达的。

（7）程序生成（Program generation）

如果允许访问元数据，则可以利用关于结构的信息自动生成程序。例如，数据库查询的优化处理和远程过程调用残体（Stub）生成。

空间数据元数据的应用：

（1）帮助用户获取数据

通过元数据，用户可对空间数据库进行浏览、检索和研究等。一个完整的地学数据库除应提供空间数据和属性数据外，还应提供丰富的引导信息，以及由纯数据得到的分析、综述和索引等。通过这些信息用户可以明白诸如："这些数据是什么数据？""这个数据库对我有用吗？""这是我需要的数据吗？""怎样得到这些数据？"等一系列问题。

（2）空间数据质量控制

不论是统计数据还是空间数据都存在数据精度问题，影响空间数据精度的原因主要有两个方面，一是源数据的精度，二是数据加工处理工程中精度质量的控制情况。空间数据质量控制内容包括：①有准确定义的数据字典，以说明数据的组成，各部分的名称，表征的内容等；②保证数据逻辑科学地集成，如值被数据库中不同类的区域组合成大类区，这要求数据按一定逻辑关系有效的组合；③有足够的说明数据来源、数据的加工处理工程、数据释译的信息。

这些要求可通过元数据来实现，这类元数据的获取往往由地学和计算机领域的工作者来完成。数据逻辑关系在数据中的表达要由地学工作者来设计，空间数据库的编码要求要有一定的地学基础，数据质量的控制和提高要有数据输入、数据查错、数据处理专业背景知识的工作人员，而数据再生产要由计算机基础较好的人员来实现。所有这方面的元数据，按一定的组织结构集成到数据库中构成数据库的元数据信息系统来实现上述功能。

（3）在数据集成中的应用

数据集层次的元数据记录了数据格式、空间坐标体系、数据的表达形式、数据类型等信息；系统层次和应用层次的元数据则记录了数据使用软硬件环境、数据使用规范、数据标准等信息。这些信息在数据集成的一系列处理中，如数据空间匹配、属性一致化处理、数据在各平台之间的转换使用等是必需的。这些信息能够使系统有效地控制系统中的数据流。

（4）数据存储和功能实现

元数据系统用于数据库的管理，可以避免数据的重复存储，通过元数据建立的逻辑数据索引可以高效查询检索分布式数据库中任何物理存储的数据。减少用户查寻数据库及获取数据的时间，从而降低数据库的费用。数据库的建设和管理费用是数据库整体性能的反映，通过元数据可以实现数据库设计和系统资源利用方面开支的合理分配，数据库许多功能（如数据库检索、数据转换、数据分析等）的实现是靠系统资源的开发来实现的，因而这类元数据的开发和利用将大大增强数据库的功能并降低数据库的建设费用。

习　　题

1. 什么是空间坐标系统？为什么要进行地图投影？投影的实质是什么？
2. 给出 4 种类型的投影及其他们的性质。
3. 给出不同投影面的投影方式及其性质。
4. 空间对象数据的基本类型有哪些？
5. 地理空间实体的三要素是什么？它们之间的关系是怎样的？
6. 简述空间对象的空间关系。
7. 简述空间对象的拓扑空间关系。

8. 简述地理数据的特征和类型。

9. 空间数据结构的内容是什么？

10. 简述栅格模型和矢量模型的定义、特点。

11. 空间实体可抽象为哪几种基本类型？它们在矢量数据结构和栅格数据结构分别是如何表示的？

12. 叙述 4 种栅格数据存储的压缩编码方法。

13. 试写出矢量和栅格数据结构的模式，并列表比较其优缺点。

14. 叙述由矢量数据向栅格数据的转换的方法。

15. 叙述由栅格数据向矢量数据的转换的方法。

16. 简述栅格到矢量数据转换细化处理的两种基本方法。

17. （1）请描述栅格数据结构的优点。

（2）给出下面的直接编码。

（3）游程编码。

（4）块式编码。

（5）四叉树的编码。

A A A A R A A A

A A A R A A A A

A A A R A G G A

A A A R A G G A

A A R A G G G G

A R A A G G G A

A R A A G G G A

R A A A A A A A

18. 一个空间数据的矢量图（只对边框里边的图形编码），给出矢量编码列：A 结点及其编码；B 线段坐标表，C 多边形 – 线段关系表，D 线段—多边形关系表，E 多边形关系表。

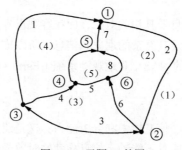

图 2-30 习题 18 的图

第3章
空间数据库

关于空间数据的使用可以追溯到三万五千年前，在那个时候克鲁马努猎人就已经在现在法国拉斯科附近的洞穴岩壁上用有意义的标识符来描绘其生活的迁移路线。如今，空间数据已经充斥着我们的生活，表示空间数据的方法也是多种多样，从最早的岩壁绘制的线段到如今信息社会中的 GPS 导航发送的报文。但是如何能够高效地存储空间数据，并方便人们使用一直是一个难题。目前存储信息大量使用到传统数据库，那么能否用一个数据库存储空间数据呢？答案是肯定的，所以空间数据库也就产生了，但是一定要注意空间数据库与传统数据库还是有很大不同的，在后续章节我们将进行讨论。

一般来说，空间数据库指的是地理信息系统（Geographic Information System，GIS）在计算机物理存储介质上存储的与应用相关的地理空间数据的总和，一般是以一系列特定结构的文件的形式组织在存储介质之上的。在 20 世纪 70 年代关于空间数据库的研究已经开始了，主要是在地图制图与遥感图像处理领域，其目的是为了有效地利用卫星遥感资源迅速绘制出各种经济专题地图。由于传统的关系数据库在空间数据的表示、存储、管理、检索上存在许多缺陷，而传统数据库系统只针对简单对象，无法有效地支持复杂对象（如图形、图像）。从而形成了空间数据库这一数据库研究领域。

空间数据库有以下几个特点。

（1）数据量庞大

空间数据库面向的是地理信息及其相关对象，而在客观世界中它们所涉及的往往都是地球表面信息、地质信息、大气信息等及其复杂的现象和信息，所以描述这些信息的数据容量很大，容量通常达 TB 级。比如我们熟知的 NASA 对地观测系统（Earth Observing System，EOS）每天将要产生 1TB 以上的数据。

（2）具有高可访问性

空间信息系统要求具有强大的信息检索和分析能力，这是建立在空间数据库基础上的，面对数据量如此庞大，传统的访问方式是不能满足信息检索的时效要求的，空间数据库就需要高效访问大量数据。

（3）空间数据模型复杂

空间数据库存储的不是单一性质的数据，而是涵盖了几乎所有与地理相关的数据类型，这些数据类型主要可以分为以下 3 类。属性数据：与通用数据库基本一致，主要用于描述地学现象的各种属性，一般包括数字、文本、日期类型。图形图像数据：与通用数据库不同，空间数据库系统中大量的数据借助于图形图像来描述。空间关系数据：存储拓扑关系的数据，通常与图形数据是合二为一的。

（4）属性数据和空间数据联合管理

空间数据库中表示存储信息一般都是文本类属性数据和空间数据联合表示。举个简单例子，一个城市的地图，如果只有各个街道或者建筑物的路线和形状特征，而没有街道和建筑物的名称，就不是一幅完整的地图，或者说是一份缺乏使用价值的地图。

（5）应用范围广泛

虽然说，空间数据库的研究最先始于地图制图与遥感图像处理领域，而且在这两个领域发展是最靠前沿的，但是发展到现在其使用的范围远远不止这些领域，如在生物领域和有机化学等领域都有重要的使用，生物领域往往在探讨基因组成等问题时会涉及空间数据库，有机化学领域在讨论分子构成时也会不可避免的涉及空间数据库。

3.1　数据模型的发展

在数据库中用数据模型来抽象、表示和处理现实世界中的数据和信息。空间数据模型是空间数据库的基础，它决定了系统数据管理的有效性，是系统灵活性的关键。空间数据模型是在实体概念的基础上发展起来的，它包含两个基本内容，即实体和它们之间的相关关系。实体和相关关系可以通过性质和属性来说明。空间数据模型可以被定义为一组由相关关系联系在一起的实体集。

层次模型、网状模型和关系模型是三种重要的数据模型。这三种模型是按其数据结构而命名的。前两种采用图的格式化结构；在这类结构中实体用记录型表示，而记录型抽象为图的顶点。记录型之间的联系抽象为顶点间的连接弧。整个数据结构与图相对应。对应于树形图的数据模型为层次模型；对应于网状图的数据模型为网状模型。关系模型为非格式化的结构，用单一的二维表的结构表示实体及实体之间的联系。满足一定条件的二维表，称为一个关系。面向对象数据模型用类表示实体的类型，用类的进化、层次关系、集成等表示实体之间的关系。

空间数据的数据模型可以采用基于关系的空间数据模型和基于对象的空间数据模型。基于关系的空间数据模型：空间相关的数据包括位置数据和属性数据，位置数据和属性数据放在两个分离的系统中，位置数据用地理信息系统表示、属性数据用关系模型表示，它们通过一个唯一的 ID 进行连接。基于对象的空间数据模型：用对象来表示空间实体，类的定义与进化和其他属性表示空间实体的关系。

3.2　在空间数据库中使用传统数据库的数据模型

数据模型是数据库系统中关于数据和联系的逻辑组织的形式表示。每一个具体的数据库都是由一个相应的数据模型来定义。每一种数据模型都以不同的数据抽象与表示能力来反映客观事物，有其不同的处理数据联系的方式。数据模型的主要任务就是研究记录类型之间的联系。目前，数据库领域采用的数据模型有层次模型、网状模型和关系模型，其中应用最广泛的是关系模型。

3.2.1　层次模型

层次模型是数据处理中发展较早、技术上也比较成熟的一种数据模型。它的特点是将数据组织成有向有序的树结构。层次模型由处于不同层次的各个结点组成。除根结点外，其余各结点有且仅有一个上一层结点作为其"双亲",而位于其下的较低一层的若干个结点作为其"子女"。结构中结点代表数据记录,连线描述位于不同结点数据间的从属关系(限定为一对多的关系)。对于图 3-1 所示的地图 M 用层次模型表示为如图 3-2 所示的层次结构。

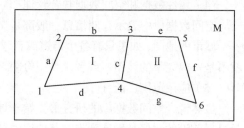

图 3-1　原始地图 M

层次模型反映了现实世界中实体间的层次关系,层次结构是众多空间对象的自然表达形式,并在一定程度上支持数据的重构。但其应用时存在以下问题。

① 由于层次结构的严格限制,对任何对象的查询必须始于其所在层次结构的根,使得低层次对象的处理效率较低,并难以进行反向查询。数据的更新涉及许多指针,插入和删除操作也比较复杂。母结点的删除意味着其下属所有子结点均被删除,必须慎用删除操作。

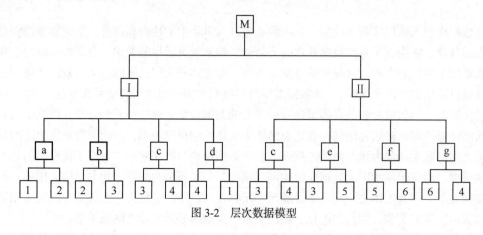

图 3-2　层次数据模型

② 层次命令具有过程式性质,它要求用户了解数据的物理结构,并在数据操纵命令中显式地给出存取途径。

③ 模拟多对多联系时导致物理存储上的冗余。

④ 数据独立性较差。

层次模型的特点是将数据组织成一对多关系的结构。层次结构采用关键字来访问其中每一层次的每一部分。层次数据库结构特别适用于文献目录、土壤分类、部门机构等分级数据的组织。

优点: 存取方便且速度快;结构清晰,容易理解;数据修改和数据库扩展容易实现;检索关键属性十分方便。

缺陷: 结构呆板,缺乏灵活性;同一属性数据要存储多次,数据冗余大(如公共边);不适合于拓扑空间数据的组织。

3.2.2　网状模型

网络数据模型是数据模型的另一种重要结构,它反映着显示世界中实体间更为复杂的联系,其基本特征是,结点数据间没有明确的从属关系,一个结点可与其他多个结点建立联系。图 3-3 所示的 4 个城市的交通联系,不仅是双向的而且是多对多的。如图 3-4 所示,学生甲、乙、丙、丁选修课程,其中的联系也属于网络模型。

网络模型用连接指令或指针来确定数据间的显式连接关系，是具有多对多类型的数据组织方式，网络模型将数据组织成有向图结构。结构中结点代表数据记录，连线描述不同结点数据间的关系。

有向图（Digraph）的形式化定义为：

Digraph = (Vertex，(Relation))

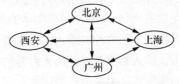

图 3-3　网络数据模型

其中，Vertex 为图中数据元素（顶点）的有限非空集合；Relation 是两个顶点（Vertex）之间的关系的集合。

有向图结构比层次结构具有更大的灵活性和更强的数据建模能力。网络模型的优点是可以描述现实生活中极为常见的多对多的关系，其数据存储效率高于层次模型，但其结构的复杂性限制了它在空间数据库中的应用。网络模型在一定程度上支持数据的重构，具有一定的数据独立性和共享特性，并且运行效率较高。但它应用时存在以下问题。

① 网状结构的复杂，增加了用户查询和定位的困难。它要求用户熟悉数据的逻辑结构，知道自身所处的位置。

② 网状数据操作命令具有过程式性质。

③ 不直接支持对于层次结构的表达。

网络模型用连接指令或指针来确定数据间的显式连接关系，是具有多对多类型的数据组织方式。

优点：能明确而方便地表示数据间的复杂关系；数据冗余小。

缺陷：网状结构的复杂，增加了用户查询和定位的困难；需要存储数据间联系的指针，使得数据量增大；数据的修改不方便（指针必须修改）。

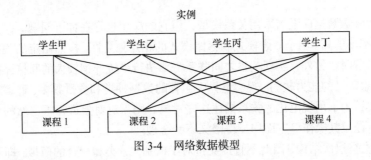

图 3-4　网络数据模型

3.2.3　关系模型

在层次与网络模型中，实体间的联系主要是通过指针来实现的，即把有联系的实体用指针连接起来。而关系模型则采用完全不同的方法。

关系模型是根据数学概念建立的，它把数据的逻辑结构归结为满足一定条件的二维表形式。此处，实体本身的信息以及实体之间的联系均表现为二维表，这种表就称为关系。一个实体由若干关系组成，而关系表的集合就构成为关系模型。

关系模型不是人为地设置指针，而是由数据本身自然地建立它们之间的联系，并且用关系代数和关系运算来操纵数据，这就是关系模型的本质。

在生活中表示实体间联系的最自然的途径就是二维表格。表格是同类实体的各种属性的集合，在数学上把这种二维表格叫作关系。二维表的表头，即表格的格式是关系内容的框架，这种框架叫作模式，关系由许多同类的实体所组成，每个实体对应于表中的一行，叫作一个元组。表中的每一列表示同一属性，叫作域。

对于图 3-1 所示的地图，用关系数据模型表示则如图 3-5 所示。

关系数据模型是应用最广泛的一种数据模型，它具有以下优点。

① 能够以简单、灵活的方式表达现实世界中各种实体及其相互间关系，使用与维护也很方便。关系模型通过规范化的关系为用护提供一种简单的用户逻辑结构。所谓规范化，实质上就是使概念单一化，一个关系只描述一个概念，如果多于一个概念，就要将其分开来。

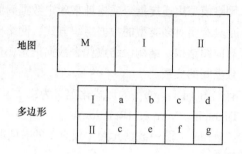

图 3-5 关系数据模型示意图

② 关系模型具有严密的数学基础和操作代数基础，如关系代数、关系演算等，可将关系分开，或将两个关系合并，使数据的操纵具有高度的灵活性。

③ 在关系数据模型中，数据间的关系具有对称性，因此，关系之间的查询在正反两个方向上难度程度是一样的，在其他模型如层次模型中从根结点出发寻找叶子的过程容易解决，相反的过程则很困难。

目前，绝大多数数据库系统采用关系模型，但它的应用也存在如下问题。

① 实现效率不够高。由于概念模式和存储模式的相互独立性，按照给定的关系模式重新构造数据的操作相当费时。另外，实现关系之间联系需要执行系统开销较大的联接操作。

② 描述对象语义的能力较弱。现实世界中包含的数据种类和数量繁多，许多对象本身具有复杂的结构和含义，为了用规范化的关系描述这些对象，则需对对象进行不自然的分解，从而在存储模式、查询途径及其操作等方面均显得语义不甚合理。

③ 不直接支持层次结构，因此不直接支持对于概括、分类和聚合的模拟，即不适合于管理复杂对象的要求，它不允许嵌套元组和嵌套关系存在。

④ 模型的可扩充性较差。新关系模式的定义与原有的关系模式相互独立，并未借助已有的模式支持系统的扩充。关系模型只支持元组的集合这一种数据结构，并要求元组的属性值为不可再分的简单数据（如整数、实数和字符串等），它不支持抽象数据类型，因而不具备管理多种类型数据对象的能力。

⑤ 模拟和操纵复杂对象的能力较弱。关系模型表示复杂关系时比其他数据模型困难，因为它无法用递归和嵌套的方式来描述复杂关系的层次和网状结构，只能借助于关系的规范化分解来实现。过多的不自然分解必然导致模拟和操纵的困难和复杂化。

关系数据库模型是以记录组或数据表的形式组织数据，便于利用各种地理实体与属性之间的关系进行存储和变换，不分层也无指针，是建立空间数据和属性数据之间关系的一种非常有效的数据组织方法。

　　优点：结构特别灵活，满足所有布尔逻辑运算和数学运算规则形成的查询要求；能搜索、组合和比较不同类型的数据；增加和删除数据非常方便。

　　缺陷：数据库大时，查找满足特定关系的数据费时；对空间关系无法满足。

3.2.4　在关系数据库中存储空间数据的局限性

　　标准的数据库管理系统（DBMS）的数据模型都是结构化的关系模型，数据的存储时按照固定的结构进行的，只允许把记录的长度设定为固定，而空间位置数据是变长的（如点数的可变性）。只用简单的关系结构在存储和维护空间数据拓扑关系方面存在着严重缺陷；一般都难以实现对空间数据的关联、连通、包含、叠加等基本操作；不能支持复杂的图形功能；单个地理实体的表达需要多个文件、多条记录，一般的关系数据库难以支持；难以保证具有高度内部联系的空间数据记录需要的复杂的安全维护。

3.3　空间数据库的数据组织方式

　　空间数据库中处理的数据包括了地理位置数据，这些数据具有自己的特点：地理位置数据类型多样，各类型实体之间关系复杂，数据量很大，而且每个线状或面状地物的字节长度都不是等长的等。利用目前流行的基于关系的数据库系统直接管理地理空间数据，存在着明显的不足。

　　空间数据库是作为一种应用技术而诞生和发展起来的，其目的是为了使用户能够方便灵活地查询出所需的地理空间数据，同时能够进行有关地理空间数据的插入、删除、更新等操作，为此建立了如实体、关系、数据独立性、完整性、数据操纵、资源共享等一系列基本概念。以地理空间数据存储和操作为对象的空间数据库，把被管理的数据从一维推向了二维、三维甚至更高维。由于关系数据库系统的数据模拟主要针对简单对象，无法有效地支持以复杂对象（如图形、影像等）为主体的工程应用。空间数据库系统必须具备对地理对象（大多为具有复杂结构和内涵的复杂对象）进行模拟和推理的功能。一方面可将空间数据库技术视为传统数据库技术的扩充；另一方面，空间数据库突破了传统数据库理论（如将规范关系推向非规范关系），其实质性发展必然导致理论上的创新。

　　空间数据库是一种应用于地理空间数据处理与信息分析领域的具有工程性质的数据库，它所管理的对象主要是地理空间数据（包括空间数据和非空间数据）。基于关系的数据库管理系统管理空间数据有以下几个方面的局限性。

　　① 管理数据的是不连续的、相关性较小的数字和字符；而地理空间信息数据是连续的，并且具有很强的空间相关性。

　　② 管理的实体类型较少，并且实体类型之间通常只有简单、固定的空间关系；而地理空间数据的实体类型繁多，实体类型之间存在着复杂的空间关系，并且还能产生新的关系（如拓扑关系）。

　　③ 系统存储的数据通常为等长记录的数据；而地理空间数据通常由于不同空间目标的坐标串长度不定，具有变长记录，并且数据项也可能很大，很复杂。

　　④ 系统只操纵和查询文字和数字信息；而空间数据库中需要有大量的空间数据操作和查询，如相邻、连通、包含、叠加等。

　　目前，大多数商品化的空间数据库软件都不是采取传统的某一种单一的数据模型，也不是抛弃传统的数据模型，而是采用建立在关系数据库管理系统（RDBMS）基础上的综合的数据模型，归纳起来，主要有混合结构模型、扩展结构模型和统一数据模型 3 种。

3.3.1　混合结构模型

空间数据库采用混合结构模型来存储空间相关的数据即位置数据和属性数据，其基本思想是用两个子系统分别存储和检索空间数据与属性数据，其中属性数据存储在常规的 RDBMS 中，几何数据存储在空间数据管理系统中，两个子系统之间使用一种标识符联系起来。图 3-6 所示为其原理框图。在检索目标时必须同时询问两个子系统，然后将它们的回答结合起来。

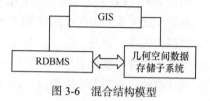

图 3-6　混合结构模型

由于这种混合结构模型的一部分是建立在标准 RDBMS 之上，故存储和检索数据比较有效、可靠。但使用两个存储子系统，它们有各自的规则，查询操作难以优化，存储在 RDBMS 外面的数据有时会丢失数据项的语义；此外，数据完整性的约束条件有可能遭破坏，如在几何空间数据存储子系统中目标实体仍然存在，但在 RDBMS 中却已被删除。

属这种模型的 GIS 软件有 ARC／INFO、MGE、SICARD、GENEMAP 等。

3.3.2　扩展结构模型

混合结构模型的缺陷是因为两个存储子系统具有各自的职责，互相很难保证数据存储、操作的统一。扩展结构模型采用同一 DBMS 存储空间数据和属性数据。其做法是在标准的关系数据库上增加空间数据管理层，即利用该层将地理结构查询语言（GeoSQL）转化成标准的 SQL 查询，借助索引数据的辅助关系实施空间索引操作。这种模型的优点是省去了空间数据库和属性数据库之间的烦琐联结，空间数据存取速度较快，但由于是间接存取，在效率上总是低于 DBMS 中所用的直接操作过程，且查询过程复杂。图 3-7 所示为其原理框图。

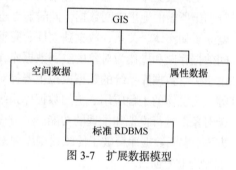

图 3-7　扩展数据模型

使用这种模型的软件有 SYSTEM 9，SMALL WORLD 等。

3.3.3　统一数据模型

这种综合数据模型不是基于标准的 RDBMS，而是在开放型 DBMS 基础上扩充空间数据表达功能。如图 3-8 所示，空间扩展完全包含在 DBMS 中，用户可以使用自己的基本抽象数据类型（ADT）来扩充 DBMS。在核心 DBMS 中进行数据类型的直接操作很方便、有效，并且用户还可以开发自己的空间存取算法。该模型的缺点是，用户必须在 DBMS 环境中实施自己的数据类型，对有些应用将相当复杂。

属于此类综合模型的软件如 TIGRIS（intergraph）、GEO++（荷兰）等。

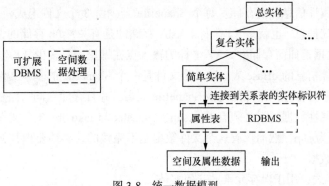

图 3-8 统一数据模型

3.3.4 基于关系的空间数据模型

基于关系的空间数据模型,简单地说就是把空间数据中位置数据与属性数据分开来进行处理,和位置相关的数据交给专门的软件去处理,属性数据利用关系数据库进行处理,为了保持数据的一致性,这两部分数据通过一个 ID 进行连接,为数据的展示提供统一的完整的数据来源。

按照第 2 章中矢量数据的编码结构,每个空间实体具有一定的类型(点、线、面及其综合),如一条公路的表示为:

RID　　　(X_1, Y_1) … (X_N, Y_N)　公路的位置特征;包括公路的标识和对应路径的坐标序列。

RID　　路的名称,长度,宽度,修建时间,状况,限速,方向,备注;这些属性信息是公路的特征描述。

公共的 RID 保证公路的位置信息和属性信息是一致的。

在这里,我们以 ArcGIS 为例子,来说明空间数据模型的设计与实现的方法。按照第 2 章给出空间数据的基本类型是点、线、面,这里给出空间数据的特征类型,如表 3-1 所示。

表 3-1　　　　　　　　　　　　　空间数据的特征类型

Arc/Info 特征类型	描　　述	对应的 Arc View 特征类型
点(Points)	表示离散位置的特征	点(Points)
弧(Arcs)	表示线性特征	线(Lines)
多边形(Polygons)	表达由指定边界封闭起来的区域	多边形(Polygons)
标识点(Label Points)	多边形中的点与多边形属性一致	点(Points)
结点(Alodes)	弧特征的端点	点(Points)
路径(Routes)	由一条或多条弧构成的线特征	线(Lines)
区域(Region)	由一个或多个多边形构成的多边形特征	多边形(Polygons)
注记(Annotation)	存储在 Coverage 中用于标识特征的文本	文本(Text)

Coverage 和 Shapefile 是地理关系数据模型,它们利用分离的系统来存储空间数据和属性数据,它们存储的空间数据的特征类型有表 3-1 给出。

1. Shapefile 数据模型

作为地理关系数据模型的实现,Shapefile 是一个典型的基于矢量的数据模型,属于简单要素类,用点、线、多边形存储要素的形状,却不能存储拓扑关系。一个 Shapefile 是由若干个文件组成的，空间信息和属性信息分离存储。每个 Shapefile 至少由 3 个文件组成，其中，*.shp 存储的是几何要素的的空间信息，也就是 *XY* 坐标。*.shx 存储的是有关*.shp 存储的索引信息，它记录了在*.shp 中，空间数据是如何存储的，*XY* 坐标的输入点在哪里，有多少 *XY* 坐标对等信息。*.dbf 存储地理数据的属性信息的 dBase 表。这 3 个文件是一个 Shapefile 的基本文件，Shapefile 还可以有其他一些文件，但所有这些文件都与该 Shapefile 同名，并且存储在同一路径下。例如，存储一个关于湖的几何与属性数据，就必须有 lake.shp，lake.shx 与 lake.dbf 3 个文件。而其中"真正"的 Shapefile 的后缀为 shp，然而仅有这个文件数据是不完整的，必须要把其他两个附带上才能构成一组完整的地理数据。

.shp——图形格式，用于保存元素的几何实体。

.shx——图形索引格式。几何体位置索引，记录每一个几何体在.shp 文件之中的位置，能够加快向前或向后搜索一个几何体的效率。

.dbf——属性数据格式，以 dBase IV 的数据表格式存储每个几何形状的属性数据。

Shapefile 图形格式 (.shp)：Shapefile 格式的主文件包含了地理参照数据。该文件由一个定长的文件头和一个或若干个变长的记录数据组成。每一条变长数据记录包含一个记录头和一些记录内容。.shp 主文件是直接访问的，变长记录的文件，每一条记录都描述一个形状的一系列结点。在索引文件中，每一条记录包含主文件相应记录相对于主文件头的偏移量。dBASE 表中每条记录表示一个要素的属性。这种几何结构和属性要素一对一的关系是通过记录号来控制的，表中的属性记录的顺序必须和主文件中的记录顺序相同。

主文件的组织，主文件（.shp）由固定长度的文件头和接着的变长度记录组成。每个变长度记录是由固定长度的记录头和接着的变长度记录内容组成。主文件的结构如下。

文件头　　记录头　记录内容

　　　　　记录头　记录内容

　　　　　……　　……

　　　　　记录头　记录内容

Shape 文件中所有的内容可以被分为两类：一类是与数据相关的包括主文件记录内容和主文件头的数据描述域（Shape 类型，边界盒等）；另一类是与文件管理相关的包括文件和记录长度和记录偏移等。

Shapefile 支持以下的图形类型：

0　　空图形；

1　　Point（点）　X, Y；

3　　Polyline（折线）（最小包围矩形）　　MBR，组成部分数目，点的数目，所有组成部分，所有点；

5　　Polygon（多边形）（最小包围矩形）　　MBR，组成部分数目，点的数目，所有组成部分，所有点；

8　　MultiPoint（多点）（最小包围矩形）　　MBR，点的数目，所有点；

11　　PointZ（带 Z 与 M 坐标的点）　X, Y, Z, M；

13　　PolylineZ（带 Z 或 M 坐标的折线）　　必须的：（最小包围矩形）MBR，组成部分数目，点的数目，所有组成部分，所有点，Z 坐标范围，Z 坐标数组　可选的：M 坐标范围，M 坐标数组；

15　　PolygonZ（带 Z 或 M 坐标的多边形）　　必须的：（最小包围矩形）MBR，组成部分数目，点的数目，所有组成部分，所有点，Z 坐标范围，Z 坐标数组　可选的：M 坐标范围，M 坐标数组；

18　MultiPointZ（带 Z 或 M 坐标的多点）　必须的：（最小包围矩形）MBR，点的数目，所有点，Z 坐标范围，Z 坐标数组；可选的：M 坐标范围，M 坐标数组；

21　PointM（带 M 坐标的点）　X, Y, M；

23　PolylineM（带 M 坐标的折线）　必须的：（最小包围矩形）MBR，组成部分数目，点的数目，所有组成部分，所有点；可选的：M 坐标范围，M 坐标数组；

25　PolygonM（带 M 坐标的多边形）　必须的：（最小包围矩形）MBR，组成部分数目，点的数目，所有组成部分，所有点；可选的：M 坐标范围，M 坐标数组；

28　MultiPointM（带 M 坐标的多点）　必须的：（最小包围矩形）MBR，点的数目，所有点；可选的：M 坐标范围，M 坐标数组。

31　MultiPatch　必须的：（最小包围矩形）　MBR，组成部分数目，点的数目，所有组成部分，所有点，Z 坐标范围，Z 坐标数组；可选的：M 坐标范围，M 坐标数组。

在普通的使用中，Shapefile 通常包含点、折线与多边形。带有 Z 坐标的形状是三维的。带有 M 坐标的形状是包含一个用户指定的测量值，该测量值定义在每一个点坐标之上。

下面是几个典型类型的例子。

① Point {Double　　X　//X 坐标

　　　　Double　　Y　//Y 坐标}

② MultiPoint　{Double[4]　　　　　　Box　　　　　　//边界盒

　　　　　　Integer　　　　　　NumPoints　　//点的数目

　　　　　　Point[NumPoints]　　Points　　//在集合中的点 }

　　　　边界盒以 Xmin,Ymin,Xmax,Ymax 存储

③ PolyLine　{ Double[4]　　Box　　　　　　　　//边界盒

　　　　　　Integer　　NumParts　　　　//部分的数目

　　　　　　Integer　　NumPoints　　　　//点的总数目

　　　　　　Integer[NumParts]　Parts　　//在部分中第一个点的索引

　　　　　　Point[NumPoints]　Points　　//所有部分的点 }

PolyLine 的域在以下为更详细的描述：Box 被存储的 PolyLine 的边界盒，以 Xmin,Ymin,Xmax,Ymax 的顺序存储。NumParts 在 PolyLine 中部分的数目。NumPoints 所有部分的点的总数目。Parts NumParts 长度的数列。为每条 PolyLine 存储它在点数列中的第一个点的索引。数列索引是从 0 开始的。Points NumPoints 长度的数列。在 PolyLine 中的每一部分的点被尾到尾存储。部分 2 的点跟在部分 1 的点之后，如此下去。部分数列对每一部分保持开始点的数列索引。

Shapefile 图形索引格式(.shx)：Shapefile 的文件索引包含与.shp 文件相同的 100 个字节的文件头，然后跟随着不定数目的 8 字节定长记录，每个记录都有两个字段：

字节　　类型　　字节序　用途

0～3　　int32　　记录位移（用 16 位整数表示）

4～7　　int32　　记录长度（用 16 位整数表示）

因为这个图形索引每个数据项都是定长的，因此程序只要在这个图形索引中向前或向后遍历，读取索引中所记录的记录位移与记录长度，程序就可以很快地向前或向后遍历整个 Shapefile，在.shp 文件中找到任意一个几何体的正确位置。

Shapefile 属性格式(.dbf)：每个图形的属性数据存储在 dBase 格式的数据表之中。属性数据也可以存储在另一种开放的数据表格式 xBase 格式之中。

Shapefile 与拓扑：Shapefile 无法存储拓扑信息。在 ESRI 的文件格式中，ArcInfo 的 Coverage 以及 Personal/File/Enterprise 地理数据库，能够保存地理要素的拓扑信息。

空间表达：在 Shapefile 文件之中，所有的折线与多边形都是用点来定义，点与点之间采用线性插值，也就是说点与点之间都是用线段相连。在数据采集时，点与点之间的距离决定了该文件所使用的比例。当图形放大超过一定比例的时候，图形就会呈现出锯齿。要使图形看上去更加平滑，那么就必须使用更多的点，这样就会消耗更大的存储空间。在这种情况下，样条函数可以很精确地表达不同形状的曲线而且占据相对更少的空间，但是目前 Shapefile 并不支持样条曲线。

数据存储量：.shp 文件或.dbf 文件最大的体积不能够超过 2 GB（或 231 位）。也就是说，一个 shapefile 最多只能够存储七千万个点坐标。文件所能够存储的几何体的数目取决于单个要素所使用的顶点的数目。属性数据库格式所使用的.dbf 文件基于一个比较古老的 dBase 标准。这种数据库格式天生有许多限制，如无法存储空值。这对于数量数据来说是一个严重的问题，因为空值通常都用 0 来代替，这样会歪曲很多统计表达的结果，对字段名或存储值中的 Unicode 支持不理想。字段名最多只能够有 10 个字符，最多只能够有 255 个字段。

只支持以下的数据类型：浮点类型（13 字节存储空间），整数（4 字节或 9 字节存储空间），日期（不能够存储时间，8 字节存储空间）和文本（最大 254 字节存储空间）。浮点数有可能包含舍入错误，因为它们以文本的形式保存。

2. Coverage 数据模型

作为地理关系数据模型的实现，Coverage 是一个集合，它可以包含一个或多个要素类。Coverage 数据由两个文件夹组成：一个文件夹用于存储空间几何信息，该文件夹的名称就是这个 Coverage 数据的名称；另一个文件夹名字是 info，它存储的是 Coverage 的属性信息。

每个 Coverage 由下列文件组成。

- TIC 文件，即地面控制点文件，是用来进行几何纠正和坐标变换的参考点文件，最少由 4 个 TIC 点组成。
- BND 文件，即控制一个 Coverage 的范围文件，在图形编辑、图形输出中起到边界控制作用。
- ARC 文件，即弧段文件。弧段是基本存储单元，一个弧段的数据包括两端结点和弧段上的特征点（转弯点）坐标组成。对应于 ARC 文件的是 AAT 文件，即弧段属性文件，它表达每个弧段的基本特征，包括起始和终止结点号，弧段左右两边的多边形记录号，弧段内部记录号，弧段用户识别号，弧段长度。
- LAB 文件，即多边形内部标识点文件，它对应的属性存放于多边形属性文件 PAT 中。
- POLY 文件，即多边形索引文件，只存储每个多边形对应弧段号和弧段总数，对应于属性文件 PAT。
- POINT 文件，如果存在点状特征时，数字化后就会产生这种文件，并对应于产生点的属性文件——PAT 文件。

Coverage 数据模型中，可以扩展和定义属性表，还可以定义属性表和外部数据库之间的关系。一个 Coverage 存储指定区域内地理要素的位置、拓扑关系及其专题属性。每个 Coverage 一般只描述一种类型的地理要素（一个专题 Theme）。位置信息用 X，Y 表示，相互关系用拓扑结构表示，属性信息用二维关系表存储。地理相关模型强调空间要素的拓扑关系。

图 3-9 所示为 Coverage 的要素类型。

图 3-9 Coverage 的要素类型

Coverage 的数据组织主要由以下几项组成。

（1）标示点

位置数据：Cover#，Cover_ID，和 X，Y，存储在 LAB 文件中。

属性数据：存储在 PAT 文件中，包含 4 个基本数据项 Area，Perimeter，cover#和 Cover-ID。

（2）结点

位置数据：不明显地存储，而是作为弧段的起始结点和终止结点存储在 ARC 文件中，数据项为 Cover#，Cover_ID。

属性数据：存储在结点属性表 NAT 中，它包含 3 个标准数据项，即 ARC#，Cover#，Cover_ID。

（3）弧段

位置数据：Cover#，Cover-ID，FNODE#，TNODE#，LPOLY#，RPOLY#，坐标串，存储在 ARC 文件中。

属性数据：存储在结点属性表 AAT 中，它包含 7 个标准数据项，即 Cover#，Cover-ID，FNODE#，TNODE#，LPOLY#，RPOLY#，LENGTH。

（4）多边形

位置数据：由一组弧段和位于多边形内的一个标示点来定义。它不直接存储坐标信息，坐标信息存储在 ARC 和 LAB 文件中，数据项为 Cover#，Cover_ID，Lab#，Arc#1，Arc#2，…Arc#n。

属性数据：存储在结点属性表 AAT 中，它包含 7 个标准数据项，即 Cover#，Cover_ID，FNODE#，TNODE#，LPOLY#，RPOLY#，LENGTH。

（5）控制点

存储于 tic 文件中。

（6）覆盖范围

存储于 bnd 文件中。

Coverage 的特点如下。

① 空间数据与属性数据关联：空间数据放在建立了索引的二进制文件中，属性数据则放在 DBMS 表(TABLES)里面，二者以公共的标识编码关联。

② 矢量数据间的拓扑关系得以保存：由此拓扑关系信息，我们可以得知多边形是由哪些弧段（线）组成，弧段（线）由哪些点组成，两条弧段（线）是否相连以及一条弧段（线）的左或右多边形是谁？这就是通常所说的"平面拓扑"。

Coverage 在具备以上特点的同时也出现了一些的缺陷。

① Coverage 模型某些可取的方面已经可以不再继续作为强调的因素，拓扑关系的建立可以由面向对象技术解决（记录在对象中）；硬件的发展，不再将存储空间的节省与否作为考虑问题的重心；计算机运算能力的提高，已经可以实时地通过计算直接获得分析结果。

② 空间数据不能很好地与其行为相对应。

③ 以文件方式保存空间数据，而将属性数据放在另外的 DBMS 系统中。这种方式对于日益趋向企业级和社会级的 GIS 应用而言，已很难适应（如海量数据，并发等）。

④ Coverage 模型拓扑结构不够灵活，局部的变动必须对全局的拓扑关系重新建立(Build)，"牵一发而动全身"，且费时。

⑤ 在不同的 Coverage 之间无法建立拓扑关系，如河流与国界、人井与管道等。

Coverage 格式和 Shape 文件格式最显著的区别是 Coverage 是可以存储要素类的集合，而 Shape 每一个只能存储一种要素类。其他的区别：Coverage 可以存储拓扑要素类，Shape 不可以；Converage 支持高级要素类对象，如多点和多线；Shape 不可。总之，Shape 是一种基本存储要素类的格式。

3.3.5 面向对象数据模型

1. 面向对象技术概述

面向对象方法基本出发点就是尽可能按照人类认识世界的方法和思维方式来分析和解决问题。客观世界是由许多具体的事物或事件、抽象的概念、规则等组成的。因此，我们将任何感兴趣或要加以研究的事物概念都统称为"对象"（或称目标）。面向对象的方法正是以对象作为最基本的元素，它也是分析问题、解决问题的核心。计算机实现的对象与真实世界具有一对一的对应关系，不需作任何转换。面向对象方法具有的模块化，信息封装与隐藏、抽象性、多形性等独特之处，为解决大型软件管理，提高软件可靠性、可重用性、可扩充性和可维护性提供了有效的手段和途径。

2. 面向对象方法中的基本概念

面向对象的定义是指无论怎样复杂的事例都可以准确地由一个对象表示，这个对象是一个包含了数据集和操作集的实体。

（1）对象

在面向对象的系统中，所有的概念实体都可以模型化为对象。多边形地图上的一个结点或一条弧段是对象，一条河流或一个省也是一个对象。一个对象是由描述该对象状态的一组数据和表达它的行为的一组操作（方法）组成的。例如，河流的坐标数据描述了它的位置和形状，而河流的变迁则表达了它的行为。由此可见，对象是数据和行为的统一体。

GIS 中的地理对象则可定义为：描述一个实体的空间和属性数据以及定义一系列对实体有意义的操作函数的统一体，如一个城市、一条街道、一个街区等。

定义 1：一个对象 object 是一个三元组。

object = (ID，S，M)

其中，ID 为对象标识，M 为方法集，S 为对象的内部状态，它可以直接是一属性值，也可以是另外一组对象的集合，因而它明显地表现出对象的递归。把 ID，S，M 三部分作为一个整体对象作如下递归定义。

定义 2：

① Number, String, Symbol, True, False 等称为原子对象；

② 如 S 中都是属性值，$S_1, S_2 \cdots S_n$ 均为原子对象，则称 object 为简单对象。

③ 如果 $S_1, S_2 \cdots S_n$ 包含了原子对象以外的其他类型的对象，则称 object 为复杂对象。而其中的 S_i 称为子对象。若 S 中所包含的子对象属同一类对象，则称 object 为组合对象，或称简单的复杂对象。

在面向对象的系统中，对象作为一个独立的实体，一经定义就带有一个唯一的标识号，且独立于它的值而存在。

总之，一个对象就是一个具有名称标识并有自身的状态与功能的实体。例如，一个人，他有一些身体状况，如性别、年龄、身高、体重等，他还有一些其他的情况，如所从事的工作、所学专业、爱好等。

（2）对象类

对象类，简称类，是关于同类对象的集合，具有相同属性和操作的对象组合在一起形成"类"（class）。类是用来定义抽象数据类型的，类描述了实例的形式（属性等）以及作用于类中对象上的操作（方法）。属于同一类的所有对象共享相同的属性项和方法，每个对象都是这个类的一个实例，即对象与类的关系是 instance—of 的关系。同一个类中的对象在内部状态的表现形式上（即型）相同，但它们有不同的内部状态，即有不同的属性值，类中的对象并不是一模一样的，而应用于类中所有对象的操作却是相同的。

所以，在实际的系统中，仅需对每个类型定义一组操作，供该类中的每个对象应用。但因每个对象的内部状态不完全相同，所以要分别存储每个对象的属性值。

如所有河流均有共性，即名称、长度、面积以及操作方法，抽象成河流类，而黄河、长江等就是其实例对象，同时又有其自身的状态特征（属性值）。

（3）方法和消息

对一个类所定义的所有操作称为方法。对对象类的操作是由方法来具体实现的，而对象间的相互联系和通信的唯一途径是通过"消息"传送来实现。消息是对象与对象之间相互联系、请求、协作的途径。

另外，消息还分公有消息和私有消息。例如，如果一批消息都属于同一个对象，但有些是可由其他对象向它发送，叫公有消息；另外一些则是由它自己向本身发送，叫作私有消息。

（4）协议与封装

对象和消息对自然界的实际事物进行了良好的模拟，也简化了人们对世界事物的理解。但是，现实事物仅靠这两个概念还不能充分表达。例如，一个人有各种各样的能力。有些能力，他乐意向外人宣告；有些能力只向一部分人通告；还可能有些能力，不想让任何人知道。另外，即使外人知道了他的某些能力，但他也不向外界提供这些服务。这是经常出现的情况，上面的私有消息便是这样的例子。这里就有一个协议的问题。

协议是一个对象对外服务的说明，它告知一个对象可以为外界做什么。外界对象能够并且只能向该对象发送协议中所提供的消息，请求该对象服务。因此，它是由一个对象能够接受且愿意接受的所有消息构成的对外接口。也就是说，请求对象进行操作的唯一途径就是通过协议中提供的消息来进行。即使一个对象可以完成某一功能，但它没有将该功能放入协议中去，外界对象依然不能请求它完成这一功能。从私有消息和公有消息上看，协议是一个对象所能接受的所有公有消息的集合。

对象、消息和协议是面向对象设计中的支柱性概念，这些概念一起又引入了一个新的概念——封装。封装就是将某件事物包围起来，使外界不必知道其实际内容。也就是说，对象通过封装后，其他对象只能从公有消息中提供的功能进行请求服务，对这个对象内部的情况不必了解。

封装的最基本单位是对象。封装技术提高了面向对象方法开发软件的可重用性，从而大大提高了复杂软件的开发效率、质量和可靠性，更加易于维护。

3. 面向对象方法的数据抽象技术和数据抽象工具

面向对象的方法除数据与操作的封装性以外，还具有极强的抽象表达能力，具有分类（classification）、概括（generalization）、聚集（aggregation）和联合（association）等数据抽象技术以及继承（inheritance）和传播（propagation）等强有力的抽象工具。

（1）分类（classification）

把一组具有相同结构的实体归纳成类的过程，称为分类，而这些实体就是属于这个类的实例对象。属于同一类的对象具有相同的属性结构和操作方法。

（2）超类与概括

在定义类型时，将几种类型中某些具有公共特征的属性和操作抽象出来，形成一种更一般的超类（Superclass）。

设有两种类型：

$Class_1 = (CID_1, CS_A, CS_B, CM_A, CM_B)$ $\qquad$ $Class_2 = (CID_2, CS_A, CS_C, CM_A, CM_C)$

$Class_1$ 和 $Class_2$ 中都带有相同的属性子集 CS_A 和操作子集 CM_A，并且

$$CS_A \in CS_1 \text{ 和 } CS_A \in CS_2 \text{ 及 } CM_A \in CM_1 \text{ 和 } CM_A \in CM_2$$

因而将它们抽象出来，形成一种超类 $Superclass = (SID, CSA, CMA)$，这里的 SID 为超类的标识号。

在定义了超类以后，则 $Class_1$ 和 $Class_2$ 可表达为：

$$Class_1 = (CID_1, CS_B, CM_B) \qquad\qquad Class_2 = (CID_2, CS_C, CM_C)$$

其中的 $Class_1$ 和 $Class_2$ 则称为 Superclass 的子类。

子类与超类的关系是 is-a 的关系。例如，建筑物是饭店的超类，因为饭店也是建筑物。子类还可以进一步分类，如饭店类可以进一步分为小餐馆、普通旅社、涉外宾馆、招待所等类型。所以一个类可能是某个或某几个超类的子类，同时又可能是几个子类的超类。

建立超类实际上是一种概括，避免了说明和存储上的大量冗余。但是仅由上式不足以描述 $Class_1$ 和 $Class_2$ 的状态和操作，它们需要结合前面介绍公式中的 CSA 和 CMA 共同表达该对象。所以需要一种机制，在获取子类对象的状态和操作时，能自动得到它的超类的状态和操作。这就是面向对象方法中著名的模型工具——继承。

（3）继承

继承是一种服务于概括的工具。在上述概括的概念中，子类的某些属性和操作来源于它的超类。例如，在前面概括的例子中，饭店类是建筑物类的子类，它的一些操作，如显示和删除对象等，以及一些属性如房主、地址、建筑日期等是所有建筑物公有的，所以仅在建筑物类中定义它们，然后遗传给饭店类等子类。

在遗传的过程中，还可以将超类的属性和操作遗传给子类的子类。例如，可将建筑物类的一些操作和属性通过饭店遗传给孙类——招待所类等。继承是一有力的建模工具，它有助于进行共享说明和应用的实现，提供了对世界简明而精确的描述。

继承有单个继承和多个继承。单个继承是指子类仅有一个直接的父类，而多个继承允许多于一个直接父类。

多个继承的现实意义是一个子类的属性和操作可以抽象出几个其他子类所公有的属性和操作子集，建立一个以上的超类。

GIS 中经常要遇到多个继承的问题，下面举例说明两个不同的体系形成的多个继承。一个由人工和自然的交通线形成，另一个是以水系为主线。运河具有两方面的特性，即人工交通线和水系；而可航行的河流也有两方面的特性，即河流和自然交通线。其他一些类型如高速公路和池塘仅属于其中某一个体系，如图 3-10 所示。

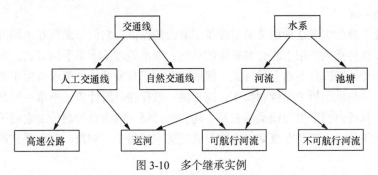

图 3-10　多个继承实例

另外，从继承内容上讲，继承还有包含继承、受限继承、取代继承等。例如，水系是一类对象，湖是一种特殊的水系，湖继承了水系的所有特征，并且任何一个湖都是一个水系，这便是包含继承，即湖包含了水系具有的所有特征。鸵鸟是类特殊的鸟，它们不能继承鸟会飞的特征，这就是受限继承。

（4）联合与组合对象

在定义对象时，将同一类对象中的几个具有部分相同属性值的对象组合起来，为了避免重复，设立一个更高水平的对象表示这些相同的属性值。例如，一个县是由若干个乡镇联合而成。

联合常用集合来描述，有联合关系的对象叫成员，所以联合就指的是"成员"关系。在联合中，一个成员对象的具体细节被忽略了，强调的是整个对象的特征。一个集合对象的实例可以分解成一系列其成员对象的实例。联合通过其成员产生集合数据结构，一个集合的操作是由该集合每个成员的操作组成的。

（5）聚集与复合对象

聚集有点类似于联合，但聚集是将几个不同特征的对象组合成一个更高水平的对象。每个不同特征的对象是该复合对象的一部分，它们有自己的属性描述数据和操作，这些是不能为复合对象所公用的，但复合对象可以从它们那里派生得到一些信息，它们与复合对象的关系是 Parts-of 的关系。例如，房子从某种意义上说是一个复合关系，它是由墙、门、窗和房顶组成的。

考虑聚集时，不能强调复合对象的具体细节，每个聚集对象的实例都可以分解成其他成员对象实例，每个成员对象都保持其自有的功能。聚集的操作和其他部分的操作是不兼容的。聚集的每一个操作是由每个部分产生的不同操作所组成的。

（6）传播

传播是作用于联合和聚集的工具，它通过一种强制性的手段将子对象的属性信息传播给复杂对象。就是说，复杂对象的某些属性值不单独存于数据库中，而是从它的子对象中提取或派生。

例如，一个多边形的位置坐标数据，并不直接存于多边形文件中，而是存于弧段和结点的文件中，多边形文件仅提供一种组合对象的功能和机制，借助于传播的工具可以得到多边形的位置信息。这一概念可以保证数据库的一致性，因为独立的属性值仅存贮一次，不会因数据库的更新而破坏它的一致性。

以上分类、概括、联合和聚集的概念丰富了面向对象方法的语义模型，使面向对象的系统具有支持多种语义联系的功能，这些概念的抽象关系列举如下：

分类　instance—of

概括　is—a

联合　member—of

聚集　parts—of

继承和传播工具为实现这种语义模型提供了有力的保证。它们分别用在不同的方面，继承是在概括中使用，而传播则作用于联合和聚集的结构；继承是以从上到下的方式，从一般类型到更详细的类型，而传播则以自下而上的方式，提取或派生子对象的值；继承应用于类型方面。传播直接作用于对象：继承包括了属性和操作，而传播一般仅涉及属性值；继承一般是隐含的，系统提供一种机制，只要声明子类与超类的关系，超类的特征一般会自动遗传给它的子类，而传播是一种带强制性的工具，它需要在复杂对象中显式定义它的每个子对象，并声明它需要传播哪些属性值。

4. 面向对象的几何抽象类型

考察 GIS 中的各种地物，在几何性质方面不外乎表现为 4 种类型，即点状地物、线状处物、面状地物以及由它们混合组成的复杂地物，因而这 4 种类型可以作为 GIS 中各种地物类型的超类（见图 3-11）。从几何位置抽象，点状地物为点，具有 x, y, z 坐标。线状地物由弧段组成，弧段由结点组成。面状地物由弧段和面域组成。复杂地物可以包含多个同类或不同类的简单地物（点、线、面），也可以再嵌套复杂地物。因此，弧段聚集成线状地物，简单地物组合成复杂地物，结点的坐标由标识号传播给线状地物和面状地物，进而还可以传播给复杂地物。

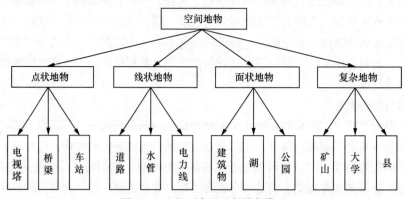

图 3-11　空间对象的几何抽象模型

为了描述空间对象的拓扑关系，对空间对象的抽象，除了点、线、面、复杂地物外，还可以再加上结点、弧段等几何元素。例如，我国一些研究人员，把空间对象还分为零维对象、一维对象、二维对象、复杂对象，其中，零维对象包括独立点状地物、纯结点、结点地物（既是几何拓扑类型，又是空间地物）、注记参考点、多边形标识点。一维对象包括拓扑弧段、无拓扑弧段（也称面条地物，如等高线）、线状地物。二维对象是指面状地物，它由组成面状地物的周边弧段组成，有属性编码和属性表。复杂对象包括有边界复杂地物和无边界复杂地物。

在美国空间数据交换标准中，对矢量数据模型中的空间对象抽象为 6 类，分别是：复杂地物（Complex），多边形（polygon）、环（ring）、线（line）、弧（arc）、点—结点（point-node）。其中，线相当于线状地物，由弧段组成，弧是指圆弧、B 样条曲线等光滑的数学曲线；环是为了描述带岛屿的复杂多边形而新增的，结点作为一种点对象和点状地物合并为点—结点类。

在定义一个地物类型时，除按属性类别分类外，还要声明它的几何类型。例如，定义建筑物类时，声明它的几何类型为面状地物，此时它自动连接到面状地物的数据结构，继承超类的几何位置信息及有关对几何数据的操作。这种连接可以通过类标识和对象标识实现。

5. 面向对象的数据模型（OODM）

面向对象数据模型即是用面向对象方法所建立的数据模型，它包括数据模式、建立在模式上的操作以及建立在模式上的约束。

（1）数据模式——对象与类结构

用对象与类结构以及类之间继承与组合关系建立数据间的复杂结构关系，这种模式结构的语义表示能力远远比 E—R 方法强。

（2）模式上的操作——对象与类中方法

用对象与类中方法来构建模式上的操作，这种操作语义范围远比传统数据模型要强。例如，可以构建一个圆形类，它的操作包括可以查询、增、删、改外，还可以有圆形的放大、缩小，图形的移动，拼接等，因此面向对象数据模型具有比传统数据模型更强的功能。

（3）模式约束

模式约束是一种逻辑型的方法，即是一种逻辑表达式，因此也可以用类中方法表示模式约束。

面向对象数据模型是一种比传统数据模型更加优越的模型，它具体可归结为如下几个方面。

① 面向对象数据模型是一种层次式的结构模型，它是以类为基本单位，以继承与组合为结构方式所组成的图结构形式，这种结构具有丰富的含义，能准确表达客观世界复杂的结构形式。

② 面向对象数据模型是一种将数据与操作封装于一体的结构体，使 OODM 中的类成为具有独立运作能力的实体，它扩大了传统数据模型中实体集仅是单一数据集的不足之处。

③ 面向对象数据模型具有能构造多种复杂抽象数据类型的能力，我们知道数据类型是一种类，如实型是一种类，它是实数与实数操作所组成的类，所以我们可以用构造类的方法构造数据类型，可以构造成多种复杂的数据类型称为抽象数据类型（Abstract Data Type，ADT）。例如，我们可以用类的方法构造元组、数组、队列、包和集合等，也可以用类的方法构造向量空间等多种数据类型从而使数据类型大为扩充。

在面向对象数据模型中，我们用面向对象方法的一些基本概念和基本方法来标识这 3 个组成部分，即对象、方法、类的继承。例如，汽车有一个标识符 pno，汽车具有属性车门、轮胎、方向盘、座椅等，汽车的方法有行驶、停止、刹车、启动。小汽车、大卡车都继承于汽车这个类。

6. 空间数据库的面向对象数据模型实现

关系数据模型和关系数据库管理系统基本上适应于 GIS 中属性数据的表达与管理。但如果采用面向对象数据模型，语义将更加丰富，层次关系也更明了。与此同时，它又能吸收关系数据模型和关系数据库的优点，或者说它在包含关系数据库管理系统的功能基础上，在某些方面加以扩展，增加面向对象模型的封装、继承、信息传播等功能。

GIS 中的地物可根据国家分类标准或实际情况划分类型。例如，一个大学 GIS 的对象可分为建筑物、道路、绿化、管线等几大类，地物类型的每一大类又可以进一步分类，如建筑物可再分成教学楼、科研实验楼、行政办公楼、教工住宅、学生宿舍、后勤服务建筑、体育楼等子类，管线可再分为给水管道、污水管道、电信管道、供热管道、供气管道等，另一方面，几种具有相同属性和操作的类型可综合成一个超类。

GeoDatabase 是 ArcInfo8 引入的一种全新的面向对象的空间数据模型，是建立在 DBMS 之上的统一的、智能的空间数据模型。"统一"是指 GeoDatabase 之前的多个空间数据模型都不能在一个统一的模型框架下对地理空间要素信息进行统一的描述，而 GeoDatabase 做到了这一点；"智能化"是指在 GeoDatabase 模型中，对空间要素的描述和表达较之前的空间数据模型更接近我们的现实世界，更能清晰、准确地反映现实空间对象的信息。

GeoDatabase 的设计主要是针对标准关系数据库技术的扩展，它扩展了传统的点、线和面特征，为空间数据定义了一个统一的模型。在该模型的基础上，使用者可以定义和操作不同应用的具体模型，如交通规划模型、土地管理模型、电力线路模型等。GeoDatabase 为创建和操作不同用户的数据模型提供了一个统一的、强大的平台。

由于 GeoDatabase 是一种面向对象的数据模型，在此模型中，空间中的实体可以表示为具有性质、行为和关系的对象。GeoDatabase 描述地理对象主要通过以下 4 种形式：

① 用矢量数据描述不连续的对象；

② 用栅格数据描述连续对象；

③ 用 TINs 描述地理表面；

④ 用 Location 或者 Address 描述位址。

GeoDatabase 还支持表达具有不同类型特征的对象，包括简单的物体、地理要素(具有空间数据的对象)、网络要素(与其他要素有几何关系的对象)、拓扑相关要素、注记要素以及其他更专业的特征类型。该模型还允许定义对象之间的关系和规则，从而保持地物对象间相关性和拓扑性的完整。

GeoDatabase 以层次结构的数据对象来组织地理数据。这些数据对象存储在要素类(Feature Classes)、对象类(Object Classes)和数据集(Feature Datasets)中。Object Class 可以理解为是一个在 GeoDatabase 中储存非空间数据的表。而 Feature Class 是具有相同几何类型和属性结构的要素(Feature)的集合。

要素数据集(Feature Datasets)是共用同一空间参考要素类的集合。要素类(Feature Class)储存可以在要素数据集(Feature Datasets)内部组织简单要素，也可以独立于要素数据集。独立于要素数据集的简单的要素类称为独立要素类。存储拓扑要素(Feature)的要素类必须在要素数据集(Feature Dataset)内，以确保一个共同的空间参考。

GeoDatabase 的基本体系结构包括要素数据集、栅格数据集、TIN 数据集、独立的对象类、独立的要素类、独立的关系类和属性域。其中，要素数据集又由对象类、要素类、关系类、几何网络构成。

GeoDatanbase 在实现上使用了标准的关系——对象数据库技术，它支持一套完整地拓扑特征集，提供了大型数据库系统在数据管理方面的所有优势（如数据的一致性,连续的空间数据集合,多用户并发操作等）。GeoDatabase 用更先进的几何特征（如三维坐标和 Beizer 曲线），复杂网络，特征类的关系，平面几何拓扑和别的对象组织模式扩展了 Coverage 和 Shape 文件模型，使得空间数据对象及其相互间的关系、使用和连接规则等均可以方便地表示、存储、管理和扩展。引入这种新的数据模型的目的在于让用户可以通过在他的数据中加入其应用领域的方法或行为以及其他任意的关系和规则，使数据更具智能和面向应用领域。

GeoDatabase 模型结构如下：

①　要素类（Feature Class）：同类空间要素的集合即为要素类，如河流、道路、电缆等。

②　要素数据集（Feature Dataset）：要素数据集由一组具有相同空间参考（Spatial Reference）的要素类组成。专题归类表示：当不同的要素类属于同一范畴（如水系的点线面要素）。创建几何网络：在同一几何网络中充当连接点和边的各种要素类（如配电网络中，有各种开关，变压器，电缆等）。考虑平面拓扑：共享公共几何特征的要素类（如水系、行政区界等）。

③　关系类（Relationship Class）：定义两个不同的要素类或对象类之间的关联关系（如我们可以定义房主和房子之间的关系）。

④　几何网络（Geometric Network）：几何网络是在若干要素类的基础上建立的一种新的类。定义几何网络时，我们指定哪些要素类加入其中，同时指定其在几何网络中扮演什么角色（如定义一个供水网络，我们指定同属一个要素数据集的"阀门"、"泵站"、"接头"对应的要素类加入其中，并扮演"连接（junction）"的角色。同时，我们指定同属一个要素数据集的"供水干管"、"供水支管"和"入户管"等对应的要素类加入供水网络，由其扮演"边（edge）"的角色）。

⑤　域（Domains）：定义属性的有效取值范围。可以是连续的变化区间，也可以是离散的取值集合。

⑥　有效规则（Validation Rules）：对要素类的行为和取值加以约束的规则（如规定不同管径的水管要连接，必须通过一个合适的转接头。规定一块地可以有 1～3 个主人）。

⑦　栅格数据集（Raster Datasets）：用于存放栅格数据。可以支持海量栅格数据，支持影像镶嵌，可通过建立"金字塔"索引，并在使用时指定可视范围提高检索和显示效率。

⑧　TIN Datasets：TIN 是 Arc/Info 中非常经典的数据模型，是用不规则分布的采样点的采样值构成的不规则三角集合。它可用于表达地表形态或其他类型的空间连续分布特征。

⑨　Locators：定位器是定位参考和定位方位的组合，对不同的定位参考，用不同的定位方法进行定位操作。

GeoDatabase 模型的优势表现在以下方面：

①　在同一数据库中统一管理各种类型的空间数据。

②　空间数据的录入和编辑更加准确。这得益于空间要素的合法性规则检查。

③　空间数据更加面向实际的应用领域。不在是无意义的点、线、面，而代之以电杆、光缆和用地等。

④　可以表达空间数据之间的相互关系。

⑤　可以更好地制图。对不同的空间要素，我们可定义不同的"绘制"方法，而不受限于 ArcInfo 等客户端应用已经给出的工具。

⑥　空间数据的表示更为精确。除了可用折线方式以外，还可用圆弧、椭圆弧、Bezier 曲线描述空间数据的空间几何特征。

⑦　可管理连续的空间数据，无需分幅、分块。

⑧　支持空间数据的版本管理和多用户并发操作。

GeoDatabase 是按照层次型的数据对象来组织地理数据（见图 3-12），这些数据对象包括对象类（Object Classes）、要素类（Feature Classes）和要素数据集（Feature Dataset）。

对象类是指存储非空间数据的表格（Table）。

要素类是具有相同几何类型和属性的要素的集合，即同类空间要素的集合，如河流、道路、植被、用地、电缆等。要素类之间可以独立存在，也可具有某种关系。当不同的要素类之间存在关系时，应考虑将它们组织到一个要素数据集（Feature Dataset）中。

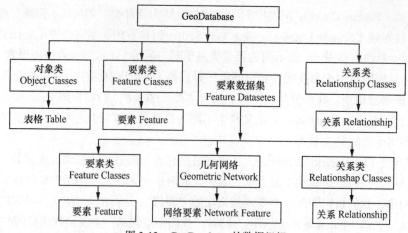

图 3-12　GeoDatabase 的数据组织

　　要素数据集是共享空间参考系统并具有某种关系的多个要素类的集合。一般而言，在以下 3 种情况下，应考虑将不同的要素类组织到一个要素数据集中。

　　① 当不同的要素类属于同一范畴。如全国范围内某种比例尺的水系数据，其点、线、面类型的要素类可组织为同一个要素数据集。

　　② 在同一几何网络中充当连接点和边的各种要素类，必须组织到同一要素数据集中。例如，配电网络中，有各种开关、变压器、电缆等，它们分别对应点或线类型的要素类，在配电网络建模时，应将其全部考虑到配电网络对应的几何网络模型中去。此时，这些要素类必须放在同一要素数据集下。

　　③ 对于共享公共几何特征的要素类，如用地、水系、行政区界等。当移动其中的一个要素时，其公共的部分也要求一起移动，并保持这种公共边关系不变。此种情况下，也要将这些要素类放到同一个要素数据集中。

　　对象类、要素类和要素数据集是 GeoDatabase 中的基本组成项。当在数据库中创建了这些项目后，就可以向数据库中加载数据，并进一步定义数据库，如建立索引、创建拓扑关系、创建子类、几何网络类、注释类、关系类等。

　　7. 面向对象数据库管理系统的实现方式

　　面向对象的数据模型为用户提供了自然的丰富的数据语义，从概念上将人们对 GIS 的理解提高到了一个新的高度。同时它又巧妙地容纳了 GIS 中拓扑数据结构的思想，能有效地表达空间数据的拓扑关系。另一方面，面向对象数据模型在表达和处理属性数据时，又具有许多独特的优越性。因而，完全有可能采用面向对象的数据模型和面向对象的数据库管理系统同时表达和管理图形和属性数据，结束目前许多 GIS 软件将它们分开处理的历史。

　　目前，采用面向对象数据模型，建立面向对象数据库系统，主要有 3 种实现方式。

　　（1）扩充面向对象程序设计语言（OOPL），在 OOPL 中增加 DBMS 的特性

　　面向对象数据库系统的一种开发途径便是扩充 OOPL，使其处理永久性数据。典型的 OOPL 有 Smalltalk 和 C++。在 OODBMS 中增加处理和管理地理信息数据的功能，则可形成地理信息数据库系统。在这种系统中，对象标识符为指向各种对象的指针；地理信息对象的查询通过指针依次进行（巡航查询）；这类系统具有计算完整性。

　　这种实现途径的优点是：①能充分利用 OOPL 强大的功能，相对地减少开发工作量；②容易

结合现有的 C++（或 C）语言应用软件，使系统的应用范围更广。这种途径的缺点是没有充分利用现有的 DBMS 所具有的功能。

（2）扩充 RDBMS，在 RDBMS 中增加面向对象的特性

RDBMS 是目前应用最广泛的数据库管理系统，既可用常规程序设计语言（如 C、FORTRAN 等）扩充 RDBMS，也可用 OOPL（如 C++）扩充 RDBMS。IRIS 就是用 C 语言和 LISP 语言扩展 RDBMS 所形成的一种 OODBMS。

这种实现途径的优点是：①能充分利用 RDBMS 的功能，可使用或扩展 SQL 查询语言；②采用 OOPL 扩展 RDBMS 时，能结合二者的特性，大大减少开发的工作量。这种途径的缺点是数据库 I/O 检查比较费时，需要完成一些附加操作，所以查询效率比纯 OODBMS 低。

（3）建立全新的支持面向对象数据模型的 OODBMS

这种实现途径从重视计算完整性的立场出发，以记述消息的语言作为基础，备有全新的数据库程序设计语言（DBPL）或永久性程序设计语言（PPL）。此外，它还提供非过程型的查询语言。它并不以 OOPL 作为基础，而是创建独自的面向对象 DBPL。

这种实现途径的优点是：①用常规语言开发的纯 OODBMS 全面支持面向对象数据模型，可扩充性较强，操作效率较高；②重视计算完整性和非过程查询。这种途径的缺点是数据库结构复杂，并且开发工作量很大。

上述 3 种开发途径各有利弊，侧重面也各有不同。第一种途径强调 OOPL 中的数据永久化；第二种途径强调 RDBMS 的扩展；第三种途径强调计算完整性和纯面向对象数据模型的实现。这 3 种途径也可以结合起来，充分利用各自的特点，既重视 OOPL 和 RDBMS 的扩展，也强调计算完整性。

3.4　空间数据管理方案

在空间数据库管理系统中，如何科学地组织和存储数据，如何高效地获取和维护数据，这些任务都可以交给空间数据库管理系统（Spatial Database Management System，SDBMS）来完成，常见的空间数据库管理系统有 Oracle Spatial、IBM 公司的 Spatial Extender 等。

空间数据库管理系统是位于用户与操作系统之间的一层数据管理软件。对空间数据库的所有操作（数据库的建立、使用和维护）都是在空间数据库管理系统的统一管理和控制下进行的。空间数据库管理系统和操作系统一样是计算机的基础软件，也是一个大型复杂的软件系统。它的主要功能包括以下几个方面。

1.　空间数据的定义与操作

SDBMS 提供空间数据定义与操作语言。用户可以利用空间数据定义语言（Spatial Data Manipulation Language，SDML）实现对空间数据的查询、插入、删除和修改等基本操作。

2.　空间数据的组织、存储和管理

SDBMS 要分类组织、存储和管理各种空间数据，包括空间元数据、用户数据、数据的存取路径等。要确定以何种文件结构的存取方式组织这些数据，如何实现数据之间的联系。空间数据组织和存储的基本目标是提高磁盘利用效率，方便存取，提供多种存取方法（如 R 树索引）来提高存取效率。

3. 后台的事务管理和运行管理

空间数据库的建立、运行和维护都是由空间数据库管理系统在后台统一管理、统一控制，以保证数据的安全性、完整性、多用户对数据的并发使用及发生故障后的系统恢复。

4. 数据库的建立和维护

SDBMS 通常会提供一系列用户使用和维护工作的实用程序和管理工具。主要覆盖的功能包括：空间数据的入库、坐标系转换、格式转换、空间数据的备份与恢复、空间数据库的重组织、性能监视与分析功能等。

对于空间数据，其未知数据和属性数据通常是分开组织的。这一特点使得在管理时需要同时顾及空间位置数据和属性数据，其中属性数据很适合用关系数据库来管理，空间位置数据则不太适合用关系数据库管理。按照发展的过程，对空间数据的管理有全关系数据库管理、文件—关系管理方式、扩展关系管理方式、对象关系管理方式和面向对象管理方式等。

3.4.1　全关系数据库管理方案

全关系数据库管理方式下，图形数据与属性数据都采用现有的关系型数据库存储，使用关系数据库标准连接机制来进行空间数据与属性数据的连接。对于变长结构的空间几何数据，一般采用两种方法处理，如图 3-13 所示。

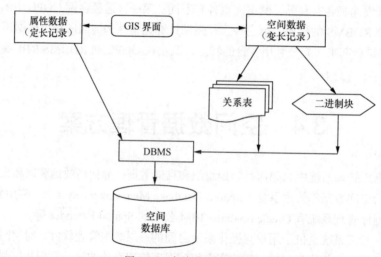

图 3-13　全关系空间数据库

① 按照关系数据库组织数据的基本准则，对变长的几何数据进行关系范式分解，分解成定长记录的数据表进行存储。然而，根据关系模型的分解与连接原则，在处理一个空间对象时，如处理面对象时，需要进行大量的连接操作，非常费时，并影响效率。

② 将图形数据的变长部分处理成 Binary 二进制 Block 块字段。当前大多数商用数据库都提供二进制块的字段域，以管理多媒体数据或可变长文本字符等。例如，Oracle 公司引入 Long Raw数据类型；Informix 版本引入的 BLOB（二进制数据块）数据类型；SQL Server 引入 IMAGE 数据类型。在 SQL-99（SQL-3）中，BLOB 被定义为新的数据类型，目前通用的数据库访问接口（ADO、ODBC）都支持 BLOB 类型数据的访问，通过这些接口可以对其进行读取、增加、删除和修改操作，对 BLOB 的数据的所有操作和运算都需要相应的应用程序来支持。GIS 利用这种功能，通常把图形的坐标数据，当作一个二进制块整理交给关系数据库管理系统进行存储和管理。其缺陷是，

这种存储方式，虽然省去了前面所述的大量关系连接操作，但是二进制块的读写效率要比定长的属性字段慢得多，特别是涉及对象的嵌套，速度更慢。

GIS 软件包括 System9，Small World、Geovision 等。

3.4.2　文件—关系数据库混合管理方案

由于空间数据的非结构化持征，早期关系型数据库难以满足空间数据管理的要求。因此，传统 GIS 软件采用文件与关系数据库混合方式管理空间数据，比较典型的是 ArcInfo。有的系统也采用纯文件方式管理空间数据，如 MapInfo，即用文件系统管理几何图形数据，用商用关系型数据库管理属性数据，两者之间通过目标标识或内部连接码进行连接。

在这一管理模式中，除通过 OID（object，ID）连接之外，图形数据和属性数据几乎是完全独立组织、管理与检索的。其中图形系统采用高级语言（如 C 语言，Delphi 等）编程管理，可以直接操纵数据文件，因而图形用户界面与图形文件处理是一体的，两者中间没有逻辑裂缝。但由于早期的数据库系统不提供高级语言的接口，只能采用数据库操纵语言，因此图形用户界面和属性用户界面是分开的。在 GIS 工作过程中，通常需要同时启动图形文件系统和关系数据库系统，甚至两个系统来回切换，使用起来很不方便，如图 3-14 所示。

GIS 软件包括 Arc/Info，MGE，SICARD、GENEMAP 等。

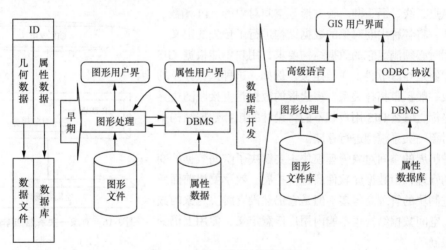

图 3-14　文件—关系空间数据库

3.4.3　扩展关系数据库管理方案

扩展关系数据库也就是在标准的关系数据库上增加空间数据管理层，即利用该层将地理结构查询语言（GeoSQL）转化成标准的 SQL 查询，借助索引数据的辅助关系实施空间索引操作，如图 3-15 所示。

此种方法的优点是解决了空间数据变长记录的存储问题，由数据库软件商开发，效率较高。但是用户不能根据 GIS 要求进行空间对象的再定义，因而不能将设计的拓扑结构进行存储。

GIS 软件包括 TIGER，Geo++、Geo Tropics 等。

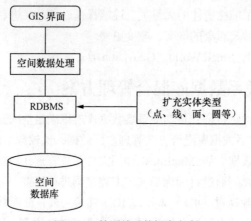

图 3-15 扩展关系数据库方案

3.4.4 对象关系数据库管理系统

由于直接采用通用的关系数据库管理系统的效率不高，而非结构化的空间数据又十分重要，所以许多数据库管理系统的软件商在关系数据库管理系统中进行扩展，使之能直接存储和管理非结构化的空间数据（见图 3-16），如 Informix 和 Oracle 等都推出了空间数据管理的专用模块，定义了操纵点、线、面、圆、长方形等空间对象的 API 函数。这些函数，将各种中间对象的数据结构进行了预先的定义，用户使用时必须满足它的数据结构要求，用户不能根据 GIS 要求（即使是 GIS 软件商）再定义。例如，这种函数涉及的空间对象一般不带拓扑关系，多边形的数据是直接跟随边界的空间坐标，那么 GIS 用户就不能将设计的拓扑数据结构采用这种对象—关系模型进行存储。

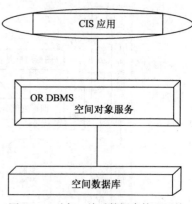

图 3-16 对象—关系数据库管理系统

这种扩展的空间对象管理模块主要解决了空间数据的变长记录的管理，由数据库软件商进行扩展，效率要比前面所述的二进制块的管理高得多。但是它仍然没有解决对象的嵌套问题，空间数据结构也不能内用户任意定义，使用上仍受到一定限制。

3.4.5 面向对象数据库管理系统

面向对象数据模型的方法起源于面向对象的编程语言。其基本出发点就是尽可能按照人们认识世界的方法和思维方式来分析和解决问题。因此，面向对象方法就可以很自然的符合人的认识规律。计算机实现的对象与真实世界具有一对一的对应关系，不需要做任何转换，这样就使整个系统更易于为人们所理解和掌握。

在几何方面，GIS 的各种地物对象为点、线、面状地物以及由它们混合组成的复杂地物。每一种几何地物可能由一些更简单的集合图形元素构成。

在属性数据方面，若采用面向对象数据模型，语义丰富，层次关系也更明了。可以说，面向对象数据模型是在包含 RDBMS 的功能基础上，增加对面向对象数据模型的集成和信息传播等功能。

面向对象数据模型是当前研究的一个热点，虽然当前还不能完全应用于 GIS 中，但很多 GIS 软件正努力发展自己的面向对象数据模型。面向对象数据库管理系统如图 3-17 所示。

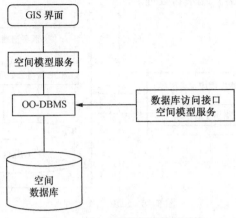

图 3-17　面向对象数据库管理系统

3.5　空间数据引擎

普通关系型数据库无法存储和管理大量而又复杂的地理空间数据并支持空间关系运算或者空间分析等功能，GIS 软件厂商在普通的纯关系数据库管理系统的基础之上，开发了空间数据库引擎，也即 SDE（Spatial Database Engine）。SDE 的开发是用来解决如何在关系型数据库的基础上存储空间数据并建立空间数据服务器的方法。SDE 是用户与空间数据库之间的桥梁。

SDE 是运用统一的数据接口来管理不同空间数据源中的空间数据，主要解决不同格式的空间数据与应用程序之间的数据接口问题。更确切地说，空间数据引擎是解决空间数据对象中几何和属性信息在不同数据源中的存取问题，其主要任务是：

- 用多种数据源存储管理空间数据，包括 File、DBMS 和 XML；
- 从数据源中读取空间数据，并转换为 GIS 应用程序能够接收和使用的格式；
- 将 GIS 应用程序中的空间数据导入各种数据源，并进行管理。

3.5.1　空间数据引擎原理

空间数据引擎的工作原理如图 3-18 所示。由图上可以看出 SDE 分成两部分，包括空间数据引擎客户端和 SDE 服务器处理程序。两者共同构造成空间数据引擎，在用户和空间数据库的数据之间提供了一个开放接口，可以看作是一种应用于应用程序和数据库之间的中间件技术。用户应用程序的 SDE 客户端首先发出请求，交给 SDE 服务器端处理，最后转换成 DBMS 普通关系型数据库可以处理的请求事务，DBMS 处理完毕后，返回结果给 SDE 服务器端，转换成相应的空间数据格式，返回给 SDE 客户端和用户。也就是说，用户可以通过空间数据引擎将自身的数据交给大型关系数据库 DBMS，由 DBMS 统一管理，同样，用户也可以获取关系型数据库中的数据，并将其转换成相应的空间数据格式。也可以把 SDE 看成空间数据出入 DBMS 的转换通道。

在服务器端，有 SDE 服务器处理程序、关系数据库管理系统和应用数据。服务器在本地完成相应的搜索和数据提取工作，将满足的数据暂时存放在网络缓冲区内，等待发送给用户。同时，SDE 的数据处理采用客户端——服务器协作方式，处理即可以在服务器端，但是如果服务器端请求繁忙，则也可以选择交给客户端进行处理。

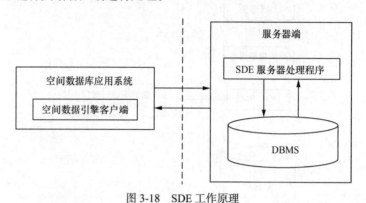

图 3-18　SDE 工作原理

如上所述，SDE 服务器端允许用户多并发访问，关键在于如何处理用户的多样性请求，虽然SDE 最常用的功能是空间数据访问和空间查询，但是也需要考虑多个用户同时插入数据、更新数据或删除数据的可能。在这种协同编辑的情况下，SDE 必须处理可能出现的所有并发访问冲突。可以采用用户排队轮流等待系统提示进行操作方式，也可以先提交操作 SQL 语句，由系统完成剩余工作的方式，可以根据用户的需要而选择不同的策略。

3.5.2　空间数据引擎作用

空间数据引擎提供空间数据管理及应用程序接口，是客户端/服务器的两层架构，它可以对空间数据进行存储、管理工作，并快速的从数据库中获取相应的空间数据。空间数据引擎的作用有以下几种。

① 与数据库系统联合，为用户提供空间数据系统服务。

② 提供开放的数据访问，可以支持分布式的 GIS 系统。

③ SDE 对外提供了空间几何对象模型，用户可以在模型的基础上自己建立新的空间几何对象，并可以对这些实体进行数据库相关的操作。

④ SDE 可以提供空间数据库查询的速度和准确率。

⑤ 既然 SDE 类似于中间件技术，所以一切涉及与 DBMS 数据库交互的操作都必须经过数据库引擎。

⑥ SDE 在用户与数据库之间构建了一个抽象层，允许用户在逻辑层面上与数据库进行交互，而物理存储却始终交给数据库系统管理。这样可以让 SDE 保障有效管理海量数据信息。

⑦ SDE 把空间数据和属性数据同时存储在数据库中，实现一体化、无缝管理。

⑧ 将 SDE 作为数据库和用户之间的桥梁，可以有效的保障提供空间数据的并发响应机制。

这样，SDE 既可以实现海量数据的并发管理、高速提取及分析，又可以根据应用系统的不同选择相应的引擎，实现无缝嵌入；又可以屏蔽不同数据库和 GIS 文件之间屏障，使得多源数据也可以无缝集成，可以看作目前实现 GIS 互操作最有效的一种途径。

3.6　空间索引

空间数据索引作为一种辅助性的空间数据结构，介于空间操作算法和地理对象之间，它通过筛选，排除大量与特定空间操作无关的地理对象，从而缩小了空间数据的操作范围，提高了空间操作的速度和效率。

空间数据索引采用分割原理，把查询空间划分为若干区域（通常为矩形或多边形）。这些区域或单元包含空间数据并可唯一标识。空间索引是用特定的数据结构和算法来完成的，目前高效的空间索引有格网索引法、R 树、B+树以及一种搜索树的模板。

3.6.1　R 树

R 树和 B+树在许多方面是类似的：它们都是高度平衡的，搜索都是从根结点开始，然后向叶子结点处理，每个结点覆盖底层数据空间的一部分，同时结点的子结点覆盖与结点相关联的区域的子区域。当然两者还有很重要的差别，如在 B+树的表示中，空间是线性化的，但是在 R 树中不是这样。它们的共同特征使它们在插入、删除、搜索甚至并发控制上有很大的相似之处。

R 树是一种索引大数据量空间数据的常用方法，是一种高平衡的数据结构，包括中间结点和叶子结点。这一数据结构是来自于 B 树，除了根结点和叶子结点之外，R 树的子结点有一个最大值 M 和最小值 m。其中 m 的取值是在 2<m<M/2。每个结点的实体形式是(I, ptr)。在叶子结点中，ptr 是实体的标示符，I 是实际实体的最小外接矩形。在中间结点中，ptr 是指向孩子结点的指针，I 是包含下一层的所有孩子结点的最小外接矩形。图 3-19 所示为二维空间数据在 R 树中的存储。

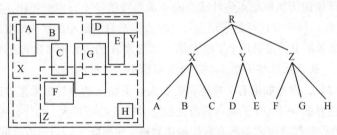

图 3-19　R 树索引数据结构示意图

R 树是处理空间数据的 B+树的改进，它像 B+树一样，是一个高度平衡的数据结构。R 树的搜索码是区间的集合，一个区间是一维。可以把搜索码看成是一个被这些区间所包围的方框，方框的每一条边都和坐标轴平行。R 树中搜索码的值将被称为边界框。

叶子结点中包含数据项。一个数据项是由<n 维方框，rid>对组成的，这里 rid 标识一个对象，方框是包含这个对象的最小方框。作为特殊情况，如果数据对象是一个点而不是区域，那么这个方框就是一个点。非叶子结点包含的索引项的形式为<n 维方框，指向子结点的指针>。在非叶子结点 N 上的方框是包含所有以结点 N 为子树根的所有数据对象的区域。

一个给定结点的两个孩子的边界框可以重叠，如根结点的孩子边界框 R1 和 R2 是重叠的。这意味着一个满足所有边界框约束的给定数据对象可以包含在多个叶子结点中。但是，每个数据对象都精确地存储在一个叶子结点中，即使它的边界框落在多个高层结点对应的区域内。例如，考虑 R8 表示的数据对象，它同时包含在 R3 和 R4 中，可以被放置在第一个或者第二个叶子结点中

（在树中从左到右）。这里选择将它插入到最左边的叶子结点中而没有插入到树中其他任何地方。

在 R 树中，为了搜索一个点，需要计算对应该点的边界框 B，然后从树根开始查找。首先测试树根的每个孩子的边界框以确定它是否与查询框 B 重合，如果重合就搜索以这个孩子为根的子树。如果树根的多个孩子的边界框都与 B 重叠，那么就必须搜索所有相应的子树。这是与 B+树的一个重要差别：即使一个点也可能导致搜索沿着树的几条路径进行。当到达叶子结点时，检查叶子是否包含需要的点。当查询点所在的区域不被任何一个与叶子结点相对应的框覆盖时，就可能不会访问到一个叶子结点。如果搜索没有访问到任何叶子结点，那么查询点就不在索引的数据集中。

区域对象的搜索和区域查询的处理是类似的，都是首先计算需要的区域边界框，然后像搜索一个对象那样进行区域查询，当到达叶子结点后，检索属于该叶子的所有区域对象，并测试以确定它们是否与给定的区域重叠（或者被包含，这取决于查询）。需要注意的是，即使对象的边界框与查询区域重叠，对象本身也可能不重叠。

例如，假设查询区域是表示对象 R9 的边界框，希望找出查询区域覆盖的所有对象。首先，从树根开始，发现查询框与 R1 重叠而不与 R2 重叠。这样，就搜索左子树，而不搜索右子树。接着发现查询框与 R3 重叠而不与 R4 重叠，因此继续搜索最左边的叶子，找到对象 R9。

为了搜索一个给定点的最近的邻居，可以像搜索点本身一样进行处理。先检索作为搜索的一部分的叶子结点中的所有点，然后返回与查询点最近的点。如果没有访问到任何叶子结点，就以查询点为质心的一个小边界框代替查询点，重复搜索。如果还是不能访问到任何叶子结点，就增大框的范围，然后再次进行搜索，继续这个过程直到找到一个叶子结点为止。于是，在搜索的迭代中考虑了从叶子结点中检索到的所有点，然后返回与被查询点最近的点。

除搜索以外，为了插入 rid 为 r 的数据对象，需要计算对象的边界框 B，然后将<B, r>对插入到树中。从根结点开始遍历从根结点到叶结点的一条单独路径（与搜索相比，搜索可能要遍历几条这样的路径）。在每一级选择这样的子结点：它的边界框只需最小的扩大（按照面积的增长进行度量）就可以覆盖边界框 B。如果几个子结点都可以覆盖 B 的边界框（或者是为了覆盖 B 的边界框需要相同的增长），那么从这些子结点中选择具有最小边界框的结点。

在叶子级插入对象，而且如果有必要还需要扩大叶子结点的边界框来覆盖边界框 B。如果需要扩大叶子结点的边界框，那么叶子结点的祖先的边界框就必须扩大，为什么呢？因为在插入完成以后，每个结点的边界框都必须覆盖所有后代的边界框。如果叶子结点没有空间以插入新的对象，就必须把结点进行分裂，然后把数据项重新分布到老的叶子结点和新的结点。同时，必须调整老叶子结点的边界框，将新叶子结点的边界框插入到它的父亲中。当然，所有这些改变能够沿着树向上进行传播。

为了从 R 树中删除一个数据对象，先执行搜索算法，并且可能还要检查多个叶子。如果对象在树中，就去掉它。原则上，尽量缩小包含对象的叶子的边界框以及所有祖先结点的边界框。在实际中，通常只是简单地将对象移走来实现删除操作。

3.6.2　格网索引

格网索引是将覆盖整个研究区的范围，按照一定的规则划分成大小相等的格网，然后记录每个格网内所包含的空间实体。为了便于建立空间索引的线性表，每个格网按 Morton 码或称 Peano 码进行编码，建立 Peano 码与空间实体的关系，该关系表就成为格网索引文件。每个要素在一个或者多个网格中，每个网格可以包含多个要素，要素不是真正被分割。按格网法对空间数据进行索引时，所划分的格网数不能太多，否则，索引表本身太大而不利于数据的索引和检索。

在某些应用，如基于内容的检索或者文本索引中，维数可能很大（几十维是很常见的）。对这些高维数据进行索引很困难，需要新的索引技术。例如，当在多于 12 维的数据集进行单个点的搜索时，顺序扫描就比 R 树索引扫描要快。

对高维数据集合进行最邻近查询是最常见的查询。对于高维数据存在这样一个潜在的问题：如果高维数据分布的比较广泛，当维数 d 增加时，到最近邻居的距离（从任何给定的查询点开始）变得越来越接近于到最远的点的距离。在这种情况下最邻近搜索是没有意义的。

在许多应用中，可以对高维数据进行索引而不会出现上面谈到的问题。最好在对高维数据进行最邻近查询之前，检查高维数据集合来保证最邻近查询是有意义的。这里给出一种检查的方法：随机地产生一些样本查询，测量每个样本查询中的查询点到最近点和最远点的距离，然后计算这些距离的比率，接下来取这些比率的平均值。如果这个平均值接近于 1，则可以断定最邻近查询是没有意义的。距离查询点最近点的距离和最远点的距离的比率被称为数据集的对比度。通过上述方法可以测量出一个数据集的对比度。在需要最邻近查询的应用中，首先应当通过数据的经验测试来保证数据集较小的对比度。

3.6.3　GiST 树

美国威斯康星大学 Joseph M. Hellerstein 于 1995 年在 VLDB 会议上首先提出 GiST(Generalized Search Trees)，称为通用搜索树。GiST 抽象出树索引结构的基本特征，并为插入、删除和搜索提供 "模板" 算法。GiST 的核心思想是一个对象关系 DBMS 可以支持多个模板算法，因此使得高级数据库用户实现特定的索引结构更容易（例如 R 树及其变形）而不需对任何系统代码做改动。实现扩充比从头实现新的索引算法花费要少很多。

许多特殊的搜索树都可以通过 GiST 实现。可以说，GiST 统一了所有不同的树结构，它是特殊搜索树的模板。GiST 向用户提供一组函数接口，这些接口需要用户来实现，然后再注册到数据库系统中。这组函数既反映了用户自定义类型的结构和特点，也反映了对以用户自定义类型为索引关键字的 GiST 树的基本操作。

GiST 是一棵平衡树，它提供了一些模板算法用于周游、删除、修改、分裂、合并。与其他搜索树类似，叶结点存储（key，ptr）对，key 是索引关键字，ptr 是指针，指向包含记录的数据块在磁盘上的地址。内部结点包含（p，ptr）对，p 是一个逻辑谓词，它描述用户要查找的数据是否在 ptr 所指向的子树中。GiST 的所有叶结点用链表连接起来。GiST 结构图如图 3-20 所示。

它有如下特性。

① 根结点至少有 2 个子女。

② 每个内部结点包含的子女数记为 N，$kM \leqslant N \leqslant M$。其中 k 称为最小填充因子，$2/M \leqslant k \leqslant 1/2$。

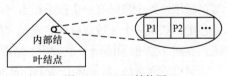

图 3-20　GiST 结构图

实际上，每个 GiST 结点包含 N 个（p，ptr）对，p 是一个抽象谓词，ptr 是一个指针，它指向一棵子树，子树的叶结点中包含符合谓词 p 的记录。称（p，ptr）是一个入口（Entry），简记为 E。规定，在 GiST 中所有结点大小相同，最多包含 M 个入口。如果结点中含有少于 M 个入口，则其余的位置空缺，以便其他的入口插入到 GiST 中。

③ 对于叶结点上的每一个入口 E=(key，ptr)，key 中存放记录的关键字，ptr 指向真实的记录。

④ 所有的叶结点都处在同一层。叶结点所处的这一层规定为 0 层，叶结点的父亲所处的一层是 1 层，依次类推，子女所处的层数等于父亲所处层数减 1。

GiST 本身提供了一系列操作算法：插入算法（Insert）、分裂算法（Split）、删除算法（Delete）、搜索算法（Search）。GiST 的平衡特性由它的插入算法、分裂算法、删除算法保证。搜索算法是输入一个谓词 q，然后对树进行搜索，返回满足谓词 q 的所有记录。插入算法是在 GiST 中选择一个合适的位置，将（key，ptr）插入到 GiST 中。删除算法是将（key，ptr）从 GiST 中删除。为实现上述操作，类型的定义者和开发者还必须向数据库系统注册并且实现如下方法。

① Consistent(E，q)：输入一个 EntryE=(p，ptr) 以及一个查询谓词 q，如果 $p \wedge q$ 为 false，则返回 false，否则返回 true。系统调用 GiST 的搜索算法时，需要调用此函数，用来确定满足用户谓词 q 的记录是否在 En-tryE. ptr 所指向的子树中。

② Union(P)：输入一个 Entry 的集合 P={Ei|Ei=(pi，ptr$i$)，i=1，2，…，n}，返回一个谓词 r，其中 r=p1∨p2∨…∨pn。系统调用 GiST 的分裂和合并算法时要调用此函数，来进行内结点之间的合并。

③ Compress(E)：输入一个 EntryE=(p，ptr)，返回一个 Entry E′=(π,ptr)，其中 π 是 p 的压缩形式。将谓词原封不动地存储在磁盘上可能会浪费空间，此函数的作用是：将 GiST 中的谓词压缩后存储在磁盘上。

④ Decompress(E)：输入一个 EntryE′=(π,ptr) 其中 π 是 p 的压缩形式，返回一个 EntryE=(r,ptr)，其中 p→r。此函数的作用是：将压缩的 GiST 在内存中解压缩。

⑤ Penalty(E1,E2)：输入 2 个 EntryE1=(p1,ptr1)，E2=(p2,ptr2)，返回一个将 E2 插入到以 E1 为根的子树中所带来的惩罚值。惩罚值越小越好。系统调用 GiST 的分裂和插入算法时要调用此函数。插入时，在 GiST 中为插入的 Entry 选择一个较优化的位置。分裂时，在 GiST 中为分裂的内结点的另一半选择一个较优化的位置。

⑥ PickSplit(P)：输入一个 Entry 集合 P={Ei|Ei=(pi，ptr$i$)，i=1，2，…，M+1}，把 P 分裂成 2 个集合 P1 和 P2，每个集合中的 Entry 数目大于等于 kM。系统的分裂算法将调用此函数，用来分裂一个 Entry 数目大于 M 的内结点。

3.6.4　Quad 树

二维数据的另一种表示方法是使用 Quad 树。Quad 树中的每个结点对应空间中的一个矩形区域。顶层结点对应整个目标空间。树中的每个非叶子结点把该结点对应的区域划分为 4 个大小相等的象限，每个象限有一个孩子结点与之对应。叶子结点包含点的数目介于零和某个定值之间。相应的，如果一个区域对应的结点包含的点数超过了这个最大值，则需要为这个结点创建孩子结点。在图 3-21 所示的例子中，叶子结点中的最大点数为 1。

可以使用区域 Quad 树（region quadtrees）来存储数组信息。如果区域 Quad 树中的结点覆盖的区域中所有数组元素的值都相同，则该结点是叶子结点。否则，该结点是内部结点，被进一步划分为 4 个等大小的子结点。区域 Quad 树中的每个结点对应一个子数组的所有值。对应叶子结点的子数组，或者包含一维数组元素，或者包含多维数组元素，所有元素的值都是相同的。

为了理解如何索引二维或高维的空间数据，首先考虑对

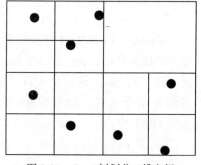

图 3-21　Quad 树划分二维空间

一维数据中的点进行索引。树结构（如二叉树和 B 树）的操作是连续的把大的空间划分成一些较小的空间。例如，二叉树的每个内结点把一个一维区间划分成两个子区间。左区间中的点存储到左子树，右区间中的点存储到右子树。平衡二叉树中，每个划分的区间应该近似包含子树中的点的一半。类似的，二叉树的每一层把一个一维区间划分成多个部分。

3.6.5　K-D 树

根据上述内容，能够为二维或高维空间创建树结构。K-D 树是用于索引多维数据的早期数据结构之一。K-D 树的每层都把空间划分为两个部分。划分沿着树的顶层结点中的一维进行，然后是下一层结点中的其他维，如此划分下去。划分尽量使子树中的结点有一半属于一个划分，另一半属于另一个划分。当结点中包含的点数少于叶子结点中包含的最大点数时停止划分。图 3-22 所示为用 K-D 树表示一个二维空间中的点集。每条线对应树中的一个结点，叶子结点中包含的最大点数设置为 1。线号表示对应结点出现在树中的层数。

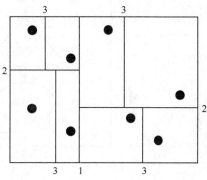

图 3-22　K-D 树表示二维空间点集

为减少树的高度，把 K-D 树扩展为 K-D-B 树，就像把二叉树扩展为 B 树一样。K-D-B 树比 K-D 树更适合索引二级存储器中的数据。

3.7　空间查询处理

3.7.1　空间对象近似化

由于空间对象的表达形式复杂且数据量大，其各种空间操作不仅计算量巨大，而且涉及复杂、高代价的几何操作。通常对点查询这类普通查询操作，顺序搜索，检查对象集合中的每个对象是否包含目标点，需要大量的磁盘存取过程和重复的高代价谓词评价。如果能在各种空间操作之前对操作对象做基本筛选，则可大大减少参加空间操作的空间对象数量，从而缩短计算时间，提高查询的效率，空间索引就是为此而设计的，因此空间数据的查询一般都基于某种空间索引机制。

在对空间数据进行查询时，索引在处理相同形状的简单实体时，效率最高。因此，在将空间对象插入索引前，要对空间对象的实际形状抽象化和近似化。例如，利用最小外包矩形或外包园、外包凸多边形等来近似表示空间对象。

通过索引管理每个对象的 MBR，并用指针指向对象的数据库实体（对象的 ID）。在这种空间查询设计中，索引产生一个候选 MBR 集合。对在过滤步骤中产生的每个候选项，检查 MBR 是否可以保证对象自身满足查询判定。若满足查询条件，对象就直接加入查询结果，但一般 MBR 不能充分保证。因此，在精化步骤中还必须从二级存储中获取精确的形状信息，并验证查询判定。如果满足条件，对象就加入查询结果集，否则查询失败。

3.7.2 空间查询处理步骤

由于空间对象和空间操作的复杂性，使得空间数据库中的空间操作既是 I/O 密集型又是 CPU 密集型的。因此，充分利用空间索引有效地进行空间检索，是空间数据库的一项非常重要的技术。空间查询处理会涉及复杂的数据类型，例如，一个国家的边界可能需要数千个点来精确表示。为了搞好处理空间的对象，空间查询处理需要进行过滤和精练两个步骤的操作，如图 3-23 所示。

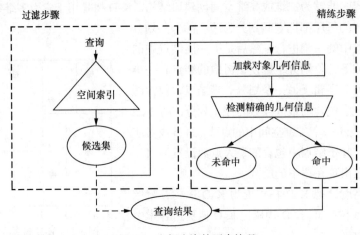

图 3-23　空间查询的两步处理

1. 过滤步骤

在这一步中，将充分利用空间索引结构，排除不满足查询条件的数据对象以缩小查询的范围。排除数据量的大小不仅与该空间索引结构中采用的空间数据表示方法有紧密的关系，也与索引结构本身密切相关。在此能排除的数据集越大，说明这种索引结构越有效。经过此阶段以后所得的结果是结果集的超集。

2. 精练步骤

这一步所检查的是候选集中每个元素的精确集中的几何信息和精确的空间谓词，通常需要使用 CPU 密集型算法。由于精练过程是一个相当复杂的过程，并且需要很大的时间开销，因此在做查询优化时，应该尽量推迟这一步骤。

以上是空间操作的两个处理步骤。若空间运算操作不经过过滤步骤，而直接进行精确运算，在大多情况下，其效率将极低。因为空间数据数据量大，空间对象在二维空间坐标下是"无序"的，获取空间对象就需要耗费大量的时间和占用较多的内存空间，同时，空间运算的时间复杂度高，增加空间运算的频度会导致时间开销上升。

实际的查询条件应尽可能地减少这样的对象进入精练步骤，从而避免不必要的几何计算，这是提高查询效率的途径之一。此外，改进几何算法，改进查询执行速度是另一途径。

候选集越小，精练步骤所要进行的几何计算量就越小。尽可能多地除去不满足查询条件的对象，尽可能减小候选集，这是提高查询速度的一个有效途径。

3.8　空间查询语言

空间数据库是一种特殊的数据库，它以空间（地理）目标作为存储集，与一般数据库的最大不同是它包含"空间"（或几何）概念，因此，理解空间概念是空间数据库查询语言的前提，尽管关于空间的概念很复杂，查询语言难以全部包含，但至少应该理解一些普通空间概念。即是说，空间数据库比一般数据库所体现的语义更具体一些，显然标准的 SQL 不支持空间概念（如空间关系）。

要实现空间数据库的查询，必须增加空间或几何概念，许多学者对空间数据库查询的不同方面作了很有意义的研究。其研究的基础大部分以关系型数据库的查询语言，通过适当扩展实现空间数据库的查询功能来实现。

3.8.1　标准数据库查询语言

在操作数据库系统的过程中，作为与数据库交互的主要手段，查询语言是数据库管理系统的核心要素之一。在近几十年的数据库查询语言的发展中，SQL 语言逐渐成为标准的数据库查询语言，用于关系数据库管理系统的一种常见的商业查询语言，是目前数据库管理系统领域中主流关系数据库查询语言。它在一定程度上基于关系代数，并且易于使用，既直观又通用。

SQL 是由 IBM 开发的一种商业查询语言。自公布之后，它就逐渐成为关系数据库管理系统的标准查询语言。SQL 同时也是一种声明性语言，即用户只需描述所要的结果即可，却完全不需要描述获得结果的过程。

由于语句功能的不同，SQL 又可以细分为 DDL（数据库定义语言）和 DML（数据库操作语言）。

1. DDL(Data Definition Language)

SQL 的数据定义语言使我们有能力创建或删除表格。我们也可以定义索引，规定表之间的连接，以及施加表之间的约束。

SQL 中比较重要的 DDL 语句如下。

- CREATE DATABASE：创建新数据库
- ALTER DATABASE：修改数据库
- CREATE TABLE：创建新表
- ALTER TABLE：变更（改变）数据库表
- DROP TABLE：删除表
- CREATE INDEX：创建索引（搜索键）
- DROP INDEX：删除索引

（1）以 CREATE TABLE 为例，语法的基本格式如下：

```
CREATE TABLE 表名称
(
    列名称 1，数据类型，
    列名称 2，数据类型，
    列名称 3，数据类型，
    ……
)
```

（2）CREAT TABLE 实例：

该表共包含 5 列，列名分别为："Id_P","LastName","FirstName","Address"以及"City"：

```
CREAT TABLE Persons
(
    Id_P int,
    LastName varchar(255),
    FirstName varchar(255),
    Address varchar(255),
    City varchar(255)
)
```

2. DML(Data Manipulation Language)

SQL 中的 DML 部分则构成了查询和更新指令。

- SELECT：从数据库表中获取数据
- UPDATE：更新数据库表中的数据
- DELETE：从数据库表中删除数据
- INSERT INTO：向数据库表中插入数据

（1）以 SELECT TABLE 查询数据库为例，语法的基本格式如下：

```
SELECT 列名称 FROM 表名称
```

或者

```
SELECT * FROM 表名称
```

（2）SELECT TABLE 实例

如上一节我们建的表为例，如果需要取名为"LastName"和"FirstName"的内容，则语句如下：

```
SELECT LastName,FirstName FROM Persons
```

或者我们需要 Persons 表中的所有列，则语句可以改为：

```
SELECT * FROM Persons
```

3.8.2 查询语言的表现形式

关系数据库以其概念简洁、使用简单在商业上取得了巨大的成功，其管理软件目前在市场上占统治地位，关系数据模型的方法对许多实际运行系统的设计和开发有着不可估量的影响。但是，当把关系数据模型用于空间数据（或地理数据）时，就暴露出其天生的弱点。

关系数据库的结构化查询语言 SQL 以其非过程化的描述、简洁的语法对空间数据库查询语言的研究有很大的影响。为了使查询语言能完成空间数据的查询，通常可以在 SQL 上扩充谓词集，使之包含空间关系谓词，并增加一些空间操作。Egenhofer 根据空间数据库的特点以及空间数据表示的要求，在关系型的 SQL 上发展了一套空间结构化查询语言或空间 SQL（SpatialSQL），在查询结果表示方面，提供了包含 6 个显示参数的显示环境，这种 SpatialSQL 实质上是由基于 SQL 风格的空间数据库查询语言和图形表示语言（GPL）两部分组成。例如，查询所有高速公路并用红虚线表示，用 SpatialSQL 表示为：

```
SET COLOR     red
  PA TTERN    dashed
FOR SELECT    geometry
    FROM      roads
    WHERE     type="Highway"
```

GeoSAL 也是一种基于关系模型查询的扩展语言，这种查询语言可以用于空间查询和某些空间分析，它是在称为 Cantor 的关系数据库系统查询语言 SAL 上扩展而来，用于统计数据的处理和分析。为了能处理空间概念，GeoSAL 增加了空间函数和操作来表示空间数据的处理，并且在数据模型中增加了集合类型。这种查询语言不仅可以用来提取空间数据库的数据，还可以用来描述空间操作（如叠置、插值等），但它的表示具有函数形式，GeoSAL 查询的描述是将数据查询操作与数据定义结合起来，查询结果生成一个新的目标集。

可视查询主要是将查询语言的元素，特别是空间关系，用直观的图形或符号表示，因为某些空间概念用二维图形表示比一维文字语言描述更清晰易理解。但是以图形、图像或符号为语言元素的可视查询，仅是对查询直观形象化的描述，在这个意义下，它仅是空间查询语言的一个子集。由于只有部分空间概念可用于人类空间观念一致或接近的图形或图像表示，某些查询很难用人类易理解的图形表示，而且这种查询最终要落实在某一查询模型上，因此，目前意义上的可视查询不可能表达所有的空间查询。

为了使查询语言的描述更接近人的自然语言，在查询语言中引入自然语言的概念可以使数据库查询更轻松自如。对 GIS 的应用来说，很多地理概念是模糊的，比如地理区域的划分实际上并不像境界那样有明确的界线，而查询语言需用来表示精确的概念。Wang 用模糊数学的方法先将模糊概念量化为确定的范围，实现能够理解某些模糊概念的查询。例如，查询高气温的城市名称，首先表示为：

```
SELECT  name
FROM    Cities
WHERE   temperature is high
```

通过对许多数据的统计处理和分析，按模糊公式计算，城市气温≥33.75℃时认为是高气温，因此上述查询的表示在实施查询操作时转化为确定的查询描述：

```
SELECT  name
FROM    Cities
WHERE   temperature≥33.75
```

这类查询，其模糊概念有很强的专业性和区域性，语义很强。例如，概念"高（high）"对城市气温这个属性，其阈值为 33.75，而对人的身材高矮，则其阈值是另外完全不同的值；即使对城市气温，统计范围（区域）也很有关，北半球"高气温"阈值不一定适合于南半球。因此，具有自然语言的查询显然不能作为通用数据库查询语言设计的目标，它只能适合于某个专业领域的数据库应用。

3.8.3　空间数据库查询语言的特征

对于空间数据库，其查询语言中最关键的部分是空间概念的描述，理想的情况是其语言完全能表示人所能理解的空间含义，目前这不可能达到。对空间数据库的查询而言，应具有下面两个基本功能：①选取用户所需要的子集；②以有意义的形式将查询结果呈现给用户。

下面根据一般数据库查询语言的特点以及空间数据的特征，归纳总结了空间查询语言应满足的 11 项具体的要求，如表 3-2 所示。

表 3-2   数据库查询语言的空间数据支持

	GEOQL	ExtendedSQL	PSQL	KGIS	TIGRIS
1. 抽象数据类型"空间"	有	有	有	有	有
2. 查询语言的图形表示	有	有	有	有	有
3. 查询的组合				有	
4. 带上下文的图形表示			有	有	
5. 多种查询组合的内容					
6. 扩展的对话方式	有			有	
7. 修改显示方式			有		
8. 描述性的图例					
9. 适当的注记			有		
10. 现实比例尺			有		
11. 区域的限定				有	

从表 3-2 中可以看出，这 5 种语言没有一个全部满足这 11 项要求，多数只满足少数几项要求，有些非常有意义的特征被多数查询语言所忽略，即使像"支持空间概念"这一基本特征，尽管这些语言都具有，但它们理解空间的概念很有限，这说明空间数据库查询语言有许多方面还待研究。

从空间数据库与一般数据库的关系以及空间数据描述实际地理现象的特点来看，空间数据库查询语言的特征可以概括为 3 条：

① 查询语言能理解"空间概念"；

② 查询语言能描述查询结果的表达方式；

③ 查询描述的非过程化。

3.8.4　空间数据库查询语言待研究问题

查询语言的目的就是使语言环境能尽可能地满足各种用户的要求。对空间数据库而言，查询语言不仅能描述有关空间位置的查询，还应能表达数据间空间关系的查询，以及数据的空间操作结果。然而数据的空间特性很复杂，空间数据库的建立总是基于某一比例尺，数据的尺度性也属空间特征，目前的空间数据模型还没有有效工具来表示空间目标的尺度性。空间数据库查询的结果亦为空间数据，它代表了现实世界中某一空间现象或空间现象的分布规律，也在某种程度上反映人们的认识水平。空间数据的不同表示会给人们不同的感受，从而形成不同的概念（或观念），因此结果的表示是查询语言不可缺少的部分。若没有适当的表示，即使内部查询到所需结果，如果用户不能理解或产生误解，那么毫无益处。目前空间数据库查询语言的研究主要集中在以下方面。

① 扩展 SQL：系数据库的用户占主导地位，SQL 已作为工业标准，扩展 SQL 可以得到用户的认可和接受，但受其关系模型的限制，表达空间查询的能力很有限。

② 可视化查询语言：语言本身具有空间特征，表达某些空间查询简单、明了，但查询能力有限，很难为语言建立形式化的基础。

③ 基于自然语言的查询：用户使用简单、自如，没有学习查询表达的负担，但数据库查询中的概念与语义背景有关，仅限于专业数据库查询。

由此可知，空间数据库查询语言至今还没有达到完善的程度，还有许多工作要做，其中最主要的方面有：

① 如何完善空间数据模型，达到支持"完备"的空间概念；

② 拓展查询模型，使查询空间尽可能地与空间数据表述的现实空间接近。

3.8.5　OGIS 标准的 SQL 扩展

OGIS 是由一些主要软件供应商组成的联盟，它负责制定与 GIS 互操作性相关的行业标准。OGIS 的空间数据模型可以嵌入到各种编程语言中，如 C、Java、SQL 等。

OGIS 是基于图 3-24 所示的空间几何数据模型之上的。该数据模型有一个基类"几何体"，这个基类则规定了一个可以适用于其子类的空间参照系。在这个参照系中，有 4 个类由基类派生出来，分别是"点"、"线"、"面"和"几何集"。每个类都可以关联一组操作，这种操作则作用于这些类的实例。

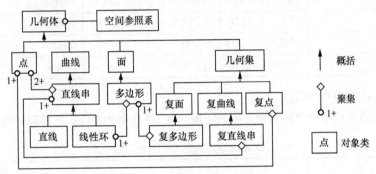

图 3-24　OGIS 标准的空间几何体基本构件的 UML 表述

在以 OGIS 标准为基础的 SQL 扩展中，可以进行的操作可以分成 3 类。

（1）用于集合类型的基本操作

例如，返回目标对象几何体采用的基础坐标系统。参照系除了人们最常用的经纬度，还可以用统一横轴墨卡托。表 3-3 所示为 OGIS 标准定义的基本函数表。

表 3-3　　　　　　　　　　　　　　　OGSI 标准定义的基本操作

函 数 名 称	含　　义	返　回　值
Dimension()	返回目标几何体的维数	Integer
GeometryType()	返回目标几何体的类型名称	String
SRID()	返回目标几何体的空间坐标系统的 ID	Integer
Envelope()	返回包含目标几何体的最小外接矩形	Geometry
AsText()	返回目标几何体的文本形式	String
AsBinary()	返回目标几何体的二级制表示形式	Binary
IsEmpty()	判断目标几何体是不是空集	Integer
IsSimple()	判断目标几何体是不是自相交	Integer
Boundary()	返回目标几何体的边界	Geometry
SpatialReference()	返回目标几何体的基本坐标系统	String
Export()	返回以其他形式表示的目标几何体	Geometry

（2）用于对空间对象间拓扑关系

例如，判断两个对象是否有一个交集。表 3-4 所示为 OGSI 标准定义的拓扑关系函数。

表 3-4   OGSI 标准定义的拓扑关系函数

函 数 名 称	含 义	返 回 值
Equals()	判断两个几何体是否相等	Integer
Disjoint()	判断两个几何体是否相交	Integer
Intersects()	判断两个几何体是否相交	Integer
Touches()	判断两个几何体是否想接	Integer
Crosses()	判断两个几何体是否相交	Integer
Within()	判断一个几何体是否在另一个几何体里面	Integer
Contains()	判断一个几何体是否包含另一个几何体	Integer
Overlaps()	判断两个几何体是否交叠	Integer
Relate()	判断两个几何体是否有关系	Integer

（3）用于对空间分析的操作

例如，返回给用户两个空间对象之间的距离。表 3-5 所示为 OGSI 标准定义的空间分析函数。

表 3-5   OGSI 标准定义的空间分析函数

函 数 名 称	含 义	返 回 值
Distance()	返回两个几何体之间的最小距离	Double
Buffer()	返回几何体给定范围的缓冲区	Geometry
ConvexHull()	返回几何体的最小闭包	Geometry
Intersection()	返回几何体的交集构成的几何体	Geometry
Union()	返回几何体的并集构成的几何体	Geometry
Difference()	返回几何体与给定几何体不相交的部分	Geometry
SymDifference()	返回两个几何体与对方互不相交的部分	Geometry

目前，OGSI 规范仅仅局限于空间的对象模型，而空间数据有时可以映射到基于场的模型。OGSI 正在开发针对场实体数据类型和操作的统一模型。后续章节中将会介绍基于场实体的空间数据库，这种模型或许会整合到 OGSI 的未来标准中。

3.8.6 空间数据查询实例

下面采用 OGIS 的数据类型和操作对 China 数据库进行 SQL 查询，此节中的查询强调了 Province、City 和 River 之间的空间关系。假设在 SQL 中可以使用 OGIS 的数据类型和相应的操作，重新定义的关系模式如下：

- CREATE TABLE Province(

```
    Name  varchar(30),
    Cont  varchar(30),
    Pop   Integer,
    GDP   Number,
    Life-Exp FLOAT(2),
    Shape  Polygon);
```

- CREATE TABLE River (
```
      Name    varchar(30),
      Origin  varchar(30),
      Length  Number,
      Shape   LineString);
```
- CREATE TABLE City(
```
      Name    varchar(30),
      Country varchar(30),
      Pop     integer,
      Shape   Point);
```

① 查询：列出 Province 表中所有与四川(SiChuan)相邻的省份名字。
```
SELECT  C1.Name
FROM     Province C1, Province C2
WHERE    Touch (C1.Shape, C2.Shape)=1 AND C2.Name=' SiChuan'
```
函数 Touch()用于检测两个目标几何对象是否彼此相邻而又不相交。

② 查询：找出 River 表中所列出的河流流经的省份。
```
SELECT  R.Name C.Name
FROM     River R, Province C
WHERE    Cross (R.Shape, C.Shape)=1
```
函数 Cross()用于判断两个几何体是否相交，在本实例中，河流流经省份可以抽象成几何体相交问题来解决。

③ 查询：对于 River 表中列出的河流，在 Province 表中找到距离其最近的省份。
```
SELECT  C1.Name, R1.Name
FROM     Province C1, River R1
WHERE    Distance (C1.Shape, R1.Shape) <
                    ALL (SELECT Distance(C2.Shape, R1.Shape)
                    FROM        Province C2
                    WHERE       C1.Name <> C2.Name
                              )
```
函数 Distance()是一个返回实数值得二元运算，它可作用于任何几何对象上，本实例中，两次运用到了该函数。

④ 查询：假设长江能为方圆 300km 以内的城市供水，列出能从该河获得供水的城市。
```
SELECT  Ci.Name
FROM     City Ci, River R
WHERE    Overlap (Ci.Shape, Buffer (R.Shape, 300))=1 AND
         R.Name='ChangJiang'
```
函数 Buffer()返回几何体给定范围的缓冲区。本例中，指定 Buffer 区域大小为 300。而函数 Overlap()用于判定某一城市城市是否被涵盖在此 Buffer 下。

⑤ 查询：列出省份表中每个城市的名字、人口和土地面积。
```
SELECT  C.Name, C.Pop, Area(C.Shape) AS "Area"
FROM     Province C
```
本实例解释了 Area 函数的用途，该函数只适用于多边形和面状两种几何体模型。

⑥ 查询：求出河流在流经的省份内的长度。
```
SELECT  R.Name, C.Name, Length(Intersection(R.Shape, C.Shape))
         AS "Length"
FROM     River R, Province C
WHERE    Cross (R.Shape, C.Shape)=1
```

本例中，函数 Intersection() 返回两个几何体交集构成的几何体，用作函数 Length() 的对象，函数 Length() 返回该几何体的长度。

⑦ 查询：列出每个省份的 GDP 以及其与北回归线的距离。

```
SELECT   Cp.GDP, Distance(Point(23.5, Ci.Shape.y), Cp.Shape)
           AS "Distance"
FROM     Province Cp, City Ci
WHERE    Cp.Name=Ci.Province AND
           Ci.Capital='Y'
```

Point(23.5, Ci.Shape.y) 是北回归线上的一个与 Cp.Name 的省会实例有相同经度的点。

⑧ 查询：按其邻省数目的多少列出所有省份。

```
SELECT   Cp.Name, Count(Cp1.Name)
FROM     Province Cp, Province Cp1
WHERE    Touch(Cp.Shape, Cp1.Shape)
GROUP BY Cp.Name
ORDER BY Count(Cp1.Name)
```

本例中，所有至少有一个邻省的省份将根据其邻省数量进行排序。

3.9 Oracle 空间数据库的数据组织

Oracle 公司研发的空间数据库被称之为 Oracle Spatial，Oracle Spatial 是能够支持 GIS 数据存储的空间数据处理系统，也是 Oracle 数据库强大的核心模块，其包含了用于存储矢量数据类型、栅格数据类型和持续拓扑数据的原生数据类型。除此之外，使用 Oracle Spatial 能够在一个多用户环境中部署地理信息系统（GIS），并且与其他企业数据有机结合起来，统一部署电子商务、政务，而且可以用标准的 SQL 查询管理数据库中的空间数据。

Oracle Spatial 支持自定义的数据类型，用户可以用数组、结构体或者带有构造函数、功能函数的类来定义自己的对象类型。这样的对象类型可以用于属性列的数据类型，也可以用来创建对象表。Spatial 的自定义数据类型有很多，经常使用的是 SDO_GEOMETRY 类型。SDO_GEOMETRY 表示一个几何对象，可以是点、线、面、多点、多线、多面或混合对象。Spatial 在此数据类型的基础上，实现了 R 树空间索引和四叉树空间索引，还以 sql 函数的形式实现了多种空间分析功能。

1. Oracle Spatial 的组成

Oracle Spatial 是 Oracle 数据库中关于空间数据的存储、访问、分析的一整套函数和过程的集合。Oracle Spatial 可以把复杂的地图对象（包括空间数据和属性数据）存入一个 Oracle 数据库空间表中，能为其建立 R-Tree 或 Quad-Tree（四叉树）空间数据索引，从而实现空间图形数据和属性数据的统一管理。Oracle Spatial 还提供空间算子，结合 SQL 语句实现对空间数据的查询和其他复杂空间分析。通过 Oracle Spatial，还能实现 Oracle 空间数据与其他类型的空间数据的互操作，如 MapInfo、GeoMedia、GeoStar、ArcInfo 等。它包含以下 4 个部分：

① 一种模式，用来定义 Oracle 支持空间数据类型的存储、语法、语义，称为 MDSYS；

② 一种空间索引机制，建立在 R-Tree 和四叉树索引上的固定索引和混合索引；

③ 一组用来处理空间区域的交叉、合并和连接的操作符和函数集；

④ 一组管理工具。

2. Oracle Spatial 的空间数据存储模式

OracleSpatial 支持两种表现空间元素的模型:①关系式模型,用多行记录和字段类型为 Number 的一张表来表示一个空间实体;②对象—关系式模型,这种模型使用数据库表,表中有一个类型为 MDSYS.SDO_GEOMETRY 的字段,用一行记录来存储一个空间数据实体。

两者的主要区别为:对象—关系模式下用列来存储对象,而关系模式下用二维表来存储对象。Oracle 为管理空间数据提供了对象关系模式 SDO(Spatial Data Object),同时提供优秀的空间索引机制。Oracle9i Spatial 空间数据表的每条记录存储了一个空间实体(对象)的属性和图形信息。属性信息为数字或文本,是非对象数据;图形信息,即空间数据,存放在字段名为 GEOLOC,字段类型为 SDO_GEOMETRY 的对象类型记录中。拥有该字段的任何一个表,必须要有另外一列或几列用于定义这个表的唯一主键。SDO_GEOMETRY 是空间特征数据(图形)类型,其定义为:

CREATE TYPE SDO_GEOMETRY AS OBJECT(

SDO_GTYPE   NUMBER,

SDO_SRID   NUMBER,

SDO_POINT   SDO_POINT_TYPE,

SDO_ELEM_INFO   MDSYS.SDO_ELEM_INFO_ARRAY,

SDO_ORDINATES   MDSYS.SDO_ORDINATE_ARRAY);

其中:①SDO_GTYPE 表示几何图形类型, Oracle Spatial 支持如图 3-25 所示的几何类型以及由它们的集合组成的几何类型;②SDO_SRID 用来存放系统 ID,进行系统维护时使用;③SDO_POINT 定义为一组变长数组,存储点的 X, Y 和 Z 坐标;④SDO_ELEM_INFO 定义为一组变长数组,解释如何存储坐标;⑤SDO_ORDINATES 定义为一组变长数组,用于存储空间对象的边界坐标。

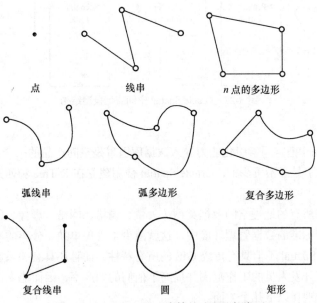

点　　　　　　　　　线串　　　　　　　　n 点的多边形

弧线串　　　　　　　弧多边形　　　　　　　复合多边形

复合线串　　　　　　　圆　　　　　　　　　矩形

图 3-25　Oracle Spatial 支持的地理几何类型

3. 数据模型

空间数据模型可分为几何元素(Element)、几何对象(Geometry)、层(Layer)3 级结构,每一种结构都对应于空间数据的一种表达。层是由几何对象组成，而几何对象则由几何元素组成。例如，一个点表示一个建筑物，一条线表示一条公路或是跑道，一个多边形表示一个省、城市或某个区域。Oracle Spatial 的数据模型结构如图 3-26 所示。

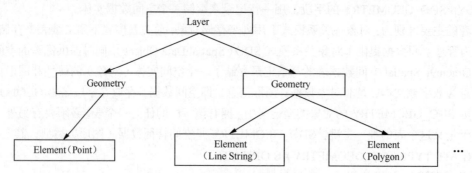

图 3-26　Oracle Spatial 的数据模型结构

4. 空间查询模型

Oracle Spatial 用两层查询模型来解决空间查询和空间联合查询。这两层模型是指主过滤和次过滤。主过滤主要从被选记录中作快速选择并传给次过滤，它近似地比较几何对象以减小复杂度计算，它是一种内存、时间消耗的过滤。次过滤是对来自于主过滤的几何对象结果集作精确的计算。其查询模型如图 3-27 所示。

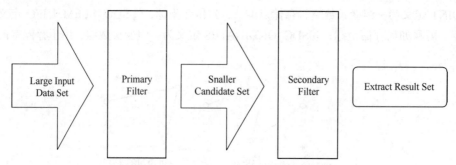

图 3-27　Oracle Spatial 空间查询模型结构

5. 空间索引

通过 Oracle Spatial 把空间索引化能力导入数据库引擎是空间产品的一个关键特征。为了高效地执行查询过程，索引是必不可少的。Oracle Spatial 使用建立在 R-Tree 和四叉树索引上的固定索引和混合索引。

Oracle Spatial 将所有的地理空间数据类型（矢量、栅格、网格、影像、网络、拓扑）统一在单一、开放的、基于标准的数据管理环境中，这就减少了管理单独、分离的专用系统的成本、复杂性和开销。Oracle Spatial 不但具有传统 GIS 的所有特性，而且还具有关系数据库的特性，这些特性扩展了应用程序开发人员的工作范围并提高了他们的生产率，因而能支持更广泛的应用程序并提高性能，主要表现在以下几个方面。

（1）几何结构和空间参照

Oracle Spatial 支持 3 种基本的几何形状，这些几何形状可分别用于表示那些通常构成空间数据库的特征，如道路、管理边界、公共设施等。这些空间基础元素包括点和点簇，点可以表示建筑、消防栓、电线杆、钻井、货车车厢或移动的交通工具等位置；线和线串，线可以表示道路、铁路线、公用设施管线或故障线等；多边形和带孔的复杂多边形，多边形可以表示城市、街区、河漫滩或油田和天然气田的轮廓，带孔的多边形可以表示由一片沼泽环绕的一小块土地。为了有效地集成和表示空间数据，Oracle Spatial 提供了丰富的工具来管理坐标系统和投影。支持 950 多种常用的制图坐标系统，而且用户还可以定义新的坐标系统。Oracle Spatial 还支持在不同的坐标系统间任意转换数据。这些转换一次可以在一个几何级上或者整个图层上进行。

（2）空间索引：R-tree

为了优化空间查询的性能，Oracle Locator 为关系数据库提供了空间索引功能。Oracle Locator 提供 R-tree 索引创建功能，该功能生成和存储几何结构的近似值作为索引。R-tree 索引易于创建和使用——几乎不需要调整即可获得最佳性能。可以在空间数据的 2 个、3 个或 4 个维度上创建 R-tree 索引。

（3）空间操作符

各种几何特征的交互作用可以通过使用比较操作符来确定，如包含（contains）、覆盖（covers）和交互（anyinteract）。这样就可以答复类似下列的请求："列出这条铁道线穿过的所有校区"或"找出这个城市中所有的花店"。

（4）基于函数的索引支持

现在不需要将位置信息显式地存储为 SDO_GEOMETRY 类型的列即可在关系属性上执行空间查询。用户可以对存储在关系列（例如经度和纬度）中的空间数据上创建空间索引，然后可以在这些关系列上调用空间操作符，而无须创建一个 SDO_GEOMETRY 列。

（5）大地坐标支持

就地表测量而言，无论坐标系统是什么，空间函数、操作符和公用程序都提供正确的结果。距离、面积和角度等单位都获得了全面的支持。

（6）空间索引的分区支持

空间索引可以根据分区表进行分区。对空间数据分区并使用分区的本地索引，可以为大型数据集上的查询以及并发查询与更新提供性能增益。它还使索引的维护更加容易。

（7）并行创建空间索引

索引创建可以被细分成能并行执行的更小的任务，以便利用未使用的硬件（CPU）资源。对于某些空间数据库以及索引类型和数据来说，并行索引创建能充分提高索引构建性能并显著节约时间。

（8）线性参照支持

Oracle Spatial 将"测量"信息存储为 Oracle Spatial 线性几何结构的一部分。此特性对于线性联网和动态分割应用程序很关键，这些应用程序常见于互联网街道路径搜索、运输、公用设施和电信网络以及管线管理。

（9）空间聚集

空间聚集函数概括了与几何对象相关的 SQL 查询结果。空间聚集函数返回类型为 SDO_GEOMETRY 的几何对象。空间聚集的使用提高了性能，降低了底层代码的复杂性。

（10）网络数据模型

在 Oracle 数据库 10g 中提供了一个存储网络（图形）结构的数据模型。它显式地存储和维护"连接—结点"网络的连通性并提供网络分析功能（如最短路径、连通性分析）。需要网络解决方案的应用程序包括运输、公共交通、公共设施和生命科学（生物化学路径分析）。

对于运输应用程序，该网络数据模型还支持一个路线搜索特性。Oracle 引入了一个可伸缩的路线搜索引擎，该引擎提供了地址（或预先经过地理编码的位置）之间的驾驶距离、时间和方向。它作为一个 Java 客户端库提供给网络数据模型，这个网络数据模型可以容易地部署在 Oracle 应用服务器或独立的 OC4J 环境中。其他的特性包括：最快或最短路径的首选项，返回概要或详细的驾驶指导，并返回沿着一条街道网络从单个位置到多个目标位置的时间和距离。

（11）拓扑数据模型

Oracle Spatial 包含一个数据模型和模式，它们在 Oracle 数据库中持久存储拓扑结构。当进行大量特征编辑且对地图和地图图层间的数据完整性有高度需求时，这非常有用。另一个好处是基于拓扑结构的查询一般比涉及关系（如邻接性、连通性和包容性）的查询执行速度更快。土地管理（地籍）系统和空间数据提供商将从这些功能中获益。

（12）GeoRaster

一种新的数据类型在 Oracle 数据库 10g 中以本地形式管理地理参照栅格成像（卫星成像、遥感数据、网格化数据）。Oracle Spatial 的 GeoRaster 特性提供成像的地理参照、用于元数据管理的 XML 模式和基本操作，如形成分层、平铺和交叉、环境管理、国防/国家安全、能源勘探和人造卫星影像门户方面的应用程序将会从中受益。

（13）空间分析函数

新的基于服务器的空间分析功能包括分类、分装、关连空间关系，这些功能对于商务智能应用程序非常重要。

（14）地理编码器

地理编码是将地理参照（如地址和邮编）与位置坐标（经度和纬度）联系起来的过程。在 Oracle Spatial 10g 中提供一个功能全面的地理编码引擎。它通过查询存储在 Oracle 数据库中的经过地理编码的数据，提供国际地址标准化、地理编码和 POI 匹配。它独特的非解析地址支持为客户应用程序增加了巨大的灵活性和便利性。Oracle Spatial 地理编码器作为 Java 存储过程在 Oracle 数据库服务器内部实施，并提供了一个用于地理编码的 PL/SQL API。

从 Oracle Spatial 的特性中可以看出，在 Oracle 数据库内实现了所有的传统的 GIS 管理、分析功能，而且这些功能与 Oracle 的强大数据仓库管理技术紧密的融合在一起，可以利用标准的 SQL 语言管理分析空间数据。因此，利用 Oracle Spatial 我们完全可以部署适合各个领域的空间数据仓库服务，然后通过 C/S、B/S 与客户平台联系起来和用户交互。

习　　题

1. 什么是数据库、数据库管理系统以及数据库系统？它们之间有什么联系？
2. 什么是数据模型？目前数据库主要有哪几种数据模型？它们各有何特点？
3. 与一般数据库相比，空间数据库的特点有哪些？
4. GIS 中的面向对象模型包括哪些内容？
5. 简述空间数据库采用的两种主要数据模型，并进行各自优缺点分析。
6. 数据库中的分层数据模型与空间数据库分层组织有何不同？
7. 面向对象的特点是什么？面向对象的几何抽象类型是什么？
8. 空间数据库基于关系的模型\基于对象的模型的定义是什么？它们的最大区别是什么？给出用关系模型和对象模型分别表示空间基本类型（点、线、面）。（用关系表、类的定义）

9. 给出 GIS 的数据管理方法，并解释其原理。

10. 说明 Geodatabase 数据模型。

11. 说明 Geodatabase 体系结构。

12. 给出空间索引的种类及其他们的原理。

13. 简述 SDE 的数据组织。

14. 空间数据库中，有 3 个实体：

Country（国家的名字 Name，国家的人口 Pop，国家的产值 GDP，国家的形状 Polygon）；

City(城市名称 Name, 所属国家 Country, 人口 Pop, 城市中心 Points)；

River(河流名称 Name, 所属国家 Country, 河流长度 Length, 河流形状 Polylines)。

（1）上述 3 个实体的属性中，哪些属性是空间属性？哪些属性是其他属性？

（2）给出空间数据库基于关系的数据模型、基于对象的数据模型的定义。

（3）用数据定义语句创建 3 个实体的表格（用 create table 语句）。

（4）对于 River 表中列出的河流，在 City 表中找出距离其最近的城市。

（5）St. Lawrence 能为方圆 300km 的城市供水，列出该河供水的城市。

（6）找到所有和 Contra Costa 相邻的 counties。

（7）找到所有 Merced 河流经的 counties。

（8）列出每个国家的 GDP 以及其首都到赤道的距离。

（9）找出 River 表中列出的所有河流，并分别查找每条河流流经的国家。

第4章
3S 数据采集与处理

空间信息系统是对空间数据的采集、处理、存储、分析和表现而建立的系统，空间数据来源、采集手段、生成工艺、数据质量都直接影响到空间信息系统应用的潜力、成本和效率。本章介绍空间数据源及其基本特征、空间数据采集与处理的基本流程，基于 GPS、RS、GIS（3S）的空间数据的采集和处理，以及空间数据和属性数据的采集方式，数据编辑等数据处理的原理与方法，理解数据质量评价与控制相关理论，完成数据入库的主要流程。

"3S"技术是地理信息系统（GIS）、遥感（RS）和全球定位系统（GPS）的统称，是现代信息技术与空间分析研究的主要技术手段和发展方向。广义的"3S"技术包括空间信息获取、传感器和信息探测、图形图像处理、空间定位、动态监测、信息管理与存储、预测评价与决策分析等。"3S 技术"为资源管理人员对自然资源的调查、监测和分析，提供了有效的手段和工具。卫星遥感主要用来定期提供（或生成）详尽的自然资源分类图，运用 GPS 可从空间获取地面调查样地的位置信息，并可把这些调查结果直接以数字方式编辑或连接到相应的可列表的数据库中，通过 GIS 把遥感监测图件、调查样地空间位置信息和可列表的资源调查数据（主要指属性）全部融合在一起。"3S"技术已经成为不可分割的有机整体，它们将会在资源调查领域产生重大的影响。

4.1　概　　述

空间数据准确、高效地获取是空间信息系统健壮运行的基础。空间数据的来源多种多样，包括地图数据、野外实测数据、空间定位数据、摄影测量与遥感图像、多媒体数据等。不同的数据来源有不同的采集方法，能够获取的空间数据也不尽相同，涉及：①数据源的选择；②采集方法的确定；③数据的进一步编辑与处理，包括错误消除、数学基础变换、数据结构与格式的重构、图形的拼接、拓扑的生成、数据的压缩、质量的评价与控制等，保证采集的各类数据符合数据入库及空间分析的需求；④数据入库，让采集的空间数据统一进入空间数据库。本章将系统介绍数据采集与处理过程所涉及的理论方法和关键技术。

4.1.1　数据源分类

GIS 数据源比较丰富，类型多种多样，根据数据获取方式可以分为以下几种。

① 地图数据：地图是传统的空间数据存储和表达的方式，如国家基本比例尺系列地形图以及各类专题地图，经过数字化处理，是空间数据最重要的数据源之一。

② 遥感影像：遥感影像数据以其现时性强等诸多优点成为空间信息系统的主要数据源之一。

摄影测量技术从立体像对中获取地形数据，对遥感影像中包括土地利用类型图、植被覆盖类型等诸多数据信息。

③ 实测数据：利用各种野外、实地测量数据及 GPS 数据来获取的方式。实测数据具有精度高、现势性强等优点。

④ 共享数据：空间信息系统发展的过程产生了大量的数据信息，经过格式转换，许多数据、信息可以重复利用的，借助于通信、网络技术实现地理信息的高效共享。

⑤ 其他数据：通过其他方式获取的数据。

按照数据的表现形式还可以将数据分为数字化数据、多媒体数据及文本资料数据。

图 4-1 所示为空间数据采集的数据源。

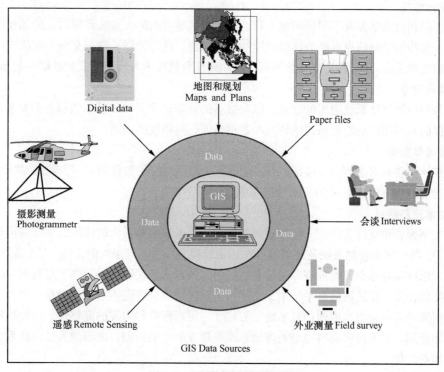

图 4-1　空间数据采集的数据源

4.1.2　数据源特征

1. 地图数据

地图是地理数据的传统描述形式，是具有共同参考坐标系统的点、线、面的二维平面形式的表示，图上实体间的空间关系直观，实体的类别或属性用各种不同的符号加以识别和表示。普通地图以相对平衡的详细程度表示地球表面上的自然地理和社会经济要素，主要表达居民地、交通网、水系、地貌、境界、土质和植被等。大比例尺地形图真实反映区域地理要素的特征。专题地图着重反映一种或少数几种专题要素，如地质、地貌、土壤、植被和土地利用等原始资料。以地图作为空间信息系统数据源时可将地图内容分解为点、线和面 3 类基本要素，以特定的编码方式进行组织和管理。地图数据的特点如下。

① 地图多为纸质，在不同的存放条件下存在不同程度的变形，应用时须对其进行纠正。

② 地图现势性较差，是因为传统地图更新周期较长。

③ 地图投影的转换，不同投影的地图数据进行交流时要进行地图投影的转换。

2. 遥感影像数据

通过遥感影像可快速、准确地获得大面积的、综合的各种专题信息，航天遥感影像还可以取得周期性的资料。每种遥感影像都有其自身的成像规律、变形规律，在应用时要注意影像的纠正、影像的分辨率、影像的解译特征等方面的问题。

3. 实测数据

实测数据指各种野外实验、实地测量所得数据，通过转换可直接进入 GIS 的空间数据库，其中，GPS 点位数据、地籍测量数据等通常具有较高的精度和较好的现势性。

4. 统计数据

许多部门和机构都拥有不同领域如人口、自然资源等方面的大量统计资料、国民经济的各种统计数据，这些是空间信息系统的属性数据的重要来源。统计数据一般都是和一定范围内的统计单元或观测点联系在一起，各类统计数据可存储在属性数据库中与其他形式的数据一起参与分析。

5. 共享数据

随着各种空间信息系统应用的建立，已有数据的共享也成为 GIS 获取数据的重要来源之一。对已有数据的采用需注意数据格式的转换和数据精度、可信度的问题。

6. 多媒体数据

由多媒体设备获取的数据（包括声音、录像等）也是 GIS 的数据源之一，辅助 GIS 的分析和查询，可通过通信口传入 GIS 的空间数据库中。

7. 文本资料数据

各种文字报告和立法文件在一些管理类的空间信息系统中有很大的应用，如在城市规划管理信息系统中，各种城市管理法规及规划报告在规划管理工作中起着很大的作用。在土地资源管理、灾害监测、水质和森林资源管理等专题信息系统中，各种文字说明资料对确定专题内容的属性特征起着重要的作用。在区域信息系统中，文字报告是区域综合研究不可缺少的参考资料。文字报告还可以用来研究各种类型地理信息系统的权威性、可靠程度和内容的完整性，以便决定地理信息的分类和使用。文字说明资料也是地理信息系统建立的主要依据，准确送入计算机系统，使搜集资料更加系统化。

4.1.3 空间数据采集与处理的基本流程

不同的数据源，有不同的采集与处理方法，空间数据的采集与处理包含图 4-2 所示的基本内容。

1. 数据源的选择

在进行空间数据源选择时要考虑：①系统功能的要求；②所选数据源是否已有使用经验，尽量使用传统的数据源，避免使用陌生数据源，在两种数据源的数据精度差别不大时，使用经验的传统数据源；③系统成本，数据源的选择对于系统整体的成本控制来说至关重要。

2. 采集方法的确定

根据所选数据源的特征，选择合适的采集方法。如图 4-1 所示，对地图数据采用扫描矢量化的方法；影像数据包括航空影像数据和卫星遥感影像两类，对于它们的采集与处理，已有完整的摄影测量、遥感图像处理的理论与方法；实测数据指各类野外测量所采集的数据，包括平板仪测量，一体化野外数字测图、空间定位测量（如 GPS 测量）等；统计数据可采用扫描仪输入作为辅助性数据，也可用键盘输入；已有的数字化数据通过相应的数据交换方法转换为当前系统可用的数据；多媒体数据以数据交换的形式进入系统；文本数据可用键盘输入。

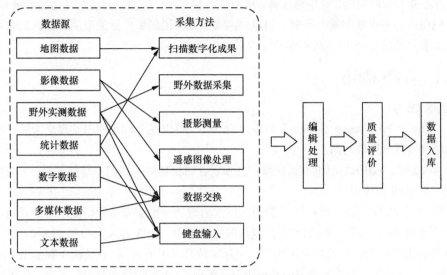

图 4-2　空间数据采集的基本内容

3. 数据的编辑与处理

各种方法所采集的原始空间数据，都不可避免地存在着错误或误差，属性数据在建库输入时，也难免会存在错误，对图形数据和属性数据进行一定的检查、编辑是很有必要的。不同系统对图形的数学基础、数据结构等可能会有不同的要求，往往需要进行数学基础、数据结构的转换。根据系统分析功能对数据进行图形拼接、拓扑生成等处理。如果考虑到存储空间和系统运行效率，需要对数据进行一定程度的压缩。

4. 数据质量控制与评价

无论何种数据源，使用何种方法进行采集，都不可避免地存在各种类型的误差，而且误差会在数据处理及系统的各个环节之中累计和传播。对于数据质量的控制和评价是系统有效运行的重要保障和系统分析结果可靠性的前提条件之一。

5. 数据入库

数据入库就是按照空间数据管理的要求，把采集和处理的成果数据按照一定数据格式导入到空间数据库中。

4.2　GPS 数据采集

GPS 以全天候、高精度、自动化、高效益等显著特点，成功地应用于大地测量、工程测量、航空摄影测量、运载工具导航和管制、地壳运动监测、工程变形监测、资源勘察、地球动力学等多种学科，是空间数据位置获得的直接手段。全球四大卫星导航系统包括：①美国全球定位系统（GPS）：有 24 颗卫星组成，分布在 6 条交点互隔 60° 的轨道面上，军民两用，精度为 10m；②俄罗斯"格洛纳斯"系统：有 24 颗卫星组成，军民两用，精度为 10m；③欧洲"伽利略"系统：有 30 颗卫星组成，民用，精度为 1m；④中国"北斗"系统：由 5 颗静止轨道卫星和 30 颗非静止轨道卫星组成，精度为 10m，在完成覆盖中国及周边地区后，逐步扩展为全球卫星导航系统。

GPS 系统的特点：全球、全天候工作，可为用户提供连续、实时的三维位置，三维速度和精密时间，并不受天气的影响；定位精度高，单机精度为 10m，采用差分定位可达厘米级和毫米级；功能多、应用广，不仅在测量、导航、测速、测时等方面得到更广泛的应用，而且其应用领域不断扩大。本节讨论的 GPS 以美国的全球定位系统为蓝本。

4.2.1　GPS 概述

1. 美国 GPS

GPS（Globle Positioning System）全球定位系统，可以在全球范围内实现全天候、实时的确定用户的精确位置和精确时间。

1973 年 12 月，美国国防部批准其陆海空三军联合研制新的军用卫星导航系统——NAVSTAR GPS 系统，既 GPS 系统；

1978 年 2 月 22 日，第一颗 GPS 实验卫星的发射成功，标志着工程研制阶段的开始；

1989 年 2 月 14 日，第一颗 GPS 工作卫星的发射成功，GPS 进入生产作业阶段；

1993 年 6 月 26 日 GPS 系统部署完毕，全球定位系统中的 21 颗卫星和 3 颗备用卫星，犹如一个"星座"，高悬在 2 万千米的空中，每颗卫星每隔 12 小时围绕地球旋转一周，使得地球任何地方同时可看到 7 ~ 9 颗卫星。

GPS 最初的目的是为美国军方提供服务，目前它已被应用于航天、航空、航海、测量、勘探等诸多领域。GPS 改变了许多行业的经营方式，它是继计算机革命之后的又一场革命。

空间信息系统中中存储和管理的空间信息能进行空间定位且反映分布特征的信息，各种目标（对象）的质量和数量特征信息是加载在目标的空间位置信息上的，而且地理信息无时无刻都在发生变化，GPS 解决了空间信息系统中空间信息的现势性和精确性的问题，直接采用 GPS 方法对空间信息系统中的数据进行更新，保证了空间数据的准确性。

2. 中国北斗

北斗卫星导航系统（BeiDou（COMPASS）Navigation Satellite System）是中国正在实施的自主研发、独立运行的全球卫星导航系统，缩写为 BDS，与美国的 GPS、俄罗斯的格洛纳斯、欧盟的伽利略系统兼容共用的全球卫星导航系统，并称全球四大卫星导航系统。

北斗卫星导航系统由空间端、地面端和用户端 3 部分组成。空间端包括 5 颗静止轨道卫星和 30 颗非静止轨道卫星。地面端包括主控站、注入站和监测站等若干个地面站。用户端由北斗用户终端以及与美国 GPS、俄罗斯"格洛纳斯"（GLONASS）、欧盟"伽利略"（GALILEO）等其他卫星导航系统兼容的终端组成。

中国此前已成功发射 4 颗北斗导航试验卫星和 16 颗北斗导航卫星，将在系统组网和试验基础上，逐步扩展为全球卫星导航系统。北斗卫星导航系统 2012 年 12 月 27 日起提供连续导航定位与授时服务。北斗卫星导航系统建设目标是建成独立自主、开放兼容、技术先进、稳定可靠覆盖全球的导航系统。

4.2.2　GPS 的组成

GPS 系统包括 3 大部分：空间部分——GPS 卫星星座；地面控制部分——地面监控系统；用户设备部分——GPS 信号接收机。

1. GPS 卫星星座

GPS 的空间部分是由 24 颗卫星组成（21 颗工作卫星，3 颗备用卫星），它位于距地表 20200km 的上空，均匀分布在 6 个轨道面上（每个轨道面 4 颗），轨道倾角为 55°。现在共有 24 颗卫星在距离地面大约 20 183km 的轨道高度上每日绕地球两周，6 条轨道按轨道面夹角 60° 间距分开，每条轨道与赤道面的交角为 55°，每颗卫星发射两种频率的无线电波用于定位。这种轨道参数及配置保证在地球上空任一处、一天 24 小时任何时候都可以看到 4 颗以上的 GPS 卫星，完成在全球范围内实时定位和提高定位精度。

当 GPS 卫星正常工作时，会不断地用 1 和 0 二进制码元组成的伪随机码（简称伪码）发射导航电文。GPS 系统使用的伪码一共有两种，分别是民用的 C/A 码（Coarse/ Acquisition Code11 023MHz）和军用的 P(Y) 码(Procise Code 10 123MHz)，P 码因频率较高，不易受干扰，定位精度高。卫星发播两个载波信号 L$_1$=1574.42MHz，L$_2$=1227.60MHz。在载波 L$_1$ 上调制有两种测距码及每秒 50 比特的航导电文，码频率为 1.023MHz 的伪随机噪声码称粗码（C/A 码）；另一种位精密测距码称为精码（P 码），它的频率单位为 10.23MHz 的伪随机噪声码。在 L$_2$ 载波上只调制有精码和导航电文。粗码用于低精度测距并过渡到捕获精码，精码用于精密测距。导航电文包括卫星星历、工作状况、时钟改正、电离层时延修正、大气折射修正等信息。它是从卫星信号中解调制出来，以 50bit/s 调制在载频上发射的。导航电文每个主帧中包含 5 个子帧每帧长 6s。前 3 帧各 10 个字码；每 30s 重复一次，每小时更新一次。后两帧共 15 000B。导航电文中的内容主要有遥测码、转换码、第 1、2、3 数据块，其中最重要的则为星历数据。当用户接收到导航电文时，提取出卫星时间并将其与自己的时钟做对比便可得知卫星与用户的距离，再利用导航电文中的卫星星历数据推算出卫星发射电文时所处位置，得到用户在大地坐标系中的位置速度等信息。

GPS 接收机对码的量测就可得到卫星到接收机的距离，由于含有接收机卫星钟的误差及大气传播误差，故称为伪距。对 0A 码测得的伪距称为 UA 码伪距，精度为 20m 左右，对 P 码测得的伪距称为 P 码伪距，精度为 2m 左右。GPS 接收机对收到的卫星信号，进行解码或采用其他技术，将调制在载波上的信息去掉后，就可以恢复载波。

第一频率 L1，位于 1575.42MHz；第二频率 L2，位于 1227.6 MHz。载波频率由两种伪码和一条导航消息调制而成，载波频率及其调制由星上原子钟控制。卫星的分布使得在全球任何地方、任何时间都可观测到 4 颗以上的卫星，并能在卫星中预存的导航信息。在地平线上最少可见到 4 颗，最多可见到 11 颗。用 GPS 信号导航定位时，需要 4 颗 GPS 卫星得到地球表面的 3 维坐标，如图 4-3 所示。

GPS 卫星的核心部件是高精度的时钟、导航电文存储器、双频发射和接收机以及微处理机。GPS 定位成功的关键在于高稳定度的频率标准，该频率标准由高精确的时钟提供。因为每 10^{-9}s 的误差将会引起 30cm 的站星距离误差，每颗 GPS 工作卫星安设两台铷原子钟和两台铯原子钟，启用一台原子钟，其余作为备用。卫星钟由地面站检验，其钟差、钟速连同其他信息由地面站注入卫星后，再转给用户设备。

2. 地面控制部分

地面控制部分主要用来测量卫星的星历，编辑成电文发送给卫星，即卫星所提供的广播星历。地面控制部分有 1 个主控站（Master Control Station）、3 个注入站和 5 个监控站（Monitor Station）组成。主控站位于 Colorado Springs 的联合空间执行中心，3 个注入站分别设在大西洋的 Ascension 岛、印度洋的 Diego Carcia 岛和太平洋的 Kwajalein 岛，5 个监控站设在主控站和 3 个注入站以及 Hawaii 岛。

A B C D E F
160°
120°
80°
40°
0° Equator
320°
280°
240°
200°
Argument of Latitude
317° 17° 77° 137° 197° 257°
A4a
A3a
A2a
A1a
B4a
B3s
B2a
B1a
C2a
C1a
C4a
C3a
D3a
D2s
D1a
D4a
E1a
E4a
E3a
E2a
F1a
F4a
F3s
F2a
s=Spare
a=Active
Orbit Position ID

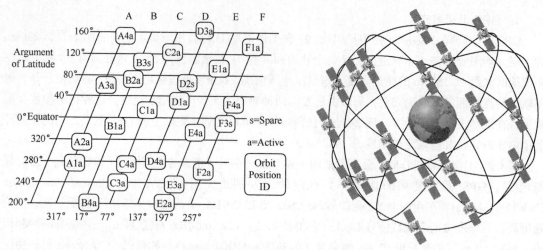

图 4-3 GPS 的天空部分——卫星

主控站：提供 GPS 的时间基准、控制地面部分和卫星的正常工作，包括处理由各监测站送来的数据，编制各卫星星历，计算各卫星钟的时钟和电离层效正参数，并将这些导航信息送给注入站；控制卫星运行轨道，启用备用卫星。

注入站：在卫星通过其上空时，把导航信息注入卫星，并负责监测信息的正确性。

监控站：无人值守的数据采集中心，对每颗卫星进行连续不断的观测，并在主控站的控制下定时将观测数据送往主控站。GPS 的主控站和监控站网络如图 4-4 所示。

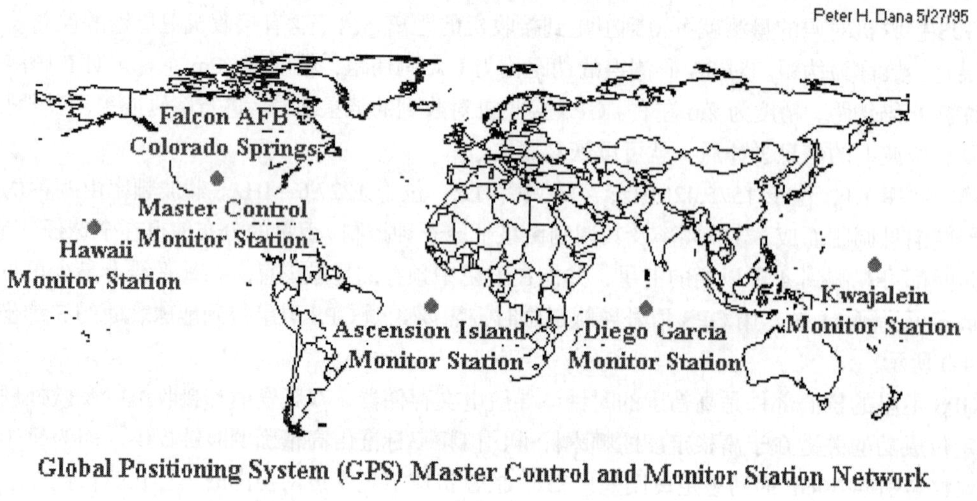

Peter H. Dana 5/27/95
Falcon AFB
Colorado Springs
Master Control
Monitor Station
Hawaii
Monitor Station
Ascension Island
Monitor Station
Diego Garcia
Monitor Station
Kwajalein
Monitor Station
Global Positioning System (GPS) Master Control and Monitor Station Network

图 4-4 GPS 的主控站和监控站网络

主控站位于美国克罗拉多（Colorado）的法尔孔（Falcon）空军基地，它根据各监控站对 GPS 的观测数据，计算出卫星的星历和卫星钟的改正参数等，并将这些数据通过注入站注入到卫星中去；对卫星进行控制，向卫星发布指令，当工作卫星出现故障时，调度备用卫星。监控站有 5 个，一个和主控制站合并在克罗拉多（Colorado）的法尔孔（Falcon），其他 4 个分别位于夏威夷（Hawaii）、阿松森群岛（Ascencion）、迭哥伽西亚（Diego Garcia）和卡瓦加兰（Kwajalein），监控站接收卫星信号，监测卫星的工作状态。注入站有 3 个，它们分别位于阿松森群岛（Ascencion）、迭哥伽西亚（Diego Garcia）和卡瓦加兰（Kwajalein），注入站的作用是将主控站计算出的卫星星历和卫星钟的改正数等注入到卫星中去。

地面控制站负责收集卫星传回的信息，计算卫星星历、相对距离，大气校正等数据。对于导航定位来说，GPS 卫星是一动态已知点。星的位置是依据卫星发射的星历——描述卫星运动及其轨道的参数算得的。每颗 GPS 卫星所播发的星历，是由地面监控系统提供的。卫星上的各种设备是否正常工作，以及卫星是否一直沿着预定轨道运行，都要由地面设备进行监测和控制。地面监控系统另一重要作用是保持各颗卫星处于同一时间标准——GPS 时间系统。这就需要地面站监测各颗卫星的时间，求出钟差。然后由地面注入站发给卫星，卫星再由导航电文发给用户设备。

GPS 中的地面监控系统框架如图 4-5 所示。

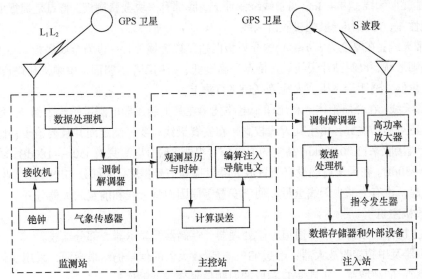

图 4-5　GPS 中的地面监控系统框架

3. GPS 信号接收机

GPS 信号接收机的任务是：能够捕获到按一定卫星高度截止角所选择的待测卫星的信号，并跟踪这些卫星的运行；对所接收到的 GPS 信号进行变换、放大和处理，以便测量出 GPS 信号从卫星到接收机天线的传播时间；解译出 GPS 卫星所发送的导航电文，实时地计算出测站的三维位置，甚至三维速度和时间。静态定位中，GPS 接收机在捕获和跟踪 GPS 卫星的过程中固定不变，接收机高精度地测量 GPS 信号的传播时间，利用 GPS 卫星在轨的已知位置，解算出接收机天线所在位置的三维坐标。而动态定位则是用 GPS 接收机测定一个运动物体的运行轨迹。在航行中的船舰，空中的飞机，行走的车辆等载体上的 GPS 接收机天线在跟踪 GPS 卫星的过程中相对地球而运动，接收机用 GPS 信号实时地测得运动载体的状态参数（瞬间三维位置和三维速度）。

GPS 卫星发送的导航定位信号，是一种可提供无数用户共享的信息资源。只要拥有能接收、跟踪、变换和测量 GPS 信号的接收设备，就可以在任何时候用其进行导航定位测量。接收机硬件和机内软件以及 GPS 数据处理软件包，构成完整的 GPS 用户设备。对于车载型接收机，它主要用于运动车辆的监控定位，可实时给出车辆的位置和速度。这类接收机一般采用 C/A 码伪距测量，单点实时定位精度较低，一般为+25m。

4.2.3　GPS 接收机的组成

GPS 接收机主要由 GPS 接收机天线单元、GPS 接收机主机单元、电源 3 部分组成。

1．GPS 接收机天线

天线由接收机天线和前置放大器两部分所组成。天线的作用是将 GPS 卫星信号的极微弱的电磁波能转化为相应的电流，而前置放大器则是将 GPS 信号电流予以放大。为便于接收机对信号进行跟踪、处理和量测，对天线部分有以下要求：天线与前置放大器应密封一体，以减少信号损失；能够接收来自任何方向的卫星信号；天线的相位中心保持高度的稳定等。

GPS 接收机天线有下列几种类型。

① 单板天线：安装在一块基板上，结构简单、体积小，需要属单频天线。

② 四螺旋形天线：由 4 条金属管线绕制而成，底部有一块金属掏板。特点是捕捉低高度角卫星好，抗震性差，常用作导航型接收机天线。

③ 微带天线：在厚度为 $h(h \leqslant \lambda)$ 的介质板两边贴以金属片，一边为金属底板，一边做成矩形或圆形等规则形状，也叫贴片天线。其特点是高度低、结构简单、坚固、单频机和双频机都可用，缺点是增益较低。适用于飞机、火箭等高速飞行物上。

④ 锥形天线：在介质锥体上利用印制电路技术在其上制成导电圆锥螺旋表面，也称盘旋螺线型天线。其特点是增益好，由于其天线较高，在安置天线时要仔细定向并且要给予补偿。

GPS 天线接收来自 20 000km 高空的卫星信号很弱，信号电平只有 $-50 \sim -180$dB；输入功率信噪比为 $S/N = -30$dB。在天线后端设有前置放大器以提高信号强度。大部分 GPS 天线都与前置放大器结合在一起，也有为减少天线重量、便于安置等原因而将天线和前置放大器分开。

2．接收机主机

接收机主机由变频器、信号通道、微处理器、存储器及显示器 5 部分组成。

① 变频器及中频接收放大器：经过 GPS 前置放大器的信号仍然很微弱，采用变频器使接收机通道得到稳定的高增益，并且使 L 频段的射频信号变成低频信号。

② 信号通道：接收机的核心部分，其组成是硬软件结合的电路。它的作用有 3 点：一是搜索卫星，索引并跟踪卫星；二是对广播电文数据信号解扩，解调出广播电文；三是进行伪距测量、载相位测量及多普勒频移测量。从卫星接收到的信号是扩频的调制信号，经过解扩、解调才能得到导航电文，在通道电路中设有伪码相位跟踪环和载波相位跟踪环才能完成所有的任务。

③ 存储器：接收机内设有存储器或存储卡以存储卫星星历、卫星历书，接收机采集到的码相位伪距观测值、载波相位观测值及多普勒频移。GPS 接收机上的存储器（简称内存），可以通过数据口传到微机上进行数据处理和数据保存。在存储器内可装多种工作软件，如自测试软件，卫星预报软件，导航电文解码软件，GPS 单点定位软件等。

④ 微处理器：微处理器是 GPS 接收机工作的灵魂，GPS 接收机工作是在微机指令统一协同下进行的。其工作步骤如下。

- 接收机开机后的自检，测定、校正、存储各通道的时延值。
- 搜索卫星、捕捉卫星。当捕捉到卫星后即对信号进行牵引和跟踪，将基准信号译码得到 GPS 卫星星历。当同时锁定 4 颗卫星时，将 C/A 码伪距观测值连同星历一起计算测站的三维坐标，并按预置位置更新率计算新的位置。
- 根据机内存储的卫星历书和测站近似位置，计算所有在轨卫星卫星升降时间、方位和高度角。

- 根据预先设置的航路点坐标和单点定位测站位置计算导航的参数航偏距、航偏角、航行速度等。
- 接收用户输入信号，如测站名，测站号，作业员姓名，天线高，气象参数等。

⑤ 显示器：GPS 接收机都有液晶显示屏以提供 GPS 接收机工作信息，并配有一个控制键盘。用户可通过键盘控制接收机工作。对于导航接收机，有的还配有大显示屏，在屏幕上直接显示导航的信息甚至显示数字地图。

3. 电源

GPS 接收机电源有两种：一种为内电源，采用锂电池，主要用于 RAM 存储器供电，以防止数据丢失；另一种为外接电源，可充电的 12V 直流镉镍电池组，或采用汽车电瓶。当用交流电时，要经过稳压电源或专用电流交换器。

综上所述，接收机的主要任务是：当 GPS 卫星在用户视界时，接收机能够捕获到按一不定期卫星高度截止角所选择的待测卫星，并能够跟踪这些卫星的运行；对所接收到的 GPS 信号，具有变换、放大和处理的功能，以便测量出 GPS 信号从卫星到接收天线的传播时间，解译出 GPS 卫星所发送的导航电文，实时地计算出测站的三维位置，甚至三维速度和时间。GPS 信号接收机不仅需要功能较强有力的机内软件，而且需要一个多功能的 GPS 数据测后处理软件包。接收机加处理软件包，才是完整的 GPS 信号用户设备。

4.2.4　GPS 接收机的分类

1. 按接收机的用途分类

① 导航型接收机：用于运动载体的导航，实时给出载体的位置和速度。采用 C/A 码伪距测量，单点实时定位精度较低一般为 ±25m，有 SA 影响时为 ±100m。此类接收机可以适用不同的场合：车载型——车辆导航定位；航海型——船舶导航定位；航空型——飞机导航定位。在航空用的接收机要求能适应高速运动。星载型——用于卫星的导航定位。由于卫星的运动速度高达 7km/s 以上，因此对接收机的要求更高。

② 测地型接收机：用于精密大地测量和精密工程测量。主要采用载波相位观测值进行相对定位，定位精度高。该仪器结构复杂，价格较贵。

③ 授时型接收机：这类接收机主要利用 GPS 卫星提供的高精度时间标准进行授时，常用于天文台及无线电通信中时间同步。

2. 按接收机的载波频率分类

① 单频接收机：单频接收机只能接收 L_1 载波信号，测定载波相位观测值进行定位。由于不能有效消除电离层延迟影响，单频接收机只适用于短基线（<15km）的精密定位。

② 双频接收机：双频接收机可以同时接收 L_1，L_2 载波信号。利用双频对电离层延迟的不一样，可以消除电离层对电磁波信号延迟的影响，因此双频接收机可用于长达几千千米的精密定位。

3. 按接收机通道数分类

GPS 接收机能同时接收多颗 GPS 卫星的信号，为了分离接收到的不同卫星的信号，以实现对卫星信号的跟踪、处理和量测，具有这样功能的器件称为天线信号通道。根据接收机所具有的通道种类可分为多通道接收机、序贯通道接收机和多路多用通道接收机。

4. 按接收机工作原理分类

① 码相关型接收机：码相关型接收机是利用码相关技术得到伪距观测值。

② 平方型接收机：平方型接收机是利用载波信号的平方技术去掉调制信号，来恢复完整的载

波信号，通过相位计测定接收机内产生的载波信号与接收到的载波信号之间的相位差，测定伪距观测值。

③ 混合型接收机：这种仪器是综合上述两种接收机的优点，既可以得到码相位伪距，也可以得到载波相位观测值。

④ 干涉型接收机：这种接收机是将 GPS 卫星作为射电源，采用干涉测量方法，测定两个测站间距离。

4.2.5　GPS 的定位原理

1. GPS 的工作原理

GPS 的工作原理是利用几何与物理上一些基本原理。假定卫星的位置为已知即能准确测定所在地点 A 至卫星之间的距离，那么 A 点一定是位于以卫星为中心、所测得距离为半径的圆球上；又可以测得点 A 至另一卫星的距离，则 A 点一定处在前后两个圆球相交的圆环上。还可测得与第三个卫星的距离，就可以确定 A 点只能是在 3 个圆球相交的两个点上。根据一些地理知识，可以很容易排除其中一个不合理的位置。当然也可以再测量 A 点至另一个卫星的距离，也能精确进行定位。实现精确定位，要解决两个问题：一是要确知卫星的准确位置；二是要准确测定卫星至地球上我们所在地点的距离。

① 卫星的准确位置：要确知卫星所处的准确位置，卫星运行轨道的设计、由监测站通过各种手段，连续不断监测卫星的运行状态，适时发送控制指令，使卫星保持在正确的运行轨道，将正确的运行轨迹编成星历，注入卫星，由卫星发送给 GPS 接收机。正确接收每个卫星的星历，就可确知卫星的准确位置。

② 测定卫星至用户的距离：时间×速度=距离，电波传播的速度是每秒钟 30 万 km，知道卫星信号传到我们这里的时间，利用速度乘时间等于距离来求得距离。问题就归结为测定信号传播的时间。

要准确测定信号传播时间，要解决两方面的问题：一个是时间基准问题，即一个精确的时钟；另一个是测量的方法问题。

① 时间基准问题：GPS 系统在每颗卫星上装置有十分精密的原子钟，并由监测站经常进行校准。卫星发送导航信息，同时也发送精确时间信息。GPS 接收机接收此信息，使与自身的时钟同步，就可获得准确的时间。所以，GPS 接收机除了能准确定位之外，还可产生精确的时间信息。

② 测定卫星信号传输时间的方法：卫星上发送伪随机码的二进制电码。延迟 GPS 接收机产生的伪随机码，使与接收到卫星传来的码字同步，测得的延迟时间就是卫星信号传到 GPS 接收机的时间。为了精确的定位，可以多测一些卫星，选取几何位置相距较远的卫星组合，测得误差要小。

2. 定位原理

GPS 定位的基本原理是根据高速运动的卫星瞬间位置作为已知的起算数据，采用空间距离后方交会的方法，确定待测点的位置。如图 4-6 所示，假设 t 时刻在地面待测点上安置 GPS 接收机，可以测定 GPS 信号到达接收机的时间 Δt，再加上接收机所接收到的卫星星历等其他数据可以确定以下 4 个方程式：

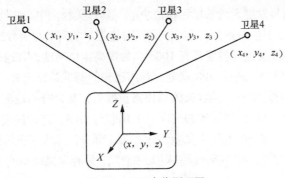

图 4-6　GPS 定位原理图

$$[(x_1-x)^2+(y_1-y)^2+(z_1-z)^2]^{1/2}+c(V_{t1}-V_{t0})=d_1$$
$$[(x_2-x)^2+(y_2-y)^2+(z_2-z)^2]^{1/2}+c(V_{t2}-V_{t0})=d_2$$
$$[(x_3-x)^2+(y_3-y)^2+(z_3-z)^2]^{1/2}+c(V_{t3}-V_{t0})=d_3$$
$$[(x_4-x)^2+(y_4-y)^2+(z_4-z)^2]^{1/2}+c(V_{t4}-V_{t0})=d_4$$

4 个方程式中各个参数意义如下：

x、y、z 为待测点坐标的空间直角坐标，x、y、z 和 V_{t0} 为未知参数。

x_i、y_i、$z_i(i=1、2、3、4)$ 分别为卫星 1、卫星 2、卫星 3、卫星 4 在 t 时刻的空间直角坐标，可由卫星导航电文求得。

$V_{ti}(i=1、2、3、4)$ 分别为卫星 1、卫星 2、卫星 3、卫星 4 的卫星钟的钟差，由卫星星历提供。V_{t0} 为接收机的钟差。其中，$d_i=c\Delta t_i$ $(i=1、2、3、4)$。d_i $(i=1、2、3、4)$ 分别为卫星 1、卫星 2、卫星 3、卫星 4 到接收机之间的距离。

由以上 4 个方程即可解算出待测点的坐标 x、y、z 和接收机的钟差 V_{t0}。

接收机可以锁住 4 颗以上的卫星，这时，接收机可按卫星的星座分布成若干组，每组 4 颗，然后通过算法挑选出误差最小的一组用作定位，从而提高精度。

3. GPS 测量的主要误差分类

GPS 在定位过程中，存在 3 部分误差：第一部分是对每一个拥有接收机共有的，如卫星钟差、星历误差、电离层误差、对流层误差等，第二部分是不能由用户测量或由校正模型来计算的传播延迟误差；第三部分是各个用户接收机所固有的误差，如内部噪声、通道延迟、多径效应等。也可以有以下分类与卫星有关的误差：卫星星历误差即轨道偏差，卫星钟差，相对论效应；信号传播误差：信号通过各个层的延迟包括电离层延时，对流层延时，多路径效应等；观测及接收设备误差：接收机钟差，接收机噪声，天线相位中心误差，天线安置误差；其他误差：地球固体潮，地球海潮，美国 SA 政策等。

卫星偏差包括星历误差、卫星时钟之偏差；观测偏差是指接收仪之时钟误差，即接收仪时钟与全球定位系统时钟间之偏差；与观测相关之偏差为卫星信号传播过程中，因传播介质与环境所引起的偏差，如起始整数周波未定值、对流层或电离层传播延迟、多路径误差、周波脱落值及精密值强弱度等因素。SA 是美国政府从其国家利益出发，通过降低广播星历精度、在 GPS 基准信号中加入高频抖动等方法，人为降低普通用户利用 GPS 进行导航定位时的精度。卫星星历误差是在进行 GPS 定位时，计算在某时刻 GPS 卫星位置所需的卫星轨道参数是通过各种类型的星历提供的，但不论采用哪种类型的星历，所计算出的卫星位置都会与其真实位置有所差异。卫星钟差是 GPS 卫星上所安装的原子钟的钟面时与 GPS 标准时间之间的误差。卫星信号发射天线相位中心偏差是 GPS 卫星上信号发射天线的标称相位中心与其真实相位中心之间的差异。

由于卫星运行轨道、卫星时钟存在误差，大气对流层、电离层对信号的影响，以及人为的 SA 保护政策，使得民用 GPS 的定位精度只有 100m。为提高定位精度，普遍采用差分 GPS（DGPS）技术，建立基准站（差分台）进行 GPS 观测，利用已知的基准站精确坐标，与观测值进行比较，从而得出一修正数，并对外发布。接收机收到该修正数后，与自身的观测值进行比较，消去大部分误差，得到一个比较准确的位置。实验表明，利用差分 GPS，定位精度可提高到 5m。

利用差分技术，第一部分误差可以完全消除；第二部分误差大部分可以消除，这和基准接收机至用户接收机的距离有关；第三部分误差则无法消除，只有靠提高 GPS 接收机本身的技术指标来部分消除。

4.2.6　差分 GPS 定位原理

差分 GPS 可分为单站 GPS 的差分、局部区域 GPS 差分和广域差分。

1．单站 GPS 的差分

根据差分 GPS 基准站发送的信息方式可将差分 GPS 定位分为 3 类，即位置差分、伪距差分和相位差分。这 3 类差分方式的工作原理是相同的，即都是由基准站发送改正数，由用户站接收并对其测量结果进行改正，以获得精确的定位结果。所不同的是，发送改正数的具体内容不一样，其差分定位精度也不同。

① 位置差分位置差分是最简单的差分方法，任何一种 GPS 接收机均可改装和组成这种差分系统。安装在基准站上的 GPS 接收机观测 4 颗卫星后便可进行三维定位，解算出基准站的坐标。由于存在着轨道误差、时钟误差、SA 影响、大气影响、多径效应以及其他误差，解算出的坐标与基准站的已知坐标是不一样的，存在一个差值。基准站利用数据链将此改正数发送出去，由用户站接收，并且对其解算的用户站坐标进行改正。最后得到的改正后的用户坐标已消去了基准站和用户站的共同误差。前提条件是基准站和用户站观测同一组卫星的情况。位置差分法适用于用户与基准站间距离在 100km 以内的情况。

② 伪距差分是目前用途最广的一种技术。几乎所有的商用差分 GPS 接收机均采用这种技术。国际海事无线电委员会推荐的 RTCM SC-104 也采用了这种技术。在基准站上的接收机要求得到它至可见卫星的距离，并将此计算出的距离与含有误差的测量值加以比较。利用一个 $\alpha-\beta$ 滤波器将此差值滤波并求出其偏差。然后将所有卫星的测距误差传输给用户，用户利用此测距误差来改正测量的伪距。最后，用户利用改正后的伪距来解出本身的位置，就可消去公共误差，提高定位精度。与位置差分相似，伪距差分能将两站公共误差抵消，但随着用户到基准站距离的增加又出现了系统误差，这种误差用任何差分法都是不能消除的。用户和基准站之间的距离对精度有决定性影响。

③ 载波相位差分称为 RTK 技术（Real Time Kinematics），是建立在实时处理两个测站的载波相位基础上的。它能实时提供观测点的三维坐标，并达到厘米级的高精度。与伪距差分原理相同，由基准站通过数据链实时将其载波观测量及站坐标信息一同传送给用户站。用户站接收 GPS 卫星的载波相位与来自基准站的载波相位，并组成相位差分观测值进行实时处理，能实时给出厘米级的定位结果。实现载波相位差分 GPS 的方法分为两类：修正法和差分法。前者与伪距差分相同，基准站将载波相位修正量发送给用户站，以改正其载波相位，然后求解坐标。后者将基准站采集的载波相位发送给用户台进行求差解算坐标。前者为准 RTK 技术，后者为真正的 RTK 技术。

2. 局部区域 GPS 差分系统

局域差分（LADGPS）是在局部区域内布设一个 GPS 差分网，网内由若干个差分 GPS 基准站组成，通常还包含至少 1 个监控站。处于该局域内的用户可根据多个基准站提供的改正信息，经平差后求得自己的改正数。它的作用距离一般在 200~300km，如我国沿海建设的信标差分网。局域差分 GPS 技术通常采用加权平均法或最小方差法对来自多个基准站的改正信息进行平差，求出自己的坐标改正数或距离改正数。

3. 广域差分

广域差分（Wide Area DGPS，WADGPS）技术的基本思想是对 GPS 观测量的误差源加以区分，并对每一个误差源分别加以"模型化"，然后将计算出来的每一个误差源的误差修正值（差分改正值），通过数据通讯链传输给用户，对用户 GPS 接收机的观测误差加以改正，以达到削弱这些误差源的影响，改善用户 GPS 定位精度的目的。

广域差分主要模型化以下 3 类 GPS 定位的误差源：星历误差、大气延时误差、卫星钟差误差。

广域差分 GPS 系统的工作流程如下：

① 在已知的多个监测站上，跟踪观测 GPS 卫星的伪距、相位等信息；

② 监测站将所接受的信息全部传输到中心站；

③ 中心站计算出 3 项误差改正；

④ 将这些误差改正用数据通讯链传输给用户；

⑤ 用户根据这些误差改正自己观测到的伪距、相位、星历等信息，计算出高精度结果。

广域差分 GPS 系统的特点：用户的定位精度对空间距离的敏感程度比较小；投资少，经济效益好；定位精度较高，且分布均匀；可扩展性好；技术复杂，维护费用高；可靠性及安全性稍差。

4.2.7　GPS 的应用

"GPS 的应用，仅受人们想象力的制约。"道出了人们对 GPS 巨大商机的无限向往、对 GPS 产业前景的无限憧憬。21 世纪头 10 年在以 GPS 为代表的卫星导航产业中仍美国占据主导地位。欧洲、日本、中国和俄罗斯逐渐会扮演重要角色，未来 10 年全球卫星导航产业总趋势预测如下。

① 卫星导航手段在多数国家和地区可能成为代替传统导航、定位和定时的唯一手段，它适用于所有需要动态或静态定位、定姿、定时和导航信息的地方。

② 天基卫星信息导航系统及其增强系统将成为全球信息社会的重要基础设施。

③ 各国卫星导航系统在民用领域的相互兼容将成为国际大趋势。

④ 卫星导航系统民用的效益和应用远比军用的大，真正做到制造产业化和消费大众化。

⑤ 卫星导航技术与通信、遥感和大众消费产品的相互融合将会创造出许多新产品和新服务。

目前，几乎全世界所有需要导航定位的用户，都被 GPS 的高精度、全天候、全球覆盖、方便灵活和优质价廉所吸引。GPS 在我国的应用已从少数科研单位和军用部门迅速扩展到各个民用领域，这些应用正在改变人们的工作方式，提高了工作效率。GPS 技术已经在多行业中得到了应用。

① 测量：GPS 技术已广泛应用于大地测量、资源勘查、地壳运动、地籍测量等领域。它利用载波相位差分技术（RTK），实时处理两个观测站的载波相位，精度达到厘米级。GPS 技术优势明显：测量精度高；操作简便；仪器体积小；便于携带；全天候操作；观测点之间无须通视；测量结果统一在 WGS84 坐标下，信息自动接收、存储。

② 交通：出租车、租车服务、物流配送等行业利用 GPS 技术对车辆进行跟踪、调度管理，合理分布车辆，以最快的速度响应用户的乘车或送请求。航空：通过 GPS 接收设备，使驾驶员着

陆时能准确对准跑道，还能使飞机紧凑排列，引导飞机安全进离场。航海：航海应用已名副其实成为 GPS 导航应用的最大用户。GPS 可进行自主航行、港口管理和进港引导、航路交通管理及跟踪监视。陆路：车载设备通过 GPS 进行精确定位，结合电子地图以及实时的交通状况，自动匹配最优路径，并实行车辆的自主导航。

③ 应急救援：利用 GPS 定位技术，可对火警、救护、警察进行应急调遣，提高紧急事件处理部门对火灾、犯罪现场、交通事故、交通堵塞等紧急事件的响应效率。特种车辆（如运钞车）等可对突发事件进行报警、定位，有了 GPS 的帮助，救援人员就可在人迹罕至、条件恶劣的大海、山野、沙漠，对失踪人员实施有效的搜索、拯救。装有 GPS 装置的渔船，在发生险情时，可迅速定位、报警，使之能更快更及时获得救援。

④ 农业："精准农业耕作"利用 GPS 进行农田信息定位获取，包括产量监测、土样采集等，通过对数据的分析处理，决策出农田地块的管理措施，把产量和土壤状态信息装入带有 GPS 设备的喷施器中，从而精确地给农田地施肥、喷药。

⑤ 娱乐：GPS 成为人们旅游、探险的好帮手。人们通过 GPS 可以在陌生的城市里迅速地找到目的地，并且选择最优的路径行驶；野营者携带 GPS 接收机，可快捷地找到合适的野营地点；一些高档的电子游戏也使用了 GPS 仿真技术。

⑥ 军事：美国提出 GPS 现代化的基本目的是满足和适应 21 世纪美国国防现代化发展的需要，GPS 现代化是为了更好地支持和保障军事行动。在军事行动的，或有危险的，或有威胁的环境下，要求 GPS 能对作战成员的战斗力提供更好的支持，对他们的生命提供更安全的保障，能有助于各类武器发挥更有效的作用。使用美国 GPS 精码 P（Y）的除美国军方以外，目前美国军方授权所在国家和地区的军方使用的有 27 个。其中主要是北约国家的军方，在授权亚太地区军方使用的国家和地区主要有韩国、中国台湾、日本、新加坡、沙特阿拉伯、科威特、泰国等。

GPS 在各类运载器（包括载人和火器）的导航和定位方面发挥了巨大作用，在对战斗人员的支持和援助中发挥了关键性作用。美国军方和情报部门在 1999 年 6 月作出以下 4 项 GPS 现代化的响应技术措施。增加 GPS 卫星发射的信号强度，以增加抗电子干扰能力。在 GPS 信号频道上，增加新的军用码（M 码），要与民用码分开。M 码要有更好的抗破译的保密和安全性能。军事用户的接受设备要比民用的有更好的保护装置，特别是抗干扰能力和快速初始化功能。创造新的技术，以阻止和阻扰敌方使用 GPS。

GPS 可以提供覆盖地球范围的空间位置的采集，是空间信息系统中数据采集不可或缺的手段之一。

4.3　RS 遥感数据采集

任何物体都具有光谱特性，具体地说，它们都具有不同的吸收、反射、辐射光谱的性能。在同一光谱区各种物体反映的情况不同，同一物体对不同光谱的反映也有明显差别。即使是同一物体，在不同的时间和地点，由于太阳光照射角度不同，它们反射和吸收的光谱也各不相同。遥感技术就是根据这些原理，对物体作出判断。遥感技术通常是使用绿光、红光和红外光 3 种光谱波段进行探测。绿光段一般用来探测地下水、岩石和土壤的特性；红光段探测植物生长、变化及水污染等；红外段探测土地、矿产及资源。此外，还有微波段，用来探测气象云层及海底鱼群的游弋。

遥感按常用的电磁谱段不同分为可见光遥感、红外遥感、多谱段遥感、紫外遥感和微波遥感。

① 可见光遥感：应用比较广泛的一种遥感方式。对波长为 $0.4 \sim 0.7\,\mu m$ 的可见光的遥感一般采用感光胶片（图像遥感）或光电探测器作为感测元件。可见光摄影遥感具有较高的地面分辨率，但只能在晴朗的白昼使用。

② 红外遥感：又分为近红外或摄影红外遥感，波长为 $0.7 \sim 1.5\,\mu m$，用感光胶片直接感测；中红外遥感，波长为 $1.5 \sim 5.5\,\mu m$；远红外遥感，波长为 $5.5 \sim 1000\,\mu m$。中、远红外遥感通常用于遥感物体的辐射，具有昼夜工作的能力。常用的红外遥感器是光学机械扫描仪。

③ 多谱段遥感：利用几个不同的谱段同时对同一地物（或地区）进行遥感，从而获得与各谱段相对应的各种信息。将不同谱段的遥感信息加以组合，可以获取更多的有关物体的信息，有利于判释和识别。常用的多谱段遥感器有多谱段相机和多光谱扫描仪。

④ 紫外遥感：对波长 $0.3 \sim 0.4\,\mu m$ 的紫外光的主要遥感方法是紫外摄影。

⑤ 微波遥感：对波长 $1 \sim 1000mm$ 的电磁波（即微波）的遥感。微波遥感具有昼夜工作能力，但空间分辨率低。雷达是典型的主动微波系统，常采用合成孔径雷达作为微波遥感器。

现代遥感技术的发展趋势是由紫外谱段逐渐向 X 射线和 γ 射线扩展。从单一的电磁波扩展到声波、引力波、地震波等多种波的综合。

遥感 "Remote Sensing"（RS）直译为"遥远的感知"。遥感的科学含义，广义解释是一切与目标物不接触的远距离探测；狭义解释是运用现代光学、电子学探测仪器，不与目标物相接触，从远距离把目标物的电磁波特性记录下来，通过分析、解译揭示出目标物本身的特征、性质及其变化规律。

遥感数据采集（Remote Sensing Data Acquisition）是通过各种遥感技术所进行的数据采集。使用飞机或人造资源卫星上的仪器，从远距离探查、测量或侦查地球（包括大气层）上的各种事物和变化情况，对所探测的地质实体及其属性进行识别、分离和收集，以获得可进行处理的源数据。

RS 技术即遥感技术是指从高空或外层空间接收来自地球表层各类地理的电磁波信息，并通过对这些信息进行扫描、摄影、传输和处理，从而对地表各类地物和现象进行远距离控测和识别的现代综合技术。

4.3.1　遥感的基本概念

遥感是借助对电磁波敏感的仪器，在不与探测目标接触的情况下，记录目标物对电磁波的辐射、反射、散射等信息，并通过分析，揭示目标物的特征、性质及其变化的综合探测技术。遥感 RS 泛指各种非直接接触的、远距离探测目标的技术。对目标进行采集，根据物体对电磁波的反射和辐射特性，利用声波、引力波、地震波等，也都包含在广义的遥感之中。通常遥感的概念是指：从远距离、高空，以至于外层空间的平台（Platform）上，利用可见光、红外、微波等遥感器（Remote Sensor），通过摄影、扫描等各种方式，接收来自地球表层各类地物的电磁波信息，并对这些信息进行加工处理，从而识别地面物质的性质和运动状态的综合技术。

最早使用"遥感"一词的是美国海军研究所的艾弗林·普鲁伊特。1961 年，在美国国家科学院和国家研究理事会的支持下，在密歇根大学的威罗·兰实验室召开了"环境遥感国际讨论会"。遥感的历史可以追溯到 16 世纪。

① 无记录的地面遥感阶段（1608—1838 年）：1608 年，汉斯·李波尔赛制造了世界第一架望远镜，1609 年伽利略制作了放大倍数 3 倍的科学望远镜，1794 年气球首次升空侦察为观测远距

离目标，开辟了先河望远镜观测不能把观测到的事物用图像记录下来。

② 有记录的地面遥感阶段（1839—1857 年）：1839 年，达盖尔（Daguarre）发表了他和尼普斯（Niepce）拍摄的照片，第一次成功将拍摄事物记录在胶片上。1849 年法国人艾米·劳塞达特（Aime Laussedat）制订了摄影测量计划，成为有目的有记录的地面遥感发展阶段的标志。对探测目标的记录与成像始于摄影技术的发展，并与望远镜相结合发展为远距离摄影。

③ 空中摄影遥感阶段（1858—1956 年）：1858 年，G.F.陶纳乔用系留气球拍摄了法国巴黎的"鸟瞰"像片。1860 年，J.布莱克乘气球升空至 630m，成功地拍摄了美国波士顿的照片。1903 年，J.钮布郎特设计了一种捆绑在飞鸽身上的微型相机。在第一次世界大战期间航空摄影成了军事侦探的重要手段。第二次世界大战期间（1931—1945 年），彩色摄影、红外摄影、雷达术、多光谱摄影、扫描技术以及运载工具和判读成图设备；微波雷达的出现及红外技术应用于军事侦查，使遥感探测的电磁波谱段得到了扩展。

④ 航空遥感阶段（1957—）：1957 年 10 月 4 日，苏联第一颗人造地球卫星的发射成功，标志着人的空间观测进入了新纪元。此后，美国发射了"先驱者 2 号"探测器拍摄了地球云图。真正从航天器上对地球进行长期探测是从 1960 年美国发射 TIROS-1 和 NOAA-1 太阳同步卫星开始。多种探测技术的集成日趋成熟，如雷达、多光谱成像与激光测高、GPS 的集成可以同时取得经纬度坐标和地面高程数据，用于实时测图。

中国遥感事业的情况：20 世纪 50 年代组建专业飞行队伍，开展航摄和应用；1970 年 4 月 24 日，发射第一颗人造地球卫星；1975 年 11 月 26 日，返回式卫星，得到卫星像片；我国第 6 个 5 年计划将遥感列入国家重点科技攻关项目；1988 年 9 月 7 日中国发射第一颗"风云 1 号"气象卫星；1999 年 10 月 14 日中国成功发射资源卫星，之后进入快速发展期——卫星、载人航天、探月工程、北斗卫星系统的运行。

在遥感的基本概念里，远距离感测地物环境反射或辐射电磁波的仪器，叫作遥感器，如照相机、扫描仪等。装载遥感器的运载工具，叫作遥感平台，如飞机、飞艇、人造卫星等。第一架照相机拍摄的第一张风景照片就可以称为遥感，是利用近地面平台成像遥感，利用气球作为遥感平台是对近地面遥感的进一步发展；20 世纪初第一架飞机诞生，1915 年世界上第一台航空摄影专用相机产生，标志着航空遥感技术产生；1957 年，原苏联第一颗人造卫星的升空标志着人类进入太空时代，随后美国阿波罗宇宙飞行器发回第一张地球影像图，标志着太空遥感（航天遥感）时代到来。遥感技术是随着工作平台、传感器和探测器的发展而发展的。

4.3.2 遥感的构成要素

1. 遥感的构成

遥感技术由以下几个要素构成：

① 遥感对象——被感测的地物；

② 传感器——感测地物的仪器，如航空摄影机、扫描仪、雷达等；

③ 信息传播媒介——电磁波等；

④ 遥感平台——装载传感器并使之有效工作的装置，如飞机、人造地球卫星、航天飞机等；

⑤ 信息处理与分析系统——光学设备和计算机硬件软件设备，主要对遥感图像等数据进行处理分析和应用。

2. 遥感系统的组成

遥感是一门对地观测综合性技术，它的实现既需要一整套的技术装备，又需要多种学科的参与和配合，因此实施遥感是一项复杂的系统工程。根据遥感的定义，遥感系统主要由以下 5 部分组成，如图 4-7 所示。

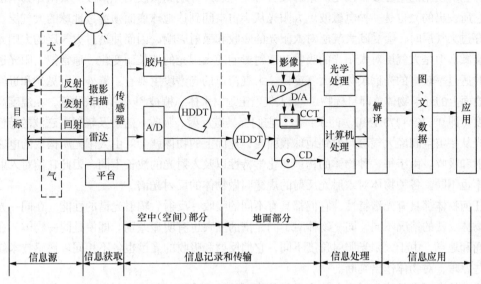

图 4-7　遥感系统的组成

① 信息源。信息源是遥感需要对其进行探测的目标物。任何目标物都具有反射、吸收、透射及辐射电磁波的特性，当目标物与电磁波发生相互作用时会形成目标物的电磁波特性，这就为遥感探测提供了获取信息的依据。

② 信息获取。信息获取是指运用遥感技术装备接收、记录目标物电磁波特性的探测过程。信息获取所采用的遥感技术装备主要包括遥感平台和传感器。

③ 信息的记录和传输。遥感平台是用来搭载传感器的运载工具，常用的有气球、飞机和人造卫星等。传感器是用来探测目标物电磁波特性的仪器设备，常用的有照相机、扫描仪、成像雷达等。

④ 信息处理。信息处理是指运用光学仪器和计算机设备对所获取的遥感信息进行校正、分析和解译处理的技术过程。信息处理的作用是通过对遥感信息的校正、分析和解译处理，掌握或清除遥感原始信息的误差，梳理、归纳出被探测目标物的影像特征，然后依据特征从遥感信息中识别并提取所需的有用信息。

⑤ 信息应用。信息应用是指专业人员按不同的目的将遥感信息应用于各业务领域的使用过程。信息应用的基本方法是将遥感信息作为地理信息系统的数据源，供人们对其进行查询、统计和分析利用。遥感的应用领域十分广泛，最主要的应用有军事、地质矿产勘探、自然资源调查、地图测绘、环境监测以及城市建设和管理等。

4.3.3　遥感技术原理

遥感，就是遥远的感知。为什么能进行遥远的感知呢？因为地球上所有物体都在不停地发射、反射、吸收电磁波，而且不同物体对电磁波的发射、反射、吸收的特性不同。例如，植物的叶子看起来是绿色的，是因为叶子中的叶绿素对太阳光中蓝色和红色波长的光强烈反射的缘故。物体的这种对电磁波固有的特性叫作光谱特性。

振动的传播称为波。电磁振动的传播是电磁波。电磁波的波段按波长由短至长可依次分为γ射线、X射线、紫外线、可见光、红外线、微波和无线电波。电磁波的波长越短其穿透性越强。遥感探测所使用的电磁波波段是从紫外线、可见光、红外线到微波的光谱段。太阳作为电磁辐射源，它所发出的光也是一种电磁波。太阳光从宇宙空间到达地球表面须穿过地球的大气层。太阳光在穿过大气层时，会受到大气层对太阳光的吸收和散射影响，因而使透过大气层的太阳光能量受到衰减。但是大气层对太阳光的吸收和散射影响随太阳光的波长而变化。通常把太阳光透过大气层时透过率较高的光谱段称为大气窗口。大气窗口的光谱段主要有：紫外、可见光和近红外波段。地面上的任何物体（即目标物），如大气、土地、水体、植被和人工构筑物等，在温度高于绝对零度（即0°K=−273.15℃）的条件下，它们都具有反射、吸收、透射及辐射电磁波的特性。当太阳光从宇宙空间经大气层照射到地球表面时，地面上的物体就会对由太阳光所构成的电磁波产生反射和吸收。由于每一种物体的物理和化学特性以及入射光的波长不同，因此它们对入射光的反射率也不同。各种物体对入射光反射的规律叫做物体的反射光谱。

任何物体都具有光谱特性，它们都具有不同的吸收、反射、辐射光谱的性能。在同一光谱区各种物体反映的情况不同，同一物体对不同光谱的反映也有明显差别。即使是同一物体，在不同的时间和地点，由于太阳光照射角度不同，它们反射和吸收的光谱也各不相同。遥感技术就是根据这些原理，对物体作出判断。

遥感技术通常是使用绿光、红光和红外光3种光谱波段进行探测。绿光段一般用来探测地下水、岩石和土壤的特性；红光段探测植物生长、变化及水污染等；红外段探测土地、矿产及资源。此外，还有微波段，用来探测气象云层及海底鱼群的游弋。

从理论上讲，对整个电磁波波段都可以进行遥感，其中最重要的波段为可见光和近红外波段、中红外和热红外波段、微波波段波段等。在这些遥感波段上，物体所固有的电磁波特性还要受到太阳及大气等环境条件的影响，因而遥感器接收到目标反射或辐射的电磁波后，还需进行校正处理及解译分析，才能得到各个领域的有效信息。

为了便于专业人员研究和应用遥感技术，人们从不同的角度对遥感作如下分类。遥感的分类如下。

① 按搭载传感器的遥感平台分类。

地面遥感：传感器设置在地面上，如车载、手提、固定或活动高架平台。

航空遥感：传感器设置在航空器上，如飞机、气球等。

航天遥感：传感器设置在航天器上，如人造地球卫星、航天飞机等。

② 按遥感探测的工作波段分类。

紫外遥感：探测波段为 $0.05 \sim 0.38 \mu m$。

可见光遥感：探测波段为 $0.38 \sim 0.76 \mu m$。

红外遥感：探测波段为 $0.76 \sim 1000 \mu m$。

微波遥感：探测波段为 $1 \sim 10m$。

③ 按遥感探测的工作方式分类。

主动遥感：由探测器主动发射一定电磁波能量并接收目标的后向散射信号。

被动遥感：传感器仅接收目标物体的自身发射和对自然辐射源的反射能量。

④ 应用领域或专题，如外层空间遥感、大气层遥感、陆地遥感、海洋遥感等。

4.3.4　遥感技术系统

遥感技术系统是实现遥感目的的方法论、设备和技术的总称。现已成为一个从地面到高空的多维、多层次的立体化观测系统。内容大致包括遥感数据获取、传输、处理、分析应用以及遥感物理的基础研究等方面。遥感技术系统主要有以下几种。

① 遥感平台系统，即运载工具，包括各种飞机、卫星、火箭、气球、高塔、机动高架车等。

② 遥感仪器系统，如各种主动式和被动式、成像式和非成像式、机载的和星载的传感器及其技术保障系统。

③ 数据传输和接收系统，如卫星地面接收站、用于数据中继的通信卫星等。

④ 用于地面波谱测试和获取定位观测数据的各种地面台站网。

⑤ 数据处理系统，用于对原始遥感数据进行转换、记录、校正、数据管理和分发。

⑥ 分析应用系统，包括对遥感数据按某种应用目的进行处理、分析、判读、制图的一系列设备、技术和方法。遥感技术系统是一个非常庞杂的体系，对某一特定的遥感目的来说，可选定一种最佳的组合，以发挥各分系统的技术优势和总体系统的技术经济效益。

1. 遥感平台

遥感平台是遥感过程中乘载遥感器的运载工具，它如同在地面摄影时安放照相机的三脚架，是在空中或空间安放遥感器的装置。遥感平台指运载遥感仪器并为之提供工作条件的运载工具。遥感平台包括航天平台、航空平台、地面平台，如图 4-8 所示。其中，航天平台发展最快，应用最广。特别是三大卫星系列包括气象卫星系列、陆地卫星系列、海洋卫星系列。

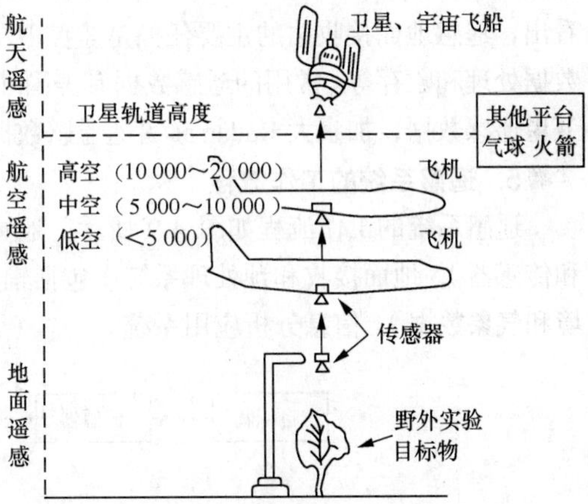

2. 遥感传感器

用于遥感的传感器的类型有：①摄影类型的传感器；②扫描成像类型的传感器；③雷达成像类型的传感器；④非图像类型的传感器。照相机是最古老和常用的传感器。

遥感器（Remote Sensor）也称传感器、探测器，是远距离感测地物环境辐射或反射电磁波的磁仪器，通常安装在不同类型和不同高度的遥感平台上。

按遥感器本身是否带有电磁波发射源可分为主动式（有源）遥感器和被动式（无源）遥感器两类。主动式的遥感器向目标物发射电子微波，然后收集目标物反射回来的电磁波的遥感器。在主动式遥感器中，主要使用激光和微波作为辐射源。被动式的是一种收集太阳光的反射及目标，自身辐射的电磁波的遥感器。它们工作在紫外、可见光、红外、微波等波段。

图 4-8　各种遥感平台的高度信息

按遥感器记录数据的不同形式，又可分为成像遥感器和非成像遥感器，前者可以获得地表的二维图像，后者不产生二维图像。在成像传感器中又可分细分为摄影式成像遥感器（相机）和扫描式成像遥感器，相机是最古老和常用的遥感器。

地表物质的组成及为复杂多样，要充分探测它的各方面特性，最理想的办法无疑是全波段探测，多波段摄影相机或扫描仪，无论是装在遥感飞机上或是人造卫星上，都能获得光谱分辨率较高、信息量丰富的图像和数据。

遥感传感器是测量和记录被探测物体的电磁波特性的工具,是遥感技术系统的重要组成部分。根据不同工作的波段,适用的传感器是不一样的。摄影机主要用于可见光波段范围。红外扫描器、多谱段扫描器除了可见光波段外,还可记录近紫外、红外波段的信息。雷达则用于微波波段。

3. 传感器的组成

无论哪一种传感器,它们基本是由收集系统、探测系统、信息转化系统和记录系统 4 部分组成。

① 收集系统:系统的功能在于把接收到的电磁波进行聚集,然后送往探测系统。不同的遥感器使用的收集元件不同,最基本的收集元件是透镜、反射镜或天线。对于多波段遥感,收信系统还包括按波段分波束的元件,一般采用各种散元个成分光之件,如滤光片、棱镜、光栅等。

② 探测系统:遥感器中最重要的部分就是探测元件,它是真正接收地物电磁辐射的器件,常用的探测元件有感光胶片、光电敏感元件、固体敏感元件和波导等。

③ 信号转化系统:除了摄影照相机中的感光胶片,电光从光辐射输入到光信号记录,其他遥感器都有信号转化问题,光电敏感元件、固体敏感元件和波导等输出的都是电信号,从电信号转换到光信号必须有一个信号转化系统。

④ 记录系统:遥感器的最终目的是要把接收到的各种电磁波信息,用适当的方式输出。输出必须有一定的记录系统,可直接记录在摄影胶片或磁带上等。

4. 地面站

地面站就是设置在地球上的进行太空通信的地面设备。Landsat 地面站由 5 部分组成:①地面测控中主;②地面接收中心;③地面数据处理中心;④图像分析中心;⑤综合数据库。从中可以看出,遥感地面接收站的主要任务是监控卫星运转情况,接收遥感和遥测数据,以及对信息进行数据处理和贮存等。常用的遥感数据有美国陆地卫星(Landsat)TM 和 MSS 遥感数据,法国 SPOT 卫星遥感数据,加拿大 Radarsat 雷达遥感数据。

5. 遥感系统的工作流程

遥感系统的工作流程如图 4-9 所示。遥感技术系统包括:空间信息采集系统(包括遥感平台和传感器),地面接收和预处理系统(包括辐射校正和几何校正),地面实况调查系统(如收集环境和气象数据),信息分析应用系统。

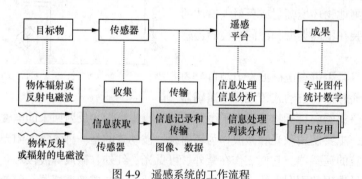

图 4-9　遥感系统的工作流程

4.3.5　遥感数据处理

遥感图像处理的内容主要有图像数字化、复原、几何校正、增强、统计分析和信息提取、分类和识别等。遥感制图的基本过程如图 4-10 所示。

1. 建立遥感图像模型

遥感图像是指通过检测和度量地物的电磁波辐射能所得到的图像，虽然它是多种多样的，而且其所用的电磁波段可以不同，进而记录的辐射能、成像的方式以及摄像系统等也会随之有差异或做不同的选择，从理论的角度遥感图像的模型可以表示为某一时刻，对于位于 (x,y) 坐标上的目标物所收集到的在不同波长入和不同极化（偏振）方向 ϕ 上的电磁波辐射能。

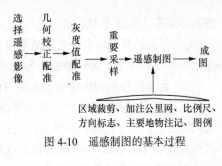

图 4-10　遥感制图的基本过程

2. 遥感图像的信息内容

遥感图像的信息内容主要有波谱信息、空间信息、时间信息等，遥感图像中每个像元的亮度值代表的是该像元中地物的平均辐射值，它是随地物的成分、纹理、状态、表现特征及所使用电磁波段的不同而变化的，这种特征为地物的波谱特征。遥感图像还反映地物的空间信息和形态特征，包括空间频率信息、边缘和线性信息、结构或纹理信息以及几何信息等。空间信息是通过图像亮度值在空间上的变化反映出来的。遥感影像是成像瞬间地物电磁波辐射信息的记录，图像的时间信息指的是不同时相遥感图像的光谱信息与空间信息的差异。

3. 图像的数字化

在图像处理之前，将连续的图像函数变成一组能代表它的数字，即图像数字化，所得到的图像为数字图像。采取的数字化方式的两个步骤是采样和量化。

4. 遥感图像的存储模式

建立一种通用的存储格式使遥感数据能够为用户所使用。目前，遥感图像数据主要是记录在磁带、磁盘或光盘上的，在遥感平台上（如飞机、卫星）的记录系统或卫星地面接收站的记录系统一般采用高密度磁带。遥感数据中除了有遥感的影像数据处，还有与遥感图像成像条件有关的其他数据，如成像时间、光照条件等。

5. 遥感图像处理

通常所称的遥感影像数据指的是卫星遥感影像，其信息获取方式与航空像片不同。地面接受太阳辐射，地表各类地物对其反射的特性各不相同，搭载在卫星上的传感器捕捉并记录这种信息，之后将数据传输回地面。遥感数据的处理与具体的数据类型（卫星影像、雷达影像）、存储介质等因素相关。

① 观测数据的输入：采集的数据包括模拟数据和数字数据两种，为了把像片等模拟数据输入到处理系统中，必须用胶片扫描仪等进行 A/D 变换。对数字数据来说，因为数据多记录在特殊的数字记录器（HDDT 等）中，所以必须转换到一般的数字计算机都可以读出的 CCT（Computer Compatible Tape）等通用载体上。

② 再生、校正处理包括图像重建、图像复原、辐射量校正、几何校正、镶嵌等内容。对于进入到处理系统的观测数据，首先进行辐射量失真及几何畸变的校正，对于 SAR 的原始数据进行图像重建；其次，按照处理目的进行变换、分类，或者变换与分类结合的处理。

③ 变换处理包括灰度信息变换、空间信息变换、几何信息变换、数据压缩等处理过程；变换处理意味着从某一空间投影到另一空间上，通常在这一过程中观测数据所含的一部分信息得到增强。因此，变换处理的结果多为增强的图像。

④ 分类处理包括总体测定（earning）、分类（classification）、区域分割、匹配等操作；分类是以特征空间的分割为中心的处理，最终要确定图像数据与类别之间的对应关系。因此，分类处

理的结果多为专题图的形式。

⑤ 处理结果的输出：处理结果可分为两种情况，一种是经 D/A 变换后作为模拟数据输出到显示装置及胶片上；另一种是作为地理信息系统等其他处理系统的输入数据而以数字数据输出。

6. 数字图像处理中包含的方法与内容

遥感图像的退化与恢复：遥感图像的降质主要可以归结为两大类，即遥感图像的辐射失真和几何畸变，出现了图像的降质要进行图像恢复即图像预处理。处理的图像必须经过几何校正（几何粗校正和几何精校正）、辐射校正以及噪声压抑等处理。

图像变换是将图像从空间域转换到变换域的过程来简化图像的处理过程。遥感图像的变换处理，图像在变换域进行增强处理，通过图像变换对图像进行特征抽取。常用的变换有：傅里叶变换，K-L 变换，典型成分变换，余弦变换等。

图像增强目的在于突出图像中的有用信息，扩大不同影像特征之间的差别，提高对图像的解译和分析能力。图像一部分内容的增强也同时意味着另一部分内容的减弱。图像增强的方法有：反差增强、空间域滤波、频率域滤波、代数过算增强、彩色增强等。

遥感图像的分类：利用计算机通过对遥感图像中各类地物的光谱信息和空间信息进行分析，选择特征，并用一定的手段将特征空间划分为互不重叠的子空间，然后将图像中的各个像元划归到各个子空间区去。按照是否有已知训练样本的分类数据，分类方法又分为两大类，即监督分类与非监督分类。

图像的分割和描述：把一幅图像按一定规则划分出感兴趣的部分或区域叫作分割。分割的目的是把图像分成一些带有某种专业信息意义的区域，分割方法只能把图像中具有不同平均灰度或结构特征的区域分离开。需要对区域进行描述，对图像各组成部分的性质和彼此间的关系再进行描述和说明。

纹理分析来探测和辨别不同的物体和区域、推断物体的表面方向、研究物体的形状、辨别各种物体所具有的不同的纹理类型。对图像纹理的描述、分割以及分类等等对物体的模式识别是非常有帮助的。

4.3.6　遥感的应用

遥感技术的应用已经渗透到各个行业，如农业与林业应用、地貌应用、地质与矿产应用、气象与气候应用、海岸海洋与陆地水文应用、生态环境应用、社会文化应用、军事应用等，具体的表现如下。

① 遥感在资源调查方面的应用：在水文、水资源方面包括水资源调查、流域规划；水土流失调查、海洋调查等；青藏高原水资源调查；夏威夷群岛淡水资源。

② 遥感在环境监测评价等方面的应用：污染物位置、性质、动态变化及对环境的影响；环境制图；长江三峡库区环境本底调查、环境演变分析、动态监测等；在对抗自然灾害中的应用；灾害性天气的预报、旱情、洪水、滑坡、泥石流和病虫害；森林火灾。

③ 在区域分析及建设规划方面的应用：区域性是地理学的重要特点；腾冲、长春、三北防护林等都是遥感区域分析的典范；城市化和城市遥感的兴起：城市土地利用、环境监测、道路交通分析、环境地质、城市规划等。

④ 遥感在全球性宏观研究中的应用：全球性问题与全球性研究（Global Study）；人口问题、资源危机、环境恶化等；利用 GPS 监测和研究板块的运移；断裂活动；全球性气候研究和灾情预报；世界冰川的进退。

⑤ 在测绘制图方面的应用：卫星遥感可以覆盖全球的每一个角落，不再有资料的空白区重复探测，为动态制图和利用地图进行动态分析提供了信息保障；可以缩短成图周期，降低制图成本；数字卫星遥感信息可直接进入计算机进行处理，省去了图像扫描数字化的过程，改变了传统的从大比例尺逐级缩编小比例尺地图的逻辑程序。

4.4   GIS 数据采集

GIS 数据包括属性数据和位置数据。数据采集就是运用各种技术手段，通过各种渠道收集数据的过程。空间信息系统的数据采集工作包括两方面内容：位置数据的采集和属性数据的采集。空间位置数据采集的方法主要包括野外数据采集、现有地图数字化、摄影测量方法、遥感图像处理方法等。属性数据采集包括采集及采集后的分类和编码，主要是从相关部门的观测、测量数据、各类统计数据、专题调查数据、文献资料数据等渠道获取。此外，遥感图像解译也是获取属性数据的重要渠道。本节将对空间数据和属性数据的采集作系统介绍。

属性数据即空间实体的特征数据，一般包括名称、等级、数量、代码等多种形式，属性数据的内容有时直接记录在栅格或矢量数据文件中，有时则单独输入数据库存储为属性文件，通过关键码与图形数据相联系。对于要输入属性库的属性数据，通过键盘则可直接键入。对于要直接记录到栅格或矢量数据文件中的属性数据，则必须先对其进行编码，将各种属性数据变为计算机可以接受的数字或字符形式，便于系统存储管理。

4.4.1   空间位置数据采集

1. 野外数据采集

对于大比例尺的城市地理信息系统而言，野外数据采集更是主要手段。

平板测量获取的是非数字化数据，它的成本低、技术容易掌握。测量的产品都是纸质地图，在野外测量绘制铅笔草图，用小笔尖转绘在聚酯薄膜上，之后晒成蓝图提供给用户使用。也可以对铅笔草图进行手扶跟踪或扫描数字化使平板测量结果转变为数字数据。

全野外数据采集设备是全站仪加电子手簿或电子平板配以相应的采集和编辑软件，作业分为编码和无码两种方法。全野外数据采集测量工作包括图根控制测量、测站点的增补和地形碎部点的测量。全野外空间数据采集与成图分为 3 个阶段：数据采集、数据处理和地图数据输出。数据采集是在野外利用全站仪等仪器测量特征点，并计算其坐标，赋予代码，明确点的连接关系和符号化信息。再经编辑、符号化、整饰等成图，通过绘图仪输出或直接存储成电子数据。在人机交互方式下进行图形编辑，生成绘图文件，由绘图仪绘制地图。

空间定位测量是用 GPS 技术实施采集定位信息，该方法是 GIS 空间数据的主要数据源，GPS 从一定程度上改变了传统野外测绘的实施方式。

2. 地图数字化

地图数字化是指根据现有纸质地图，通过手扶跟踪或扫描矢量化的方法，生产出可在计算机上进行存储、处理和分析的数字化数据。

手扶跟踪数字化是早期地图数字化所采用的方法，工具是手扶跟踪数字化仪，利用电磁感应原理，使用者在电磁感应板上移动游标到图件的指定位置，按动相应的按钮时，电磁感应板周围的多路开关等线路可以检测出最大信号的位置，得到该点的坐标值。现已不再采用。

扫描矢量化是地图数字化一般方法。对纸质地图扫描生成栅格图像，在经过几何纠正之后，进行矢量化。对栅格图像的矢量化可用软件自动矢量化或手动屏幕鼠标跟踪矢量化两种方式。用软件矢量化其结果仍需进行人工检查和编辑。屏幕鼠标跟踪方法是手动跟踪。扫描获得的是栅格数据可能存在着噪声和中间色调像元的处理问题。可选择合适的阈值或选用一些软件等来处理噪声，如 Photoshop。常使用的 GIS 软件如 MapInfo、Arc/Info、GeoStar、Super Map 等提供了屏幕跟踪矢量化、对矢量化结果数据进行编辑和处理的功能。

3. 摄影测量方法

摄影测量包括航空摄影测量和地面摄影测量。摄影测量通常采用立体摄影测量方法即采集某一地区空间数据，对同一地区同时摄取两张或多张重叠的像片，在室内的光学仪器上或计算机内恢复它们的摄影方位，重构地形表面，即把野外的地形表面搬到室内进行观测。

数字摄影测量是基于数字影像与摄影测量的基本原理，应用计算机技术、数字影像处理、影像匹配、模式识别等多学科的理论与方法，提取所摄对象用数字方式表达的集合与物理信息的摄影测量方法。

4. 遥感图像处理

通常所称的遥感影像数据指的是卫星遥感影像，地面接受太阳辐射，地表各类地物对其反射的特性各不相同，搭载在卫星上的传感器捕捉并记录这种信息，之后将数据传输回地面，然后从所得数据。经过一系列处理过程，可得到满足 GIS 需求的数据。

空间数据的采集是空间信息系统的重要部分，采集数据的方法和质量直接影响系统的使用与效率，需要明确空间数据的采集要求，建立空间数据的规范和标准化，包括统一的地理基础如选择地图投影、地理坐标或网格坐标等，使用统一的分类编码原则、数据交换格式标准，给出标准的数据采集技术规程，克服数据标准化所面临的问题如传统地理学研究成果的制约和数据模型的标准化等问题。空间数据的采集可以分为以下几个方面。

① 对现有地图和平面图，需要变化成为数字格式，可以通过扫描 scanning、数字化 digitizing 或键盘输入 keyboard entry 的方式进行。键盘输入坐标或外业测量数据产生高质量数据，数据质量相当大的程度上依赖于地图和平面图。

② 空间数据部分可以通过遥感、摄影测量的方法得到，属性数据通过遥感/摄影测量、会谈和野外访问得到。

③ 对已存在的数据，如果格式上不一致的，需要进行格式转换，可以直接转换，也可以通过一个中间标准来进行。

④ 对已经有 x,y 坐标的数据，直接把该文件导入到系统中。

⑤ 需要扫描的数据，扫描地图为二进制代码，要对扫描后的数据进行标注，说明数据的特征信息，对向量的处理，用软件来对扫描的图像进行分辨率的确定。

⑥ 屏幕跟踪数字化——栅格图像矢量化、扫描数据、遥感数据。

⑦ 按照系统的要求创建新数据。

数据采集要有一个重要的部分是要充分利用现有的资源，各个机构提供的各种专题地图资料。

4.4.2　属性数据采集

属性数据即空间实体的特征数据，一般包括名称、等级、数量、代码等多种形式，属性数据的内容可以直接记录在栅格或矢量数据文件中，也可以单独输入数据库存储为属性文件，通过关键码与图形数据相联系。属性数据一般采用键盘输入：一种是对照图形直接输入；另一种是预先建立属性表输入属性，或从其他统计数据库中导入属性，然后根据关键字与图形数据自动连接。

1. 属性数据的来源

国家资源与环境信息系统规范在"专业数据分类和数据项目建议总表"中，将数据分为社会环境、自然环境和资源与能源 3 大类共 14 小项，并规定了每项数据的内容及基本数据来源。

社会环境数据包括城市与人口、交通网、行政区划、地名、文化和通信设施 5 类。这 5 类数据可从人口普查办公室、外交部、民政部、国家测绘局，以及林业、文化、教育、卫生、邮政等相关部门获取。

自然环境数据包括地形数据、海岸及海域数据、水系及流域数据、基础地质数据 4 类。这些数据可以从国家测绘局、海洋局、水利水电部以及地质、矿产、地震、石油等相关部门和结构获取。

资源与能源数据包括土地资源相关数据、气候和水热资源相关数据、生物资源相关数据、矿产资源相关数据、海洋资源相关数据 5 类。这 5 类数据可从中国科学院、国家测绘局及农、林、气象、水电、海洋等相关部门获取。

2. 属性数据的分类

空间数据的分类，是根据系统的功能以及相应的国际、国家和行业空间信息分类规范和标准，将具有不同空间特征和语义的空间要素区别开来的过程，是为了在空间数据的逻辑结构上将数据组织为不同的信息层并标识空间要素的类别。

空间数据一般采用线分类法对空间实体进行分类，即将分类对象按选定的空间特征和语义信息作为分类划分的基础，逐次地分成相应的若干个层级的类目，并排列成一个有层次的、逐级展开的分类体系。同级类之间是并列关系，下级类与上级类间存在着隶属关系，同级类不重复、不交叉。从而将地理空间的空间实体组织为一个层级树，因此也称作层级分类法。

我国《国土基础地理信息数据分类与代码》（GB/T 13923—1992）将地球表面的自然和社会基础信息分为 9 个大类，分别为测量控制点、水系、居民地、交通、管线与垣栅、境界、地形与土质、植被和其他类，在每个大类下又依次细分为小类、一级和二级类，如图 4-11 所示。

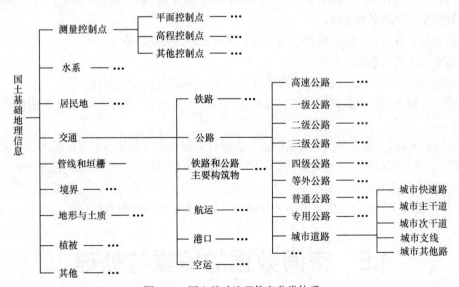

图 4-11　国土基础地理信息分类体系

3. 属性数据的编码

属性数据的编码是指确定属性数据的代码的方法和过程，编码的直接产物就是代码，而分类分级则是编码的基础。

对于要直接记录到栅格或矢量数据文件中的属性数据，则必须先对其进行编码，属性数据编码一般要基于以下几个原则：①编码的系统性和科学性；②编码的一致性和唯一性；③编码的标准化和通用性；④编码的简捷性；⑤编码的可扩展性。

属性数据编码方案的制订：

在属性数据分类编码的过程中，应力求规范化、标准化，有可遵循标准的尽量依标准。例如，要对交通 GIS 系统数据进行编码，就有许多规范及行业标准可以遵循（见表 4-1）。

表 4-1	与交通 GIS 相关的国家及行业标准
GB 2260—1995	中华人民共和国行政区划代码
GB 10114—1988	县以下行政区划代码编制规则
GB 12409—1990	地理格网
GB/T 15660—1995	1∶5 千、1∶1 万、1∶2.5 万、1∶5 万、1∶10 万地形图要素与代码
GB 917.1—917.2	公路路线命名编号和编码规则
JT 0022—1990	公路管理养护单位代码编制规则
JTJ 073—1996	公路养护技术规范
GB 920—1989	公路路面等级与面层类型代码
GB/T 919—1994	公路等级代码
GB 11708—1989	公路桥梁命名编号和编码规则
GBJ 124—1988	道路工程术语标准
GB/T 4754—1994	国民经济行业分类与代码

如果没有适用的标准可遵循，可依照以下编码的一般方法，制定出有一定适用性的编码标准：

① 列出全部制图对象清单；

② 制定对象分类、分级原则和指标，将制图对象进行分类、分级；

③ 拟定分类代码系统；

④ 代码及其格式，设定代码使用的字符和数字、码位长度、码位分配等；

⑤ 建立代码和编码对象的对照表，这是编码最终成果档案，是数据输入计算机进行编码的依据。

较为常用的编码方法有层次分类编码法与多源分类编码法两种基本类型。层次分类编码法是按照分类对象的从属和层次关系为排列顺序的一种代码，它的优点是能明确表示出分类对象的类别，代码结构有严格的隶属关系。多源分类编码法又称独立分类编码法，是指对于一个特定的分类目标，根据诸多不同的分类依据分别进行编码，各位数字代码之间并没有隶属关系。

4.5 空间数据的编辑与处理

空间数据的编辑包括图形数据的编辑和属性数据的编辑。

4.5.1　图形相关数据的编辑

空间数据采集过程中，人为因素会造成图形数据错误，如数字化过程中手的抖动、两次录入之间图纸的移动、线条连接过头和不及等情况，经常出现的错误有：①空间数据的不完整或重复包括空间点、线、面数据的丢失或重复、区域中心点的遗漏、栅格数据矢量化时引起的断线等，②空间数据位置的不准确包括空间点位的不准确、线段过长或过短、线段的断裂、相邻多边形结点的不重合等；③空间数据的比例尺不准确；④空间数据的变形；⑤空间属性和数据连接有误；⑥属性数据不完整等。相对与这些错误就必须提供数据的编辑，使用的方法有如下。

①　叠合比较法。按与原图相同的比例尺把数字化的内容绘在透明材料上，然后与原图叠合在一起，在透光桌上仔细的观察和比较。数字化的范围比较大时采用分块处理，检查邻接块的接边情况。

②　目视检查法。在屏幕上用目视检查的方法，检查一些明显的数字化误差与错误，包括线段过长或过短、多边形的重叠和裂口、线段的断裂等。

③　逻辑检查法。根据数据拓扑一致性进行检验，将弧段连成多边形，进行数字化误差的检查。该方法也适用于属性数据的编辑，检查属性数据的值是否超过其取值范围，属性数据之间或属性数据与地理实体之间是否有荒谬的组合。

对于空间数据的不完整或位置的误差，主要是利用 GIS 的图形编辑功能，如删除（目标、属性、坐标），修改（平移、拷贝、连接、分裂、合并、整饰），插入等进行处理。对空间数据比例尺的不准确和变形，可以通过比例变换和纠正来处理。对于检查出的错误，对图形数据编辑是通过向系统发布编辑命令（多数是窗口菜单）用光标激活来完成的。编辑命令主要有增加数据、删除数据和修改数据 3 类。编辑的对象是点元、线元、面元及目标，编辑工作的完成主要利用 GIS 的图形编辑功能（见表 4-2）来完成。

表 4-2　　　　　　　　　　　　　地理信息系统的图形编辑功能

点　编　辑	线　编　辑	面　编　辑	目　标　编　辑
删除	删除	弧段加点	删除目标
移动	移动	弧段删点	旋转目标
拷贝	拷贝	弧段移动	拷贝目标
旋转	追加	删除弧段	移动目标
追加	旋转（改向）	移动弧段	放大目标
水平对齐	剪断	插入弧段	缩小目标
垂直对齐	光滑	剪断弧段	开窗口
	求平行线		

属性数据校核包括两部分：①属性数据与空间数据是否正确关联，标识码是否唯一，不含空值；②属性数据是否准确，属性数据的值是否超过其取值范围等。属性数据错误检查可通过以下方法完成：利用逻辑检查，检查属性数据的值是否超过其取值范围，属性数据之间或属性数据与地理实体之间是否有荒谬的组合；把属性数据打印出来进行人工校对，将一个实体的属性数据连接到相应的几何目标上，对照一个几何目标直接输入属性数据。要求图形编辑系统可提供删除、修改、拷贝属性等功能。

4.5.2　图像纠正

这里的图像主要指通过扫描得到的地形图和遥感影像。扫描得到的地形图数据和遥感数据存在存在变形，必须加以纠正。

① 受地形图介质及存放条件等因素的影响，地形图的实际尺寸发生变形。

② 在扫描过程中人工操作误差，如扫描时地形图或遥感影象没被压紧、产生斜置或扫描参数的设置等因素都会使被扫入的地形图或遥感影象产生变形。

③ 遥感影像本身就存在着几何变形。

④ 所需地图图幅的投影与资料的投影不同，或需将遥感影像的中心投影或多中心投影转换为正射投影等。

⑤ 扫描时受扫描仪幅面大小的影响，有时需将一幅地形图或遥感影像分成几块扫描，这样会使地形图或遥感影像在拼接时难以保证精度。

对扫描得到的图像进行纠正，主要是建立要纠正的图像与标准的地形图或地形图的理论数值或纠正过的正射影像之间的变换关系，主要的变换函数有仿射变换、双线性变换、平方变换、双平方变换、立方变换、四阶多项式变换等，具体采用哪一种，则要根据纠正图像的变形情况、所在区域的地理特征及所选点数来决定。

1．地形图的纠正

一般采用 4 点纠正法或逐网格纠正法。4 点纠正法：根据选定的数学变换函数，输入需纠正地形图的图幅行、列号、地形图的比例尺、图幅名称等，生成标准图廓，分别采集 4 个图廓控制点坐标来完成。逐网格纠正法：是在 4 点纠正法不能满足精度要求的情况下采用的。采点时要先采源点（需纠正的地形图），后采目标点（标准图廓），先采图廓点和控制点，后采方格网点。

2．遥感影像的纠正

选用和遥感影像比例尺相近的地形图或正射影像图作为变换标准，选用合适的变换函数，分别在要纠正的遥感影像和标准地形图或正射影像图上采集同名地物点。采点时要先采源点（影像），后采目标点（地形图），选点时要注意选点的均匀分布，点位应选由人工建筑构成的并且不会移动的地物点，如渠或道路交叉点、桥梁等。

4.5.3　数据格式的转换

数据格式的转换一般分为两大类：不同数据介质之间的转换，即将各种不同的源材料信息如地图、照片、各种文字及表格转为计算机可以兼容的格式，主要采用数字化、扫描、键盘输入等方式；第二类转换是数据结构之间的转换，而数据结构之间的转换又包括同一数据结构不同组织形式间的转换和不同数据结构间的转换。

同一数据结构不同组织形式间的转换包括不同栅格记录形式之间的转换（如四叉树和游程编码之间的转换）和不同矢量结构之间的转换（如索引式和 DIME 之间的转换）。不同数据结构间的转换主要包括矢量到栅格数据的转换和栅格到矢量数据的转换两种。具体的转换方法在第 2 章中已有详细说明。

4.5.4　地图投影转换

当系统使用的数据取自不同地图投影的图幅时，需要将一种投影的数字化数据转换为所需要投影的坐标数据。投影转换的方法可以采用以下方法。

① 正解变换：通过建立一种投影变换为另一种投影的严密或近似的解析关系式，直接由一种投影的数字化坐标 x、y 变换到另一种投影的直角坐标 X、Y。

② 反解变换：即由一种投影的坐标反解出地理坐标(x、$y{\rightarrow}B$、L)，然后再将地理坐标代入另一种投影的坐标公式中(B、$L{\rightarrow}X$、Y)，从而实现由一种投影的坐标到另一种投影坐标的变换(x、$y{\rightarrow}X$、Y)。

③ 数值变换：根据两种投影在变换区内的若干同名数字化点，采用插值法，或有限差分法，最小二乘法，或有限元法，或待定系数法等，从而实现由一种投影的坐标到另一种投影坐标的变换。

目前，大多数 GIS 软件是采用正解变换法来完成不同投影之间的转换，并直接在 GIS 软件中提供常见投影之间的转换。

4.5.5　图像解译

遥感影像的信息，要进入 GIS，很重要的一步就是图像解译：从图像中提取有用信息的过程。

对图像进行解译的内容包括：地理区域的一般知识；影像分析的经验和技能；对影像特征的理解。有时，在图像解译之前，还会对其进行图像增强处理。

图像解译过程一般是建立在对图像及其解译区域进行系统研究的基础之上，具体包括图像的成像原理、图像的成像时间、图像的解译标志、成像地区的地理特征、地图、植被、气候学以及区域内有关人类活动的各种信息。

遥感图像的解译标志很多，包括图像的色调或色彩、大小、形状、纹理、阴影、位置及地物之间的相互关系等。影像分析是一个不断重复的过程，其中要对各种地物类型的信息以及信息之间的相关关系进行周密调查，收集资料、检验假说、作出解译并不断修正错误，才能最终得出正确的结果。遥感图像的解译有目视判读和计算机自动解译两种方法，其中，自动解译又可分为监督分类和非监督分类两种。

4.5.6　图形拼接

在相邻图幅的边缘部分，由于原图本身的数字化误差，使得同一实体的线段或弧段的坐标数据不能相互衔接，或由于坐标系统、编码方式等不统一，需进行图幅数据边缘匹配处理。

图幅的拼接总是在相邻两图幅之间进行的，要求同一实体的属性码相同，进行图幅数据边缘匹配处理，具体步骤如下：

① 逻辑一致性的处理：使用交互编辑的方法，使两相邻图的属性相同，取得逻辑一致性。

② 识别和检索相邻图幅：将待拼接的图幅数据按图幅进行编号，编号有 2 位：十位数指示图幅的横向顺序，个位数指示纵向顺序，记录图幅的长宽标准尺寸。当进行横向图幅拼接时，将十位数编号相同的图幅数据收集在一起；进行纵向图幅拼接时，将个位数编相同的图幅数据收集在一起。图幅的边缘匹配处理主要是针对跨越相邻图幅的线段或弧而的，提取图幅边界 2cm 范围内的数据作为匹配和处理的目标，并要求图幅内空间实体的坐标数据已经进行过投影转换。

③ 相邻图幅边界点坐标数据的匹配：相邻图幅边界点坐标数据的匹配采用追踪拼接法。相邻图幅边界两条线段或弧段的左右码各自相同或相反、相邻图幅同名边界点坐标在某一允许值范围内（如 ± 0.5mm）。匹配衔接时是以一条弧或线段作为处理的单元。

④ 相同属性多边形公共边界的删除：当图幅内图形数据完成拼接后，相邻图会有相同属性。消除公共边界，并对共同属性进行合并；多边形公共界线的删除，多边形的属性表，面积和周长

需重新计算等。

4.5.7 拓扑生成

在图形修改完毕后，需要对图形要素建立正确的拓扑关系。大多数 GIS 软件都提供了完善的拓扑关系生成功能，建立拓扑关系时只需要关注实体之间的连接、相邻关系。

点线拓扑关系的建立有两种方案。一种是在图形采集和编辑中实时建立，此时有两个文件表，一个记录结点所关联的弧段（结点—弧段表：结点编号，弧段列表），一个记录弧段两端点的结点（弧段—结点表：弧段编号 ID，弧段起结点，弧段终结点）。建立结点弧段拓扑关系的第二种方案是在图形采集与编辑之后，系统自动建立拓扑关系。

多边形拓扑关系的建立有 3 种情况：独立多边形，它与其他多边形没有共同边界，如独立房屋，这种多边形可以在数字化过程中直接生成；具有公共边界的简单多边形，在数据采集时，仅输入了边界弧段数据，然后用一种算法自动将多边形的边界聚合起来，建立多边形文件；嵌套的多边形，除了要按第二种方法自动建立多边形外，还要考虑多边形内的多边形（也称作内岛）。

下面以第二种情况为例讨论，首先进行结点匹配（snap）。假定 3 条弧段的端点 A、B、C 本来应该是同一结点，以任一弧段的端点为圆心，以给定容差为半径，产生一个搜索圆，搜索落入该搜索圆内的其他弧段的端点，若有，则取这些端点坐标的平均值作为结点位置，并代替原来各弧段的端点坐标。建立结点—弧段拓扑关系。在结点匹配的基础上，对产生的结点进行编号，并产生两个文件表，一个记录结点所关联的弧段（结点—弧段表：结点编号，弧段列表），另一个记录弧段两端的结点（弧段—结点表：弧段编号 ID，弧段起结点，弧段终结点）。

多边形的自动生成实际上就是建立多边形与弧段的关系，并将弧段关联的左右多边形填入弧段文件中。这时必须考虑弧段的方向性，即弧段沿起结点出发，到终结点结束，将其关联的两个多边形定义为左多边形和右多边形。多边形拓扑关系是从弧段文件出发建立的。建立多边形拓扑关系的算法：从弧段文件中得到第一条弧段，以顺时针方向为搜索方向，若起终点号相同，则这是一条单封闭弧段，否则根据前进方向的结点号搜索下一个待连接的弧段，回到弧段追踪的起点，形成一个弧段号顺时针排列的闭合的多边形，该多边形——弧段的拓扑关系表建立完毕。在多边形建立过程中，将形成的多边形号逐步填入弧段——多边形关系表的左、右多边形内。对于嵌套多边形，需要在建立简单多边形以后或建立过程中，采用多边形包含分析方法判别一个多边形包含了哪些多边形，并将这些内多边形按逆时针排列。

网络拓扑关系的建立：在输入道路、水系、管网、通信线路等信息时，为了进行流量、连通性、最佳线路分析，需要确定实体间的连接关系。网络拓扑关系的建立主要是确定结点与弧段之间的拓扑关系，由 GIS 软件自动完成，其方法与建立多边形拓扑关系时相似，只是不需要建立多边形。一些特殊情况如两条相互交叉的弧段在交点处不一定需要结点，如道路交通中的立交桥，在平面上相交，但实际上不连通，需要手工将在交叉处连通的结点删除。

矢量数据压缩的目的是删除冗余数据，根据线性要素中心轴线和面状要素的边界线的特征，减少弧段矢量坐标串中顶点的个数（结点不能去除），常用的压缩方法有如下几种。

① 间隔取点法：每隔规定的距离取一点，或者每隔 k 个点取一点，但首末点一定要保留。例如，弧段由顶点序列 $\{P_1, P_2, \cdots, P_n\}$ 构成，D 临为临界距离。保留弧段的起始点 P_1，计算 P_2 点与 P_1 点之间的距离 D_{21}，若 $D_{21} \geqslant D$ 临，则保留第 P_2 点，否则舍去 P_2 点。依此方法，逐一比较相邻两点间的距离，以确定需要舍弃的点。

② 垂距法和偏角法：这两种方法是按照垂距或偏角的限差选取符合或超过限差的点。如果一

个点的垂距和偏角小于限差，应舍弃；否则保留该点。

③ 分裂法（Douglas-Peucker 法）：这种方法保持曲线走向，允许用户规定合理的限差。其步骤为：第一，把曲线首末两端点连成一条直线；第二，计算曲线上每一点与直线的垂直距离，若所有这些距离均小于限差，则将直线两端点间的各点全部舍去，第三，若上一步条件不满足，则保留含有最大垂足距离的点，将原曲线分成两段曲线，再递归地重复使用分裂法。

4.6　数　据　质　量

判断空间数据质量应根据数据的用途确定其标准。GIS 具有把分散的数据综合起来以完成各种分析功能，原始数据的质量非常重要。数据质量标准的适度定义、测试和报告，能够有效地保护 GIS 生产者和使用者的利益。

空间位置、专题特征以及时间是表达现实世界空间变化的 3 个基本要素。空间数据是有关空间位置、专题特征以及时间信息的符号记录。而数据质量则是空间数据在表达这 3 个基本要素时，所能够达到的准确性、一致性、完整性，以及它们三者之间统一性的程度。

空间数据是对现实世界中空间特征和过程的抽象表达。由于现实世界的复杂性和模糊性，以及人类认识和表达能力的局限性，对空间数据的处理等都会导致出现一定的质量问题；我们可以从空间数据存在的客观规律性出发来对空间数据的质量进行评价和控制。

4.6.1　与数据质量相关的几个概念

① 误差（Error）：它反映了数据与真实性或公认的真值之间的差异，它是一种常用的数据准确性的表达方式。

② 数据的准确度（Accuracy）：指结果、计算值或估计值与真实值或者大家公认的真值的接近程度。

③ 数据的精密度（Resolution）：指数据表示的精密程度，也即数据表示的有效位数。精密度的实质在于它对数据准确度的影响。

④ 数据的不确定性（Uncertainty）：它是关于空间过程和特征不能被准确确定的程度，是自然界各种空间现象自身固有的属性。

4.6.2　空间数据质量标准

空间数据质量标准是生产、使用和评价空间数据的依据，数据质量是数据整体性能的综合体现。空间数据质量标准的建立必须考虑空间过程和现象的认知、表达、处理、再现等全过程。空间数据标准要素及内容如下。

① 数据情况的说明：要求对地理数据的来源、数据内容及其处理过程等作出准确、全面和详尽的说明。

② 位置或定位精度：为空间实体的坐标数据与实体真实位置的接近程度，常表现为空间三维坐标数据精度。它包括数学基础精度、平面精度、高程精度、接边精度（指同类图形不同图幅的接边）、形状再现精度、像元定位精度（图像分辨率）等。平面精度和高程精度又分为相对精度和绝对精度。

③ 属性精度：指空间实体的属性值与其真值相符的程度。通常取决于地理数据的类型，且常

常与位置精度有关。这又主要包括要素分类与代码的正确性、要素属性值的准确性及其名称的正确性等。

④ 时间精度：通过数据更新的时间和频度来表现。一般情况下，与交通管理、工业生产（只要指控制）有关的 GIS 系统的精度要求高，而与矿产资源探查、社会调查有关的 GIS 系统的精度要求低。

⑤ 逻辑一致性：指地理数据关系上的可靠性，包括数据结构、数据内容（包括空间特征、专题特征和时间特征），以及拓扑性质上的内在一致性。

⑥ 数据完整性：指地理数据在范围、内容及结构等方面满足所有要求的完整程度，包括数据范围、空间实体类型、空间关系分类、属性特征分类等方面的完整性。

⑦ 表达形式的合理性：只要指数据抽象、数据表达与真实地理世界的吻合性，包括空间特征、专题特征和时间特征的合理性等。

空间数据质量的评价，就是用空间数据质量标准要素对数据所描述的空间、专题和时间特征进行评价。下面给出了空间数据质量评价矩阵（见表 4-3）。

表 4-3　　　　　　　　　　　　　空间数据质量评价矩阵表

空间数据要素 ＼ 空间数据描述	空 间 特 征	时 间 特 征	专 题 特 征
世系(继承性)	✓	✓	✓
位置精度	✓	✓	✓
属性精度	✓	✓	✓
逻辑一致性	✓	✓	✓
完整性	✓	✓	✓
表现形式准确性	✓	✓	✓

4.6.3　空间数据的误差

所有的空间信息都存在误差。空间信息的产生和使用每一步都有误差产生。需要注意的是，在 GIS 中，误差的允许水平是与产生数据的代价成反比的，需要在两者之间作适当选择以求得平衡。

空间数据的质量通常用误差来衡量，而误差定义为空间数据与其真值的差别。空间数据误差的来源是多方面的，如 GIS 的原始录入数据本身包含着数据采集过程中引入的源误差。另外，在原始数据录入到空间数据库以及随后的数据分析处理和结果输出过程中，每一步都会引入新误差。

1. 源误差

GIS 数据的来源主要有从现场利用 GPS 或全站仪采集的数字数据；现有纸质地图的数字化；航空影像和遥感数字数据或统计调查数据等。这些数据受数据的空间覆盖范围、地图比例尺、观测密度数据的可访问性、数据格式、数据与用途的一致性和数据的采集处理费用等的误差而对采集到的数据产生误差，该类误差明显、易测定；由自然变化或原始测量引起的误差包括位置误差、属性误差、质量和数量方面的误差、数据偏差、输入/输出错误、观测者偏差和自然变化产生的误差等，而且该类误差不明显、难测定。

① 地面测量数字数据的误差：地面测量的数字数据中含有控制测量和碎部测量误差。

② 地图数字化数据的误差：原图固有误差和数字化过程误差。原图固有误差含有制图误差包

括控制点展绘误差、编绘误差、绘图误差、综合误差、地图复制误差、分色板套合误差、绘图材料的变形误差、归一化到同一比例尺所引起的误差、特征的定义误差、特征夸大误差等方面。

③ 遥感数据误差累积过程可以区分为数据获取误差、数据处理误差、数据分析误差、数据转换误差和人工判断误差。

2. 操作误差

空间数据在 GIS 的模型分析和数据处理等操作中还会引入新误差。例如，由计算机字长引起的误差，拓扑分析引入的误差和叠置中引入的误差，即数据分类和内插引起的误差等。一般来说，源误差远大于操作误差，原始录用数据的质量保证是首要的。

4.6.4　空间数据的误差源及误差传播

空间数据的误差包括随机误差、系统误差以及粗差。数据是通过对显示世界中的实体进行解译、量测、数据输入、空间数据处理以及数据表示而完成的。其中每一个过程均有可能产生误差，从而导致相当数量的误差积累。空间数据源例如地图、遥感数据、数字地图、GPS、全站仪、摄影测量等产生的数据通过数据输入变成为原始的 GIS 数据，这些数据在经过空间数据处理成为处理后的 GIS 数据，在整个数据的处理过程中，每一步骤都有误差产生，这些误差通过数据的流动进行传播，这种误差会一直传播到 GIS 的分析结果中。在对数据进行输入时，会由于采样方法、仪器设备等的固有误差以及一些无法避免的因素造成新的误差，这些误差会进入空间数据库，GIS 对数据库中数据的处理和分析过程也会产生误差，并传播到处理、分析结果数据中。空间数据的误差源蕴涵在整个 GIS 运行的每个环节，并且往往会随系统的运行不断传播。

空间数据误差包括几何误差、属性误差、时间误差和逻辑误差 4 大类。其中，又以图形几何误差和属性误差对数据质量影响最大。几何误差即空间数据在描述空间实体时，在几何属性上的误差。此处以地图数字化采集为例，分析其误差来源及累计过程，这些误差分为地形图本身的误差、数据转换和处理的误差、应用分析时的误差 3 大类。地形图本身的误差包括地形图的位置误差、地形图的属性误差、时间误差、逻辑不一致性误差、不完整性误差；数据转换和处理的误差包括数字化误差、格式转换误差、不同 GIS 系统间数据转换误差；应用分析时的误差包括数据层叠加时的冗余多边形、数据应用时，由应用模型引进的误差。

属性数据可以分为命名、次序、间隔和比值 4 种类型。间隔和比值的属性数据误差可以用点误差的分析方法进行分析评价。多数专题图都用命名或次序表现，如人口分布图、土地利用图、地质图等的内容主要为命名数据，而反映坡度、土壤侵蚀度等一般是次序数据。如将土壤侵蚀度分为若干级，级数即为次序数据。定性属性数据的准确度评价方法比较复杂，它受属性变量的离散值（如类型的个数），每个属性值在空间上分布和每个同属性地块的形态和大小，以及不同属性值在特征上的相似程度等多种因素的影响。

4.6.5　空间数据质量的控制

空间数据质量控制是指在 GIS 建设和应用过程中，对可能引入误差的步骤和过程加以控制，对这些步骤和过程的一些指标和参数予以规定，对检查出的错误和误差进行修正，以达到提高系统数据质量和应用水平的目的。在进行空间数据质量控制时，必须明确数据质量是一个相对的概念，除了可度量的空间和属性误差外，许多质量指标是难以确定的。因此，空间数据质量控制主要是针对其中可度量和可控制的质量指标而言的。数据质量控制是个复杂的过程，要从数据质量产生和扩散的所有过程和环节入手，分别采取一定的方法和措施来减少误差。

1. 空间数据质量控制的方法

空间数据质量控制常见的方法有以下几种。

① 传统的手工方法：质量控制的手工方法主要是将数字化数据与数据源进行比较，图形部分的检查包括目视方法、绘制到透明图上与原图叠加比较，属性部分的检查采用与原属性逐个对比或其他比较方法。

② 元数据方法：数据集的元数据中包含了大量的有关数据质量的信息，通过它可以检查数据质量，同时元数据也记录了数据处理过程中质量的变化，通过跟踪元数据可以了解数据质量的状况和变化。

③ 地理相关法：用空间数据的地理特征要素自身的相关性来分析数据的质量。例如，从地表自然特征的空间分布着手分析，山区河流应位于微地形的最低点，因此，叠加河流和等高线两层数据时，若河流的位置不在等高线的汇水线上且不垂直相交，则说明两层数据中必有一层数据有质量问题，如不能确定哪层数据有问题时，可以通过将它们分别与其他质量可靠的数据层叠加来进一步分析。因此，可以建立一个有关地理特征要素相关关系的知识库，以备各空间数据层之间地理特征要素的相关分析之用。

2. 空间数据生产过程中的质量控制

数据质量控制应体现在数据生产和处理的各个环节。下面仍以地图数字化生成空间数据过程为例，介绍数据质量控制的措施。

① 数据源的选择：由于数据处理和使用过程的每一个步骤都会保留甚至加大原有误差，同时可能引入新的数据误差，因此，数据源的误差范围至少不能大于系统对数据误差的要求范围。所以对于大比例尺地图的数字化，原图应尽量采用最新的二底图，即使用变形较小的薄膜片基制作的分版图，以保证资料的现势性和减少材料变形对数据质量的影响。

② 数字化过程的数据质量控制：主要从数据预处理、数字化设备的选用、对点精度、数字化限差和数据精度检查等环节出发来对误差进行控制。

4.7 数据入库

空间数据系统包含多种数据类型，每种数据都有其各自的特点和用途，但作为空间数据库管理部门从数据管理和数据集成的角度来看，在空间数据库系统中，所有数据按照管理属性可分为3个子数据库（见图4-12）。

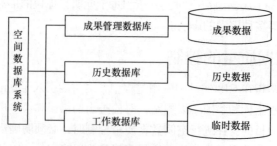

图4-12 空间数据库系统基本结构

① 向用户提供的现势性最好的成果数据。

② 被更新下来的成果数据（称为历史数据）。

③ 为了实现对成果数据在线检索查询、分析应用而建立的工作运行数据库。

空间数据建库是一个复杂的工程，涉及空间数据库的建库方案设计、环境准备、数据生产、数据入库、安全设置、数据库维护等多方面的内容。

入库流程一般在数据库建库设计阶段就基本确定，不同数据源，不同的空间数据库库体，它们在具体的入库过程中，需要完成的工作各不相同：首先，对待入库数据进行全面质量检查，包括资料完整性检查、数据完整性检查、数据正确性检查，并完成检查报告。如果质量不合格，修改后重新进行质量检查直至满足入库要求方可进入下一步。其次，对检查合格的数据进行整理，包括以下工作：①按数据组织规则建立数据文件存储目录；②按数据命名规则对成果数据统一命名；③文件资料数字化；④根据入库内容对数据字典及元数据进行相应更新；⑤将成果数据存入指定目录。最后，将数据入库，完成全部入库工作。

4.8　3S 集成技术

3S 技术形象代表了测绘学科与其他相关学科的融合与交叉，其本身也在走向集成。在 3S 技术集成中，GPS 主要是实时、快速地提供目标的空间位置，RS 用于实时、快速地提供大面积地表物体及其环境的几何与地理信息及各种变化，GIS 则是多种来源时空数据的综合处理和应用分析的平台。它们既可以是 3 种技术的集成，也可以是其中两种技术的集成。

3S 集成的关键技术包括时空定位、一体化数据管理、语义和非语义信息自动提取的理论和方法、基于 GIS 的航空、航天遥感影像的全数字化智能系统及对 GIS 数据库的快速更新的理论与方法、数据传输与交换、可视化理论与技术、系统的设计方法及 CASE 工具的研究、基于 dient/Server 的分布式网络集成环境等内容。

1. GPS 与 GIS 的集成与应用

利用 GIS 中的电子地图和 GPS 接收机的实时差分定位技术，可以组成 GPS+GIS 的各种自动电子导航系统，用于交通指挥调度、公安侦破、车船自动驾驶、农田作业管理、渔船捕鱼等多方面。也可以利用 GPS 的方法对 GIS 进行实时更新。GPS 与 GIS 的集成主要是利用 GPS 的实时空间定位数据以及 GIS 的地图数据和空间分析技术，来实现不同的具体应用目标：定位如基于位置的服务、测量用来记录 GPS 测量轨迹，通过 GIS 计算距离、面积等，监控与导航：车辆、船只、飞机等移动物体的动态监控、调度与导航服务等。

作为实时提供空间定位数据的技术，GPS 可以与地理信息系统进行集成，以实现不同的具体应用目标。

① 定位：主要在诸如旅游、探险等需要室外动态定位信息的活动中使用。

② 测量：用于土地管理、城市规划等领域。

③ 监控导航：用于车辆、船只的动态监控。

2. RS 与 GIS 的集成与应用

RS 是 GIS 重要的数据源和数据更新的手段，而反过来，GIS 则是遥感中数据处理的辅助信息。两者集成可用于全球变化监测、农业收成面积监测和产量预估、空间数据自动更新等方面。GIS 是分析、处理和显示空间数据的系统，而遥感影像则是空间数据的一种形式，类似于 GIS 中的栅格数据。因此，GIS 和 RS 很容易在数据的功能上进行集成：GIS 作为遥感图像的处理工具提供基于 GIS 数据的几何纠正和辐射纠正、图像分类和感兴趣区域的选取等功能，而 RS 作为 GIS 的数据来源提供地物要素的提取、高程数据生成、土地利用变化以及地图数据更新等功能，共同完成负责的任务。

GIS 与遥感的集成及具体技术：地理信息系统是用于分析和显示空间数据的系统，而遥感影像是空间数据的一种形式，类似于 GIS 中的栅格数据。

在数据层次上实现地理信息系统与遥感的集成，实际上，遥感图像的处理和 GIS 中栅格数据的分析具有较大的差异，遥感图像处理的目的是为了提取各种专题信息，其中的一些处理功能，如图像增强、滤波、分类以及一些特定的变换处理等，并不适用于 GIS 中的栅格空间分析。

目前大多数 GIS 软件也没有提供完善的遥感数据处理功能，而遥感图像处理软件又不能很好地处理 GIS 数据，这需要实现集成的 GIS。

在软件实现上，GIS 与遥感的集成，可以有以下 3 个不同的层次：分离的数据库，通过文件转换工具在不同系统之间传输文件； 两个软件模块具有一致的用户界面和同步的显示； 集成的最高目的是实现单一的、提供了图像处理功能的 GIS 软件系统。

在一个遥感和地理信息系统的集成系统中，遥感数据是 GIS 的重要信息来源，而 GIS 则可以作为遥感图像解译的强有力的辅助工具，具体而言，有以下的应用方面。

① GIS 作为图像处理工具。将 GIS 作为遥感图像的处理工具，可以在以下几个方面增强标准的图像处理功能：

- 几何纠正和辐射纠正；
- 图像分类；
- 感兴趣区域的选取。

② 遥感数据作为 GIS 的信息来源。数据是 GIS 中最为重要的成分，而遥感提供了廉价的、准确的、实时的数据，目前如何从遥感数据中自动获取地理信息依然是一个重要的研究课题，包括：

- 线以及其他地物要素的提取；
- DEM 数据的生成；
- 土地利用变化以及地图更新。

3. GPS 与 RS 的集成与应用

在遥感平台上安装 GPS 可以记录传感器在获取信息瞬间的空间位置数据，直接用于空三平差加密，可以大大减少野外控制测量的工作量。可在自动定时数据采集、环境监测、灾害预测等方面发挥着重要作用。

4. 3S 技术集成与应用

3S 技术为科学研究、政府管理、社会生产提供了新一代的观测手段、描述语言和思维工具。3S 的结合应用，取长补短，是一个自然的发展趋势，三者之间的相互作用形成了"一个大脑，两只眼睛"的框架，即 RS 和 GPS 向 GIS 提供或更新区域信息以及空间定位，GIS 进行相应的空间分析，以从 RS 和 GPS 提供的浩如烟海的数据中提取有用信息，并进行综合集成，使之成为决策的科学依据。

图 4-13 所示为 3S 的相互作用与集成。

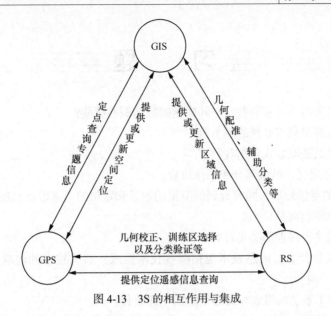

图 4-13　3S 的相互作用与集成

GIS、RS 和 GPS 3 者集成利用，构成为整体的、实时的和动态的对地观测、分析和应用的运行系统，提高了 GIS 的应用效率。

美国 Ohio 大学与公路管理部门合作研制的测绘车是一个典型的 3S 集成应用，它将 GPS 接收机结合一台立体视觉系统载于车上，在公路上行驶以取得公路以及两旁的环境数据并立即自动整理存储于 GIS 数据库中。

测绘车上安装的立体视觉系统包括有两个 CCD 摄像机，在行进时，每秒曝光一次，获取并存储一对影像，并作实时自动处理。

RS、GIS、GPS 集成的方式可以在不同的技术水平上实现，最简单的办法是 3 种系统分开而由用户综合使用，进一步是 3 者有共同的界面，做到表面上无缝的集成，数据传输则在内部通过特征码相结合，最好的办法是整体的集成，成为统一的系统。

一般工具软件的实现技术方案是：通过支持栅格数据类型及相关的处理分析操作以实现与遥感的集成，而通过增加一个动态矢量图层以与 GPS 集成。

对于 3S 集成技术而言，重要的是在应用中综合使用遥感以及全球定位系统，利用其实时、准确获取数据的能力，降低应用成本或者实现一些新的应用。

3S 集成技术的发展，形成了综合的、完整的对地观测系统，提高了人类认识地球的能力；相应地，它拓展了传统测绘科学的研究领域。作为地理学的一个分支学科，Geomatics 产生并对包括遥感、全球定位系统在内的现代测绘技术的综合应用进行探讨和研究。

同时，它也推动了其他一些相联系的学科的发展，如地球信息科学、地理信息科学等，它们成为"数字地球"这一概念提出的理论基础。

3S 的整体集成应用更为广泛，如在由 GPS+GIS 组成自动导航系统中加入 CCD 摄像机组成移动式测绘系统可用于高速公路、铁路和各种线路的自动监测和管理，也可建立战时现场自动指挥系统。美国的巡航导弹和爱国者导弹上安装了 3S 集成系统，可以实现自动导航、自动跟踪、自动识别目标，以进行准确的拦截和打击。

习　题

1. 空间数据采集的方法有哪些？空间数据的数据源有哪些？

2. 简述空间数据采集与处理的基本流。

3. 可用数据及其获取方式有哪些？

4. 简述 GPS 的定义、组成部分和工作原理。

5. 简述 GPS 的定位原理，同时看到的卫星的数目和定位的关系以及 GPS 的应用举例。

6. GPS 接收机的组成是什么？

7. GPS 测量的主要误差分类是什么？

8. 遥感的定义是什么？遥感技术包括哪些技术组成？遥感技术的构成要素是什么？请给出遥感技术的应用举例。

9. 简述遥感技术系统的组成和遥感系统的工作流程。

10. 空间数据的编辑内容和方法是什么？几何数据的编辑任务是什么？属性数据编辑的任务是什么？

11. 空间数据的误差的来源和控制方式如何？

12. 简述空间数据质量相关的定义和标准。

13. 简述空间数据的误差、误差源、误差控制的方法。

14. 3S 的含义是什么？3S 集成的关键技术有哪些？3S 如何有效集成？3S 中两两如何集成？给出在现实生活中 3S 集成的应用示例。

第5章
空间数据分析与挖掘

5.1　空　间　分　析

　　空间分析的目的是探求空间对象之间的空间关系，并从中发现规律。空间对象必须先通过 GIS 的空间数据模型进行表达，并"嵌入" GIS 系统中，然后才能利用 GIS 的空间分析功能将空间对象之间的空间关系提取出来。即是说，空间对象是空间分析的客体，空间数据模型是空间分析的基础，空间关系是空间分析的核心内容。

5.1.1　叠置分析

　　叠置分析是 GIS 最常用的提取空间信息的手段之一。该方法源于对传统的透明材料叠加，把来自不同数据源的图纸绘于透明薄上，再将其叠放在一起，然后用笔勾出感兴趣的部分，即提取出感兴趣的信息。GIS 的叠置分析将有关主题层组成的数据层面进行叠加，产生一个新数据层面的操作，其结果综合了原来两层或多层要素所具有的属性。叠置分析不仅包含空间关系的比较，还包括属性关系的比较。

　　从叠置条件看，叠置分析分成条件叠置和无条件叠置两种，条件叠置是以特定的逻辑、算术表达式为条件，对两组或两组以上的图件中相关要素进行叠置。GIS 中的叠置分析，主要是条件叠置。无条件叠置为全叠置，它将同一地区、同一比例尺的两图层或多图层进行叠合，得到该地区多因素组成的新分区图。

　　从数据结构看，叠置分析由矢量叠置分析和栅格叠置分析两种。它们分别针对矢量数据结构和栅格数据结构，两者都用来求解两层或两层以上数据的某种集合，只是矢量叠置是实现拓扑叠置，得到新的空间特性和属性关系；而栅格叠置得到的是新的栅格属性。

1.　矢量数据的叠置分析

　　叠置分析是指在统一空间参照系统条件下，把两层或两层以上的专题要素图层进行叠置，以产生空间区域的多重属性特征，或建立地理要素之间的空间对应关系。

　　根据叠置目的的不同可分为合成叠置与统计叠置两类。合成叠置是用于搜索同时具有几种地理属性的分布区域，或对叠置后产生的多重属性进行新的分类（见图 5-1）。统计叠置是用于提取某个区域范围内某些专题内容的数量特征（见图 5-2）。

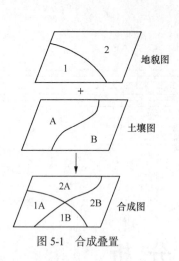

图 5-1　合成叠置

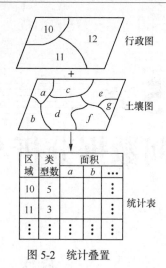

图 5-2　统计叠置

空间叠置分析根据叠置对象图形特征的不同，分为点与多边形的叠置、线与多边形的叠置、多边形与多边形的叠置 3 种类型。

（1）点与多边形叠置

点与多边形的叠置是确定一图层上的点落在另一图层的哪个多边形内，以便为图层的每个点建立新的属性，如图 5-3 所示。例如，矿井点位与行政区多边形叠置，可确定每个矿井所属的政区范围。点与多边形的叠置实际上是计算多边形和点的包含关系，即计算每个点相对于多边形线段的位置，进行点是否在一个多边形中的空间关系判断，解决这类问题可采用铅垂线算法来实现。

（2）线与多边形叠置

线与多边形的叠置是确定一图层上的弧段落在另一图层的哪个多边形内，以便为图层上的每条弧段建立新的属性，如图 5-4 所示。

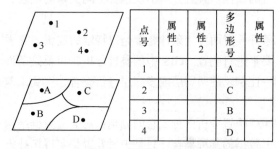

图 5-3　点对多边形叠置分析

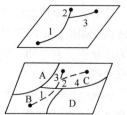

图 5-4　线与多边形叠置分析

（3）多边形与多边形叠置分析

多边形与多边形叠置分析是将两个或两个以上多边形图层进行叠加，产生一个新的多边形图层的操作，其结果将原来多边形要素分割成新多边形，新多边形要素综合了原来所有叠置图层的属性，用于解决地理变量的多准则分析、区域多重属性的模拟分析、地理特征的动态变化分析，以及区域信息提取等。多边形与多边形的叠置分析具有广泛的应用功能，它是空间叠置分析的主要类型。多边形之间的叠置分析基本步骤如下：

① 将原始多边形数据形成拓扑关系。

② 对多层多边形数据进行空间叠置，形成新的层。

③ 对新层中的多边形重新进行拓扑组建。

④ 剔除多余的多边形，提取感兴趣的部分。

2. 栅格数据的叠置分析

栅格数据的叠置是一个比较简单的过程，层间叠置可通过像元之间的各种运算来实现。设 A,B,C 等分别表示第一、第二、第三等层上同一坐标处的属性值，f 表示叠加运算函数，U 为叠置后属性输出层的属性值，则 $U=f(A,B,C\cdots)$。

叠置操作的输出结果可能是：

① 各层属性数据的平均值（算术平均或加权平均）；

② 各层属性数据的极值；

③ 算术运算结果；

④ 逻辑条件组合。

在地理分析中，栅格方式的叠置分析十分有用，是进行适宜性分析的基本手段。

5.1.2　缓冲区分析

邻近度描述了地理空间中两个地物距离相近的程度，是空间分析的一个重要手段。在经济地理与区域规划研究中，距交通线、居民点和中心商业区等线、点地理实体的距离，是进行土地估价和空间布局规划的重要指标。在林业规划中，为了防止水土流失，可建立一缓冲区，在该区域内森林不予砍伐。根据高速公路噪声引起污染的范围，可建立一个缓冲区，在区域内不建立学校等。以上列举的例子，均是一个邻近度问题，缓冲区分析可以成为邻近度问题的空间分析工具之一。

作为缓冲区就是根据点、线、面地理实体，建立其周围一定宽度范围内的扩展距离图，它实际上是一个独立的多边形区域，它的形态和位置与原来因素有关，如图 5-5 所示。

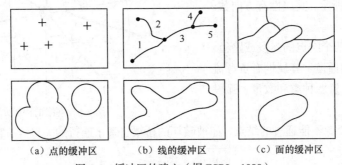

（a）点的缓冲区　　　（b）线的缓冲区　　　（c）面的缓冲区

图 5-5　缓冲区的建立（据 ESRI，1988）

缓冲区的作用是限定所需处理的专题数据的空间范围，一般缓冲区以内的信息均是与构成缓冲区的核心实体相关的，即邻接或关联关系，而缓冲区以外的数据与分析无关。

点的缓冲区的生成比较简单，是以点实体为圆心，以测定的距离为半径绘圆，这个圆形区域即为缓冲区。如果具有多个点实体，缓冲区为这些圆区域的逻辑"并"。

线和面的缓冲区生成，实质上是求折线段的平行线。算法是在轴线首尾点处，作轴线的垂线并按缓冲区半径 R 截出左右边线的起止点；在轴线的其他转折点上，用于该线所关联的前后两邻边距轴线的距离为 R 的两平行线的交点来生成缓冲区对应顶点。

5.1.3　网络分析

对地理网络（如交通网络）、城市基础设施网络（如各种网线、电力线、电话线、供排水管线等）进行地理分析和模型化，是地理信息系统中网络分析功能的主要目标。网络分析是运筹学模型中的一种基本模型，其目的是研究、筹划一项网络工程如何安排，并使其运行效果最好，如一定资源的最佳分配，从一地到另一地的运输费用最低等。

网络分析包括：路径分析（寻求最佳路径）、地址匹配（实质是对地理位置的查询）以及资源分配。

1. 网络的概念和构成

网络是一个由点和线的二元关系构成的系统，用来描述某种资源或物质在空间上的运动。城市的道路系统、各类地下管网系统等，都可以用网络来表示，形成各类物质、能量和信息流通的通道。

网络分析的理论基础是图论，所用数据结构为非线性图。网络分析是运筹学模型中的一个基本模型，它的根本目的是研究、筹划一项网络工程，并使其运行效果最好，如一定资源的最佳分配，从一地到另一地的运输费用问题等，其基本思想在于人类活动总是趋于按一定目标选择最佳效果的空间位置，这类问题在社会经济活动中不胜枚举，所以在 GIS 中研究网络问题具有重要意义。

网络数据模型是真实世界中网络系统的抽象表示。网络是若干线性实体互连而成的一个系统，资源经由网络来传输，实体间的联系也经网络来达成。构成网络的基本元素主要包括以下内容。

① 结点：网络中任意两条线段或路径的交点，如图 5-6 所示，其属性有方向数、资源数量等。

② 链：连接两个结点的弧段或路径，网络中资源流动的通道。其属性有资源流动的时间、速度、资源种类和数量、弧段长度等。

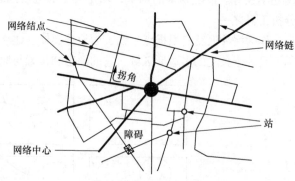

图 5-6　网络的构成元素

③ 障碍：指资源不能通过的结点，如被破坏的桥梁、禁止通行的关口等，它是唯一不表示任何属性的元素。

④ 拐角：在网络的结点处，资源移动方向可能转变，从一个链经结点转向另一个链，如在十字路口禁止车辆左拐，便构成拐角。拐角的属性有阻力，如拐弯的时间和限制等。

⑤ 中心：指网络中具有从链上接受和发送资源能力的结点所在地，如水库、商业中心、电站、学校等，其属性有资源最大容量、最大服务半径等。

⑥ 站点：是网络中装卸资源的结点所在地，如车站、码头等。其属性有资源需求量等。

2. 常见的网络分析功能

（1）路径分析

在网络分析中，路径问题占有重要位置。人们总希望找到地理网络中的最短路径，这种路径问题对于交通、消防、救灾、抢险和信息传输等有着重要意义。在运输网络中，有时要找运输费用最小的路径等。路径分析的基本功能包括以下内容。

① 静态求最佳路径：由用户确定权值关系，如将权值设置为从起点到终点的时间和费用，即给定每条弧段的属性后，当需求最佳路径时，读出路径的相关属性，求最佳路径。

② N 条最佳路径分析：确定起点或终点，求代价较小的几条路径。因为在实际工程中最佳路径的选择只是理想情况，由于种种因素要选择近似最佳路径。

③ 最短路径或最低耗费路径：确定起点、终点和要经过的中间点、中间连线，求最短路径或最小耗费路径。

④ 动态最佳路径分析：在实际网络分析中，权值是随着权值关系式变化的，而且可能会出现一些障碍点，所以需要动态地计算最佳路径。

（2）资源分配

资源分配网络模型由中心点（分配中心）及其状态属性和网络组成。分配有两种形式，一种是以分配中心向四周输出，另一种是由四周向中心集中。这种分配功能可以解决资源的有效流动和合理分配。在资源分配模型中，根据网络流的阻力来研究中心的吸引区，为网络中的每一链接寻找最近的中心，以实现最佳服务。资源分配还可以模拟资源如何在中心和它周围的网络元素之间流动。

资源分配模型可以用来为电站确定其供电区，为消防站确定服务范围，为学校选址，确定垃圾收集站点分布；也可用来计算中心地的等时区、等交通距离区、等费用距离区等；还可以用来进行城镇中心、商业中心或港口等地的吸引范围分析，可用来寻找区域中最近的商业中心，进行各种区划和港口腹地的模拟等。

（3）定位—配置分析

定位—配置分析是根据中心地理论框架，通过对供给系统和需求系统两者空间行为的分析，来实现网络设施布局的最优化。其中，若已设定需求点，求供给点，则涉及定位问题；若已设定供给点，求需求分配点，则涉及配置问题；若同时求供给点和需求分配点，则涉及定位—配置问题。这类问题在城市与区域规划中应用非常广泛，如选择最佳布局中心，或者从一批候选位置中选定若干地点来建设公共设施，为区域的需求点提供服务。这些公共服务设施可以是医院、邮电通信、交通站点、派出所、行政中心等，它们是城市规划的重要内容。

网络分析问题已纳入了一些 GIS 产品中，如 ARC/INFO 的 NETWORK 模块等。

5.2　空间数据挖掘

5.2.1　数据挖掘的基本概念

数据挖掘是从海量数据中挖掘出隐含在其中的隐藏知识。数据挖掘术语首先出现在 1989 年 8 月在美国底特律召开的第 11 届国际人工智能联合学术会议"数据库中的知识发现"专题讨论会上，在随后的几年中，数据挖掘的专题讨论会持续举行。随着参会人数的增多和技术的发展成熟，除了数据挖掘技术的理论研究外，相当数量的数据挖掘产品和应用系统也随之出现，并且获得了一定的成功，得到了信息产业界的广泛关注。

因为数据挖掘技术在不同领域有不同应用，各位学者和专家也分别从不同的角度进行定义。从数据库的角度来看，数据挖掘定义为从存储在数据库、数据仓库或者其他信息库中的大量数据中发现用户感兴趣的知识的过程；从统计学角度来看，数据挖掘是指通过分析目标数据集，来发现可理解的、有用的、经过整理归纳的数据，以及数据之间包含的可信的、以前未知的关系，并且将其通过可视化技术提供给数据拥有者的过程，从机器学习的角度来看，数据挖掘是指从数据中抽取隐含的、明显未知的和潜在的有用信息。

其他的定义有：Berry 和 Linoff 认为数据挖掘是通过自动或半自动化的工具对大量的数据进行探索和分析的过程，其目的是发现其中有意义的模式和规律；Ferruza 认为数据挖掘是在知识发现过程中，用来分辨出存在于数据中的未知关系和模式的一系列方法；Zekulin 把数据挖掘定义为一个从大型数据库中提取出以前未知的、易理解的、可执行的信息，并且用它来为决策服务。数据挖掘的概念可以分为狭义和广义两种。

广义的数据挖掘又称为数据库中的知识发现，简称知识发现。它是从大量的、不完整的、有噪声的、模糊的和随机的数据中，提取隐含在其中的、人们事先不知道的，但又是可信的、潜在的和有价值的信息和知识的过程。这个概念包含以下几层含义。

① 作为数据挖掘的数据源，其数据必须是海量的、含有噪声的。数据是指一个相关事实的集合，它是用来描述事物有关方面的信息。

② 挖掘出来的模式是可理解的、易描述的、有用的。模式指对于数据源中的数据，可以用语言来描述其中数据的特性。

③ 通过数据挖掘发现的知识是用户感兴趣的。此处的兴趣指知识的可信度、新颖性、潜在作用性和可理解性的结合。可信度和潜在作用性指的是，从当前数据中通过数据挖掘所发现的模式必须有意义并具有一定的正确程度，否则数据挖掘就毫无用处。可信度可以通过新的数据来检验所发现模式的正确性，潜在作用性可以通过某些函数值来衡量。新颖性是指经过数据挖掘提取出的模式必须是新颖的，以前未知或不很明显的。模式的新颖性可以通过两个途径来衡量：其一是通过对比当前得到的数据和以前的数据或期望得到的数据，来判断该模式的新颖程度；其二是通过对比发现的模式与已有的模式的关系来判断新颖程度。

④ 数据挖掘所发现的知识不是绝对的，是相对的，是有特定条件约束的，面向特定领域的。

狭义的数据挖掘是一个利用各种分析工具在海量数据中发现模型和数据之间关系的过程，是知识发现过程中的一个步骤。

由于数据挖掘是一门融合了许多学科的交叉学科，受到了不同应用领域的研究者的关注，因此产生了不同的术语名称，主要有如下几种："数据库中的知识发现"、"知识抽取"、"信息发现"、"智能数据分析"、"信息收获"、"数据考古"、"数据捕捞"以及"数据/模式分析"等。其中，最常用的术语是"知识发现"和"数据挖掘"。相对来讲，"数据挖掘"主要流行于统计领域、数据分析、数据库和管理信息系统领域；而"知识发现"则主要流行于人工智能和机器学习界。

5.2.2　空间数据挖掘的动机

在当今数字化的时代，数据的积累正在呈爆炸性的增长，如商业企业、科研机构或政府部门都积累了海量的数据资料。人们日常接触的数据 80% 都与空间有关。空间数据在数量、时效性和复杂性等方面激剧增长，收集到的数据远远超过人脑分析的能力，导致了不能有效利用空间数据的数据资源为决策提供服务，空间数据挖掘技术需要一种能够帮助人们从繁杂的数据中去伪存真、去粗存精的技术，决策者们已经不满足直接在数据表层的检索、查询，也希望能够抛弃无意义的信息，深入到数据深层，对感兴趣的数据进行更高层次的分析和利用。可是，在过量的空间数据面前，空间知识显得相当贫乏。克服空间数据灾难的重要途径之一，是以空间数据中挖掘得到的知识指导数据利用。因此，空间数据过量而知识贫乏已经成为空间信息学的瓶颈。

　　大量空间数据来自遥感、GIS、多媒体系统、医学和卫星图像等多种应用中收集出来，空间数据的产生速度在加快。空间数据是人们用于认识自然和改造自然的重要数据，如常见的气温数据。由于雷达、红外线、光电、卫星、多光谱扫描仪、数码相机、成像光谱仪、全球定位系统（GPS）、全站仪、天文望远镜、电视摄像仪、电子显微成像仪、CT 成像仪等各种宏观与微观传感器或设备的使用，以及常规的野外测量、人口普查、土地资源调查、地图扫描、统计图表等空间数据获取手段的更新和提高，在计算机、网络、GPS、遥感 RS 和 GIS 等技术在空间数据的应用和发展中，空间数据的数量、大小和复杂性及其传输的速度都在飞快地增长。而且，空间数据的膨胀速度也极大地超出了常规的事务型数据。例如，以高空间、高光谱、高动态为标准的新型卫星传感器不仅波段数量多、光谱分辨率高、数据传输率高、周期短，而且数据量大，一般情况下数据的容量均在 GB 量级以上。空间数据基础设施建设速度的加快，也积累了大量的电子地图数据库、规划道路网络数据库、工程地质信息数据库、用地现状信息数据库、总体规划信息数据库、详细规划数据库、地籍数据库及土地利用和基本农田保护规划数据库等空间基础数据。这些空间数据极大地满足了人类研究地球资源和环境的潜在需求，拓宽了可供利用的信息源。人们对空间数据的要求越来越高，已经不满足于明确显现在数据表层的检索、查询，希望能够深入到数据深层，只对感兴趣的数据进行更高层次的分析和利用。

5.2.3　空间数据挖掘的概念

1. 空间数据挖掘的概念

　　随着空间数据库技术的普及应用，人们积累了大量的空间数据，尤其是地理信息系统（GIS）、遥感、动植物生态领域等方面的广泛应用，导致了空间数据急剧地产生和增加，如美国国家航空和宇宙航行局对地观测系统（Earth Observing System，EOS）每天都要产生 1TB 空间数据；中国建成的覆盖全国、全省的大型地理空间数据库和专题数据库的数据总量也超过了 1250GB；有关火灾数据、地形分布数据等，收集大量的数据类型和特征繁多的空间数据。据统计：我们不仅拥有极其庞大的空间数据，而且其空间数据类型越来越复杂、结构越来越多样。迫切需要从这些空间数据中发现领域知识，从而一个多学科、多领域综合交叉的新兴研究领域——空间数据挖掘（Spatial Data Mining）应运而生。

　　空间数据挖掘是指从空间数据库中提取用户感兴趣的空间模式与特征、空间与非空间数据的普遍关系及其他一些隐含在数据库中的普遍的数据特征，它指从空间数据库中提取隐含的、用户感兴趣的空间和非空间的模式、普遍特征、规则和知识的过程。它可以发现普遍的几何知识、空间分布规律、空间关联规则、空间分类规则、空间特征规则、空间区分规则、空间演变规则等。空间数据挖掘需要综合数据挖掘、空间数据库、空间信息学、计算机科学等技术。它可用于对空间数据的理解，空间关系和空间与非空间数据间关系的发现，空间知识库的构造，空间数据库的充足和空间查询的优化。空间数据挖掘总体可以分为空间关联规则技术、空间同位、空间离群技术、空间分类、时空序列等技术。其在地理信息系统，地理市场、遥感、图像数据库探测、导航、交通控制、环境研究等许多使用空间数据领域中有广泛的应用。

2. 空间数据挖掘的知识类型

　　数据挖掘中常见的知识有广义型（Generalization）、分类型（Classification）、关联型（Association）和预测型（Prediction）4 类，它们也同样适用于空间数据库。为了便于理解和应用，空间数据挖掘知识类型可以划分为如下更加具体的几种类型。

（1）普遍的几何知识

普遍的几何知识是指某类目标的数量、大小、形态特征等普遍的几何特征。GIS 空间数据库中的目标主要有点、线、面（多边形）3 类。用统计方法可容易地在 GIS 中直接获取各类目标的数量和大小，但 GIS 中并不直接存储形态特征，需要运用专门的算法提取曲折度、方向和密集度等特征值，在此基础上归纳高级别的普遍几何特征。

（2）空间分布规律

空间分布规律是指目标在地理空间的分布规律，分成在垂直向、水平向以及垂直向和水平向的联合分布规律。垂直向分布是地物沿高程带的分布，如植被沿高程带分布规律、植被沿坡度坡向分布规律等；水平向分布指地物在平面区域的分布规律，如不同区域农作物的差异、公用设施的城乡差异等；垂直向和水平向的联合分布即不同的区域中地物沿高程分布规律。

（3）空间关联规则

空间关联规则是指空间目标间相邻、相连、共生、包含等空间关联规则。例如，村落与道路相连，道路与河流的交叉处是桥梁等。空间分布规律在本质上属于空间关联规则，它表达的是空间对象与空间位置和（或）高程的关联。

（4）空间聚类/分类规则

空间聚类/分类规则是指根据对象的空间或非空间特征将对象划分为不同类别的规则，可用于 GIS 的空间概括和综合。例如，将距离很近的散布的居民点聚类成居民区。聚类和分类都是对空间对象的划分，划分的标准是类内差别最小而类间差别最大，区别在于事先是否知道类别数和各类别的特征。

（5）空间特征规则

空间特征规则是指某类或几类空间目标的几何的和属性的普遍特征，即对共性的描述。普遍的几何知识属于空间特征规则的一类。

（6）空间区分规则

空间区分规则是指两类或多类目标间几何的或属性的不同特征，即可以区分不同类目标的特征，是对个性的描述。

（7）空间演变规则

若空间数据库是时空数据库或空间数据库中存有同一地区多个时间数据的快照（Snapshot），则可以发现空间演变规则。空间演变规则是指空间目标依时间的变化规则，即哪些地区易变，哪些地区不易变，哪些目标易变、怎么变，哪些目标固定不变。

（8）面向对象的知识

指某类复杂对象的子类构成普遍特征的知识。可用的知识表达方法有特征表、谓词逻辑、产生式规则、语义网络、面向对象的表达方法和可视化表达方法等，应根据不同的应用选取不同的表达方法，并且各种表达方法之间还可以相互转换。

5.2.4 空间数据挖掘的方法与过程

1. 空间数据挖掘方法

空间数据挖掘和知识发现是多学科和多种技术交叉综合的新领域，它综合了机器学习、数据库、专家系统、模式识别、统计、管理信息系统、基于知识的系统和可视化等域的有关技术，另外，空间数据挖掘并不是某一种具体的全新的方法，它的许多方法在地理信息系统、地理空间认知、地图数据处理、地学数据分析领域内早已广泛应用。因而，数据挖掘和知识发现方法是丰富多彩的，并且不仅包括一般数据挖掘的方法，同时也有很多针对空间数据库的方法。目前，空间数据挖掘和知识发现主要有以下方法。

（1）空间分析方法

空间分析能力是 GIS 的关键技术，是 GIS 系统区分于一般制图系统的主要标志之一。空间分析方法常作为数据预处理和特征提取方法并将其和其他数据挖掘方法结合使用。

（2）统计分析方法

统计方法一直是分析空间数据的常用方法，着重于空间物体和现象的非空间特性的分析。它具有较强的理论性和成熟的算法，多用于处理数字型数据。统计分析方法中的回归分析、方差分析、主成分分析和因子分析等方法经常用于规律和模式的提取。统计方法的最大缺点是要假设空间分布数据具有统计不相关性，但在空间数据挖掘中，由于空间对象属性的相关性很强，在一定程度上限制了统计分析方法在空间数据挖掘中的使用。

（3）归纳学习方法

归纳学习是从大量的已知数据中归纳抽取出一般的判断规则和模式，一般需要相应的背景知识。归纳学习在数据挖掘中的使用非常广泛，已经有了成熟的理论算法，如著名的 C4.5 算法（由 ID3 算法发展而来），具有分类速度快和适用于大型数据库的特点；面向属性的归纳方法，能归纳出高层次的模式或特征。

（4）空间关联规则挖掘方法

关联规则反映一个事物与其他事物之间的相互依赖性或相互关联性。如果两个或多个事物之间存在关联，那么，其中一个事物就能从其他已知事物中预测得到，它指数据集中项集支持度和信任度分别满足给定阈值的规则。经典的算法有 Apriori 算法，以及对其的改进算法：AprioriTid，APrioriHibrid 等。

（5）聚类方法

空间聚类分析是要将空间数据库中的对象按照某些特征划分为不同的有意义的子类，同一子类中的对象具有高度相似的某种特征，并与不同子类的特征具有明显的差异。采用聚类分析的优点在于：想获取的结构或簇可以直接从数据中找到，不需要任何背景知识。

（6）分类方法

分类方法指分析空间对象导出与一定空间特征有关的分类模式。空间分类的目的是在空间数据对象的空间属性和非空间属性之间发现分类规则。

① 决策树分类。决策树分类使用决策树方法对星形结构对象的图像进行分类，从而探测行星与银河系。它们的方法是使用对象，如天空图像，生成区域、方向等的基本属性，训练集中的对象由宇航员来分类。基于这些分类，构成用于决策树算法的 10 个训练集，决策树是通过学习算法得到的。最后，由决策树生成一个健壮、通用、正确的最小分类规则集合。该方法处理图像数据库，并应用于天文研究领域，但它却不能处理 GIS 中的向量数据格式。

② 贝叶斯分类。贝叶斯分类方法使用概率表示各种形式的不确定性。在某一时刻特定事件发生后，某事件所发生的概率，然后根据不断获取的新的信息修正此概率。贝叶斯原理就是根据新的信息从先验概率得到后验概率的一种方法。虽然贝叶斯方法在使用先验信息方面由于没有确定的理论依据，存在颇多争议。但是在大型数据集方面，贝叶斯分类方法具有高准确率和高运算速度。

（7）神经网络方法

人工神经网络作为近年来的一个研究热点，在信号处理、模式识别、人工智能、自适应控制和决策优化等众多领域得到了广泛的研究和应用。神经网络由多个非常简单的处理单元（神经元）按某种方式相互连接而形成，靠网络状态对外部输入信息的动态响应来处理信息。神经网络在数据挖掘中主要用于获取分类知识，优点是分类精度高、对噪声具有稳健性；缺点是获得的知识隐含在网络结构中，不容易被人们理解和解释，而且网络训练时间一般比较长，不易利用领域知识。

（8）粗集理论

粗集理论是 Z.Pawlak 教授提出的一种智能数据决策分析工具，被广泛研究并应用于不精确、不确定、不完全的信息的分类分析和知识获取。粗集理论为空间数据的属性分析和知识发现开辟了一条新途径，可用于空间数据库属性表的一致性分析、属性的重要性、属性依赖、属性表简化、最小决策和分类算法生成等。粗集理论与其他知识发现算法结合可以在空间数据库中数据不确定的情况下获取多种知识。

（9）模糊集理论

模糊集理论是 L.A.Zadeh 在 1965 年提出的，它作为经典集合理论的扩展，专门处理自然界和人类社会中的模糊现象和问题。利用模糊集合理论，对实际问题进行模糊判断、模糊决策、模糊模式识别、模糊簇聚分析。系统的复杂性越高，精确能力就越低，模糊性就越强，在遥感图像的模糊分类、GIS 模糊查询、空间数据不确定性表达和处理等方面得到了广泛应用。

（10）云理论

云理论是李德毅院士提出的用于处理不确定性的一种新理论，云理论由云模型、虚拟云、云运算、云变换和不确定性推理等内容构成。云模型将模糊性和随机性相结合，解决了模糊集理论基础的隶属函数概念的固有缺点，为数据挖掘中定量与定性相结合的处理方法奠定了基础；虚拟云和云变换用于概念层次结构删除和概念提升；云推理用于不确定性预测等。云理论在知识表达、知识发现和知识应用等方面都可以得到广泛的应用。

（11）遗传算法

遗传算法是模拟生物进化过程的算法，最先由 John Holland 在 20 世纪 60 年代初提出，其本质是一种求解问题的高效并行全局搜索方法，它能在搜索过程中自动获取和积累有关搜索空间的知识，并自适应地控制搜索过程以求得最优解。遗传算法已在优化计算、分类、机器学习等方面发挥了显著作用。数据挖掘中的许多问题，如分类、聚类、预测等知识的获取，可以表达或转换成最优化问题，进而可以用遗传算法来求解。

（12）空间趋势分析

空间趋势指离开一个给定的起始空间对象时，非空间属性的变化情况。针对离城市中心距离同经济形势的变化趋势，其分析结果可能是正向趋势、反向趋势或者没有趋势。一般在空间数据结构和空间访问方法之上分析空间趋势，需要使用回归和相关的分析方法。由于空间对象自身的特殊性，传统的回归模型可能并不合适。传统的线性回归模型（$y=X\beta+\varepsilon$）对空间对象就不适用，需要使用空间自回归模型：

$$y=\rho Wy+X\beta+\varepsilon$$

（13）概念格理论

概念格是由 R.Wille 在 1982 年首先提出的，作为数据分析的有力工具，概念格已经被广泛地应用于知识发现和数据挖掘领域。它的每一结点作为一个概念，每个概念由概念格的外延和内涵两部分组成，其外延表示属于这个概念所有对象的集合，而内涵则表示为所有这些对象所共有的属性集合。概念格描述了对象和属性之间的关系，概念格的哈斯图清晰地表明了概念间的泛化和特化关系，并实现了知识的可视化。因此，概念格理论已经被广泛地应用于知识工程、知识管理、数据挖掘、信息检索及软件工程等领域。

（14）支持向量机

支持向量机是一种新的机器学习技术，由 Vapnik 于 1995 年提出，它能非常成功地处理回归问题（时间序列分析）和模式识别（分类问题、判别分析）等诸多问题，并可推广于预测和综合评价等领域。目前，支持向量机在理论研究和实际应用两方面都正处于飞速发展阶段，它广泛应用于统计分类以及回归分析中，它们能够同时最小化经验误差与最大化几何边缘区。

此外，还有空间特征，图像分析和模式识别方法，证据理论，数据可视化方法，地学信息图谱方法，计算几何方法等。它们都有一定的适用范围。在实际应用中，为了发现某类知识，常常要综合运用这些方法。空间数据挖掘方法还要与常规的数据库技术充分结合。在时空数据库中挖掘空间演变规则时，可利用 GIS 的叠置分析等方法首先提取出变化了的数据，再综合统计方法和归纳方法得到空间演变规则。总之，空间数据挖掘利用的技术越多，得出的结果精确性就越高，因此，多种方法的集成也是空间数据挖掘的一个有前途的发展方向。此外，空间数据挖掘除了发展和完善自己的理论和方法，还要充分借鉴和汲取数据挖掘和知识发现、数据库、机器学习、人工智能、数理统计、可视化、地理信息系统、遥感、图形图像学等学科领域的成熟的理论和方法。

2. 空间数据挖掘过程

空间数据挖掘是一个复杂的过程，这一过程分为 3 个阶段：空间数据的获取和预处理、空间数据挖掘、空间数据的评价和可视化解析，如图 5-7 所示。

图 5-7　空间数据挖掘的一般过程

（1）空间数据的获取和预处理

空间数据的获取和预处理需要经历 3 个步骤。

① 数据准备：了解空间数据挖掘相关领域的基本情况，学习该领域的先决知识，分析挖掘的目的，构造概念分层。

② 数据选择：根据需要从空间数据库中提取与空间数据挖掘相关的数据，使用合适的空间数据结构和数据访问方法。

③ 数据预处理：消除噪声数据，统一数据格式和数据源，对丢失数据利用统计方法进行填补，确保数据的完整性和一致性。

（2）空间数据挖掘

空间数据挖掘阶段又分为 3 个步骤。

① 确定目标：对于空间数据挖掘的不同要求，会在具体的知识发现过程中采用不同的数据挖掘算法，所以首先要确定空间数据挖掘的目标。

② 建立模型：根据空间数据挖掘的目标，选择合适的数据挖掘算法，建立空间数据挖掘的模型，并使得数据挖掘模型和整个空间数据挖掘的评判标准相一致。

③ 数据挖掘：运用选定的数据挖掘算法，从数据中提取用户所需要的知识，这些知识可以用特定的方式表示，也可以用常规的方式表示。

（3）空间数据的评价和可视化解析

空间数据的评价和可视化解析阶段包括模式解释、知识评价和可视化展示。

① 模式解释：对于数据挖掘的模式进行解释，有时为了取得更有效的知识，可以返回到前面的步骤进行反复提取。

② 知识评价：将数据挖掘得到的知识以能理解的方式展现，包括对结果的一致性检查，以确保本次发现的知识不与领域的相关知识相冲突。

③ 可视化展示：将数据挖掘的知识用可视化的方法展示，如 GIS 技术，将空间数据挖掘的结果展现在空间地图上。

5.2.5　空间数据挖掘的难点

空间现实世界是一个多参数、非线性、时变的不稳定系统，从中采集到的空间数据多种多样，与一般数据相比，空间数据具有空间性、时间性、多维性、海量性、复杂性、不确定性等特点。目前，虽然现在在空间数据挖掘的研究和应用取得了一定的成果，但是仍然存在诸多需要解决的技术难点和瓶颈问题。

（1）海量的空间数据

空间数据的数量、大小和复杂性及其传输的速度都在飞快地增长，而且空间数据的膨胀速度也大大超出了常规的事务型数据。数据库中数据的迅速增长，既是数据挖掘得以发展的原因之一，也正是对数据挖掘研究的挑战。例如，枚举法、经验分析方法对数兆字节、数千兆字节，甚至更大字节数的数据显得无能为力。此时，数据挖掘系统必须采用一定的数据汇集方法，根据用户定义的发现任务，选择有关的域空间，采取随机抽样的方法，分析样本。

（2）高维的空间数据

空间数据挖掘的数据来源广泛，数据描述的空间实体也有多种，每种空间实体基本由多个属性来描述；而且，空间实体与空间实体之间，属性与属性之间，也存在着多种空间的或非空间的关系。这些，都促进了空间数据维数的剧增。例如，数字地球空间数据框架包含了数字正射影像、数字地面模型、交通、水系、境界和地名标记等很多内容。因此，如何高效地进行空间的多位信息组织存储，使得空间信息系统具备多维信息的空间分析和多维信息的概括性分析能力，已成为当前空间数据挖掘面临的一个重要问题。

（3）有污染的空间数据

空间数据是空间数据挖掘之本，数据质量不好，将直接导致空间数据挖掘不能提供可靠的知识及其优质的服务与决策支持。可是，从现实世界采集来的空间数据是有污染的，空间数据挖掘经常会遇到数据的非完备性、动态变化、噪声、冗余和稀疏等技术难点。

（4）不确定的空间数据

空间数据额不确定性是空间数据挖掘无法回避的事实。首先，数据采样的近似性和数学模型的抽象导致空间数据的不确定性。理想的空间实体是确定的，经典的数据处理方法认为空间分布可以用一组离散的点、线和面来表达。对于明确定义的空间实体是基本可行的，可是在复杂多变的现实世界中，空间实体多是相互混杂，常常含有随机性、模糊性、缺省性、混沌性和未确知性等多种不确定要素，彼此界限不分明，难以定义。而且，获取大量空间数据的真值并不容易，甚至有些空间数据的严格或绝对意义上的真值并不存在，同时，还存在系统误差、随机误差、人为误差和三者累积误差的影响。进一步地，这些数据在被导入计算机系统并用于空间数据挖掘的过程中，又被部分舍弃或删除（如制图综合）。其结果是，人们所获得和使用的空间数据不可能表现现实世界的全部，空间数据描述的实体难免与现实实体存在差异。

其次，空间概念和空间数据之间的转换是定性定量转换的基石，也具有不确定性。目前常用的定性定量转换方法，有层次分析、量化加权、专家群体打分，在定性分析中夹杂数学模型和定量计算的方法等，控制论则是根据目标与实际行为之间的误差来消除此误差策略控制不确定性，但是，它们都不能兼顾空间数据的随机性和模糊性。云模型用自然语言值实现定性定量的相互转换，在空间实体的不确定描述、定性知识的不确定表示、不确定推理等过程中，可以将模糊性与随机性有机地结合在一起。

最后，虽然空间数据质量中的不确定性问题日益得到重视，但是对空间数据的不确定性的研究和利用还不够全面深入。目前，用于研究空间数据挖掘的理论和方法及其成果，如概率论、GIS模型和灵敏度分析等，一般也是基于经典的确定集合理论研究确定数据，对空间数据不确定性的研究还不足。每一个空间实体都与单一的属性说明有关，属性之间被表示为清晰的边界，这和复杂多变的现实世界是不一致的。

（5）空间数据挖掘的角度

空间数据挖掘是人们在不同认知层次上对空间数据的理解和把握。面对同样的一堆数据，同一个人从不同角度分析，以及不同的人从相同的角度认识，可能得到不同的结果。这些不同的结果，对于从空间数据中发现得到的知识结论，可能有不同的要求和应用层次。以滑坡监测数据挖掘为例，高层的决策者是宏观的，可能只是一幅图；中层的决策者是中观的，带有一定的技术性，可能对滑坡每个断面的变化感兴趣，内容要求可能较多；底层的决策者，可能是技术型的，就要具体到每个监测点。那么，在空间数据挖掘的过程中，如何反映人的认知的上述差异呢？如何发现这些不同层次的监测结论呢？以及怎样在不同层次的知识之间相互转换呢？

在空间数据辐射的基础上，数据场和云模型共同操作在状态空间中，在空间数据挖掘中起双翼作用。数据场以数据为中心，将数据能量通过数据辐射把样本的数据能量扩展到整个母体空间，并用场强函数描述数据能量的辐射规律，能够刻画每个空间数据对空间数据挖掘任务的不同作用。云模型将模糊性与随机性有机地集成在一起，可以在空间数据挖掘中用自然语言值实现定量数据和定性概念的相互转换。数据场和云模型在发现状态中的共同作用，可以挖掘不同认知层次的知识。

（6）发现知识的表示

知识表达是空间数据挖掘的关键问题。空间数据挖掘获得的知识，大量的是经过归纳和抽象的定性知识，或是定性与定量相结合的知识。事实上，对这样的知识，最好的表达方法是自然语言，至少是在知识表示方法中含有语言值，即用语言值表达其中的定性概念。自然语言能用较少的代价传递足够的信息，对复杂事物做出高效的判断和推理，增加了知识的弹性，不但从数据库中最终获得的知识更加可靠，而且更容易被人理解。它需要建立定性描述的语言值和定量表示的数值之间的转换模型，实现数值和符号值之间的随时转换，并反映定性和定量之间映射的不确定性，尤其是随机性和模糊性，以及描述知识的支持度、置信度、作用度和兴趣度等测度。

综上所述，这些问题在空间数据挖掘中可能会直接影响空间知识结果的准确性和可靠性，给发现、评估和解释一些重要的知识带来困难，并在一定程度上影响了空间数据挖掘的发展。正确克服和解决这些难点，在基于空间数据挖掘的决策支持中，可能避免因错误信息而导致的决策失误。空间数据不确定性对信息支持的度量，还可以反映空间数据挖掘所得知识的置信水平。例如，在空间数据挖掘中，如果忽视数据源、数据清理、数据泛化、定性定量数据的转化，以及知识表达、理解和评价中含有的空间数据不确定性，那么即使综合使用了空间数据挖掘的各种理论、算法和技术挖掘空间知识，也可能因利用错误的空间数据，而得到可靠性较低的、残缺的，甚至错误的知识。因此，针对目前存在的技术难点，围绕空间数据挖掘的核心，研究适合空间数据挖掘的理论方法，并研制相应的计算机系统，获得较为可靠和有意义的空间知识，具有现实性。这种技术，既遵循人类思维的规律，令空间数据挖掘易于操作，又充分考虑空间数据的特性，使空间数据挖掘满足地球空间信息学的特定要求。

5.2.6　空间数据挖掘的特殊性

与其他类型的数据挖掘不同，空间数据挖掘的对象是空间数据库，从空间数据库中发现知识，其目的是从空间数据库中抽取隐式的、人们感兴趣的空间模式和特征。空间数据库中的数据往往数量巨大、结构复杂，存储了空间对象的位置信息、属性数据以及空间对象之间的空间关系（如拓扑关系、空间相关性、度量关系、方位关系等），造成了空间数据库的存储结构、访问方式、数据分析和操作有别于常规的数据库模式，这也是空间数据挖掘有别于其他数据挖掘研究的主要原因。

空间数据挖掘的发展十分迅速，这方面的研究已然成为空间信息领域的热点，其中的原因主要源自两个方面。

① 由于近年来空间信息技术领域对地观测技术的飞速发展，以及台站建设的普及和不断完善，包括资源、环境、灾害在内的各种空间数据呈指数级增长，而对应的空间数据分析方法的研究却相对薄弱。

② 专职处理空间数据的地理信息系统在近十几年虽得到了广泛的应用，并在空间数据的存储、查询以及显示等方面发展较快，但面对数据量日益增长和种类繁多的空间数据，因其空间分析多以图形操作（如缓冲区操作、空间叠加、邻近分析以及空间连接等）为主，故而在空间信息的深入提取和知识发现等方面的功能仍相对薄弱。

5.2.7　方法举例

1. 空间关联规则挖掘

空间关联规则挖掘的目的在于发现空间实体间的相互作用、空间依存、因果或共生的模式。空间关联规则与普通关联规则的差别在于，空间关联规则中数据项之间的关联性是一种空间关系（如拓扑关系、距离关系、方位关系等）。

空间关联规则的形式化定义为：

$$P_1 \wedge \ldots \wedge P_m \rightarrow Q_1 \wedge \ldots \wedge Q_n （c\%）$$

其中，数据项集 P_i（$i=1, 2, \cdots, m$）为关联规则的前件，数据项集 Q_j（$j=1,2,\cdots,n$）为关联规则的后件，数据项集之间的关系"→"为空间谓词；c%为该空间关联规则的可信度。上式中的关联规则表明：在 $P_1 \wedge \cdots \wedge P_m$ 的条件下，有 c%的可能性满足 $Q_1 \wedge \cdots \wedge Q_n$。空间关联规则的独特之处在于：它的形式化表达中必须包含空间谓词。举例："如果空间对象为加油站，那么它有 90%的可能性靠近公路"，规律按空间关联规则的定义可描述为"类别（P_1，加油站）→（靠近）（Q_1，公路）（90%）"。在该描述中，"靠近"是空间谓词，该规则的可信度为 90%。

空间关联规则可用可信度、支持度、期望可信度和作用度进行描述。因此，空间关联规则的挖掘可直接应用常规的关联规则挖掘算法，如 Apriori 算法等。事实上，空间关联规则的挖掘关键在于谓词的选择。例如，假设某事物数据库中包含两类空间对象 A 和 B 的空间位置信息，如果以空间邻近关系为谓词，则可以挖掘出 A 和 B 之间关于邻近关系的关联规则；如果以空间拓扑关系为谓词，则可以建立 A 和 B 之间关于拓扑关系的关联规则。因此，不同空间谓词的选择可以产生不同类型的空间关联规则。

空间关联规则是传统关联规则在空间数据挖掘领域的延伸，因此，在挖掘方法上仍然沿用传统关联规则挖掘的方法。目前空间关联规则挖掘方法主要有以下 3 种。

① 基于聚类的图层覆盖法。该方法的基本思想是将各个空间或非空间属性作为一个图层，对每个图层上的数据点进行聚类，然后对聚类产生的空间紧凑区进行关联规则挖掘。

② 基于空间事务的挖掘方法。在空间数据库中利用空间叠加、缓冲区分析等方法发现空间目标对象和其他挖掘对象之间组成的空间谓词，将空间谓词按照挖掘目标组成空间事务数据库，进行单层布尔型关联规则挖掘。为提高计算效率，可以将空间谓词组织成为一个粒度由粗到细的多层次结构，在挖掘时自顶向下逐步细化，直到不能再发现新的关联规则为止。

③ 无空间事务挖掘法。空间关联规则挖掘过程中最为耗时的是频繁项的计算，因此许多学者试图绕开频繁项集，直接进行空间关联规则的挖掘。通过用户指定的邻域，遍历所有可能的邻域窗口，进而通过邻域窗口代替空间事务，然后进行空间关联规则的挖掘。此方法关键在于邻域窗口的构建与处理。

2. 空间聚类挖掘

空间聚类分析既可以发现隐含在海量数据中的聚类规则，又可以与其他的空间数据挖掘方法结合，挖掘更深层次的知识，提高空间数据数据挖掘的效率和质量。空间实体的自然聚集现象经常反映一定的规律或趋势。琼·斯诺采用空间聚集分析的手段发现伦敦霍乱病起源的案例堪称空间聚类分析最早的成功应用，当琼·斯诺将霍乱病死者居住位置标注在一张 1：6500 比例尺的城市地图上后，发现死者大多集中在一口名为"布洛多斯托"的水井附近，当关闭这口井后，新的霍乱病例也就没有再出现。

空间聚类分析的一个重要作用在于能够发现空间实体自然的空间聚集模式，对于揭示空间实体的分布规律、提取空间实体的群体空间结构特征、预测空间实体的发展变化趋势具有重要作用。而且，结合空间实体的非空间属性在空间上的分布与差异，能够解释复杂的地理现象。在城市规划领域，空间聚类在公共设施选址中具有明显的优势，并且已经得到了成功的应用；在制图综合领域，空间聚类已被广泛应用于点群特征简化、点群空间特征提取、建筑物聚合操作及等高线简化；在地震分析领域，空间聚类在提取地震空间分布特征及地质构造方面也体现出了独特的优势；在地价评估领域，空间聚类技术已被成功用于地价的分级；在图像处理领域，空间聚类技术同样成功应用于遥感影像分类、分割研究中；在全球气候变化研究领域，借助空间聚类手段发现对陆地气候具有显著影响的极地、海洋大气压力模式、海表气温分布对于分析全球气候具有重要的价值；在公共安全领域，犯罪热点分析是空间聚类分析对社会安全的又一个贡献，可以有力地帮助警察对地方治安维护作出决策。近年来，空间动态轨迹聚类成为空间聚类技术的一个新的应用，借助空间聚类技术可以发现热带风暴等空间轨迹数据的空间分布模式，这对于解释局部气候变化具有重要的意义。

聚类是将数据对象分成类或簇的过程，使同一簇中的对象之间具有很高的相似度，而不同簇中的对象高度相异。空间聚类中，簇涉及空间关系与空间自相关，即实体间必须满足直接或间接的邻近关系，同时还要求簇内实体要满足空间自相关的条件，对空间不相关的实体进行聚类是没有意义。

空间聚类可以形式化描述为：用 $S=\{S_1,\cdots,S_i,\cdots,S_n\}$ 表示一组具有空间相关性的空间实体集合，$S_i=\{S_{i1},\cdots,S_{ij},\cdots,S_{in}\}$ 表示空间实体的特征向量，S_{ij} 表示空间实体 i 的一维属性，空间聚类获得 K 个空间簇，$S=C_1\cup C_2\cup\cdots C_i\cdots\cup C_k$，$C_i=\{S_{i1},\cdots,S_{ij},\cdots,S_{it}\}$，Similar（$S_{mi}$，$S_{nj}$）表示第 m 个空间簇中第 i 个实体与第 n 个空间簇中第 j 个实体的相似度。因此，对于空间聚类结果 $C_1,\cdots,$

C_i，…，C_k，需要满足下列条件：

① $\bigcup\limits_{i=1}^{k} C_i = S$。

② 对于 $\forall C_m$，$C_n \subseteq S, m \neq n$，需要同时满足：

- $C_m \cap C_n = \varnothing$（仅针对硬聚类）；
- $\text{MAX}_{\forall s_{mi} \in C_m, \forall s_{nj} \in C_n}(\text{Similar}(S_{mi}, S_{nj})) < \text{MIN}_{\forall s_{mx}, s_{my} \in C_m}(\text{Similar}(S_{mx}, S_{my}))$。

根据空间实体特征向量 S_i 的特点，又可以将空间聚类区分为以下 3 种类型：

① S_i 仅包含了空间位置属性；

② S_i 既包含空间位置属性，又包含专题属性；

③ S_i 仅包含专题属性。

第①种类型的空间聚类分析可以用来发现空间实体的空间分布模式与规律；第②种类型综合考虑了空间位置与专题属性特征的双重意义，可以用于发现更深层次的地学规律；第③种类型仅考虑了专题属性的差异，需要结合空间实体的空间分布进行分析，在很大程度上退化为传统的聚类分析手段。

一个完整的空间聚类分析过程包括以下 6 个部分：空间数据清理、空间聚类趋势分析、属性提取与相似性度量、空间聚类算法选择与设计、空间聚类有效性评价、空间聚类结果解释与应用。具体流程如图 5-8 所示。

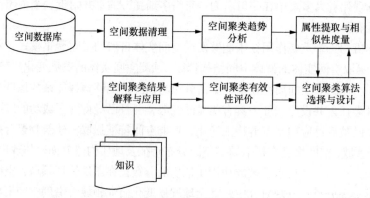

图 5-8　空间聚类分析过程

3. 空间离群点挖掘

离群点是一些与数据的一般行为或模型不一致的数据对象。空间离群点是那些非空间属性和邻域中其他空间对象的非空间属性明显不同的空间对象，两个空间对象的差异程度常用相异度来衡量。由于空间数据自身的特殊性，空间离群点一般是局部不稳定的，这种局部上的离群点在全局中不移动仍为离群点。空间离群点挖掘在地理信息系统、遥感图像数据勘测、公众安全与卫生、交通控制、基于地理位置的服务等领域有着广泛的应用。局部离群点指在局部范围内表现与其他数据点表现不一致的观测点，空间离群点属于局部离群点。空间自相关性指每个空间对象的属性受它的空间邻居的影响，空间异质性指不同地区的属性数据的变化趋势是不同的。

每个空间对象具有空间属性和非空间属性，非空间属性是对象固有的，但非空间属性受其空间位置影响，即受空间自相关性和空间异质性的约束。在某些应用领域，该领域专家要通过研究对象在空间属性与非空间属性两方面与其他对象的关系来识别离群点。例如，在遥感处理中，当查找某一类型植被的空间分布异常时，其植被类型是非空间属性，而植被的分布位置则是空间属性。又如，在政府要调查中等收入住户的分布时，其收入是非空间属性，而住户的位置则属于空间属性。此时，空间与非空间属性要综合考虑。空间对象经常受到邻近对象的影响，因此空间离群点挖掘需要充分考虑了对象的邻近点的影响才能获得有用的知识。

下面介绍一种离群点检测算法：SLOF 算法。

假设对象集 $O=\{o_1, o_2, \cdots, o_n\}$，由 n 个对象组成，对象 $o \in O$ 的空间属性函数是 $s(o)$，非空间属性函数是 $f(o)$，$f(o)$ 的维度为 d 维，σ_c 表示在指定条件 c 下的空间邻接关系。d 维非空间属性 $f(o)$ 表示为（$f(o_1)$, $f(o_2)$, $\cdots$, $f(o_d)$）。

对象 o 的空间邻居在指定条件 c 下，存在的空间邻接关系 σ_c 对象，即 $\forall o \in O, \exists p \in O \setminus \{o\}$，使得 $s(p)\sigma_c s(o)$ 为真，则对象 p 是对象 o 的空间邻居。

对象 o 的空间邻域 $N(o)$ 是指对象 o 的所有空间邻居的集合，即 $\forall o \in O, N(o) = \{p \mid s(p)\sigma_c \mid s(o) = true, p \in O \setminus \{o\}\}$。

设 $o_i, o_j \in O$，o_i 和 o_j 的 d 维非空间属性是 $f(o_i)$ 和 $f(o_j)$，其中，$f(o_{ik})$ 和 $f(o_{jk})$ 是第 k（$k=1,2,\cdots,d$）维规则化属性，且 $0 \leq f(o_{ik}), f(o_{ik}) \leq 1, w_k$ 是第 k 维的权值，且 $0 \leq w_k \leq 1$，则数据对象 o_i 和 o_j 之间的加权距离为

$$dist(o_i, o_j, w) = \sqrt{\sum_{k=1}^{d} (f(o_{ik}) - f(o_{jk}))^2} \ , \quad \sum_{k=1}^{d} w_k = 1 \qquad （5-1）$$

这里的对象间距离不是对象间的空间距离，而是对象间的 d 维非空间属性距离。根据需要，如果不同属性对分析目标的贡献程度不同，则分配相应的权值，贡献率大的权值大，反之则小，权值一般由领域专家决定。对象间的加权距离的计算从一方面消除了对象间的相关性，另一方面也决定两个对象间的偏差，距离越大，对象间的偏差越大。

邻域距离是指对象 o 与空间邻域中所有对象的加权距离的平均值，即

$$dist(o, N(o), w) = \frac{\sum_{p \in N(o)} dist(p, o, w)}{|N(o)|} \qquad （5-2）$$

邻域距离表示对象与其邻域在非空间属性上的偏差，邻域距离越大，偏差越大，其离群程度越高。如果将所有对象的邻域距离按降序排列，则邻域距离最高的 m 个对象就是所要检测的 m 个离群点，构成全局意义上的离群点。

由离群点的定义可知，对象与邻域中离群点的距离最大，为了消除邻域中离群点对邻域距离计算的影响，避免因离群点的影响致使正常数据被误检为离群点，剔除邻域中与对象的最大距离，因此修改式（5-2）为

$$dist(o, N(o), w) = \frac{\sum_{p \in N(o)} dist(p, o, w) - \max\{dist(p, o, w) \mid p \in N(o)\}}{|N(o)| - 1} \qquad （5-3）$$

邻域距离代表了对象与其邻域的偏差，将邻域距离与其空间邻居进行比较得到对象在局部空间上的偏离程度，即空间局部离群系数。

对象 o 的空间局部离群系数定义为

$$SLOF(o) = \frac{dist(o, N(o), w)}{\dfrac{\sum_{p \in N(o)} dist(p, N(p), w)}{|N(o)|}} \qquad （5-4）$$

为了避免 *SLOF* 计算中分母为 0 的情况，设 δ 为非常小的正数，分子、分母同时加上 δ，则式（5-4）修改为

$$SLOF(o) = \frac{dist(o, N(o), w) + \delta}{\dfrac{\sum\limits_{p \in N(o)} dist(p, N(p), w)}{|N(o)|} + \delta}$$

(5-5)

$SLOF$ 表示对象在局部空间上的离群程度。计算所有对象的 SLOF，并按降序排列，离群度最大的前 m 个对象就是所求的空间离群点。可以证明只要 δ 取足够小，就能保证增加 δ 后不会改变 $SLOF$ 的原有顺序。

利用邻域距离就解决了空间自相关性问题，利用 $SLOF$ 算法解决了空间异质性问题，而利用 $SLOF$ 的顺序解决了离群点的判断问题。

由于在式（5-1）～式（5-4）的计算中，所有非空间属性均规则化到[0,1]区间上，因此有 $\dfrac{\delta}{d+\delta} \leqslant SLOF(o) \leqslant \dfrac{d+\delta}{\delta}$，$\delta$ 的取值范围将确定 $SLOF$ 的取值范围，只要 δ 足够小，就不影响 SLOF 的顺序。当 $SLOF(o) \leqslant 1$ 时，对象 o 是正常对象，随着 $SLOF$ 值的增大，其离群度增大，只有当 $SLOF > 1$ 时，对象才成为离群点。

5.3　空间数据规范化与空间数据共享

随着地理空间数据集的数量、复杂性和多样性的增加，提供一个适应空间数据共享的标准化方法，便成为空间信息基础设施建设需求。元数据是"数字地球"项目中首要发展的技术之一，对空间数据进行元数据注册管理，是实现信息共享的一个基本前提。另外，作为对地理现实世界的抽象描述，空间数据有其局限性，元数据可以让用户充分了解空间数据的限定性、局限性，并恰当地估价其对特定应用目的的适用性。所以，随着地理空间数据生产者和用户数量的增加，利用适当的元数据来描述数据，将成为数据生产、存储、更新和再利用的趋势。

5.3.1　空间规范化标准

空间数据的规范化标准是利用空间元数据来进行的，空间元数据是关于地理空间相关数据和信息资源的描述性信息。它通过对地理空间数据的内容、质量、条件和其他特征进行描述与说明，帮助和促进人们有效地定位、评价、比较、获取和使用地理相关数据。其中，对空间数据某一特征的描述，称为一个空间元数据项。空间元数据是由若干复杂或简单的元数据项组成的集合。如果说，一个空间数据集是对地理实体世界的一个抽象映射，那么一个空间元数据集是对空间数据集的一个抽象映射。所以空间元数据和空间数据只不过是对地理实体不同抽象层次的描述，是对地理信息的不同深度的表达，它们统一于它们所反映的客观内容，根据这种抽象层次和表达深度的不同，可以把地理数据划分成不同的级别。低级别的数据是对地理实体的更为详细、更为具体的描述，而高级别数据是更为抽象、笼统的描述。

北京大学与清华大学基于国家空间信息基础结构关键技术的元数据标准研究，提出了一套地理空间信息网络化发展的元数据标准草案。该元数据标准体系由 12 部分组成，其中标准化内容包括标识信息、数据质量信息、数据集继承信息、空间数据表示信息、空间参照系信息、实体和属性信息、发行信息以及元数据参考信息 8 个方面内容，另外还有 4 个部分是标准化部分中必须引用的信息，它们为引用信息、时间范围信息、联系信息和地址信息。空间元数据标准按内容分为两个层次：第一层是目录信息，主要用于对数据集信息进行宏观描述，它适合在数字地球的国家级空间信息交换中心或区域以及全球范围内管理和查询空间信息时使用；第二层是详细信息，用来详细或全面描述地理空间信息的空间元数据标准内容，是数据集生产者在提供空间数据集时必须要提供的信息。

元数据标准的标准内容部分的具体含义如下。

① 标识信息：标识信息是关于数据集的基本信息。描述空间数据集的引用、时间域、空间域、关键字、访问限制、用户限制、安全性和数据环境等方面的基本特征。

② 数据质量信息：数据质量信息是关于空间数据质量的一般性评价，包括属性精度、位置精度、逻辑一致性报告、完整性报告、数据来源等元数据项。

③ 数据集继承信息：它是建立该数据集时所设计的有关事件、参数、数据源等信息，以及负责这些数据集的组织机构信息。

④ 空间数据组织信息：它是关于空间数据集中用来表达空间信息的机制的描述，如空间数据特征、空间数据结构、矢量对象和栅格对象描述等。

⑤ 空间参考信息：它是关于空间数据集地理参考系统与编码规则的描述，是反映现实世界与地理数字世界之间关系的通道。

⑥ 实体和属性信息：它是关于空间数据集的信息内容的信息，包括对实体类型及其属性和属性域值的定义。

⑦ 数据发行信息：它是关于空间数据集的发行人、发行可靠性、发行方式等方面的信息。

⑧ 元数据参考信息：它是关于元数据的标准、版本、可得性、现时性与安全性方面的信息。

元数据标准内容体系通过元数据网络管理系统来实现的，该系统主要由权限验证功能（服务器端验证）、输入和合法性校验功能（客户端校验）、查询功能（服务器端查询）与返回和显示功能（服务器端格式化查询结果并返回，客户端显示）等组成。利用空间元数据网络管理系统作为空间交换站的共享软件可基本上实现空间信息的网络共享。

元数据的出现给我们提供了一种新的空间数据的管理方式：以元数据系统管理各 GIS 服务器上的空间数据。空间数据可以以空间数据文件或空间数据库的形式存在于不同的服务器上，管理员、用户通过元数据服务器对其进行操作。以元数据库管理空间数据，利于保持空间数据的完整性、一致性；增强了用户的数据操纵能力；方便进行空间数据查询检索，利于数据的广泛应用；可以用它建立数据目录，管理者可以通过它实现它对空间数据库的维护与优化。这种空间数据管理方式综合了空间数据文件管理与空间数据库管理两种方式。由于采用元数据库对空间数据文件进行访问控制、版本控制，在一定意义上解决了空间数据文件管理方式存在的一些弊端。它的出现符合空间数据库系统的发展趋势，它将空间数据库或空间数据文件作为一个对象，抽取它的基本特征形成空间元数据库，利用面向对象方法进行空间数据的有效管理。这种分布式的存储方式使空间数据具有了网络连接能力，实现分布式的事务处理和跨平台的应用。实现这种以元数据系统管理各 GIS 服务器上的空间数据管理方式的重点是创建和实现一个空间元数据技术系统，一般包括以下几个主要过程。

① 源数据标定与需求调查。所要描述和管理的地理空间相关数据依专题和空间范围进行标定与细分，确定哪些数据资料将被搜集和描述，调查该数据集内现有元数据的情况，调查数据集的哪些特征将被描述，调查元数据的应用领域、用户情况和使用要求。

② 选择和制定空间元数据标准。分析和比较现有的空间元数据标准，并根据地理信息工程的实际情况，选择和制定合适的元数据标准。

③ 设计和创建空间元数据的结构。确定元数据的实现方法、创建工具、记录格式和元数据项。如果采用关系数据库管理系统来建立元数据库，则要确定库结构。

④ 登录和检查元数据记录。按照元数据结构的要求，将空间数据源文件逐一登录到元数据库中，并按照严格的数据规模进行质量控制与版本控制。

⑤ 发布并维护空间元数据库。

⑥ 对空间元数据进行查询、搜索、预览、下载、转换及其他应用。

5.3.2　图形变换

对于输入计算机中的图形数据，有时因为比例尺不符，或为了实现地图的合成与排版，需要对这些图形数据进行几何变换（线性变换），可满足地理信息系统应用的要求。此外，地理信息系统所要表达、管理以及分析的对象是空间实体，为了能在二维空间（屏幕或绘图仪）上表示三维物体，就需进行三维空间到二维空间的变换，这种变换称为投影变换。

二维几何变换包括平移、比例和旋转变换。我们假设变换前和变换后的图形坐标分别用（x、y）和（x'、y'）表示。

（1）平移、比例和旋转变换

平移变换：它使图形移动位置。新图 P' 的每一图元点是原图形 P 中每个图元点在 x 和 y 方向分别移动 T_x 和 T_y 产生，所以对应点之间的坐标值满足关系式（5-6）。

$$x' = x + T_x \text{ 和 } y' = y + T_y \tag{5-6}$$

可利用矩阵形式表示成公式（5-7）。

$$[x'\,y'] = [x\,y] + [T_x\,T_y] \tag{5-7}$$

简记为 $P' = P + T$，$T = [T_x\,T_y]$ 是平移变换矩阵（行向量）。

比例变换：它改变显示图形的比例。新图形 p' 的每个图元点的坐标值是原图形 p 中每个图元点的坐标值分别乘以比例常数 S_x 和 S_y，所以对应点之间的坐标值满足关系式（5-8），即

$$x' = x \cdot S_x \text{ 和 } y' = y \cdot S_y \tag{5-8}$$

可利用矩阵形式表示成公式（5-9）。

$$[x'y'] = [x\,y] \cdot \begin{bmatrix} s_x & 0 \\ 0 & s_y \end{bmatrix} \tag{5-9}$$

简记成 $P' = P \cdot S$，其中 S 是比例变换矩阵。

旋转变换：图形相对坐标原点的旋转，它产生图形位置和方向的变动。新图形 P' 的每个图元点是原图形 P 每个图元点保持离坐标原点距离不变并绕原点旋转 θ 角产生的，以逆时针方向旋转为正角度，对应图元点的坐标值满足关系式（5-10）。

$$x' = x\cos\theta\, y - \sin\theta \text{ 和 } y' = x\sin\theta + y\cos\theta \tag{5-10}$$

用矩阵形式表示成公式（5-11）：

$$[x'y'] = [x\,y] \cdot \begin{bmatrix} \cos\theta & \sin\theta \\ -\sin\theta & \cos\theta \end{bmatrix} \tag{5-11}$$

3 种基本图形变换有平移、比例和旋转。

（2）齐次坐标系

在上述 3 种变换中，比例和旋转变换都是作矩阵乘法。如果这样的变换进行组合，如旋转变换后再作比例变换，可得 $P'' = P' \cdot S = (P \cdot R)S$。按照矩阵乘法的性质，可得 $(P \cdot R) \cdot S = P \cdot (R \cdot S)$，其中 $(R \cdot S)$ 构成组合变换矩阵。若许多图形进行相同的变换，则利用组合变换可减少运算量。

但是平移变换却有形式 $P'=P+T$，如果也能够采用矩阵的相乘形式，则 3 种变换便能利用矩阵乘法任意组合了。采用几何学中的齐次坐标系可达到此目的。

（3）变换的组合

在齐次坐标中 3 种基本变换都用矩阵乘法表示，从而可以通过基本变换矩阵的连乘来实现变换组合，以达到特殊变换的目的。

5.3.3　空间共享

空间数据共享的目的是实现空间数据在应用层次上的共享，当前是以计算机技术和网络技术发展为主要特征的信息时代，所以空间数据共享更多地表现为空间数据的网络共享，实现地理空间数据的网络化和全球化。随着互联网的发展和普及，越来越多的信息需要在不同软件、不同位置进行处理，并且在网络上共享发布。因此，如何使不同的空间信息系统能够迅速快捷地获取这些不同来源的数据，并将它们集成分析，使这些集成数据能够在不同的系统下协作变得非常重要。空间数据共享是指方便快捷、准确安全地查询、浏览、获取、交换使用和再加工直接或间接相关的信息，包括对部分数据资源的自由使用。空间数据共享强调空间数据之间的相互透明访问和用户对数据的透明访问，注重从空间数据的语义层次、数据模型层次和数据结构层次消除空间数据描述方法上的差异性以及表示方法上的差异性，对空间数据给出统一的描述和表示，达到空间数据形式上和本质上的共享。但是，传统的空间数据由于 GIS 软件开发商对空间现象的理解不同，对空间对象的定义、表达、存储方式亦不相同。因而，空间数据共享异常复杂。

1.　实现空间数据共享的传统模式

由于空间数据本身及其获取、表示和操作的复杂性，使得空间数据共享比其他信息领域的数据共享更具挑战性。这首先体现在空间数据格式的"不兼容性"方面。概括起来实现空间数据共享主要有以下 5 种传统模式。

（1）使用数据转换器或中介格式进行转换

空间数据转换目前主要通过外部数据交换文件进行。目前，空间数据转换标准有美国国家空间数据协会制定的统一的空间数据格式规范和"中华人民共和国国家标准地球空间数据交换格式"等，其中包括几何坐标、投影、拓扑关系、属性数据、数据字典和栅格格式、矢量格式等不同的空间数据格式转换标准。

（2）直接数据访问模式

直接数据访问是指在一个 GIS 软件中实现对其他软件数据格式的直接访问，用户可以使用单个 GIS 软件存取多种数据格式。直接数据访问不仅避免了烦琐的数据转换，而且在一个 GIS 软件中访问某种软件的数据格式不要求用户具有该数据格式的宿主软件。直接数据访问提供了一种更为经济实用的多源数据共享模式，但同样要建立在对被访问的数据格式有充分了解的基础上。对空间数据库进行互操作就需要为每个软件开发读写不同空间数据库的 API，如果能够得到读/写其他空间数据库的 API 函数，则可以直接用来读取空间数据，减少开发工作量。目前，以直接数据访问模式实现多源数据集成的商业软件主要有 Intergraph 推出的 GeoMedia 系列软件。GeoMedia 实现了对大多数 GIS/CAD 软件数据格式的直接访问，包括 MGE、Arc/Info、Frame、OracleSpatial、SQLServer、AccessMDB 等数据格式的直接访问，开源的 GRASS、QGIS 等软件也有较好的实现。

（3）公共接口访问模式

通过国际标准化组织或技术联盟制定空间数据互操作的接口规范，GIS 软件商开发遵循这一接口规范的空间数据读写函数，就可以实现异构空间数据库的互操作。采用 CORBA 或 JavaBean

的中间件技术，基于公共 API 函数可以在互联网上实现互操作，实现三层体系结构或多层体系结构；基于 XML 的空间数据互操作实现规范。它是关于数据流的规范，与函数接口的形式和软件的组件接口无关。它遵循空间数据共享模型和空间对象的定义规范，即可用 XML 语言描述空间对象的定义及具体表达形式，不同系统进行数据共享与操作时，将系统内部的空间数据转换为公共接口描述规范的数据流，另一个系统读取这一数据流进入主系统并进行显示。基于 XML 的互操作适应性最广，用于跨部门、跨行业、跨地区的互联网中。

（4）开放式数据库互连模式

结合当今计算机发展的前沿技术，采用面向对象的思想，模拟关系数据库系统运用 ODBC 实现数据共享方案，即实现空间数据的 ODBC，按照 ODBC 的要求提供接口一致的驱动程序。

由于系统都采用一个空间数据库管理系统和 C/S 体系结构，所有的空间数据及各个应用软件模块都共享一个数据服务平台。该模式基于这样一个事实：尽管各个数据库存储数据的数据格式不同，但几乎每个数据库系统都支持开放式数据库互接（ODBC），都按照 ODBC 的要求提供接口一致的驱动程序。这种结构的优点是：所有应用程序所做的数据更新都及时地反映在数据库中，避免了数据的不一致性问题。

（5）WebGIS 数据共享模式

WebGIS 与桌面 GIS 的不同处在于其利用了 Web 浏览器或移动终端作为客户端，利用了网络作为数据流动的介质，实现了数据的分布式处理。尽管现有系统在某些方面比较成熟，但它们无一例外都是封闭的分布式系统，难以与其他分布式系统共享与协作，只能通过转换数据格式或调用组件外部接口来实现。出于商业考虑，大部分供应商并不公开数据格式，而公开的数据格式或编码也难以处理，所以数据格式的转换较难实现，

2. 空间数据共享的难点

空间数据共享活动涉及 3 个主要概念：空间数据资源、空间数据的获取和处理，空间数据的应用，也就出现了 3 种不同的角色：空间数据提供者、空间数据处理软件和空间数据使用者。

空间数据是描述地球上的客观事物的地理位置与地理特性的信息，与一般的数据资源不同，空间数据资源通常与某种 GIS 产品绑定，也就是用户只能使用特定的 GIS 软件来访问特定的空间数据资源，这与 GIS 厂商的纵向的产品线密切相关，即一个 GIS 厂商会从数据管理、数据传输一直到数据表现全方位地向用户提供服务，在这种情况下共享空间数据面临以下 3 个困难。

（1）可实现性

可实现性即用户获取数据的难易程度。由于空间数据结构复杂，GIS 产品通常由自己复杂空间数据传输的工作，用户只能通过 GIS 产品来获取空间数据资源。弥合局域网空间数据和互联网之间的鸿沟，利用互联网协议传输空间数据，用户在互联网上访问到空间数据，以及对应格式、应用或经转换后应用。

（2）互操作性

互操作性是指用户理解数据的难易程度。由于不同产品的开发与商业策略差异，造成了不同的 GIS 之间边界分明，用户难以理解和使用异构空间数据，空间数据共享是其中的首要问题。

GIS 互操作的关键就是解决空间数据异构问题，而数据具有语法和语义，可以分层次讨论数据异构问题，因此在互联网环境中应当考虑如下问题。

① 语法差异：来源是不同空间数据采用不同的存储格式，而同一类存储格式也可有不同的

版本。

② 语义差异：有的空间数据资源在概念模型的组织上存在不同，因此无法比较。

③ 融合差异：能否通过一定的技术手段使不同语义、不同语法的空间数据在一定的架构上互相翻译互相理解。

（3）易用性

易用性指用户处理空间数据的简易程度。许多 GIS 产品都提供了二次开发平台以便用户构造自己的应用以满足各种需求。在互联网环境中应用的构造方法也从单机单任务模式扩展到了多任务分布计算模式，这就需要开放的数据处理框架提供数据要素与服务要素，然后通过要素之间的整合应用完成任务。

5.4　空间数据可视化

可视化技术在空间数据分析中起着重要的作用，主要体现在 3 个方面：① 可视化通过空间对象的几何特征和拓扑关系的展现使得空间数据易于理解；② 可视化作为空间数据分析的一种方法和工具被用于空间数据的知识发现过程；③ 可视化作为空间信息和知识的展现方式被用于展示空间数据分析的结果。由于可视化形象直观地展示了空间数据结构特征和复杂关系，使其易于理解、接受以及对知识进行更高层次的抽象概括，因此广泛地应用于空间数据的理解、知识的发现和表现。

5.4.1　空间数据可视化概念

可视化（Visualization）是指在人通过视觉观察并在头脑中形成客观事物的影像的过程。可视化提高了人对事物的观察能力及整体概念的形成等。可视化结果便于人的记忆和理解，有其他方法无法取代的优势。可视化技术以人们惯于接受的图形、图像并辅以信息处理技术将客观事物及其内在的联系表现出来。可视化不仅是客观现实的形象再现，也是客观规律、知识和信息的有机融合。空间数据是一类具有多维特征，即时间维、空间维以及众多的属性维的数据。其空间维决定了空间数据具有方向、距离、层次和地理位置等空间属性；其属性维则表示空间数据对象的属性特征；其时间维则描绘了空间对象随着时间的迁移行为和状态的变化。一般说来，空间数据具有以下特点：

① 具有空间结构，观察不独立，数据不确定而且有较大的冗余；

② 数据项之间的关系区域性的空间关系；

③ 数据非正态分布并具有不确定和时变特征。

根据系统科学和复杂性科学的观点，在大多数情况下，人们所研究的客观对象是复杂系统或是其组成部分之一。空间数据描述了复杂系统的状态、空间分布和发展演化。空间数据分析的任务就是要从大量的空间数据中发现与空间对象之间的相互关系以及反映其演化规律的知识。由于空间数据的复杂性以及它们所表征的系统的复杂性，目前还没有有效的方法来进行空间数据的分析处理。

可视化方法巧妙地将计算机的展示能力同人类基于视觉的认知和形象思维能力融合在一起，通过空间数据实现对于复杂系统的组成结构、相互关系和发展演化规律的认识和知识的发现及获取。基于可视化的空间数据分析根据不同的时间和空间尺度、观察角度、部分的选择与聚集等多维综合探索与处理，揭示出空间数据中所隐含的内在联系与发展演化规律。

按照空间数据分析的目的，可视化方法可以划分为：数据的可视化展现，知识的可视化展现，基于可视化方法的知识发现。数据的可视化展现是空间数据分析中最为常用的一类可视化方法，常用的平面和三维图形图像、GIS 的可视化方法、空间数据的多媒体表现方式，以及虚拟现实等都属于这一类可视化方法。这种可视化方法的特点是直接利用空间数据的空间特性来展示这些数据所表达的空间关系，可以在数据字地图、影像和其他图形中分析它们所表达的各种类型的空间关系。在进行数据可视化过程中不需复杂的处理、映射和变换。知识的可视化展现是将其他空间数据分析方法，如空间数据挖掘和知识发现，所获得的知识和规律利用可视化的方法表现出来，使得知识易于理解，尤其是具有复杂结构的知识。知识展现的重点在于表现知识的构成和知识之间的逻辑关系。可视化的知识类型包括关联知识、聚类、分类以及概念树等。基于可视化方法的知识发现是在知识发现的过程中利用可视化技术来揭示空间对象及其属性之间的关系，以及空间对象的发展演化有关的知识和规律。知识发现过程中的可视化在对原始数据分析处理的基础上通过可视化的操作来实现知识的发现，可以是静态的关联、聚类、分类知识，也可以是反映系统演化规律的知识。空间数据是空间对象的性质和行为的描述，根据复杂性和系统的原理，利用细胞自动机和神经网络等非线性动力学方法描述展现对象在是演化过程中所表现出来的知识。可视化方法作为数据和知识的展现方式、交流手段以及知识发现的方法在空间数据分析中有着广泛的应用。不同的方法从各自的角度来展示空间数据所蕴含的规律，以适应各种不同的应用需求。

5.4.2　空间数据可视化的方法

在空间数据分析和空间知识发现过程中，第一类可视化技术就是可视化数据库中的数据，使用户很好地理解数据。适用于空间数据的可视化的方法有很多，在目前应用最为广泛的是基于数学建模的可视化、GIS 可视化方法和多媒体技术与虚拟现实技术。

1. 基于数学建模的方法

基于数学建模的可视化，自从 20 世纪年代末提出以后得到了迅速的发展，其实质是运用计算机图形学和图像处理技术通过数学建模将空间数据转换成图像在屏幕上显示出来并且实施交互处理的理论、技术和方法。其理论和技术对空间数据的可视展示、分析与研究产生了很大的影响。基于数学建模的可视化都是从多维数据中抽取分析人员感兴趣的数据，借助于数学模型用图形显示出来以供分析之用。数学模型的建立是根据所研究对象的特征，依据相应的领域知识来建立的，这类方法的代表为以地质统计学为基础的二维或三维实体建模。其基本原理可表述为：空间数据包括三维或更高维数的数据，在数学上可表示为：$\{c_1,c_2,\cdots,c_m;X\}$，其中，$c_i(i=1,2,\cdots,m)$ 是研究对象的特征或属性在空间位置 X 上的观测值，研究表明，对空间数据的描述应同时在特征空间与数据空间中进行，各种观测数据除了与位置具有对应关系外，还与所在位置变量的特征属性相关，因而，在数据处理过程中应同时考虑空间数据在特征空间和空间位置中的相互制约关系。在地质统计学的建模方法中考虑了区域化变量（一种随机函数）的空间相关性与变异性。其基本方法是先确定多重套合结构模型，按不同的空间尺度将区域化变量进行分解，并由 Krigine 方程给对分解出的空间分量作出估计，并在此基础上实现可视化。

基于数学模型的可视化结果，不论是以二维形式显示的图形还是三维图形都是最终计算结果的静态显示，交互性比较差。

2. 基于 GIS 可视化

地理信息系统（GIS）是一种集数据采集、存储、管理、分析、显示和应用于一体的地理信息的计算机分析管理系统，是目前分析和处理空间数据的主要方法。它是在 20 世纪 60 年代作为空间数据管理、分析及其传播的计算机系统而发展起来的，是传统学科（如地理学、地图学、测量学等）与现代科学技术（如遥感技术、计算机技术等）相结合的产物，并广泛用于土地综合开发利用、资源管理、环境监测、城市规划及政府各职能部门。可视化是地理信息系统所具备的主要功能，GIS 可以将空间数据转化为"地图"，展现这些数据所表达的空间关系，人们可以在地图、影像和其他图形中分析它们所表达的各种类型的空间关系。基于 GIS 的可视化主要用于分析空间对象的空间分布规律，进行空间对象的空间性质计算，同时直接查询需要做进一步分析的数据。GIS 可视化技术由于受到计算机图形软硬件显示技术的限制，早期的可视化在二维平面显示空间对象，但由于现实世界是真三维空间的，二维 GIS 无法表达真三维数据场，继而发展到了把三维空间数据投影显示在二维屏幕上来表示对象的空间关系。GIS 中包含大量的空间地理信息，能够提供丰富的图形图像信息并同相关的数据和资料建立联系，利用可视化结果来分析对象的属性空间位置的变化规律。

3. 虚拟现实

传统的空间数据的可视化方法强调空间数据在屏幕上的显示，而虚拟现实则注重三维图形的三维动态显示，它具有多感知性（视觉、听觉、力觉、触觉、运动等），投入感，交互性，自主感等重要特征。利用虚拟现实技术，不但能够在多维数据空间仿真建模，而且能够帮助人们获取高层次的抽象类知识。虚拟现实技术、计算机网络技术与空间数据的实际背景相结合，可产生虚拟环境。虚拟环境利用领域知识，根据空间数据以及有关理论和假设等描述空间对象所在系统的空间分布特征以及发展过程的虚拟世界。虚拟现实技术促进了空间数据库的可视化，创造了虚拟环境，在此环境中人们可以寻找不同数据集之间的关系，感受数据所描述的环境。通过人与虚拟环境的交互还可以分析不同组成部分之间的关系和相互作用的规律，可以利用虚拟现实技术对时过境迁的系统现象进行模拟，对系统的发展和演化进行回放。

4. 分析结果的可视化表示

空间数据分析与空间知识发现的结果具有各种类型的数据、信息和知识。空间分析的数据结果的可视化，按照可视化方法可以分为 4 类：几何技术，基于图标的技术，面向象素的技术，分级技术。几何技术是数据的几何变换和投影，通过映射将数据和二维或三维空间的几何形状联系在一起；基于图标的技术将多维数据项映射到一个图标内，来将数据的数值作为图标的特征进行显示。面向像素的技术把数据项的每个属性值表示为彩色像素，显示各数据，这种方法又可分为两种方法：查询依赖和非查询依赖。非查询依赖的方法用于可视化大量数据，可按某种自然属性排序（如时间序列）；查询依赖方法用于可视化相关数据项的查询。分级技术通过把 K 维空间划分成层次状的二维或三维子空间来可视化数据。

基于图的技术是用图的逻辑结构来有效地传递数据集的结构、关系和含义。空间知识发现所获取的知识一般可通过分析知识的组成和逻辑关系，利用图以及组成知识的元素的着色来可视化地展现知识，空间知识发现常见的知识类型都可以进行可视化。在知识发现过程中存在的第二种可视化形式是用可视化技术来表现通过空间知识发现所获得的知识。

关联规则、决策树、聚类和分类规则等利用各种表示逻辑关系的图来表示知识之间的层次和相互依赖。有向图可以用于关联规则的可视化表示，在有向图中结点表示数据的项，边表示关联关系，规则的可信度和支持度可用不同的颜色和数值来表示，有向图适合于数据和规则数目较少的情况下知识的可视化。二维矩阵是另一种关联规则的可视化表示方式，其规则用二维矩阵表示，规则体用同矩阵垂直的彩色条来表示，条的长度和颜色表示规则的支持度和可信度，该方法的缺点是不适于表示"多对多"的关系。关联规则的三维可视化克服了前两者的缺陷，将有向图和二维矩阵结合在一起，行表示数据项，列表示规则。数据项的表示显示在矩阵的右侧，规则头和规则体用不同的颜色区分，可信度和支持度用彩色条显示在矩阵端部。

可以看出，可视化是一个数据、信息与知识变换成可视形式的过程，以充分利用人类的视觉感知能力和大脑的思维与联想能力，来获取知识和规律。

5.4.3　基于可视化的知识发现

在知识发现过程中的第三种可视化形式是用可视化技术来完成空间知识发现。这是知识发现过程的可视化，它使得知识发现过程易于理解，且有助于知识的运用。

目前，基于可视化的知识发现是利用可视化的知识发现工具通过可视化的操作过程完成空间数据的知识发现，主要体现在两个方面：① 可视化的知识发现系统界面和可视化的知识发现过程的导航；② 可视化的查询和描述。

可视化的知识发现过程的导航就是利用图和图标辅助估计、监视和指导知识的发现过程，包括降维、聚集、方向和层次的设定。在子空间法的基础上可以得到高维数据的子集，在聚类分析的过程中可以得到高维数据集的可视化描述。在知识发现的初始阶段利用可视化过程引导发现人员确定进行知识发现的初始条件，确定知识发现的过程，以减少计算复杂性，减少低相关性数据集合。

可视化的查询将 SQL 扩展，用来表达对于空间信息的查询，并通过可视化界面实现空间关系操作；通过 SQL 语句，利用可视化组件可以使查询更为简明，并减少了出错的可能性。

基于知识的可视化将知识发现过程同可视化技术结合，充分利用了人的视觉认知、形象思维的能力、计算机的存储、计算和形象展示能力来实现知识发现。根据认知和思维科学的原理，基于可视化的知识发现不仅有助于发现新颖的知识，同时也有利于对所发现知识的理解。

由于空间数据中隐藏的知识具有复杂的结构和相互关系，现有的可视化方法难以将数据和知识通过可视化有机地结合起来使其更易于理解。面向对象技术是一个对现实世界的认识、表达的多次抽象过程。现实世界的复杂性决定了类、对象的抽象性及其关系的复杂性。利用超图模型的可视化方法，以超图、面向对象等概念为基础，将用有向图和集合的超图表示结合在一起，可以表现面向技术中的复杂关系和结构，不同抽象级的设计模式中的类、对象及其内在关系，构成为超图模型。超图模型包括类、对象、属性和联系等概念，其中属性包括类的性质和对象的性质；联系包括类与类（对象与对象）之间的连接和关系。超图模型可以表示空间数据和知识的依赖关系及其层次关系。可视化技术不仅用来表现静态的知识，同时可用于动态地描述和表达客观对象的发展演化规律以及进行动态知识的获取。目前空间数据分析的一个重要发展方向就是将空间数据作为复杂系统性质和行为特征的记录，利用现代系统科学、复杂性科学和非线性科学的理论和方法来分析研究空间数据中所蕴含的反映系统演化规律和相互作用的关系，此时可视化技术能展示演化过程和表示其非线性动力学行为。

习　　题

1. 解释空间数据挖掘的概念。
2. 给出空间数据挖掘的知识类型。

3. 讨论空间数据挖掘方法和原理。
4. 简述空间数据挖掘过程。
5. 讨论空间数据挖掘的难点。
6. 解释空间分析的方法和原理。
7. 简述空间数据共享的实现方法。
8. 解释空间数据可视化的概念。
9. 空间数据可视化的方法有哪些？

第6章
空间数据库设计

6.1 空间数据库设计概述

在前面几章，我们介绍了空间数据库的基本知识，包括相关概念、特点以及与传统数据库的区别等。根据大家以前学习关系数据库的经验，对于任何一种数据库来说，其设计往往决定着数据库的性能，空间数据库也不例外。本章将重点讲述空间数据库的设计。

简单地说，数据库的设计就是建立整个数据库的过程，其行为是基于数据库管理系统之上的。空间数据库的设计也不例外，就是在空间数据库管理系统的基础上建立数据库的整个过程。具体说来，空间数据库的设计就是在一个特定的应用环境下，设计并开发一个能够满足用户需求的空间数据库模式，并以此为核心构建空间数据库及其系统。在空间数据库的设计时，需要对空间数据进行分析，分析其特性，从而建立空间概念模型，然后再进一步的分析空间实体类别、属性以及空间实体间的逻辑关系等，最终将所建立的模型实例化，提供相关接口完成空间数据库的设计。据前面内容，我们知道与常规的数据表格相比，空间数据种类繁多、结果复杂、视觉丰富，这些特征也必然使空间数据库的设计具有不少特色。

6.2 空间数据库设计原则

（1）按照各项规范指标进行设计

空间数据库的设计应该和应用系统的设计结合起来。也就是整个系统的设计结果要将数据库的结构设计和数据处理过程的规范结合起来，这也是空间数据库设计的最主要原则。

（2）数据独立性强

数据独立性可以分为两种，即数据的物理独立和数据的逻辑独立。

数据的物理独立性是指数据的存取结构和存取方法的改变不需要因此而改变应用程序。这是数据共享的基本要求之一。

数据的逻辑独立是指数据的组织和处理与数据的逻辑结构分离，通过建立对数据逻辑结构即数据之间联系关系的描述文件、应用程序服务等方法实现。这样可以保证当全局数据逻辑结构改变时，不用修改程序，程序对数据使用的改变也不需要修改程序，使得深层次的数据共享成为可能。

（3）共享度高、冗余度低

在设计数据库系统时，要始终遵循"数据库系统是一个整体"的原则，即数据不是面向某一个特定的应用，而是面向整个系统。同一个数据可以被不同用户，不同应用使用。

合理的数据共享可以大大减少数据冗余，节约存储空间。这对于 GIS 系统更是异常重要，空间数据库本身的数据就异常庞大，数据的冗余不仅会浪费大量存储空间，还可能会造成数据不一致现象。

（4）用户与系统的接口简单性原则

用户与系统的接口简单即表示在尽量简化交互界面的同时能够帮助用户完成访问空间数据的需求，并能高效完整的提供用户所需的空间数据查询结果。同时，方便用户使用，易于理解学习，使其能够有效的通过易于理解的方式完成 SQL 语句的功能。

（5）系统可靠性、安全性与完整性原则

空间数据库设计的这 3 个原则又可以统称为空间数据库的保护原则。

完整性原则是指通过实时监控数据库事务的执行，来保证数据项之间的结构不受破坏，使存储在数据库中的数据正确、有效，以及在不同副本中统一数据一致与协调。

并发性原则是当多个用户并发存取同一个数据块时应对并行操作进行必要的控制，从而保持数据库数据的一致性。避免脏数据的产生。

安全性原则是指通过检查登录权限对不同级别数据库用户进行数据访问与存取控制来保障数据库的安全与机密。

（6）系统具有重新组织、可修改与可扩充原则

可以重新组织，表示系统可以为了适应新的数据库需求或者适应更高的数据访问率，提高系统性能，改善数据组织的结构，即改变数据库的逻辑结构和物理结构，这种改变称为数据的重新组织。

可修改和可扩充意味着当有新的需求或变化时，可以对现有数据库结构进行扩展或修改，以适应新的情况。这表示，数据库并不是一次性建立起来的，而是分批次建立起来的。同时，在对数据库不断地扩展和修改的同时，也要遵守第（2）条数据独立性原则，避免将来系统变化时不得不对整个系统推到重做。

6.3　数据库设计步骤

类似传统数据库的设计，空间数据库的设计工作通常也是分阶段进行的，不同的阶段完成不同的设计内容，且每一个阶段都应具有相应的成果。这种设计不仅仅体现在设计的时间阶段性上，还体现在体结构的层次上。与传统数据库设计相类似，空间数据库也是分为 5 个阶段，包括需求分析阶段、概念设计阶段、逻辑设计阶段、物理设计阶段和实施维护阶段，如图 6-1 所示。

① 需求分析阶段：准确了解并分析用户对系统的功能需要和基本要求，了解系统最终要达到的目标和需要实现的功能。这一步也是整个设计过程最基础、最困难、最耗费时间的一步。

需求分析阶段的设计目标是：明白显示要处理的对象及相互关系，清除原有旧系统的概况和发展前景，明确用户对本系统的各种需求，得到系统的基础数据及其处理方法，确定新系统的功能和边界。

需求分析调查的内容主要有 3 方面：数据库中的信息内容——数据库中需存储哪些数据，它包括用户将从数据库中直接获得或者间接导出的信息的内容和性质；数据处理内容——用户要完

成什么数据处理功能，用户对数据处理响应时间的要求，数据处理的工作方式；数据安全性和完整性要求——数据的保护措施和存取控制要求，数据自身的或数据之间的约束限制。

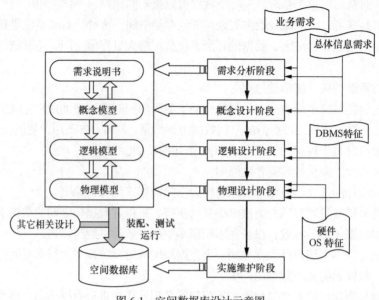

图 6-1 空间数据库设计示意图

② 概念设计阶段：概念结构设计是将系统需求分析得到的用户需求抽象为信息结构过程，概念结构设计的结果是数据库的概念模型。概念结构能转化为世界中的数据模型，并用 DBMS 等类似软件实现这些需求。这是整个数据库设计的关键。

概念结构设计的可分为两步：第一步是抽象数据并设计局部视图；第二步是集成局部视图，得到全局的概念结构。

③ 逻辑结构设计阶段：将概念结构转换为某个 DBMS 所支持的数据模型，并将其性能进行优化。

逻辑结构设计的一般步骤为：把概念模型转换成一般的数据模型；将一般的数据模型转换成特定的 DBMS 所支持的数据模型；通过优化方法将其转化为优化的数据模型。

④ 物理设计阶段：物理设计的主要内容是选择存取方法和存储结构，包括确定关系、索引、聚簇、日志、备份等的存储安排和存储结构，确定系统配置等。

数据库的物理设计可以分为两步进行：确定数据的物理结构，即确定数据库的存取方法和存储结构；对物理结构进行评价。

⑤ 实施和维护阶段：运用数据操作语言和宿主语言，根据数据库的逻辑结构和物理设计的结果建立数据库、编制与调试应用程序、组织数据入库并进行系统试运行。

数据库经过试运行后即看投入正式运行。在数据库系统运行过程中必须不断地对其结构性能进行评价、调整和修改。

6.3.1 空间数据库需求分析

空间数据库的设计也是一项软件设计研发工作，与其他软件设计类似，空间数据库设计也需要进行需求分析，需求分析是整个空间数据库设计与建立的基础。

一般来讲，空间数据库的需求分析就是对目标空间数据库系统提出一个完整的、准确的、清晰的、具体的要求，在这个阶段需要描述拟设计的空间数据库的目的、范围、定义和功能时所要做的所有的工作，这些工作包括用户和设计人员对系统所要设计的内容（数据）和功能（行为）的整理和描述，值得一提的是，这个阶段的工作都是以用户的角度来认识系统。这个阶段需要详细了解所要建立的空间数据库的各项需求，只有在确定了这些需求才能够分析和寻求新系统的解决方法。如果这个阶段的工作没有做好，则以它为基础的整个空间数据库的设计将成为一件毫无意义的工作，会给以后的工作带来困难，影响整个项目的工期，在人力、物力等方面造成浪费。因此，需求分析是空间数据库设计人员感觉最烦琐和困难的工作。

需求分析阶段又可以分为几个子阶段，每个子阶段都有相对应的子任务，按照图 6-2 所示，这个几个子阶段分别为：调查用户情况、熟悉业务活动、明确用户需求、确定系统边界、分析系统功能、分析系统数据、编写分析报告。简单地说，空间数据库设计人员和空间数据库使用人员首先通过谈话、讨论等方式明确空间数据库使用人员情况以及其对系统的期望，随后通过进一步明确其的需求，这些需求包括功能性需求和非功能性需求，然后确定系统边界，即要解决系统有什么、系统外有什么、系统规模，定义要创建系统哪些部分，通过分析系统功能和系统数据，将用户功能需求落实下来，形成需求文档。空间数据库的需求分析和一般的信息系统需求分析类似，但是空间数据库的设计还是具有其特殊性的，其在需求分析阶段所要收集的信息都要详细很多，不仅要收集数据的型（包括数据的名称、数据类型、字节长度等），还要收集与数据库运行效率、安全性、完整性相关的信息，包括数据使用频率、数据间的联系及对数据操纵是的保密要求等。

需求分析阶段是以调查和分析为主要手段的，以此获得用户对系统的要求如表 6-1 所示。

表 6-1　　　　　　　　　　　　　　　需求分析中系统对用户的要求

信息要求	用户存储在系统中的信息，即空间数据信息和控制信息，空间数据信息包括实体属性信息和实体之间联系信息，控制信息包括空间数据控制信息和系统管理控制信息
处理要求	用户在系统中要实现什么样的操作功能。对保存信息的处理过程和方法，各种操作处理的频率、响应时间要求、处理方式等，以及处理过程中的安全性要求和完整性要求
系统要求	包括安全性要求，使用方式要求和可扩充性要求。安全性要求：系统有多种用户使用，每种用户使用权限如何。使用方式要求：用户的使用环境是什么，最大并发数为多少。可扩充性要求：对未来功能、性能和应用访问的可扩充性的要求

需求分析阶段工作，以及形成的相关文档如图 6-2 所示。

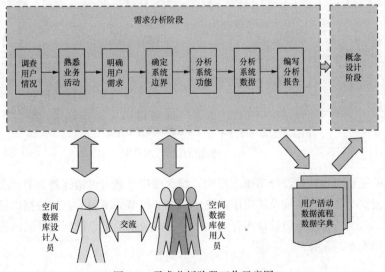

图 6-2　需求分析阶段工作示意图

6.3.2　空间数据库概念设计

空间数据库概念设计是在需求分析的基础上进行的，通过分析需求分析阶段提供的需求分析文档中的各种功能需求和非功能需求，进一步分析存储数据之间的关系，这些关系包括空间数据与空间数据之间的关系以及与非空间数据之间的关系，从而保证拟设计的空间数据模型能够正确、完整的表达现实世界，而且能够利用现有的技术进行实现。

概念设计是一个高层次、高级别的设计，是将用户需求直观映射到系统的一个重要步骤，这个阶段需要使用一种用户能够理解的通俗语言或者非常直观的表格等形式描述系统数据的特征以及数据之间的关系。专业地讲，就是要设计一个概念模型，而且这个模型不依赖于计算机系统和 DBMS（数据库管理系统）。概念设计阶段主要分为以下几个阶段：数据现状调查、数据需求分析、提出数据模型、组织制度设计。简单地说，首先通过数据现状调查用户需要存储使用的数据特征，调查用户的数据资源现状，对现有的数据资源进行分析、归类，结合需求分析阶段的需求文档，进一步分析用户的需求。通过一系列建模提出数据模型，主要是数据存储模型，最终进行组织制度方面的设计，并整合形成数据库的概念模型。在这个阶段需要注意的有两个方面，一方面，概念模型是用户对于自己所处的现实环境的概要表达，所以概念模型的设计必须要使用数据库的用户参与，以便使用户能够理解设计的概念模型。另一方面，概念模型设计时必须对概念模型的实现进行可行性分析，判断该模型的内容、部件与结构是否正确，是否可以使用现有的技术实现。

概念设计的基本步骤如图 6-3 所示。

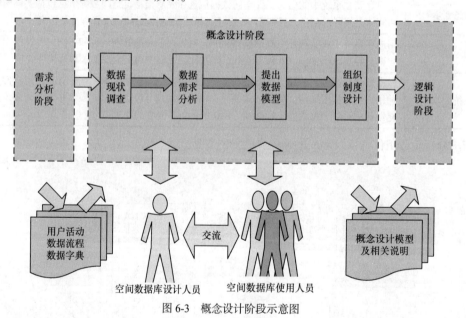

图 6-3　概念设计阶段示意图

概念设计的主要内容就是设计出概念模型，概念模型是通过对错综复杂的现实世界的认识与抽象，最终形成空间数据库系统及其应用系统所需要的模型。不同的空间数据库设计可能会有一些小小的不同，但是概念模型的设计内容大同小异，一般来说概念模型设计的内容主要由以下几个部分组成，如表 6-2 所示。

表 6-2	概念模型的主要内容
数据需求	主要包括数据内容、数据用途、数据特征、数据类型以及各类数据的优先级
数据特征	主要包括数据结构、数据内容等
数据组织	现有数据库于新建数据库列表，各个数据库的基本特征
数据关系	各类数据之间的关系、各个数据库之间的联系、概要数据流程
关系矩阵	产生数据的部门、维护数据和使用数据的部门等，当然也考虑到外部组织数据的交换
流程设计	主要是数据采集、数字化、数据采购、格式转换、质量标准、质量评定和数据产品入库等一系列流程的设计

6.3.3 空间数据库逻辑设计

首先我们要明白，空间数据库的概念设计是由空间数据库使用人员全程参与，数据库使用人员能够理解所构建的概念模型，这种概念模型从本质上来说还只是一个在草图上的产物，从某种程度上说，其与计算机还是相隔离的，属于一种自然界的建模。空间数据库的逻辑设计就是进一步将概念设计的概念模型与具体的计算机相结合，在概念模型的基础上将用户需求进行进一步综合、归纳和抽象，其构建的逻辑模型也是一个独立于具体 DBMS（数据库管理系统）的模型，是一种信息世界的建模。值得注意的是，逻辑模型是独立于具体的 DBMS，但是也可以将其转化为一个特定的 DBMS 支持的数据模型。

毫无疑问，空间数据库作为数据库的一个特例，其设计与我们常用的数据库逻辑设计也是大致相同。只是相对于传统数据库的逻辑设计，空间数据库具有更强的语义表达能力。空间数据库的逻辑设计也是分为准备工作、定义实体、定义联系、定义关键字段、定义属性、定义规则。

空间数据库的逻辑设计步骤如图 6-4 所示。

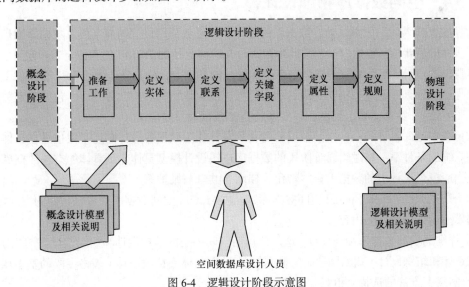

图 6-4 逻辑设计阶段示意图

① 准备工作：整理收集需求分析阶段和概念设计阶段的文档，对数据库的设计目的、范围描述进一步确认，确定设计目标，并制定相关的设计规划，包括时间规划、任务规划、流程规划、进度安排等，形成相关文献报表。

② 定义实体：从准备工作阶段收集的原材料中抽出并归纳各类实体，描述各类实体的特征和

属性，并对实体进行命名，制定实体标识格式。最终通过讨论、评审、优化形成初步实体表。

③ 定义联系：在定义实体阶段形成的实体表的基础上，结合实际业务的需求和相关规则，从而定义实体与实体之间的联系，即实体关系，并对实体关系进行命名和说明，形成实体关系表。

④ 定义关键字段：标识实体的关键字段，就是给实体一个唯一标识符，以便标识实体。在这个阶段，设计人员需要从每个实体类型的字段属性中抽选出一个能够方便标识的字段作为关键字段。

⑤ 定义属性：从元数据表中抽取说明性的名词组成属性表，确定属性的所有者，定义传递依赖规则，保证一个非主关键字段属性必须依赖主关键字段。

⑥ 定义规则：定义规则的目的就是要让使用用户按照规则进行操作，这样不仅能够规范操作，而且能防止因为不规范操作引起的数据库性能下降。定义规则主要是定义各类实体属性的数据类型、长度、精度、是否非空、默认值以及约束规则等。除此之外还要定义视图、触发器、角色、同义词、存储过程等。

数据库逻辑设计是整个设计的前半段，包括所需的实体和关系，实体规范化等工作。设计的后半段则是数据库物理设计，包括选择数据库产品，确定数据库实体属性（字段）、数据类型、长度、精度确定、DBMS 页面大小等。

在逻辑设计过程中，要充分考虑概念设计阶段的空间数据模型要求、空间数据类型、空间数据格式、空间数据发布方式、空间数据更新、空间数据共享需求数据总量、用户数目与使用数据频率、拟采用 GIS 软件、DBMS 配置与性能等。经过逻辑设计获得以下成果：地理试题/图层/属性定义、数据表主键、外部键定义、实体—关系模型、数据字典、元数据、业务/数据流程、表单与报表设计、数据安全性设计、数据域与使用规则。

6.3.4 空间数据库物理设计

数据库设计人员一般都认为，数据库的逻辑设计是数据库设计的前半段，数据库物理设计为数据库设计的后半段。数据库设计的前半段都是在脱离具体的 DBMS 的条件下进行设计，主要是对业务逻辑的设计，而后半段的设计是在逻辑设计的基础上，在一个具体的 DBMS 条件下进行设计，根据已经设计好的逻辑结构，设计和实施数据的存取结构和存取方式等，包括确定数据库实体属性（字段）、数据类型、长度、精度以及 DBMS 页面大小。

和传统数据库设计类似，空间数据库的物理设计作为数据库设计的后半段也是在具体的数据库管理系统的条件下，将逻辑设计阶段的数据库逻辑设计模型具体化到具体的空进数据库中，并落实数据库概念设计中的数据采集、转化、建库、共享与维护等。

无论是主流的 Oracle Spatial 空间数据库，还是 ArcGIS 空间数据库或者是其他的空间数据库，其物理模型设计包含以下内容。

① 详细的空间数据库结构设计：这部分包括空间要素的结构设计和组织设计、空间图层图像的结构设计和组织设计（栅格图层、矢量图层），地理实体属性表设计（表格字段的基本属性、别名），空间索引方法的选择、组织、设计。

② 空间数据库详细方案设计：详细方案包括地图数字化方案、数据整理与编辑方案、数据格式转化方案、数据更新处理方案、地图投影方案、坐标转换方案等。

③ 数据库安全保密设计：说明在数据库的设计中，如何通过区分不同的访问者、不同访问类型和不同数据对象，进行分别对待而获得数据库安全保密设计考虑。

④ 数据库性能评价：包括时间评价和资源利用评价，时间评价包括空间数据导入/导出时间、

数据库管理系统完全恢复时间、数据库管理系统增量备份/恢复时间、索引创建时、故障切换时间、数据库管理系统连接时间；资源利用评价主要指在一定的约束条件下测试被测数据库管理系统所能承受的数据库管理系统连接，对数据库服务器的内存泄漏情况、CPU 使用率、可用内存数等性能的衰减情况进行评测。

物理模型设计完成后，需要撰写设计文档，设计文档不仅仅作为一个设计底案保存起来，还将指导后续的数据库实施工作，在设计文档中，设计人员应该对数据字典进行详细说明，数据字典也就是对数据库中涉及的各项内容进行详细的描述，包括地理要素、空间图像图层、实体属性数据、实体属性表格、各类字段描述、关键字描述、标识符描述、结构描述以及其他的相关信息。

具体的空间数据库管理系统影响着空间数据库物理模型设计，在具体的项目实践中，第一步都是先确定数据库管理系统（DBMS），然后根据数据库管理系统提供的解决方案设计物理模型实现空间数据的存储与管理。目前，两大空间数据库系统 Oracle 和 ArcGIS 都拥有自己的空间数据库解决方案，Oracle Spatial 提供了用户级和企业级两种空间数据库数据管理方案，ArcGIS 提供了基于 GeoDatabase 的数据管理方案。

6.3.5　空间数据库的实施和维护

在这个阶段，将要收集并整理空间数据库需求分析、概念设计、逻辑设计和物理设计各个阶段的结果，根据最后的结果在计算机上创建用户可以体验使用的实际空间数据库，当创建完成空间数据库后，将装载实际的空间数据对已搭建的空间数据库进行系统测试。根据上述对这个阶段的描述，这个阶段的任务按照执行时间的先后顺序分别是，设计实际的空间数据库结构并将其在已经确定的空间数据库管理系统（DBMS）条件下，在具体计算机上创建空间数据库；向已建成的空间数据库中导入真实的空间数据，并对其进行测试，分析测试结果并判定是否满足之前所确定的功能需求和性能需求；根据上一步测试分析判定结果，对空间数据库提出改进建议并实施，确保搭建的空间数据库能够满足用户的功能需求和性能需求，最终为用户提供一个安全可靠的空间数据库系统。

但是，需要值得注意的是空间数据库的设计还包括一些其他设计，这些设计在前面几个阶段也都简单地介绍了，但是这些设计都有在这个阶段将被进一步研究其在空间数据库的构建时的必要性，这些设计包括：数据库的安全性设计、完整性控制，以保证一致性、可恢复性等，这些设计都有一个缺点，就是会牺牲部分数据库效率。所以设计人员都是尽可能想办法减小这种牺牲带来的影响，并且在数据库性能和数据库功能之间进行深入探究，以便达到一个最合理的平衡点。这一设计过程包括如下内容。

① 空间数据库的再组织设计：在数据库系统设计时提供再组织是非常有必要的，当系统使用环境的需求或者功能方面的需求发生变化，有必要对系统进行再组织。一般认为，再组织就是对空间数据库的概念、逻辑和物理结构进行改变，其中概念模型或逻辑模型的改变又称再构造，物理结构的改变称为再格式化。

② 故障恢复方案设计：故障恢复是当系统软件或者硬件出现故障时，用户避免或者减少损失的重要途径之一，在空间数据库设计中考虑的故障恢复方案，一般是数据库管理系统提供的故障恢复手段，我们要分两种情况加以讨论，一种情况是在数据库管理系统提供了故障恢复手段的条件下，这个时候设计人员只需要为用户提供一个可以获取在登录系统时的物理参数的接口，有了这个接口，一旦系统出现故障，用户通过获取登录时的物理参数便可以恢复登录时的数据；另一种数据管理系统未提供故障恢复手段，这个时候就必然设计一个可供用户使用的人工备份方案。

③ 安全性考虑：和大多数传统数据的安全性策略一样，为数据记录提供多种存取权限，通过限制用户对数据的访问，确保数据的安全。当然，除了这种方案外，用户可以在实际的应用中对用户进行权限分级，并为其设置密码，以确保数据的安全。

④ 事务控制：为了确保数据的完整性和一致性，特别是在一种多用户环境下，多个用户并发访问同一个数据块，事物控制就越发显得很重要。事务控制使用最多的就是封锁，对数据块施加封锁，防止多个用户同时修改同一个数据块（后面我们称之为封锁对象），这里重点提一下封锁粒度，封锁粒度就是封锁对象的大小，封锁粒度越高，并发性能就相对很差，而数据完整性和一致性就越发得到保证；反之，性能相对有所提高，但完整性和一致性将面临危险。

当空间数据库正式交付用户使用，投入生产时，空间数据库设计也就结束了，其维护也就开始了。这个阶段的工作有以下两个方面。

进一步测试数据库功能和性能，但是重点集中在数据库的性能，分析评估数据库的资源利用率，响应时间，这时可能会对数据库进行再组织。

收集用户反馈的信息，解决修复用户反馈的问题，对数据库进行升级优化。当然如果有必要的话，增加数据库的新功能。

6.4　主流空间数据库系统技术

6.4.1　Oracle Spatial 技术

Oracle Spatial 是 Oracle 的空间数据库系统，其定义有很多数据类型，这些数据类型都是基于 MDSYS 方案下支持的数据类型，如比较常用的 Sdo_Geometry 类型，Oracle Spatial 中的 Sdo_Geometry 类型表示是一个几何对象，这些几何对象包括点、线、面、多点、多线、多面或混合对象。除此之外，Oracle Spatial 还给予用户充分的自由，用户可以使用系统提供的接口，使用数组、结构体或者带有构造函数和功能函数的类来自己定义并创建对象类型。这样的对象类型可以作为属性列的数据类型，也能用来创建对象表。

Oracle Spatial 是 Oracle 数据库强大的核心特性，包含了用于存储矢量数据类型、栅格数据类型和持续拓扑数据的原生数据类型。Oracle Spatial 使得我们能够在一个多用户环境中部署地理信息系统（GIS），并且与其他企业数据有机结合起来，统一部署电子商务、政务。有了 Oracle Spatial 之后，即可用标准的 SQL 查询管理空间数据。

Oracle Spatial 功能由于传统的 GIS 技术已达到其本身可伸缩性和可扩展性的极限，用户越来越多地转向以数据库为中心的空间计算。Oracle Spatial 将空间过程和操作直接转移到数据库内核中，从而提高了性能和安全性。Oracle Spatial 从 1995 年 Oracle 7.1.6 开始发展到 2003 年的 10G 版本，空间数据处理能力越来越强大。

Oracle Spatial 主要采用了很多前沿的技术或者思想，现在就抽取几种重要技术或者思想加以介绍分析。

① Oracle Spatial 的地理元数据管理模式。Oracle Spatial 地理元数据管理是数据库运行基础，Oracle Spatial 构建了两种表，分别是元数据表和空间数据表，系统使用这两种表共同管理空间数据，特别是元数据表的使用能极大方便用户执行查找操作。Oracle Spatial 还采用 MDSY 方案进行用户的管理，在 MDSYS 方案中，使用表 SDO GEOMMETADA TATABL 进行存储所有上载到 Oracle

中的 MapInfo 地图信息（空间数据），每条记录描述了一个空间数据表的图形列名、图形的坐标维名称，以及各维坐标的上界、下界和精度等。表 SDO_INDEX METADATATABLE 存储与索引相关的信息，如被索引的列名、索引的方式、索引的级别、索引的所有者等。

② Oracle Spatial 的空间数据存储模式。Oracle Spatial 支持两种表现空间元素的模型，一种是大家熟知也经常用到的对象式模型，在这种模型中使用一张表来表示一个空间实体，这张表中存储了多条记录表示实体的各个属性，且字段类型为 number；还有一种是越来越流行的对象—关系式模型，在这种模型使用了一个数据库表，表中有一个类型为 MDSYS SDO_GEOMETRY 的字段，每一行记录就存储一个空间数据实体。这两种空间元素模型的主要区别为：对象关系模式下用列来存储对象，而关系模式下用二维表来存储对象。空间数据主要为属性信息和图形信息。属性信息为数字或文本，是非对象数据、图形信息，即空间数据，存放在字段名为 GEOLOC，字段类型为 SDO GEOMETRY 的对象类型记录中。拥有该字段的任何一个表，必须要有另外一列或几列用于定义这个表的唯一主键。

③ Oracle Spatial 的索引与查询技术。Oracle Spatial 在其提供的数据类型的基础上，采用了 r 树空间索引和四叉树空间索引，使用这种索引技术能够方便用户有效地实施查找操作，查询和索引 Oracle Spatial 中，空间几何数据的查询分为两步：其使用二叉树索引完成第一步查询工作，将所要查询的空间几何图形用小方格覆盖，以确定空间几何图形的范围，其使用的索引又可以分为固定索引和混合索引，固定索引就是索引时，对所有图形都以相同的小方格覆盖，而混合索引只对重点区域进行方格覆盖，注意这部分只在服务器端完成。在上步所查询的范围中进一步检索，找出所要查询的空间几何数据，在服务器或客户端进行。Oracle Spatial 使用两极查询模型来解决空间查询和连接问题。"两级"是指为解决该问题，使用两种不同的操作。如果两种操作同时被执行，那么将返回最精确的结果集。值得一提的是 Oracle Spatial 提供了与传统数据库类似结构化查询语言接口，用户可以使以 SQL 函数的形式实现数据库操作功能。

④ Oracle Spatial 的自定义空间实体。正如前文所讲，Oracle Spatial 允许用户自己定义一个实体，用户可以使用 CREA TETYPE sdo geometry AS OBJECT（…..）；语句进行实体类型的创建，创建实体时会用到以下几个关键词：SDO_GTYPE、SDO_SRID、SDO_POINT、SDO_ELEMINFO、SDO_ORDINATES。其中 SDO_GTYPE 表示几何图形类型，这些类型包括点、线串、多边形、弧线串、弧线多边形、复合多边形、符合线串、圆、矩形；SDO_SRID 用来存放系统 ID，进行系统维护使用，Number 型结构；SDO_POINT 定义为一组变长数组，存储点的 X，Y 和 Z 坐标；SDO_ELEMINFO 定义为一组变长数组，解释如何存储坐标； SDO_ORDINATES 定义为一组变长数组，存储组成空间图形的坐标。

⑤ Oracle Spatial 的空间分析。Oracle Spatial 的空间分析主要依赖于空间数据操作函数，主要有用于相交查询的 SDO_RELATE、SDO_FILTER、SDO_WITHIN_DISTANCE，用于缓冲区分析的 SDO_BUFFER，用于面积、长度计算函数的 SDO_GEOM AREA、SDO_GEOM_LENGTH 等。空间分析主要是分析图元之间的相交和包含关系，通过选择操作对象和被操作对象，来查找符合条件的图元。图元之间的相交和包含分析需要获取源图元和目标图元，应用程序利用循环语句获取图元的 ID，然后用 rvs =ds1RowValues(ftr)进行显示。在应用程序中，获取源图元和目标图元，选择条件关系后即可进行查询分析。首先，要进行数据库连接，主要是填写"DSN ="、"UID ="、"PWD ="；其次，设置必要的变量，用于存储或取得源图元和目标图元的信息，利用 ADO 方式与数据库进行交互操作；再次，书写关系语句，并再次调用 ADO 进行查询，如果得到符合条件的记录，就设置数组先保存旧的特征到一个临时数组中，然后动态分配数组，保存临时特征值；

最后把符合条件的目标图元显示在图层上。

6.4.2 ArcGIS 技术

ArcGIS 是 ESRI 的 GIS 产品家族体系的总称，是美国环境系统研究所开发的地理信息系统软件，也是世界上应用最为广泛的 GIS 软件之一。ArcGIS 的体系是非常庞大的，包含客户端软件、服务器端软件以及数据模型产品等。因此，ArcGIS 本身并不是一个 GIS 应用软件，而是一个完整的软件产品体系，其中每个产品都是依据特定的需求而设计的。

ArcGIS 由 4 部分组成：桌面 GIS 软件、嵌入式软件、移动 GIS 软件和服务器 GIS 软件。

（1）桌面 GIS 软件

桌面 GIS 软件是一个系列整合的应用程序的总称，主要包括 ArcMap、ArcCatalog 和 ArcToolbox，除此之外，还有若干可选的扩展模块。ArcView、ArcEditor 和 ArcInfo 是桌面软件桌面 GIS 软件的三级产品，功能上是逐级增强的。

ArcMap 是 ArcGIS Desktop 中一个主要的应用程序，其在数据组织和编辑、地图出版、地图编辑、查询和分析、建模分析等方面的功能强大。在 ArcGIS 中，地图设计主要依靠 ArcMap 完成。

ArcCatalog 是以数据为核心，用于空间数据和非空间数据的管理、数据库设计和元数据的管理，是用户规划数据库表、订制和利用元数据的环境。用户可以利用 ArcCatalog 组织、发现和使用 GIS 数据，使用标准化的元数据来对数据进行说明，创建和管理用户所有的 GIS 信息，如地图、数据集、模型、元数据等。地理信息数据库管理员还可以使用 ArcCatalog 来定义和创建 Geodatabase，地理信息服务器管理员可以通过 ArcCatalog 来管理 GIS 服务器。

ArcToolbox 是一个空间处理工具的集合，拥有强大的空间处理能力，主要具有数据管理、数据转换、Coverage 的处理、矢量分析、地理编码、统计分析等功能。ArcTool box 内嵌在 ArcCatalog 和 ArcMap 等应用程序中，在桌面 GIS 软件的三级产品中均可使用。

（2）嵌入式 GIS 软件

ArcGIS Engine 提供了嵌入式的 GIS 组件，能为用户提供了有针对性的和特定需求的 GIS 功能。ArcGIS Engine 是一个用于创建客户化 GIS 桌面应用程序的产品。ArcGIS Engine 是基于 ArcGIS 核心的组件库——ArcObjects 之上的。

ArcGIS Engine 是 ArcObjets 组件跨平台应用的核心集合，ArcGis Engine 提供了多种开发的接口，能适应 VB、Java、C++和.NET 等开发环境。开发者可以使用这些组件来开发订制的 GIS 和地图应用。应用程序可以建立在 Microsoft Windows 和 Linux 等通用平台上。

（3）移动 GIS 软件

目前拥有 GIS 和 GPS 功能的无线移动设备常用于野外信息采集等方面。野外军事行动、野生动物跟踪、事故调查和报道，工程检修员、测量员、公用设施施工与管理人员、统计调查员、警察以及野外生物学家等都是使用移动 GIS 的用户。某些野外工作者需要简单的 GIS 工具来实现一些简单的功能，而有些野外工作者，需要复杂的操作和地图浏览，因此这些高级用户需要高度复杂的 GIS 工具、一系列的技术和框架来满足需求。

ArcGIS 提供了 3 个移动应用的解决方案，能够满足简单和复杂的移动用户应用的需求：ArcPAD——为野外工作者提供简单的移动 GIS 功能；ArcGIS Desktop 和 ArcGIS Engine——这些产品为高级移动 GIS 用户提供了复杂的制图显示和编辑工具。

（4）服务器 GIS 软件

服务器 GIS 软件的应用正在快速发展，一方面是由于其业务模式自身的优势，另一方面是因为服务器 GIS 可以更好地以几种方式利用 GIS 专业人员创建和管理的信息和资源。为了在企业内部共享空间信息和功能，原有的桌面 GIS 主键发展为基于服务器的 GIS 方式，它基于 Web Serives 向外提供内容和功能。

GIS 用户可以建立一个集中的 GIS 服务器，在大型组织之内或者 Internet 上的用户之间发布和共享地理信息。服务器的 GIS 软件使用集中执行的 GIS 计算，并计划扩展支持 GIS 数据管理和空间处理的功能。除了为客户端提供地图和数据服务，GIS 服务器还在一个共享的中心服务器上支持 GIS 的所有功能，包括制图、空间分析、复杂空间查询、高级数据编辑、分布式数据管理、批量空间处理等。服务器 GIS 是 ArcIMS、ArcGIS Server、ArcSDE、ArcGIS Image Server 等 GIS 软件的总称。

如上面所提及，ArcGIS 的设计主要内容是 GeoDatabase 模型的设计。GeoDatabase 是一种采用标准关系数据库技术来表现地理信息的数据模型。GeoDatabase 支持在标准的数据库管理系统（DBMS）表中存储和管理地理信息。GeoDatabase 支持多种 DBMS 结构和多用户访问，且大小可伸缩。从基于 Microsoft Jet Engine 的小型单用户数据库，到工作组，部门和企业级的多用户数据库，GeoDatabase 都支持。目前有两种 GeoDatabase 结构：个人 GeoDatabase 和多用户 GeoDatabase（multiuser GeoDatabase）。

在 ArcGIS 中，是由 GIS 软件和数据库共同完成地理数据的管理。某些数据管理，如磁盘存储、属性数据类型的定义、联合查询和多用户的事务处理都是由数据库完成的。GIS 应用软件则通过定义 DBMS 表，用来表示各种地理数据和特定领域内的逻辑，以及维护数据的完整性和实用性。实际上，DBMS 是专门用来存放地理数据的，而完全不是用来定义地理数据的行为的。这是一个多层的结构（应用和存储），数据的存取是通过存储层（DBMS），由简单表来实现，而高级的数据完整性维护和信息处理的功能是在应用层软件（GIS）完成的。GeoDatabase 的实现也使用了和其他高级 DBMS 应用相同的多层结构。GeoDatabase 对象作为具有唯一标识的表中的记录进行存储，其行为通过 GeoDatabase 应用逻辑来实现。GeoDatabase 的核心是标准的（不是特殊的）关系数据库模式（一组标准的 DBMS 表，字段类型，索引等）。数据的存储由应用层的高级应用程序对象协调和控制（可以是 ArcGIS 客户端或 ArcGIS Server）。这些 GeoDatabase 对象定义了通用的 GIS 信息模型，可以在所有的 ArcGIS 应用和用户中使用。GeoDatabase 对象的作用就是向用户提供一个高级的 GIS 信息模型，而模型的数据以多种方式进行存储，可以存储在标准的 DBMS 的表中，或者文件系统中，也可以是 XML 流。所有的 ArcGIS 应用程序都与 GeoDatabase 的 GIS 对象模型进行交互，而不是直接用 SQL 语句对后台的 DBMS 实例进行操作。GeoDatabase 软件组件实现了通用模型中的行为和完整性规则，并且将数据请求转换成对相应的物理数据库的操作。

GeoDatabase 在关系表中存储空间和属性数据，此外还存储地理数据的模式和规则。GeoDatabase 的模式包括地理数据的定义、完整性规则和行为，如要素类的属性、拓扑、网络、影像目录、关系、域等。模式由 DBMS 中一组定义地理信息完整性和行为的 GeoDatabase 的元数据表（meta-table）来维护。SQL 可以操作表中的行、列和类型。列类型（数值型、字符型、日期型等）是 SQL 代数中的对象。空间数据一般存储为矢量要素和栅格数据，以及传统意义上的属性表。比如，一个 DBMS 表可以用来存放一个要素的集合，表中的每行可以用来保存一个要素。每行中的 shape 字段存储要素的空间几何或形状信息。shape 字段的类型一般分为两种：① BLOB（大二进制对象）；② DBMS 支持的空间类型。相似的要素的集合（具有相同的空间类型，如点、线或多边形，加上相同的一组属性字段）由一个单一的表来管理，称为要素类。栅格和图像数据也存放在关系表中。栅格数据通常很大，需要副表用于存储。栅格数据通常切成小片，称为块

（block），存放在单独的块表的记录中。不同的数据库中存储矢量和栅格数据的字段类型是不同的。如果 DBMS 支持空间扩展类型，GeoDatabase 可以直接使用这些类型存储空间数据。作为 SQL 3 MM Spatial 和 OGC 简单要素 SQL 规范的主要作者，ESRI 一直致力于将 SQL 向空间化方向扩展，重点是支持在标准的 DBMS 和独立的 Oracle Spatial 中存储 GeoDatabase。

支撑 GeoDataBase 工作的还有 GeoDataBase 模型结构，具体内容请参见 3.3.5 一节。

6.4.3　MapInfo

MapInfo（Mapping Information）是美国公司的桌面地理信息系统软件，是一种数据可视化、信息地图化的桌面解决方案。MapInfo 融合了计算机地图方法、数据库技术和空间分析等功能，形成了极具实用价值的、可以为各行各业所用的地理信息系统软件。

MapInfo 可以方便地将数据属性数据和地理信息及其关系直观地进行展现，其复杂而详细的数据分析能力可帮助用户从地理的角度更好地理解各种信息；可以增强报表和数据分析能力，找出以前无法看到的模式和趋势，创建高质量的地图以便做出高效的决策。

MapInfo 提供一整套功能强大的工具来进行复杂的商业地图化和数据可视化的管理。通过 MapInfo 可连接本地及服务器端的数据库，创建地图和图标的链接，以揭示数据行列背后的真正含义。用户也可以特别订制以满足自己的需要。

MapInfo 有着强大的功能，这对初次接触 MapInfo 的用户具有一定的难度，它不同于大众化软件，MapInfo 有很强的专业性。

（1）表在 MapInfo 中的基本概念

地理信息系统软件必然跟数据库联系在一起，数据库是一种有组织的数据集合。在 MapInfo 中，数据是按表进行组织的，其中表又可以分为数据表和栅格表两大类。

数据是由行和列组成的，每一行为一条记录，每一列为一个字段。每一行包含特定的地理特性或事件等信息，每一列包含有关表中数据项的特点类型的信息。数据表可进一步分为包含地理要素的图形对象的数据表和不包含图形对象的数据表。栅格表没有记录、字段或索引等表结构，它只是一种能在地图窗口中显示的图像。在 MapInfo 中，大多数表为数据表。

MapInfo 以表的方式来组织信息，表是将数据与图形结合在一起的纽带。每一个表都是一组 MapInfo 文件，这些文件组成了地图文件和数据库文件。要在 MapInfo 中工作，首先得打开一个或多个表。MapInfo 支持多种类型：MapInfo 表、ASCII 文件、Microsoft Excel 文件、栅格文件等，其中 MapInfo 表是最常用的类型，也是 MapInfo 默认打开表的类型。

当使用 MapInfo 时，可以直接读取 Excel 或 ASCII 格式等多种数据文件，此外，在创建表、或导入或导出时，MapInfo 可以生成多种不同扩展名的文件。主要有用于图形对象的 MapInfo 转入/转出格式（MIF 文件），用于表格数据的 MapInfo 转入/转出格式（MID 文件），以 MapInfo 格式保存的表格数据文件（DAT 文件）和包含描述地理对象的地理数据（MAP 文件）。

（2）MapInfo 中的地图图层

MapInfo 是以表的形式来管理信息的，用户与 MapInfo 交互时，用户面对的是一幅或多幅数字地图。在 MapInfo 中表与地图之间的联系，是通过地图图层建立的。

在 MapInfo 中，图层是数字地图的构筑块，数字地图实际十多个图层的集合。可以把数字地图看成是由层层叠加的透明层组成的，而该透明层就成为图层，每个图层包含了整幅地图中的一部分内容。

MapInfo 中的图层来自含有图形对象的互数据库表，每个含有图形对象的数据库表都可显示为一个图层。假设我们有一个图层包含某个城市的线装地物，如管线设施；另一个图层包含该城市的面状地物，如绿地；还有一个图层由点状地物组成，如绿灯。这样我们把 3 个图层叠加在一起就形成了一副简单的城市地图。

在 MapInfo 中用户在创建图层时，可以把图层定义成多种形式，如选择适当图层组成所需的地图，使用"图层控制"对话框对图层进行增加、删除或重新排序等操作。

MapInfo 中还有两种特殊图层：装饰图层和无缝图层。

① 装饰图层：装饰图层是一个特殊图层，它位于地图窗口最上层。它存在于 MapInfo 的每个地图窗口中，可以将它想象为一个位于其他图层之上的空白透明体。装饰图层主要用于存储地图的标题和在工作会话期间创建的其他地图对象，它具有不能被删除、不能被重新排序等特点。

② 无缝图层：无缝图层是一组基表构成的图层。基表指的是 MapInfo 表，但不能是已配准的或未配准的栅格图像。无缝图层允许用户一次为一组表改变属性、改变标注或使用"图层控制"对话框，也可以使用信息工具或选择工具检索和浏览该图层中的任何一个基表。

③ MapInfo 中的地图对象

MapInfo 中的数字地图是由图层组成，组成图层的地图对象主要有 4 种基本类型。

① 区域对象：覆盖给定面积的封闭对象，包括多边形等，如国界线、住宅区域等。

② 点对象：表示数据的单一位置，如电线杆，消防栓等。

③ 线对象：覆盖给定距离的开放对象，包括直线、曲线等，如道路、光纤线路等。

④ 文本对象：描述地图或其他对象的文字，如名字、备注信息等。

6.5　基于 Oracle 的空间交通数据库的设计实例

Oracle Spatial 是在空间数据库领域中除 ArcGIS 外应用最为广泛的空间数据库系统，下面简单介绍一个基于 Oracle Spatial 的公交系统实例设计案例。

无可厚非，公交系统的信息管理涉及了大量的空间数据，这些数据多为空间数据，传统的管理方法是使用一个通用的商业数据库管理空间实体的属性数据，使用文件管理空间数据，但是这种方法会涉及大量的链接查询和跨系统查询，频繁地进出数据库系统，会导致系统的响应能力下降，系统的性能不高。而 Oracle Spatial 是一个专门存储、处理空间数据的数据库系统，其强大的空间数据存储、处理能力将会为公交系统设计提供性能上的保证。

Oracle Spatial 的存储结构有很大的优势，其把相关的属性数据和空间数据完整地存储在同一条记录中，也就是说对空间数据中的实体操作仅仅只在数据库系统中执行，避免了在传统空间数据管理中的那种频繁进出系统的操作，而且这种存储结构不仅方便了数据管理，而且大大提高了查询效率。Oracle Spatial 是利用对象关系模型（Obiect Relational Model Spatial）实现的，核心是通过定义类型为 MDSYS.SDOGEOMETRY 的字段，每个几何对象无须占用多行存储，对应 OpenGIS Feature 实现规范中的 "SQL92+ Geometry" Feature 实现方案。

下面讲述公交系统的搭建，为简化问题的叙述，拟定只涉及两个空间实体，即公交线路和公交站点。按照 Oracle Spatial 中的空间实体模型的划分，公交线路是一条复合线对象，由不同的站点组成，站点之间由直线或弧线连接；公交站点是三维点对象，两个实体之间是多对多联系，具体如图 6-5 所示。

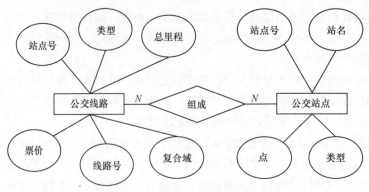

图 6-5　空间实体模型

使用 Oracle Spatial 进行空间数据库的逻辑结构设计分为两个步骤进行：一个是 E-R 图向关系模式转换，就是将图 6-5 的 E-R 图按照指定转换规则转换为关系模式，方便数据库系统进行存储；另一个是关系模式优化，就是在现有的关系模式基础上，分析现有关系模式满足第几范式，是否可以对其进行一定优化，以便后续的数据操作。下面重点讲述公交系统逻辑结构设计中的两个步骤。

步骤一：E-R 图向关系模式转换，拟搭建的公交系统主要用到的转换规则。

① 一个实体型转换为一个关系模式。其中，关系的属性为实体型的属性，关系的码为实体型的码。

② 一个 m：n 联系转换为一个关系模式。其中，关系的属性是与该联系相连的各实体的码以及联系本身的属性，关系的码为各实体码的组合。

③ 对于多值属性，创建一个具有两个列的新关系：一列对应多值属性，另一列对应拥有该多值属性的实体的码。多值属性和对应实体的码构成新关系的码。

根据上述规则，E-R 图转换为如下规则（有下画线的属性为主码）：

公交线路（线路号，票价，站点号，类型，总里程，复合线)；

公交站点（站点号，站名，类型，点对象）；

组成（线路号，站点号）。

其中，"线路号"和"站点号"是组成关系的外码，"公交线路关系"和"公交站点关系"均为被参照关系，"组成关系"为参照关系。

步骤二：关系模式优化。在关系模式公交线路中，属性站点号是个多值属性，不满足第一范式的要求，按规则将公交系统关系模式分解为如下两个模式：

公交线路（线路号，票价，类型，总里程，复合线）；

线路站点（线路号，站点号）。

然后优化、合并重复冗余的模式构成如下关系模式：

公交线路（线路号，票价，类型，总里程，复合线）；线路号是公交线路关系的主码。

公交站点（站点号，站名，类型，点对象）；站点号是公交站点关系的主码。

组成（线路号，站点号）。主码是组合码（线路号，站点号），其中"线路号参照公交线路关系的主码"线路号，"站点号"参照公交站点关系的主码站点号，因此，"线路号"和"站点号"是组成关系的外码，公交线路关系和公交站点关系均为被参照关系，组成关系为参照关系。上述 3 个模式均满足第三范式。

空间数据库的实施包括建立数据库、插入空间数据、建立空间索引等内容，具体如下。

SQL 语言建立空间数据库 （以公交线路为例）：

创建线路实体：

```
CREATE TABLE "SYS"."LINE" (
"LINE_ID" NUMBER(10) NOT NULL,
"LINEl_NAME" VARCHAR2(2O),
"PRICE"NUMBER(1O,2),
"TYPE"VARCHAR2(10),
"LENGTH"NUMBER(10,2),
"LINE""MDSYS"."SDO_GEOMETRY",PRIMARY KEY("LINEJD"));
```

创建点实体：

```
CREATE TABLE "SYS"."POINT" (
"POINT_ID"NUMBER(10)NOT NULL,
"POINT_NAME" VARCHAR2(2O) NoT NULL,
"TYPE" VARCHAR2(10)
"POINT""MDSYS"."SDO_GEOMETRY",
PRIMARY KEY("POINT_ID"));
```

创建链接关系：

```
CREATE TABLE "SYS"."JOIN" (
"LINE_ID" NUMBER(10) NOT NULL,
"POINT_ID" NUMBER(10) NOT NULL,
FOREIGN KEY("LINE_ID") REFERENCES "SYS"."LINE" ("LINE_ID"),
FOREIGN KEY("POINT_ID")REFERENCES "SYS"."POINT" ("POINT_ID"));
```

利用 SQL 语言插入空间数据（以 01 路数据插入为例）：

```
INSERT INTO LINE VALUES(01'01 路',2.0,'空调线路',20,
MDSYS.SDO_GEOMETRY(2002,NULL,NULL.MDSYS.SDO_ELEM_INFO_ARRAY(1,4,2,1,2,1,9,2,2),
MDSYS.SDO_ORDINATE_ARRAY(15,10,25,10,30,5,38,5,38,10,35,15,25,20)));
```

利用 SQL 语言建立空间索引：

```
Create index cola_spatial_idx
oncola_markets(shape)
indextype is MDSYS. SPATIAL_INDEX) (建立 r-tree 索引)
```

加上下面的语句建立 quad-tree 索引：

```
parameters('SDO_LEVEL=8')
```

6.6　基于 MapInfo 的数据模型设计实例

在 MapInfo 中，用户可以通过图形分层技术，根据自己的需求或一定的标准对各种空间实体进行分层组合，将一张地图分成不同图层。采用这种分层存放的结构，可以提高图形的搜索速度，便于各种不同数据的灵活调用、更新和管理。

MapInfo 是以表的形式来组织信息的，每一个表都是一组 MapInfo 文件，这些文件组成了地图文件和数据库文件。

一个典型的 MapInfo 表将由下列文件构成。

① 文件名.tab：描述表的数据结构。它是一个小的文本文件，描述包含数据文件的格式。

② 文件名.Dat，或文件名.Dbf、xls、wks：这些文件包含表格数据。若工作中采用 dBASE/FoxBASE、Excel 等文件，MapInfo 将由一个. tab 文件和以上数据或电子表格文件组成。对于栅格数据文件，该等效扩展名就是 bmp、tif、gif 等。

③ 文件名.map：该文件描述图形对象。

④ 文件名.id：这是一个交叉引用文件，用于连接数据和图形对象。

⑤ 此外，表还可以包含一个索引文件（文件名. ind），索引文件用于查找地图对象，如果用户在表中确定了用于查找的关键字段，该索引就存在于索引文件中。

6.6.1 建立数据库及矢量数据文件

① 进入 MapInfo，选择菜单"文件→打开表"，出现"打开表"对话框。如图 6-6 所示。

② 将对话框中的文件类型定为"栅格图像"，选择正确路径，找到 china（.gif）文件，单击"打开"按钮，出现提示信息："你想简单地显示未配准的图像，或配准它使它具有地理坐标？"单击"显示"按钮，窗口出现 China 栅格图像。

③ 选择菜单"地图→图层控制"，出现"图层控制"对话框，使"装饰图层"可编辑，如图 6-7所示。

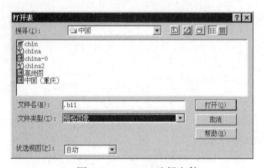

图 6-6　MapInfo 选择文件

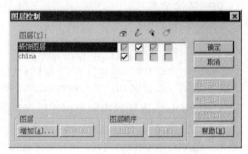

图 6-7　MapInfo 图层控制

④ 选择"绘图"工具条中的点编辑工具，找到各城市符号的中心点，单击鼠标左键，数字化图上显示所有城市的点位。

图 6-8　MapInfo 点编辑工具

⑤ 选择菜单"地图→保存装饰对象"，出现"保存装饰对象"对话框，选择正确路径，取名Point 存盘。

⑥ 选择"绘图"工具条中的折线编辑工具，数字化长江、黄河。方法是：找到起点单击鼠标左键，然后沿着欲数字化线段依次寻找拐弯点并单击鼠标左键，直至河流的另一端点，双击鼠标左键结束。重复第⑤步，取名 Line 存盘。

⑦ 选择"绘图"工具条中的面编辑工具，数字化各省市自治区范围。方法同上，但表示结束的鼠标双击使得终点与起点自动连接形成封闭的多边形。重复第⑤步，取名 Region 存盘。

⑧ 打开 Windows 资源管理器，查看以上 3 组 MapInfo 文件。

6.6.2 数据模型的设计和关联操作

（1）创建 Table，输入属性数据

① 运行 MapInfo 应用程序，进入 MapInfo。

② 选择菜单：选择"file（文件）→New Table（新建表）"，出现"New Table"对话框，在对话框的复选框中选中"Open New Browser"（见图 6-9），然后单击"Create（创建）"按钮，出现"New Table Structure（新表结构）"对话框，如图 6-10 所示。

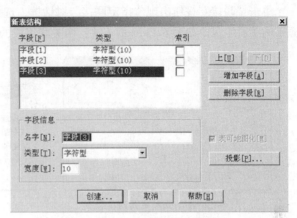

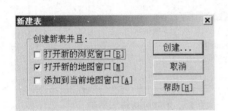

图 6-9　MapInfo 新表对话框　　　　　图 6-10　MapInfo 新表结构对话框

③ 在新表结构对话框中单击"Add Field（增加字段）"按钮，并给出字段的名称、类型、宽度。根据需要增加若干字段，然后单击"Create（创建）"按钮，出现"Create New Table（创建新表）"对话框，选择正确路径，为新建表起名，出现该表浏览窗口（Browser）。

④ 选择菜单：选择"Edit（编辑）→New Row（新建行）"，或按快捷健 Ctrl+E，增加新的记录。

⑤ 输入附录二所提供的信息。

（2）修改空间数据的 Table 结构，插入属性数据

① 打开第一节所数字化的城市点位 Table，选择"表→维护（Maintenance）→表结构（Table Structure）"，出现修改表结构对话框（与新表结构对话框相同）。与上面步骤③一样增加若干字段，确定后地图窗口自动关闭。

② 选择菜单：选择"窗口→新地图窗口 / 新浏览窗口"，使地图窗口及浏览窗口再现。

③ 选择菜单：选择"窗口→平铺窗口（tile）"，使地图窗口与浏览窗口并列，如图 6-11 所示。

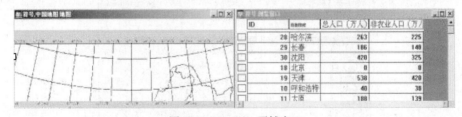

图 6-11　MapInfo 平铺窗口

④ 在地图窗口选择某一城市符号，则浏览窗口将突出该点的记录。如果该记录不在当前窗口范围内，则选择菜单"查询→查找"，选中记录，此时选中的记录将跳到窗口的第一行。在该记录行输入相应字段的数据。

⑤ 用同样方法输入附录三中所有城市的数据。

（3）将新建的属性数据库与相应的空间数据库进行连接，将属性数据添加到空间数据库中。

① 打开第一节数字化的省区 Table（Region.tab）。

② 选择"表→更新列"，出现其对话框，选择 Region.tab 表进行更新，对话框中各项的设置

如图 6-12 所示。

③ 更新列（Column to Update）选择新增临时列（Add New Temporary Column），或者欲更新的项。

单击"联接"按钮出现"指定联接"对话框，选择目标 Table（欲更新）和源 Table（数据来源）的关联字段，如图 6-13 所示（注：两关联字段的类型应一致）。

图 6-12　MapInfo 更新列示意图

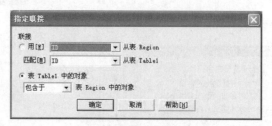
图 6-13　MapInfo 指定联结

④ 以上更新是临时性的，若要永久存放，则必须选择菜单"文件→另存为"，并重新命名存盘。

⑤ 保存所有 Table。

6.7　基于 ArcView 的空间数据应用

6.7.1　ArcView 的基本操作界面

1. 系统进入运行的初始界面

打开 ArcView 系统，出现如图 6-14 所示的项目管理器和欢迎对话框。这时，用户可以选择建立一个新的视图或建立一个新的项目，也可以打开一个已有的项目。

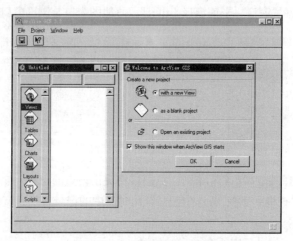
图 6-14　ArcView 项目对话框

这是一个模式对话框，用户必须有所应答或关闭该对话框方可进行下一步，但用户可去掉该对话框最下行检查框中的选定标记，在以后的启动中不再出现该对话框，而直接进入菜单栏中选择相应的菜单功能。

　　ArcView 以项目（Project）作为基本的应用单元，所以启动 ArcViewd 的同时也打开一个项目管理器，此时无论用户作何回答，该项目管理器都会进入管理状态。

2. 建立一个新视图

　　当用户选中该欢迎对话框的"with a new View"选项，即建立一个新的视图时， ArcView 则以缺省名称"Untitled"打开一个项目管理器，并打开一个视图窗口（View1）和一个问讯对话框，询问用户是否马上进行空间数据的输入操作，并为输入操作准备好相应的菜单和图标资源，如图6-15 所示。

　　一般情况下，这时用户应进行空间数据的输入操作，如打开已有的 shape 文件，或遥感影像文件等，也可以直接创建这些 ArcView 文件。

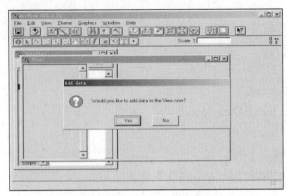

图 6-15　ArcView 建立新视图

3. 打开一个空项目

　　当用户选中该欢迎对话框的"as a blank project"选项，即打开一个空项目时，ArcView 则打开一个尚没有任何 ArcView 文档加入的项目窗口，以等待用户为其加入文档，或在该项目下建立新文档，如图 6-16 所示。

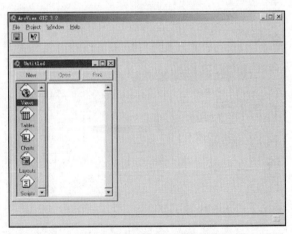

图 6-16　ArcView 打开空项目

4. 打开一个已有的项目

　　当用户选中该欢迎对话框的"Open an existing project"选项，即打开一个已有的项目时，

ArcView 则打开一个打开项目对话框，打开项目对话框实际上就是一般的文件名输入对话框，用户可以在整个磁盘空间寻找要打开的 ArcView 项目文件（扩展名".apr"）。

（1）打开矢量的文件

- .View / Add theme（图层、主题）。
- .Data Source Type: Feature Data Source。
- .打开世界地图（城市、河流、国家 3 个图层）。
- 观察文件名后缀：*.shp。
- 观察显示区的图层控制栏。
- 放大文件进行观察。
- 单击工具栏 Open theme table，看属性数据。
- 观察坐标情况。
- 观察 Talbe 显示时的菜单与 View 显示时有何不同。

（2）打开栅格的文件。

- 新建一个 View。
- 打开工具栏 Add theme。
- Data Source Type: image Data Source。
- 打开 yunnan.tif。
- 放大文件进行观察。
- 单击工具栏 Open theme table，看属性数据。

6.7.2 地理信息的录入

① 启动 ERSI / ArcView3.2。如前所述，启动 ArcView 软件，并在弹出的询问框 "Welcome to ArcView GIS" 单击 "OK" 按钮，保证默认设置。

② 此时系统会弹出添加数据对话框 Add data。单击 "yes" 按钮，ArcView 将自动建立了一个项目，并且打开了一个 View，如图 6-17 所示。

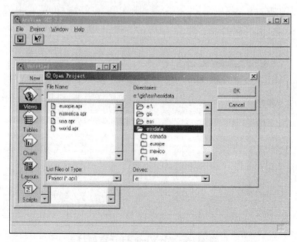

图 6-17 ArcView 添加数据

③ 单击工具栏上的按钮 Add theme,或者菜单 View/ Add theme。

④ 出现对话框 Add theme。选择存放文件 "电子科大校园平面图.tif" 的路径。

此步骤要注意在 Data Source Type 中，需选择 imgeData Source。

选中电子科大校园平面图.tif，单击"OK"按钮。

⑤ 在 View1 左边的图层控制栏上，找到电子科大校园平面图.tif 的图层按纽，在小方块上点击，使它打上勾，则电子科大校园地图在显示区显示出来。

"电子科大校园平面图.tif"将作为数字化的底图，分析底图，确定需要的图层。电子科大校园平面图上，主要的要素包括"电子科大校园平面图边界（外包多边形）"、"电子科大几条道路（红色的线）"和"电子科大校园内土地的占用（食堂、教学楼、办公楼、实验楼、学生宿舍）（各个多边形）"。

⑥ 数字化学校边界。

首先填加一个新的图层 View / New Theme，用鼠标把边界画在这层上。此时出现对话框 New theme，在下拉列表中，确定该层输入类型为 polygon，单击"OK"按钮。系统将继续出现要求保存该新图层的对话框，确定新图层的保存位置：磁盘（drives）、路径（directories），确定文件名称为"校园边界"，单击"OK"按钮。

⑦ 在 View1 的左边图层控制中，出现校园边界.shp 的按钮，并且小方块上打了虚框。虚框表示该图层目前可以进行编辑、修改。

数字化信息前，必须确保相应图层处于可编辑状态，即小方块上打了虚框。

选择第二行工具栏上的按钮 Draw，按住该按钮不放，出现下拉选择，选择工具 draw polygon，沿着校园边界，逐步单击，进行数字化。

数字化中的若干问题：

- 移动底图：轻轻按住鼠标右键，选择 pan。
- 数字化过程中不要随意单击显示区外部，否则数字化工作无效。
- 数字化工作中，不要轻易双击。
- 跟踪边界结束后，双击结束数字化工作。

数字化完成后注意保存 Theme/ save editing，也可以选择撤销上一步操作等。

⑧ 数字化完校园边界.shp 之后，注意保存数据，单击 Theme / Stop editing，并且在对话框 Stop editing 中选择"OK"按钮。

⑨ 重复上述步骤，数字化：道路和各土地占用情况。

在新建图层 new theme 中，注意选择保存的磁盘和路径。

道路图层选择: line，取名道路。

教学楼图层选择: polygon，取名教学楼。

食堂图层选择：polygon，取名食堂。

学生宿舍图层选择：polygon，取名宿舍。

办公楼图层选择：polygon，取名办公楼。

每次数字化之后，对数据进行保存。

6.7.3 地理信息空间特征的录入

此步骤需要修改 legend。双击图标,打开 color palette,选择填充模式,同时设置前景色、背景色。

6.7.4 地理信息属性特征的录入

① 若需要添加属性特征信息,首先打开 theme table 属性表。

② 建立属性:mingcheng。

单击 Edit/add field,在 Name/Type/Width 里进行设置,选择输入工具输入属性,按回车键确保输入成功。最后在 Table /save editing 中保存数据结果。此时已成功输入一条信息。

③ 当空间特征与属性特征输入完之后,如果要终止对图层的可编辑状态单击 Theme/Stop editing,并且在对话框 Stop editing 中选择 OK。此时,会退出属性特征录入的界面,需要录入时重新打开 theme table 即可。

④ 重复上述步骤,数字化其他要素。

完成全部地理信息属性特征的录入。

6.8 数字化城市系统的开发

6.8.1 前言

随着计算机及网络技术的飞速发展,Internet 应用在全球范围内日益普及,当今社会正快速向信息化社会前进,信息自动化的作用也越来越大,从而使我们从繁杂的事务中解放出来,提高我们的工作效率。

数字化城市系统在本次开发中只是其整体架构的冰山一角,也只是实现了空间信息开发的小部分。未使用电子地图前,纸质的地图称为人们出行的必备品,纸质地图携带不方便,而且随着现在城市建设越来越快,地图的变换也越来越快,人们所拥有的地图将无法起到重要的作用,还需要时时更换地图。

数字化城市系统,其基础就是运用遥感(RS)、地理信息系统(GIS)、全球定位系统(GPS)、网络、多媒体及虚拟现实等现代高新技术对城市的地理环境、基础设施、自然资源、生态环境、人口分布、人文景观、社会和经济状态等各种信息进行数字化采集与存储、动态监测与处理、深层融合与挖掘、综合管理与传输分发,构建城市基础信息平台和三维城市模型,建立适合于城市各不同职能部门的专业应用模型库、规则库及其相应的应用系统。在此基础上,研制和开发各级政府综合管理城市,并进行宏观决策的计算机应用系统。因此,数字城市是实现城市各类信息的可视化查询、显示和输出,将整个城市在计算机上虚拟再现,为城市的整体规划、设计、建设、管理和服务等提供辅助决策依据和手段,为社会公众提供信息服务的大型系统工程。

由此可见,数字城市是一个集信息化、数字化和网络化为一体的巨型系统工程,是数字地球建设的一个重要区域层次。从技术上来说,数字城市决不只是一个简单的城市地理信息系统(UGIS),更不只是简单的高速网络建设,而是多种现代高新技术的高度集成。从理论上来说,数字城市涉及现代城市理论、优化及决策与对策理论、控制理论、系统科学、复杂系统理论和可持续发展战略等众多研究领域。它不仅能在计算机上建立虚拟城市，再现全市的各种资源分布状态，更为重要的是，它可以在对各类信息进行专题分析的基础上，通过各种信息的交流、融合和挖掘，促进城市不同部门、不同层次之间的信息共享、交流和综合，进而对城市的所有信息进行整体的综合处理和研究，为城市各种资源在空间上的优化配置、在时间上的合理利用，宏观、全局地制定城市整体规划和发展战略，减少资源浪费和功能重叠，实现城市可持续发展提供科学决策的现代化工具。

6.8.2　项目概述

1．系统功能

数字化城市系统采用 C/S 模式进行开发，提供电子地图控制地图的浏览、查询、输出以及在线帮助等功能。客户端采用 Java 和 ArcObjects 进行集成开发，服务器端采用 SQL Server 数据库作为后台数据库存储和管理空间数据和属性数据。

后续版本可采用 B/S 和 C/S 模式相结合的方式，B/S 模式的产品主要提供一般用户进行地理信息的浏览查询，C/S 模式的产品主要提供高级用户进行地图数据的编辑以及一些高级的地理信息查询分析功能。

2．开发环境

本系统开发环境如下。

① 管理方针：严格贯彻加强项目开发过程管理的指导思想，文档撰写和程序设计执行《计算机软件开发工程规范 2003》相关的国家标准。

② 硬件约束：系统开发设计使用的硬件开发平台为 IBMPC，CPU2.6G，内存 512MB，网络环境为教研室局域网。

③ 软件约束：系统平台为 Windows XP SP2，数据库使用 SQL Server 2008，开发平台使用 Eclipse3.2，开发语言使用 Java，开发组件为 ArcGIS Engine。

④ 使用环境假设：本地计算机。

⑤ 与其他应用间的接口：无。

⑥ 并行操作：服务器端均提供并行操作的能力。

⑦ 控制功能：提供图形界面对系统进行控制管理。

⑧ 所需开发语言：Java，SQL。

⑨ 通信协议：TCP 协议。

⑩ 安全：数据库登录验证、应用系统使用验证两级组成。数据库登录验证由数据库服务器完成，用于对具有数据库访问权限用户的验证；系统使用验证由应用系统完成，用于对具有应用系统使用权限用户的验证；应用系统将采用两种验证方式相结合的方式验证用户。

6.8.3　需求说明

1．总体需求

数字化城市系统基于 ESRI 公司的 ArcGIS 产品构建，利用 ArcObjects 组件进行开发。软件分客户端和服务器端两部分，具体的运行环境如图 6-18 所示。

本软件包括客户端和服务器端两部分，客户端基于 ArcGIS Engine 进行开发，服务器端采用关系型数据库 SQL Server 或者 Oracle 9i 作为后台数据库，管理空间数据和属性数据。

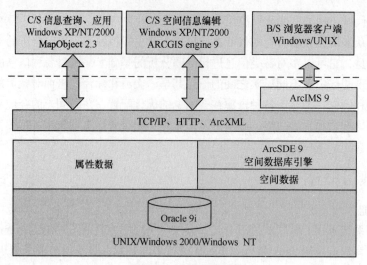

图 6-18　系统运行环境

　　本地理信息系统能为用户提供基本的地理信息浏览、查询以及高级的地理信息发布、分析、鹰眼等功能，用户通过客户端软件匿名登录服务器，进行基本的信息浏览和查询，高级用户必须通过身份验证才能使用系统的高级功能，如地理信息的更新等操作。数字化城市系统的功能模块如图 6-19 所示，其功能详细图如图 6-20 所示。

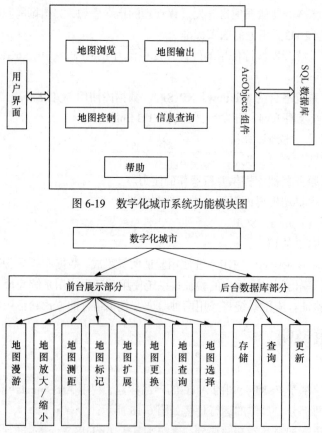

图 6-19　数字化城市系统功能模块图

图 6-20　数字化城市系统功能详细图

2. 功能需求

数字化城市系统功能需求分类如表 6-3 所示。

表 6-3　　　　　　　　　　　　数字化城市系统功能需求分类

功能类别	功能名称、标识符	描　述
图层控制	图层显示控制	通过树状列表向用户显示组成当前地图的所有图层信息，用户可通过选中或不选中图层前的单选框来控制该图层在地图中的可见性
	地图数据更新	提供地图数据的更新
电子地图浏览	地图显示功能	当用户在地图索引树状列表窗口中双击地图名称时，地图显示窗口将显示该地图
	地图放大	按比例将地图放大。用户选择放大功能时，该功能激活。当用户鼠标移到电子地图上时，鼠标样式为放大镜状；鼠标移出电子地图时，鼠标恢复原样。此后，当鼠标在地图上某一点单击时，地图将以该地点为中心放大一倍比例尺显示；当鼠标在地图上拉矩形框放大时（按下鼠标左键并移动光标到适当位置），屏幕将以无级缩放的形式显示矩形框制定范围的地图。拉出的矩形框长宽可能与显示屏长宽不一样，但显示时会自动调整到最佳效果。对地图不断放大，电子地图的内容越来越丰富。为实现最佳效果，地图放大若干倍后，不再放大
	地图缩小	按比例将地图缩小。当用户选择"缩小"功能时，该功能激活。当用户鼠标移到电子地图上时，鼠标样式标为缩小镜状；鼠标移出电子地图时，鼠标恢复原样。当鼠标在地图上某一点单击时，地图将以该地点为中心放大一倍比例尺显示。当地图缩小到一定全图还小时不再缩小。若地图偏离窗口中央，系统自动地将地图拉回窗口中央显示
	地图漫游	提供移动电子地图的功能。当用户选择"漫游"功能时，该功能激活。当用户鼠标移到电子地图上时，鼠标样式标为手状；鼠标移出电子地图时，鼠标恢复原样。当光标移至某一位置按下鼠标左键在屏幕上移动时，地图将向拖动的方向移动，此时梯度比例尺和图层数保持不变
	地图刷新	用户可以随时刷新显示地图
	地图全图显示	全图显示电子地图。用户选择全图显示的功能后，该功能激活。随后电子地图全图显示在地图显示窗口
信息查询	属性信息查询	系统提供此功能供用户查询特定地物的属性信息。用户选择此功能选项后，该功能启用，鼠标移到电子地图上时，鼠标样式标为查询状；鼠标移出电子地图时，鼠标恢复原样。当鼠标在地图上某一点单击时，即查询该点所在位置的地物的信息。查询结果显示在查询结果视图上
	点选择查询	用户可通过此功能选择目标地物。当用户选择点选择后，该功能激活。鼠标移动到电子地图上时，鼠标样式表为点选择；鼠标移出电子地图时，鼠标恢复原样。当鼠标在地图上某一点单击时，选择该点所在位置上的所有地物，选择结果显示在查询结果视图上
	矩形选择查询	用户可通过此功能选择目标地物。当用户选择矩形选择后，该功能激活。鼠标移动到电子地图上时，鼠标样式表为矩形选择；鼠标移出电子地图时，鼠标恢复原样。用鼠标在地图上拉出一个矩形区域，系统将选择该矩形区域内的所有地物，选择结果显示在查询结果视图上
	多边形选择查询	用户可通过此功能选择目标地物。当用户选择多边形选择后，该功能激活。鼠标移动到电子地图上时，鼠标样式表为多边形选择；鼠标移出电子地图时，鼠标恢复原样。用鼠标在地图上拉出一个多边形区域，系统将选择该多边形区域内的所有地物，选择结果显示在查询结果视图上

功能类别	功能名称、标识符	描　述
信息查询	查询最近目标	该功能允许用户输入地理对象，查询距离该地理对象最近的单位（地物），并将查询结果显示在查询结果视图上。当用户选择该功能选项后，该功能激活。用户通过文本框输入地理对象，通过组合框选择要查询的距离，如输入 50m、100m 等；通过组合选择要查询目标的类型，如选择所有体育场、教学楼等。最后单击"搜索"按钮，查询结果显示在查询结果视图上
	距离测量	该功能用于计算用户在电子地图上输入一条折线的长度。当用户选择距离测量的功能后，该功能激活。当用户将鼠标移动到电子地图上时，鼠标样式即变为十字状；鼠标移出电子地图后，鼠标样式恢复原状。单击鼠标左键，即输入折线的节点，单击鼠标右键，折线节点输入结束，这时弹出的对话框显示折线的长度（单位：m）
	地理对象查询	用户通过部分地理对象准确查询地理对象，查询结果显示在查询结果视图上。当用户选择"地理对象查询"时，该功能激活。用户通过文本框输入地理对象，单击"搜索"按钮，查询结果显示在查询结果视图上
	地理对象定位	根据地物的名称，将对象定位在电子地图上，即从属性查图形。地理对象查询的查询结果出现在查询结果窗口上时，该功能激活。用户通过鼠标在查询结果窗口上选择一个对象名，双击鼠标左键。如果当前电子地图没有这个地理对象，则提示用户，用例结束。如果当前电子地图中有这个地物，并且地物正好落在地图窗口的显示区域，则高亮显示该地物名对应的地物
数据库查询	点查询	点查询所要查询的事物主要是存储到 SQL 数据库中的，以数据表的形式存储，这个数据表是提前建好的关于点的信息，如 ID、坐标等信息，用户可以在点查询界面上输入坐标 X 和 Y 的值，通过单击"点查询"按钮进行查询
	线查询	线查询所要查询的信息也主要存储到 SQL 数据表 PolyLine 表中，通过定义起始点与终止点，可以定义一系列的点并通过点将信息组合起来形成线，通过在线查询界面上输入点的坐标，单击"线查询"按钮，弹出对话框描述线的相关信息
	面查询	面查询的实现需求基本与点查询、线查询基本一致，但是由于组成面的点太多，因此需要使用简单的关键字进行查询，这里可以使用 ID 号进行查询

6.8.4　概要设计

1. 数字化城市系统体系结构

软件系统的体系结构是近年来软件工程领域研究的热点，人们认识到关于软件质量的许多方面的问题都归结于软件系统结构的组织问题，如系统的开放性、可扩展性、可伸缩性等。良好的软件系统体系结构不但能够保证整个系统具有清晰的结构，在软件系统质量的很多指标上都起着十分关键的作用。

体系结构（Architecture Style）的概念最早应用于建筑学，用来描述建筑物的结构风格。数字城市软件体系结构描述了构成数字城市软件的部件和部件之间的交互关系，以及指导这些部件构成系统的设计模式和对这些设计模式的应用环境的定义。除了表现系统的结构和拓扑之外，体系结构还反映了问题领域和软件系统构成部件之间在结构和功能上的对应关系，从而提供了一种比较合理并且利于理解和决策的能力。

软件的体系结构具有层次性，这种层次关系在纵向上简化了软件系统体系结构的设计。基于面向对象的方法，从微观到宏观上，城市信息系统软件体系结构可划分为以下层次。

① 对象级。该层次注意力主要集中在特定对象的管理上，包括识别对象，设计特定对象的属性、方法和方法的测试用格式，目标是建立构成系统的最基本的系统结构单元。

② 微观对象的交互级。该层次是针对多个对象之间的结构模式，在这个层次上定义了有限的几个对象来构成系统部件的结构方式，目标是寻求一种合理的结构方式，把基本的对象封装成为粗粒对象或部件。

③ 框架级。在框架级上主要关心粗粒对象或部件之间的结构关系模式，在这一层上往往很多设计模式同时在起作用，这些设计模式分别控制着部件的建立、交互和行为。

④ 系统级。多个应用程序共同完成用户需求，构成特定领域的系统。系统级体系结构所关注的问题是应用程序之间如何协调为用户提供服务，应用程序随着用户的需求不断更新，整个系统随着应用程序的更新不断变化，系统级体系结构主要管理这种变化。

⑤ 全局级。全局级体系结构主要关注组织之间如何通过系统更好地实现协调管理。在全局级上，需要各个组织的系统之间能够有效地相互协调，使组织之间能够实现业务流的有效连接。

2. 系统设计目标

数字化城市是一个很广泛的概念，本系统所实现的只是很少的一部分，也是一个小模块，要做到数字化城市不是一朝一夕就能办得到的，因此本系统从最基本做起，先实现对地图的处理，对于遥感、监控等技术暂不考虑。

数字化城市系统提供了部分对地图的基本操作，包括放大等，但这些操作又可以分为 4 个部分。

- 图层显示与控制部分。
- 地图操作与处理。
- 地图查询。
- 数据库查询。

各个部分的具体功能见 6.8.3 小节中的功能需求分类。

3. 系统结构

本系统结构图如图 6-21 所示。

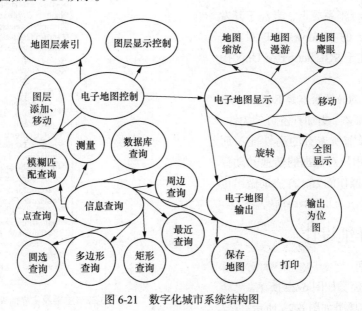

图 6-21　数字化城市系统结构图

① 用户服务层的实现：Swing 是一个用于开发 Java 应用程序用户界面的开发工具包。它以抽象窗口工具包（AWT）为基础使跨平台应用程序可以使用任何可插拔的外观风格。Swing 开发人员只用很少的代码就可以利用 Swing 丰富、灵活的功能和模块化组件来创建优雅的用户界面。

② 业务服务层的实现：业务服务层的服务主要依靠 ArcGIS 平台实现，ArcGIS 产品线为用户提供一个可伸缩的，全面的 GIS 平台。ArcObjects 包含了大量的可编程组件，从细粒度的对象（例如，单个的几何对象）到粗粒度的对象（例如与现有 ArcMap 文档交互的地图对象）涉及面极广，这些对象为开发者集成了全面的 GIS 功能。以该平台为基础，更能保证业务服务层与用户服务层的协同工作，发挥空间数据处理的优势。

ArcGIS Engine 开发工具包是一个基于组件的软件开发产品，用于建立和部署自定义 GIS 和制图应用程序。ArcGIS Engine 开发工具包不是一个终端用户产品，而是一个应用程序开发人员的工具包。可以用 ArcGIS Engine 开发工具包建立基本的地图浏览器或综合、动态的 GIS 编辑工具。使用 ArcGIS Engine 开发工具包，开发人员在建立定制的地图接口方面具有前所未有的灵活性。开发人员可以使用几个 API 中的任何一个来建立独一无二的应用程序，或者将 ArcGIS Engine 组件与其他软件组件组合起来实现地图与用户管理信息之间的协同关系。

ArcGIS Engine 是开发人员建立自定义应用程序的嵌入式 GIS 组件的一个完整类库。开发人员可以使用 ArcGIS Engine 将 GIS 功能嵌入到现有的应用程序中，包括 Microsoft Office 的 Word 和 Excel 等产品，也可以建立能分发给众多用户的自定义高级 GIS 系统应用程序。ArcGIS Engine 由一个软件开发工具包和一个可以重新分发的、为所有 ArcGIS 应用程序提供平台的运行时间（runtime）组成。

③ 数据服务层的实现：SQL Server 是一个关系数据库管理系统，它最初是由 Microsoft、Sybase 和 Ashton-Tate 3 家公司共同开发的，于 1988 年推出了第一个 OS/2 版本。在 Windows NT 推出后，Microsoft 与 Sybase 在 SQL Server 的开发上就分道扬镳了，Microsoft 将 SQL Server 移植到 Windows NT 系统上，专注于开发推广 SQL Server 的 Windows NT 版本。Sybase 则较专注于 SQL Server 在 Unix 操作系统上的应用。

SQL Server 的最新版本是 SQL Server 2012，相比历史版本，更加具备可伸缩性、更加可靠，以及前所未有的高性能；而 Power View 为用户对数据的转换和勘探提供强大的交互操作能力，并协助做出正确的决策。

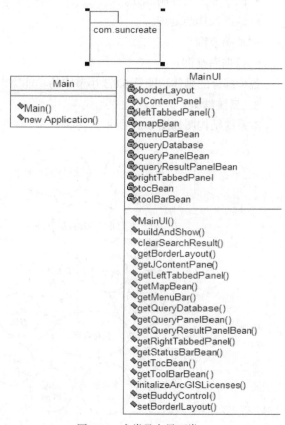

图 6-22　主类及主界面类

6.8.5　详细设计

1. 主要类图

主类及主界面类如图 6-22 所示。

Bean 类的主要类如图 6-23 所示。

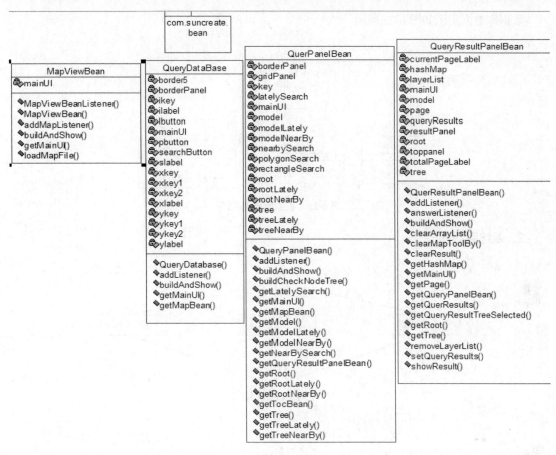

图 6-23　Bean 类的主要类

Query 类的类图如图 6-24 所示。

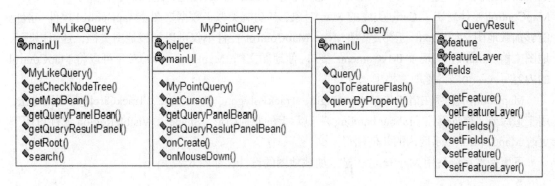

图 6-24　Query 类的类图

数据库查询类图如图 6-25 所示。

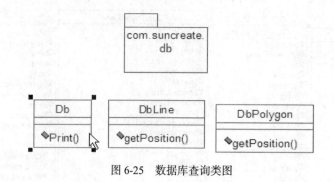

图 6-25　数据库查询类图

2．系统活动图

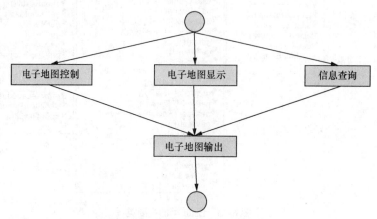

图 6-26　数字化城市系统活动图

3．程序设计说明

（1）地图加载与显示

地图加载是本系统进行设计与实现的第一步，也是本系统中至关重要的一步，没有它，我们不可能完成后面相关的任务与功能，因此将它放在设计第一要素上。

地图加载实际上是将地图用一种方式打开，并且为一些操作提供一个平台，也就是说将地图展现出来以供用户使用。在本系统中，我们使用 MapControl 控件将地图加载并显示在平台上。MapControl 控件封装了 Carto 类库的 Map 对象，其功能类似于数据视图。MapControl 控件一般也能够加载地图文档*.mxd 与图层文档*.lyr。MapControl 控件不仅可以加载地图文档，还可以写入地图文档（ *.mxd），实现了 IMxContents 接口，使地图文档（ MapDocument ）对象可以将 MapControl 的内容写入一个新的地图文档中。

MapControl 上存在诸如 TrackRectangle、TrackPolygon、TrackLine、TrackCircle 等帮助方法，用于追踪或"橡皮圈住（ rubber banding ）"显示上的几何图形（ Shape ）。VisibleRegion 属性可用于更改 MapControl 显示区内的几何图形。

下面是本系统使用 MapControl 显示加载地图的设计，如图 6-27 所示。

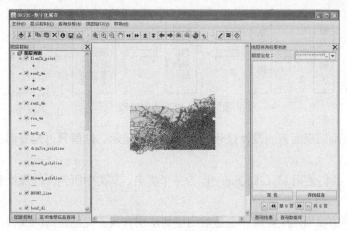

图 6-27　加载地图

本系统使用打开地图菜单加载打开地图。具体实现代码如下：

```
openMap.addActionListener(new ActionListener() {
        public void actionPerformed(ActionEvent e) {
            try {
                SwingUtilities.invokeLater(new Runnable() {
                    public void run() {
                        try {
                ICommand command = new ControlsOpenDocCommand();
        command.onCreate(menuBarBean.getMainUI().getMapBean());
                            command.onClick();
                        } catch (UnknownHostException e) {
                            e.printStackTrace();
                        } catch (AutomationException e) {
                            e.printStackTrace();
                        } catch (IOException e) {
                            e.printStackTrace();}}});
            } catch (Exception e1) {
                e1.printStackTrace();}}});
```

在本系统引用 ControlsOpenDocCommand 命令进行打开地图操作，具体的引用是：import com.esri.arcgis.controls.ControlsOpenDocCommand。

（2）放大与缩小功能

系统的地图放大与缩小都是在放大一倍或者减少 1/2 的情况下进行的，具体实现主要依靠对鼠标的事件侦听以及对像素捕捉的放大等。

具体实现是调用 ArcGIS Engine 提供的命令 ControlsMapZoomInTool 与 ControlsMapZoomOutTool 命令进行实现的，主要的引用是：import com.esri.arcgis.controls.ControlsMapZoomInTool 与 import com.esri.arcgis.controls.ControlsMapZoomOutTool。

（3）地图漫游

地图漫游功能主要是靠地图的扩展以及对鼠标的移动生成的。地图漫游的实现主要是用 ControlsMapPanTool 实现。主要是引用：import com.esri.arcgis.controls.ControlsMapPanTool。

（4）地图查询

本系统在这方面的查询主要是依靠通过输入关键字在地图图层上一层层地查找信息，通过对地图数据的获取然后将结果返回到结果树中，由结果树上的结点保存信息，如果我们使用查询结果面板上的定位或者详细信息按钮，就会发现这些结果正是查询所得。具体的实现流程如图 6-28 所示。

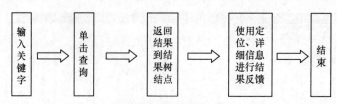

图 6-28　查询实现过程

查询面板及查询结果面板的设计过程及代码就不再显示，这里只讨论查询及结果显示代码并进行分析。

在源程序中，我们使用 MyLikeQuery 作为一个类名，其类中所包含的属性和方法正是实现模糊匹配查询的。

实现对关键字的模糊匹配查询，也是对图层的层层查找，先创建新的线程，使用线程对程序进行控制，然后对其地图进行 Focus，最后通过 query 对图层一层层地查找。在代码最后，还调用了查询结果面板的 showResult()方法对结果进行获取。

获得了查询结果，我们可以想象如何使用查询结果树将信息保存下来，这里由于代码实在太多，只对 showResult()进行分析。

在查询结果面板中显示查询结果，也就是在查询结果树的结点中添加信息，并对信息进行隐藏，直到使用定位和详细信息将其调用出来即可。

在设计中定义了两个 case 完成相关功能。case1 是用于接收详细信息按钮的请求而返回结果的，case2 是定位按钮的事件请求而设置的。在 case1 中，调用了 class DetailInfoDialog 进行返回结果，由其所创建的表格返回其结果。在 case2 中，调用了 query 类的一个方法 goToFeatureFlash()进行定位的。下面将详细讨论这两个功能。

case1：详细信息功能，是先选取查询树中的结点，然后返回给 answer()函数调用 class DetailInfoDialog 接收信息并将信息以表格的形式展现出来。create Tablet 功能就是由此实现。

如果只创建表格而无接收事件或者结果的话无法将信息显示出来，这里能以表格形式将信息显示出来主要是调用了 queryResult 类的各个方法，这里就不再分析了。

定位主要是依靠其查询的信息如 FID 等在图层上查找并闪烁显示，这里先分析定位实现的基本方法，根据 FID 等信息查找图层，并对图层进行层层剖析，然后使用闪烁进行定位。这段代码是在 queryResult 类中实现的。

查询实现截图如图 6-29 所示。

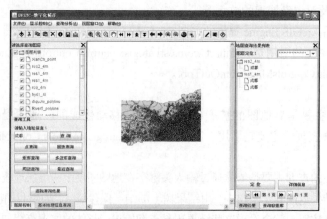

图 6-29　查询实现截图

详细信息实现截图如图 6-30 所示。

① 点查询。本系统的点查询等其他查询与模糊查询相比，除了是使用关键字还是通过鼠标单击进行查询外，其他的如对结果的保存、定位、详细信息等几乎相同。因此，在本节中我们只讨论点查询的具体实现。

点查询的实现主要是通过鼠标单击事件获取图层上点的坐标及其他信息，然后将结果返回给查询结果面板结果树中。

点查询设计流程如图 6-31 所示。

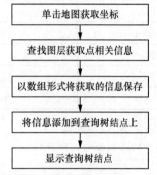

图 6-30 详细信息　　　　　　图 6-31 点查询实现过程

先获取点的坐标并将其转换为经纬度坐标，然后再按照图层特征一层层地查找并将其信息返回给查询结果面板。

② 圆查询、矩形查询、多边形查询。圆查询、矩形查询、多边形查询与点选查询实现原理差不多，只不过其查询选择区域是一块而不是一个点，因此这里就不多介绍了。

③ 周边查询、最近查询。周边查询主要是对已经查询的信息的周边进行查询，也就是对在该点或者该区域周围进行选取元素并将其结果返回。

最近查询是指对已经查询的信息的最近范围内进行查询，可以设置其范围及所要查询的目标。由于代码太长，这里就不再介绍了。图 6-32 和图 6-33 所示分别为实现的周边查询和最近查询的窗体。

图 6-32 周边查询

图 6-33 最近查询

4. 数据库设计

本系统所要实现的关于数据库部分涉及的数据表只有点、线、面 3 个表，因此其设计与实现都较为简单。

（1）点表设计

表 6-4 所示为点表设计的详细信息。

表 6-4 点表设计

列　名	数 据 类 型	描　述
Pid	int	点号
Pname	varchar（50）	点名
PX	float	点的 X 坐标
PY	float	点的 Y 坐标
Player	nvarchar（50）	图层名

生成点表的 SQL 源码如下：

```
CREATE TABLE [dbo].[Points](
    [Pid] [int] NOT NULL,
    [Pname] [varchar](50) NOT NULL,
    [PX] [float] NOT NULL,
    [PY] [float] NOT NULL,
    [PLayer] [nvarchar](50) NULL,
 CONSTRAINT [PK_Points] PRIMARY KEY CLUSTERED
(
    [Pid] ASC,
    [Pname] ASC
)WITH (PAD_INDEX  = OFF, STATISTICS_NORECOMPUTE  = OFF, IGNORE_DUP_KEY = OFF,
ALLOW_ROW_LOCKS  = ON, ALLOW_PAGE_LOCKS  = ON) ON [PRIMARY]
) ON [PRIMARY]
```

（2）线表的设计

表 6-5 所示为线表的设计信息。

表 6-5 线表设计

列名	数据类型	描　述
Lid	int	线标号
LStname	nvarchar（50）	起始点名字
LFiname	nvarchar（50）	终止点名字
LStX	float	起始点 X 坐标
LStY	float	起始点 Y 坐标
LfiX	float	终止点 X 坐标
LfiY	float	终止点 Y 坐标
LDes	varchar（50）	描述

生成线表的 SQL 源码如下：

```
CREATE TABLE [dbo].[Line](
    [Lid] [int] NOT NULL,
    [LStname] [nvarchar](50) NOT NULL,
```

```
        [LFiname] [nvarchar](50) NOT NULL,
        [LStX] [float] NOT NULL,
        [LSty] [float] NOT NULL,
        [Lfix] [float] NOT NULL,
        [Lfiy] [float] NOT NULL,
        [LDes] [varchar](50) NOT NULL,
     CONSTRAINT [PK_Line] PRIMARY KEY CLUSTERED
    (
        [Lid] ASC
    )WITH (PAD_INDEX  = OFF, STATISTICS_NORECOMPUTE  = OFF, IGNORE_DUP_KEY = OFF,
ALLOW_ROW_LOCKS  = ON, ALLOW_PAGE_LOCKS  = ON) ON [PRIMARY]
    ) ON [PRIMARY]
    GO
    SET ANSI_PADDING OFF
    GO
    ALTER TABLE [dbo].[Line]  WITH CHECK ADD  CONSTRAINT [FK_Line_Line] FOREIGN KEY([Lid])
    REFERENCES [dbo].[Line] ([Lid])
    GO
    ALTER TABLE [dbo].[Line] CHECK CONSTRAINT [FK_Line_Line]
    GO
```

（3）面表的设计

表 6-6 所示为面表的设计。

表 6-6 面表设计

列　　名	数　据　类　型	描　　述
PoID	int	面 ID
PoStName	nvarchar（50）	起始点名称
PoMiName	nvarchar（50）	中间点名称
PoFiName	nvarchar（50）	终止点名称
Pogon	varchar（50）	面描述
PoPri	nvarchar（50）	跨及省份

下面是创建面表的 SQL 语句：

```
CREATE TABLE [dbo].[Polygon](
    [PoID] [int] NOT NULL,
    [PoStName] [nvarchar](50) NOT NULL,
    [PoMiName] [nvarchar](50) NOT NULL,
    [PoFiName] [nvarchar](50) NOT NULL,
    [Pogon] [varchar](50) NOT NULL,
    [PoPri] [nvarchar](50) NOT NULL
) ON [PRIMARY]
```

习　　题

1. 空间数据库的设计原则是什么？
2. 空间数据库的设计步骤有哪些？以及每阶段的主要工作是什么？
3. 在 Oracle Spatial 系统中，空间数据的存储方式是怎样的？并简述其查询与索引技术。
4. 简述 ArcGIS 中的 GeoDatabase 模型。

5. 什么是 MapInfo 的图层？

6. 使用 SQL 语言，根据第 2 题中的数据库设计步骤将校园二维地图及地点信息设计成空间数据库，要求至少有建立空间数据库、插入实体数据和建立索引 3 部分内容。

7. 尝试分别使用 MapInfo 和 ArcView 系统软件建立第 6 题中的空间交通数据库。

第7章
空间数据库新技术

7.1 时态空间数据库

在现实生活中，我们可能遇到很多类似这样的一些事件，我想知道：牌照为京×××××的汽车在昨天中午 12 点整停放在什么地理位置，成都市高新区西区去年的地图概况。上述的这些事件都涉及空间历史数据。传统的空间数据库一般都是存储当前的地理信息数据，所以上述的问题依靠传统的空间数据库很难解决，即使将历史每一个时间段的地理信息数据都存为一个备份，那么这个数据量将会很庞大，这样的存储管理方式几乎是一件很难以实现的业务。

前面我们讲述的空间数据库都是存储的瞬时数据，当空间数据出现更新后，上一阶段的数据将不复存在，我们姑且将这种空间数据库称之为静态空间数据库。除了上述事件之外，我们还会发现还有许多领域需要处理这种随着时间变化而变化地理信息数据，如何处理这种具有时间上动态性的空间数据也就成为了空间数据库发展的一个新技术。当前能够回答上述与时间相关空间数据问题，并能够有效地处理在时间上有动态性空间数据的空间数据库系统被称之为时态空间数据库。

时态数据库作为是目前空间数据库研究和应用领域一个新的方向，因为其强大的应用驱动和处理能力，逐渐受到专家及研究人员的关注，同时，存储设备和技术的飞速进步也为大容量的时态数据库的存储和高效处理提供了必要的物质条件，使得时态数据库的研究和应用成为可能。

7.1.1 地理信息的时空分析

1. 时间概念

从哲学上讲，任何事物的发生或者演变都具有时间特性，时间是看不见摸不着的，时间只能从事物态势的变化才能感觉得到。我们一般认为时间是一条能够向过去和未来无限延伸的坐标轴，即时间轴，时间轴上的每一个点都是代表一个瞬时时刻，每个时刻上的事物的时间属性都是呈正增长趋势的，即时间属性的值是在不停的增加，而非减少或者不变。关于时间我们还要明白两个词的含义，即时刻和时间段，时刻是指某一瞬间，其对应的是时间轴上的一点，时间段具有的时间起点和时间终点，时间起点和时间终点是两个时刻，也就是时间轴上的两个点，时间段就是时间起点和时间终点之间所有时刻的集合,在时间轴上对应的就是时间起点和时间终点之间的线段。

时间的表示方式我们一般认为有两种，连续的时间表示和离散的时间表示，如图 7-1 所示。采用连续的时间表示的时间有类似于实数的特性，所以我们也经常使用实数的集合来模拟时间，比如有两个时间点（时刻）t_1 和 t_2，$t_1<t_2$，我们总能找到一个时间点 t_3，$t_1<t_3<t_2$。采用离散的时间表示有类似于自然数的特性，我们可以将时间描述为一个自然数集合$\{0，1，2，3，4，5\cdots now\cdots\}$，now 是指当前的时刻。

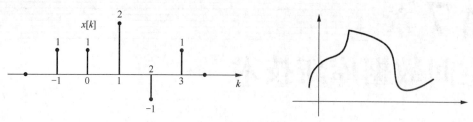

图 7-1　离散时间和连续时间

相应的，我们可以认为在指导 GIS 数据建模的过程中确立合理时空概念模型时，产生两种基本的时空观点：一种是将时间理解为一种特殊含义的度量单位尺度，则可以将时间、空间和属性平等地作为地理空间对象的 3 种数据成分或一个基本特征；另一种观点是将时间理解为事件序列的表现形式，或者说将变化作为实践的深层含义，则时间特征应居于空间特征和属性特征之上，即地理实体的时间特征有其空间特征变化和属性特征变化来共同表现。

2. 空间概念

什么是空间？在人们的潜意识中，除物质之外的那些空荡荡的部分就是空间。经典的时空观这样认为：空间是光滑平坦的，无限的延伸，表现为各向同性，即没有哪个方向会更优越。牛顿在数学原理中告诉我们："绝对的空间，其自身特性与一切外在事物无关，处处均匀，永不移动。"上面这些对空间的描述听起来都很玄妙，其实不用这样深究什么是空间，我们只要知道，空间在时态空间数据库中就是指实体的空间数据。再进一步描述，实体的空间数据就是实体在某个时刻的地理位置信息，可以用一个三维的有序对（x，y，z）或者有序对集合$\{(x_1，y_1，z_1)，(x_2，y_2，z_2)，(x_3，y_3，z_3)\cdots\cdots\}$进行描述，也可以用坐标图进行描述，一个有序对对应的是点数据，是一个单个的数据元素，比如在某个尺度下的一辆汽车的位置，有序对集合对应的是线数据或者面数据，是多个数据元素的集合，比如在城市地图中的公路、河流、高山、大面积的湖泊等。空间具有相对性，也就是说选择不同的参照物，事物空间的描述就不同。以小的范围来举例，对两个城市交界的村庄地理位置的描述，一种描述是距离城市 A 多少千米的什么方向，另一种描述是距离城市 B 多少千米的什么方向，大的范围来举例，地球上的某一个位置相对于太阳的描述和相对于月亮的描述都是不一致的。

上面对时间和空间都进行了阐述，现在我们对时空这个词进行解释。从哲学上讲，时间和空间都是事物存在的两种最基本的形式，两者之间是不可分割的，时间刻画了事物在某一状态的时间属性，空间刻画了事物在某一状态的地理空间属性。在物理学中，时空（时间—空间，时间空间连续）是任何把时间和空间组合成一个单一连续的数学模型。近代物理学认为，时间和空间不是独立的、绝对的，而是相互关联的、可变的，任何一方的变化都包含着对方的变化。因此，把时间和空间统称为时空，在概念上更加科学而完整。时空也是四维的，由三维空间坐标 x，y，z 和一维时间 t 组成。时空通常被理解为空间存在于 3 个维度，而时间作为第四维度的角色，这是一种不同于空间维度。从欧几里得空间的角度来看，宇宙有 3 个维度的空间和一个维度的时间。我们这样简单地理解，在时态空间数据库中，时空就是一个有实体空间属性和时间属性合成的一个新的属性，这个属性可以用一个四维的空间坐标或者有序实数对进行表示。

7.1.2　时态数据库

首先我们要弄清楚什么是时态，时态就是现实世界的时间经历的状态。前面我们所研究的数据库都没有讨论是否需要存储时态数据，传统的数据库也未对时态数据进行专门的处理和对待，仅仅只是作为实体的一个属性，将其定位于用户定义的时间。而且传统数据库存储的数据是反映某一个实体在某一个时刻的状态，这个状态我们也称之为快照。当有新的数据更新需求存在时，历史数据将会被移除，而且一旦被移除，将不提供历史数据查询的业务，所以传统数据库存储的永远是显示世界的一个快照。而在现实生活中，我们在依据实际业务开发应用时，往往需要在空间数据库中的空间数据附带有时间数据，并在空间分析时也将其加入进去。比如病人看病，我们需要知道病人的病历信息（历史状态），而不仅仅只知道病人当前状态。在做物种演变进化预测时，我们在关注给物种当前形态的同时也需要分析该物种的历史形态。这些应用使用传统数据库会变得难以实现，即使实现了效率也不高，这些数据库的实现方式不外乎就是将历史记录全部保存下来，这样会导致海量规模的数据出现。

依据上面的分析，我们知道传统数据库具有时间分析上的缺陷，所以大家开始关注一种新型的数据——时态数据库。Silberscharz 给时态数据库下了这样一个定义：存储显示时间的时间经历状态信息的数据的数据库。当前对时态数据库的研究已经有了长足的发展，这些研究主要集中在以下几个方面：设计存储时态数据的时态数据模型、执行时态数据操作使用的时态查询语言、时态数据的存储结构、时态数据库的实现方式等。对时态数据库的研究大多数就是基于关系数据库，因为当前关系数据库的使用非常普遍，理论也相对简单，特别是能够很方便地进行技术上的功能扩展。但是由于关系数据库的关系数据模型并不能有效地支持时态数据的存储、操作等功能，当前又有一些新的途径，比如面向对象数据库、支持只是模型和语义数据模型的数据库。

根据分类标准的不同，时态数据库的分类结果也就不同，最常用的有王英杰等提出的根据数据库处理时间能力的分类和根据数据库存储内容的分类。

王英杰等提出的根据数据库处理时间能力的分类将时态数据库分为静态数据库、回滚式数据库、历史数据库。传统数据库就属于静态数据库，这种数据库无法提供访问历史数据的服务，仅仅记录的是表示当前状态的数据，一旦出现数据更新，历史数据将不复存在。回滚式数据库在传统数据库的基础上添加了事务回滚的服务，当用户具有访问历史数据的需求时，可以使用事务回滚，将数据恢复成历史的某个时刻的数据，这种数据库会专门记录详细的历史操作记录。历史数据库就是数据库保存有所有历史状态的数据，这种数据库存储的数据量相当庞大，需要大量的存储空间。值得注意的是，这种历史数据只是历史上的某个阶段的数据，并非全部历史数据。根据数据库存放的内容对时态数据库进行分类可以分为历史数据库、实时数据库和预测数据库。我们假设当前时间的属性值为 0，过去某个时间的时间属性值为负数，未来某个时间的时间属性值为正数。历史数据库中所有数据表示的状态的时间属性值都是负数。实时数据库中所有数据表示的状态的时间属性值都是 0。预测性数据库中所有数据表示的状态的时间属性值都是正数。

7.1.3　时空数据模型

关于时空数据模型，姜晓轶等是这样进行诠释的：时空数据模型是一种有效组织和管理时态地学数据、空间、专题、时间语义完整的地学数据模型，它不仅强调地学对象的空间和专题特征，而且强调这些特征随时间的变化，即时态特征。当前，学界对时空数据模型的研究已经具有 30 多年的历史了，而其研究的成果仍然局限于概念模型和原型系统阶段。当前正在研究或者已经有成果的时空数据模型主要包括面向过程的数据建模、面向时间点的数据建模、面向对象的数据建模、面向时空推理的建模。

面向过程的数据建模着眼于时空对象的状态变化过程。当前在这方面的研究成果主要有快照模型、底图叠加模型（也称基态修正模型）。在 1988 年，Armstrong 提出了一个面向过程的快照模型，如图 7-2 所示，这个模型分别记录了时空对象状态变化过程中的所有状态，这种模型数据量大，而且实际操作会有很多不便，比如要计算两个状态的区别。为了克服快照模型数据量大的缺点，Langran 在 1988 年提出底图叠加模型以弥补快照模型的不足，底图叠加模型的做法是，始终保存时空对象空间特征的一个初始状态（"底图"或称"基态"），然后在后继的时间序列上，只记录空间特征相对于前一时刻的变化了的部分，而对象的每一个后继时态版本将通过基态与发生在该后继时间之前的所有修正的叠加来获得，这种思想能够减少数据的存储量。

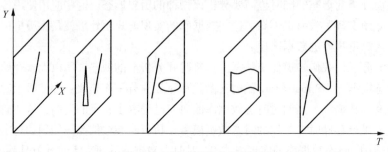

图 7-2　面向过程的快照模型

时空变化都是在某个时间点上发生的。面向时间点的建模目标是既要表达时空对象的时序变化过程，还要表达在时空变化发生时刻形成的时空因果联系。初期有专家学者提出一个基于事件的时空数据模型，这个模型中的事件就是指变化，对于渐变而言，事件是在变化累积到某种足够大的程度时发生，严格意义上讲，这个模型反映的仍然是时序关系，而不是因果联系。黄杏元等（2001）提出全信息对象关系模型，该模型通过时空对象特征状态序列和时空事件序列来综合地表达时空过程，认为事件即是导致对象特征状态变化的原因，又是导致另外一个后继事件的原因。

面向对象的思想随着程序设计的深入发展而逐步成熟，其核心思想是把所考察的系统看成是一个对象（见图 7-3），把对象之间的共性以及相互作用方式进行规范化以使得对于一个逻辑过程的建模变得更为简化和易于实现，在用于指导软件开发时，寻求的是对于已知的或者预定义的逻辑过程的一种程序化实现方案。目前，面向对象的思想在时空数据模型研究领域内存在 3 种有很大差别又充满联系的概念：面向对象的数据建模、面向对象的数据模型以及面向对象的数据管理。Worboys（1990）用面向对象思想中的泛化、继承、聚集、组合、有序组合等概念扩展了基于实体关系的数据建模方法，称之为面向对象的数据建模。此后国内外有若干文献提出或者改进了面向对象的数据模型，其中，典型的一个例子是 OpenGIS（1999）提出的简单几何对象模型。

时空推理是指对占据空间并随时间变化的对象所进行的推理，由时态推理和空间推理发展而来。时态推理中基本的时态原语有两种：时间点和时间段。时间的表示方式将直接影响时态推理中关于时间的演算方法。时间的表达可能是模糊的，目前基于确定时间的推理模型研究较多，但是针对模糊时间的表达和运算研究则比较少。空间推理主要针对时空中的静态空间关系进行，在地理信息科学中，空间关系主要指几何空间关系，包括顺序关系（如相对方位关系等）、度量关系（如距离约束关系等）、拓扑关系（如点、线、面、体之间的邻接、相交以及包含关系等）以及模糊空间关系（如邻近、次邻近关系）。

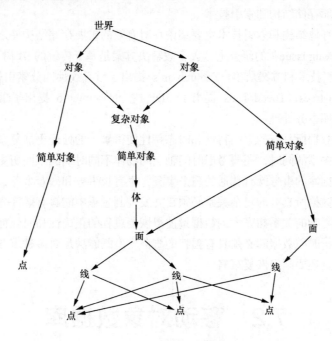

图 7-3　面向对象时空数据模型

7.1.4　时空数据库

时空数据库是一种高级的数据库技术，其具有时态、空间的两种特征，所以对其进行设计实现可以从两个方面进行，一种是在空间数据库中加入时态属性，另一种是在时态数据库中加入空间属性。

① 在空间数据库中加入时态属性。当前空间数据库的发展非常迅速，而且相对比较成熟，有不少空间数据库提供二次开发的接口，可以使用这些接口，添加能够同时处理时态属性的功能，但是这种方式会使结构非常复杂。当然还可以对空间数据库的结构进行更改，添加时态属性，但是这种方式实现有很大困难，因为目前几乎没有现成的、开放源码的空间数据库。

② 在时态数据库中加入对空间数据的支持。同样基于已有的数据库技术，这种数据库为时态数据库，如历史数据库。通过在时态数据库的基础上加入空间数据的支持。这种思路实现起来相对容易一些，在保持数据库管理系统结构不变的情况下，只需要扩充数据的类型。

时空数据库的研究内容很多，下面我们就数据库管理系统的基本结构、时空数据库的实现目的两个方面对时空数据库的研究做简要的阐述。

（1）数据库管理系统的基本结构

时空数据库管理系统与普通的数据库管理系统的结构划分大致相同，可以将其结构划分为语言接口、查询过程处理模块和服务管理程序 3 大底层服务部分。其中用户程序语言接口和查询过程在与服务管理程序与之间通信时都要经过应用程序接口。用户程序不可以直接与数据库管理系统发生联系，必须通过一系列的数据操作命令来实现对数据的查找、处理等。这些数据的操作命令即为语言接口。查询处理模块对用户提出的查询请求进行处理，首先通过预编译器进行编译，再进行逻辑优化和物理优化，最后将用户的查询请求转化为物理查询树。服务管理程序包括物理存储和事务处理等对数据的底层操作。

（2）时空数据库存储结构和索引技术

时空数据库的存储结构和索引技术主要集中在对有效的扩展存储结构使之支持移动对象和基准问题（Benchmarking Issue）的研究上，大多数解决方案是基于传统的 B 树和 B+树进行扩展和改进，现在具体索引技术和方案众多。Tzouramanis 提出了重叠线性四分索引树，Xu 提出了索引树 MR-trees 和 RT-trees，Theodoridis 提出了 3DR 树，Nascimento 提出了索引树 HR-trees。

（3）时空数据库事务处理

时空数据库中数据所具有的空间特性和时态特性使得事务的处理更加复杂，需要在考虑空间的复杂结构、复杂关系的同时，还要考虑时间轴空间物体不同时期的不同历史版本和历史版本之间的关系。时空数据库的事务既有普通的扁平事务，也有长事务和嵌套事务，由多种事务组成，而且时空数据库的数据所具有的复杂关系必须在并发控制过程中能够有效区分，除此之外，时空数据库中数据之间复杂的关系和庞大的数据量使得恢复过程的正确性和时效性都受到了很大的挑战。基于上述的分析时空数据库必须具有独特的事务模型既能满足对多种事务的描述又能满足数据一致性要求，而且还要制定恢复策略。

7.2　移动对象数据库

近些年，随着无线传感器网络和定位技术的快速发展，越来越多具有 GPS 定位功能的无线手持设备和车载设备得到大量普及，使得许多新的应用可以产生大量有关运动对象的信息，随之而来的问题就是这些随着时间变化的位置信息需要在数据库管理系统中高效且有系统的管理。传统的数据库系统通常假设数据在更新之前，属性值保持不变，因此难以高效地管理连续变化的动态信息。移动对象数据库正是为了解决这样的问题而出现的，其目标是在数据库中高效地管理移动对象的信息。

移动对象数据库是数据库技术的扩展，主要目的是在数据库中支持移动对象信息的表示。对移动对象数据库的研究从 20 世纪 90 年代中期就开始了。因为移动对象随着时间的改变而发生地理上的变化，因此移动对象数据库理论上应属于时空数据库的范畴，来源于描述地理空间的空间数据库和处理时间变化的时态数据库。但是移动对象的一大特点是其地理位置随时间会产生连续变化，因此与时空数据库有所不同的是，移动对象数据库更加关注地理空间随时间的连续变化，而早期的时空数据库仅仅支持地理空间上的离散变化，无法满足移动对象数据库的需求。

普遍来讲，移动对象数据库应用系统应该包括两个主要部分，包括移动客户端和位置管理服务器。移动对象客户端（如 GPS、手机等）可以通过位置接收装置（如 GPS 接收器）得到自身的地理位置信息，然后通过无线通信网络向位置管理服务器报告他的位置信息。服务器端位置应用服务器接收这些信息并相应的在移动对象数据库中为每一个移动对象保存其位置信息。同时，服务器保存额外的信息（如加速度、方向信息）用以预测移动对象的未来位置。移动对象客户端也可以通过网络向服务器发出位置相关的查询请求，位置应用服务器利用移动对象数据库和地理信息数据库中的信息进行查询并进行处理后通过无线通信网络返回给移动对象。

移动对象数据是作为时空数据库的一个分支发展而来的，与时空数据库不同的是其研究的对象是移动的物体，且移动物体具有移动的特性。移动对象数据库研究的是如何对移动对象的位置信息（Location information）及其相关信息（Reference Information）进行存储管理的。通常我们可以将移动对象数据库中的实体分为两类，一种是静态的移动对象，也就是说在任何时间其位置（Location）都是固定不变的，如建筑物、高山、河流等，这类对象在移动对象数据库中的很多应用都是涉及用户当前位置，如查询离我最近的超市；另一种移动对象就是动态的移动对象，其位置在不断地动态变化，如车辆、行人、船舶等，这类对象是移动对象数据库所处理的重点也是难点。移动对象数据库在现实生活中有很广阔的应用前景，通过它可以很方便地解决很多常规数据库甚至时空数据库很难解决的问题。比如在一次军事演习中，特勤小组需要知道到达某个高地的路线信息，由于特勤小组是一个移动对象实体，所以通过移动对象数据库就可以很方便解决这个问题。再比如汽车导航，我需要知道我要到达的某个建筑物的最短路线图是什么，而且根据实际情况，我的位置在不断变化，我需要随时知道当前的最短路线。

移动对象数据库所研究的主要目标是如何扩展数据库技术使得在数据库中可以表示任意连续的移动对象，并可以处理与移动对象位置相关的各种查询。有两种角度看待移动数据库中的对象，一种是只维护移动对象连续变化过程中的当前位置信息，预测将来的位置；另一种是全面考虑存储在数据库中移动对象运动的整个历史，可以向移动对象客户端回答对移动对象过去或者将来任意时刻的查询。本质上来说，第一种方式是从位置管理的角度分析，而第二种方式是从时空数据的角度分析。因而，我们可以认为，研究移动对象数据库有两个不同的角度：位置管理的角度和时空数据的角度。

位置管理考虑的主要问题是如何管理数据库中移动对象的位置信息。例如，在一个城市道路网中所有私家车的位置。对于一个瞬时的情况这并不是问题。我们可以只使用一个关系就可以表示，其中私家车的 ID 作为主键，X 坐标和 Y 坐标用于记录出租车的瞬时位置。但是，因为私家车是运动对象，为了保证能够获得最新的位置信息，对每个出租车都必须需要频繁的更新位置信息。这就出现了更新代价和位置精度之间的矛盾。因此从数据管理的角度，研究者主要关注于如何动态的维护移动对象的位置信息，如何处理移动对象当前位置和将来位置的查询，如何处理移动对象和静态对象之间随着时间变化的相互关系等问题。

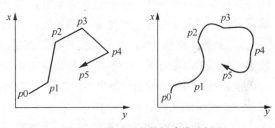

图 7-4 移动对象数据建模示例

目前，移动对象数据库主要研究问题包括以下内容。

① 空间位置信息（Location information）建模。对于移动对象的空间位置建模主要包括两个方面：一方面是空间位置信息的获取，建立一种空间位置信息获取机制，使其能够准确的获取移动对象当前的地理空间位置信息，如使用当前的 GPS 定位相关技术；另一方面是空间位置信息管理，包括空间位置信息的存储模型、管理操作机制等。

② 移动对象索引技术。在空间位置信息建模的基础上，研究移动对象的索引技术是移动对象数据库研究不可或缺的一部分，我们知道采用逐个遍历移动对象的方式进行空间对象查询性能会很低，为了减少查找范围、优化查找效率，就必须对移动对象数据库中的移动对象附加索引机制。当前在这方面的研究还不是非常的深入，有待进一步的研究。

③ 空间位置的模糊多样化表示及处理。在日常生活中我们会经常遇到类似的问题，两个人约定一个地点，但是描述却不一样，比如 A、B 两个建筑物相隔 100m，一种描述为我在 A、B 两个建筑物之间，靠 A 建筑物 20m，另一种描述为我在 A、B 两个建筑物之间，靠 B 建筑物 80m。那么在移动对象数据里面也会存在类似的问题，如何对空间位置的模糊多样化表示进行处理也就是移动对象数据库研究的重点。

7.2.1 移动对象数据

前面我们对移动对象进行了简单的描述，且举出了在现实生活中的一些实例。在这一小节我们具体探讨表征移动对象的移动对象数据。和大多数实体名词解释类似，移动对象也是有狭义和广义之分的，前面所述的移动对象我们就一般认为是属于狭义上的移动对象，狭义上的移动对象就是指其位置信息（Location Information）是动态的，是随着时间变化而不断改变的，也就指的是移动的对象，如前面所讲的车辆、船舶、行人、飞机等。深入思考这样一个问题，移动对象之所以将其归为一个区别于传统空间对象的对象类型，是因为其位置属性随着时间的推移在不断变化，那么一个对象的其他属性（非位置属性）变化也就可以用移动对象来进行类比，所以广义上的移动对象就是指属性信息随着时间的推移而不断变化的对象，比如我们将某个城市类比于移动对象，这个城市的温度变化作为一个随时间推移而不断变化的属性。在这一小节我们重点研究狭义的移动对象。

通过前面对空间数据库的学习，我们研究数据库中空间数据的主要原因就是方便我们建立有效的空间对象索引，研究移动对象数据也是如此。移动对象数据作为空间数据的一个变体，除了其包含有空间数据的特点外，移动对象和传统空间数据库中的对象相比有自己的特点，这些特点包括以下 3 个方面。

① 移动性。移动对象在移动计算环境下，其位置（Location）会随着时间的变化而变化，这对于移动对象的操作计算来讲具有一定的困难。

② 大规模性。移动对象数据库都会存储的记录除了静态空间实体外，会有大量的移动对象实体，这些实体规模庞大，一般操作都会涉及多个实体之间协同服务，如全国火车车辆的调度，这就需要移动对象数据库系统能够有高效的查询和更新服务。

③ 分散多样性，移动对象数据库一般都是以分布式数据库形式存在，也就是说一个移动对象数据库的信息可能在另一个移动对象数据库中存有其部分信息甚至是一个完整的副本。

正如前面所述，移动对象之所以区别于传统空间对象，主要是是因为其空间位置属性的特点。移动对象的空间属性具有以下特点。

① 不可排序性。移动对象的空间位置属性随着时间的变化而变化，这种变化充满着很多不可预知性，而且位置变化也是毫无规则可言，也就无法对某一个移动对象的空间位置属性信息进行排序。

② 相关性。移动对象与移动对象之间的空间位置属性信息是可以存在关联的，一个移动对象在不同时间段的位置信息汇聚在一起就可以认为是一个空间位置序列，那么两个或者多个移动对象的空间位置序列就可能存在交叉、相邻，甚至重叠等关系。

③ 数据复杂性。在现实世界中，移动对象的空间分布、空间信息都是不均匀的，其类型也是多种多样，特别是如何描述一个移动对象的当前位置。例如，一种描述为：2 路公交车距离 5 站台还有 400m，方向为 6 站台方向；另一种描述为 2 路公交车距离 6 站台还有 600m，方向为 5 站台方向。这两种描述当前 2 路公交车的位置都是一样的，但是描述方法不一致，导致数据非常复杂。

④ 单调递增性。时间信息的变化是严格单调递增的。

⑤ 在时空数据库中，时空维度分为有效时间和事务时间两种。有效时间是指一个对象在现实世界中发生并保持的那段时间，或者该对象在现实世界中为真的时间；事务时间是指对给定数据库对象进行数据库操作的时间，是一个事实进入并存储与数据库当中的时间。时空数据库应有效支持有效时间、事务时间或双时间。

⑥ 如前面所分析，移动数据库的主要目的是反映现实世界，空间对象随时间的递增，数据变化频率也决定了数据库表示移动对象数据的方式，在移动数据库中，移动对象数据可分为离散和

连续两种情况。

当前，普遍采用的移动对象索引主要是基于已经研究成熟的空间索引技术，这些索引技术包括 R 树、四叉树、网格索引、K-D 树、K-D-B 树、空间填充曲线、G 树等。空间索引技术结合上时间因素可以完成对移动对象的索引。

7.2.2　移动对象的存储方法

空间数据的复杂性和海量性是对存储技术的一大挑战，而移动数据对象信息的存储更是空间数据存储领域的一大难点。

移动对象数据可以分为静态数据和动态数据。静态数据是指不会随着时间的改变而改变的数据，如实体 ID、实体型号或者实体所有者。动态数据则指的是会随着时间的递增改变而改变的数据，如时间、速度、方向或者位置等。对移动对象信息的存储主要有如下 3 类。

① 空间位置点存储：这种存储方式是使用关系数据库将在不同时刻采样的所有数据都存储起来，包括位置、时间、速度等。这种方式的优点是可以轻易查询某一时刻的所有相关数据，灵活性更好，也可以满足各种需要；缺点是如果数据量过大时，将会严重加重数据库的存储负担。而且，对于不同速度的对象实体，采样的频率可能会有所不同。

② 移动函数存储：这种方式通过构造移动对象的运动规律函数来表示移动轨迹。运动函数可以采用一般意义上的函数，然后可以在有效的时间内推导出对象的相应数据。运动的参数则描述了运动的特性，如开始位置、速度、方向及当前时间等。这种方式的优点是可以仅存储少量的运动参数和函数就可以及时查询出相应的历史数据，但是缺点也很明显，如果实体的运动不遵循特定的规律性，那么移动函数存储就无法通过一般性函数给出运动规律函数，此种方法就会失效。

③ 移动轨迹存储：我们可以把移动对象的运动轨迹看成其在各个空间位置点的数据。假设我们要分析移动对象在各个数据段的情况，可以将移动轨迹分成很多段，分段的依据可以是移动对象方向的改变或者状态发生了变化，也可以是相隔一固定时间间隔。因为移动轨迹能比较好地反映移动对象的运动规律，所以经常常作为移动对象的研究基本单位，且存储的数据量要远小于空间位置存储，且解决了移动函数存储的局限性。

7.2.3　移动对象的位置表示

要对移动对象进行管理，移动对象数据库就必须准确地获取移动对象的当前位置信息。假设我们通过用户的 GPS 设备获得其当前位置信息之后，就应该可以处理与当前位置相关的查询请求，在有些更为复杂的应用中，不仅需要查询移动对象当前的位置，还需要查询对象的历史某一时刻的位置或者将来的位置，因此需要提供更为有效的数据类型来表示移动对象的位置信息。

如前所述，在移动对象数据库系统中，移动对象的属性相似的可以分成静态属性和动态属性两类。静态数据指的是与移动对象位置无关的属性，如对象实体的类型、ID、标识等，这些数据完全可以使用普通关系数据库进行数据管理。动态数据则表示与移动对象位置有关的属性，这一部分则是移动对象属性表示的难点。

移动对象数据库的动态属性在实际中是动态变化的，所以保持属性信息的有效性就变得非常重要。一种简单的方法就是周期性的更新数据库（可以类比上一节的空间位置点存储），这是实现简单但是效率很低的方法，如果频率很低，则位置信息更新不及时，信息失效。如果频率过高又会加重系统负担。

另一种方法就是将移动对象的位置信息抽象成时间函数（可以类比上一节的移动函数存储），

用户可以根据时间函数计算出历史或未来的位置信息。这样，移动设备就无须频繁地报告自己的位置信息，只有在自己的实际位置信息与计算位置信息发生很大的偏差时才会报告请求更新数据库（这也利用了上一节移动轨迹存储的优点）。这种方法也逐渐成为移动对象数据库研究领域中位置建模的主要方法。

7.2.4 移动对象类型的数据结构

美国 Illinois 大学芝加哥分校的奥瑞·沃福森及其研究小组提出了一个移动对象时空模型（MOST），该模型也成为当前移动对象位置模型中最具有代表性的模型，这个模型引入了动态属性的概念，这个模型提出了这样一种策略：将移动对象的位置用一个以时间为变量的函数，当移动对象按照这个函数所规定的位置变化时，即未发生异常，将不会持续的更改位置信息。然而一旦未按照这个函数规定的位置变化时，即发生异常，就会更改位置信息。大家可能已经发现问题了，MOST 采用的函数表达能力极其有限，根本无法为长时间运动且做复杂运动的移动对象描述轨迹。意大利 Aquila 大学的 Luca Forlizzi 等人提出了移动对象离散数据模型，它将复杂的空间对象及移动轨迹分割为相对简单的离散片段，为表示和处理复杂移动对象提供了一种可行的解决方案。但是，在这里我们着重叙述 MOST 模型对移动对象类型的数据结构的解决方案。

首先是 MOST 对移动对象的空间位置信息的数据结构描述，MOST 为移动对象提供了一个特殊的属性——位置属性 pos，该属性包含地理位置坐标，在系统中描述为 pos.x，pos.y，pos.z。坐标的数据类型可以是 int 或者 real 类型。

除了上述空间位置信息的数据结构描述外，MOST 还为移动对象提供一个名叫作 Time 的特殊属性（时间属性），时间是一个离散的值，用户可以设定具体标量单位，用一个 int 类型进行标示，每隔一个时钟周期，时间属性值就加 1。

MOST 模型中最基本的创新思想是所谓的动态属性。对象类的每个属性被分为静态属性或动态属性。静态属性与通常属性一样，动态属性则随着时间自动改变属性值。并不是所有属性类型都适合扩展为动态属性。这样的数据类型（指能够扩展为动态属性的数据类型）要求必须具有 0 值和一个加操作。这一要求对于数值类型如 int 和 real 是成立的，也可以扩充到 point 这样的类型上。

例如，一个描述小汽车在 xy 平面上自由运动的对象类模式为

```
Car(license_plate:string, pos(x:dynamic real, y:dynamic real))
```

类型 T 的动态属性 A（表示为 A:T）可以通过 3 个子属性来形式化地表示，即 A.value、.updatetime 和 A.function。其中，A.value:类型是 T；A.updatetime：一个时间值；A.function：一个函数，即 f:int→T，并满足 $t=0$ 时，$f(t)=0$，表示的语义为"A 在时间 t 时的值"，并且定义如下：

```
Value(A, t)=A.value+A.function(t-A.updatetime), (t>=A.updatetime)
```

一个位置更新操作将 A.updatetime 设置为当前的时间值，并改变 A.value，或两者一起改变。

7.2.5 移动对象数据库实例

1. 项目背景

如今，随着经济的稳步发展，人民生活水平日益提高，人们关注的不再只是怎么生活，而更关注怎么享受生活。红酒不仅作为酒类饮品，更被当作保健饮品，渐渐受到国人越来越多的关注。然而红酒不同于其他酒类饮品不仅是它的保健功能，还在于对品酒的时间、地点等因素，甚至于苛刻的条件。由此，为大众提供便捷的移动设备实时红酒推荐系统，其实质为基于移动设备的红酒推荐实时分布式空间数据库系统。

本系统的开发主要包括后台数据库的建立和维护，以及前端应用程序的开发两个方面。对于前者要求建立起数据一致性和完整性强、数据安全性好的库。而对于后者则要求应用程序功能完备，易使用等特点。红酒推荐系统的主要任务是根据所在位置、使用时间以及定制条件等对数据库进行搜索筛选后给出最优推荐列表及最优推荐。该系统应该具有一定的开放性，采用了分布式数据库模式，以适应网络开放的发展要求，同时与使用者交互的部分，操作应当易于上手，与常用软件的操作尽量保持一致。

2．项目概述

红酒推荐系统的主要功能可以分为红酒推荐和信息查询两大部分。具体功能根据使用者身份而不同。

（1）系统功能

① 红酒推荐系统： 根据使用者移动设备提供的时间空间信息，参照信息查询系统中红酒的推荐信息，给出最适宜的推荐红酒。

② 红酒查询系统：主要功能是对海量红酒数据进行存储，包括推荐信息、索引、名称、产地、年份、原料、配图等信息，同时提供增删改查等基本功能接口。

（2）系统权限

① 管理员：对红酒信息的管理与维护，对红酒推荐系统算法的优化，以及对用户信息的管理。

② 用户：通过选择筛选条件对红酒查询系统进行搜索，并从红酒推荐系统获取相应结果。

3．系统设计

本系统主要分为客户端与服务端两部分，系统框架如图 7-5 所示。

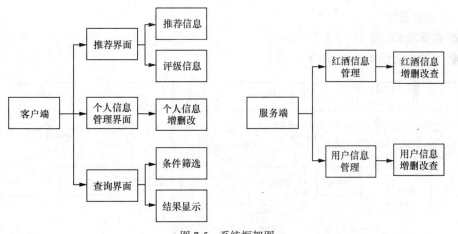

图 7-5　系统框架图

客户端：客户端主要为基于 Android 的 APP 程序，提供对数据库中数据的解析，显示与用户管理，并提供与用户的交互功能。

服务端：主要通过 PHP 程序访问数据库，读取数据后打包成为 JSON 格式返回客户端。

客户端、服务器和数据库关系如图 7-6 所示。

4．功能设计

系统主要分为用户实体、管理员、操作员和

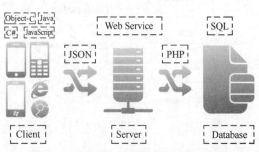

图 7-6　客户端、服务器和数据库示意图

用户，每种角色都有各自的不同操作，具体如图 7-7 所示。

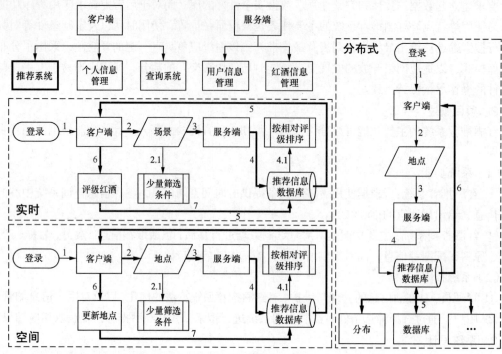

图 7-7　系统功能结构图

5. 数据库设计

（1）数据库 ER 图

数据库的 E-R 图如图 7-8 所示。

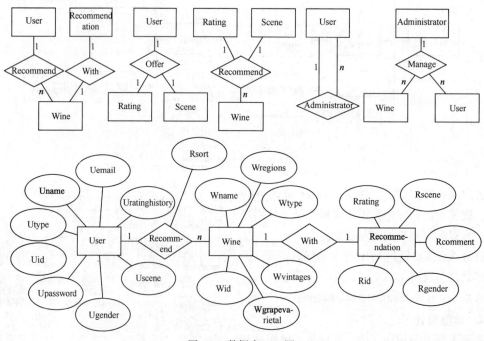

图 7-8　数据库 E-R 图

（2）数据库物理设计

数据库用户表如图 7-9 所示。

字段	类型	属性	默认	含义
uid	INT	PK, AI		用户编号
name	VARCHAR(255)			用户名称
password	VARCHAR(255)			用户密码
type	TINYINT(1)			用户类型，1：普通用户，0：管理员
email	VARCHAR(255)			电子邮箱
gender	TINYINT(1)		0	性别
ratinghistory	INT			评价历史
scene	ENUM('Morning', 'Afternoon', 'Evening', ...)			场景

图 7-9　数据库用户表

数据库葡萄酒表如图 7-10 所示。

字段	类型	属性	默认	含义
wid	INT	PK, AI		葡萄酒编号
name	VARCHAR(255)			葡萄酒名称
type	TINYINT(1)			葡萄酒种类
regions	VARCHAR(255)			出产地区
vintages	YEAR			出产年份
scene	ENUM('Morning', 'Afternoon', 'Evening', ...)			推荐场景

图 7-10　数据库葡萄酒表

数据库推荐表如图 7-11 所示。

字段	类型	属性	默认	含义
rid	INT	PK, AI		推荐编号
rating	TINYINT(1)		3	葡萄酒评级，0-5
scene	ENUM('Morning', 'Afternoon', 'Evening', ...)			推荐饮用场景
gender	ENUM('MALE', 'FEMALE')		MALE	推荐饮用性别
comment	TEXT			葡萄酒评论

图 7-11　数据库推荐表

7.3　无线传感器网络数据库

当今，科学技术飞速发展，特别是无线通信、集成电路、传感器、微机电系统相关技术的突破，现在已经可以生产出多功能的微型传感器，这些传感器能够测量到环境中的各种地理数据，包括物体大小、速度、方向等。这些传感器被分布到各个不同的地理位置，并用无线网络进行相互链接，形成无线传感网络，注意网络中还会配备服务器，这些服务器是用来处理或者存储数据的。这些传感器采集当地的各种地理或其他相关的信息，在本地处理或者不处理采集到的信息，最终通过已搭建的传感网络发送信息数据。而这些传感器和服务器所使用的数据库就被称之为无线传感器网络数据库。无线传感器网络数据库是充分利用空间数据库、分布式网络结构、无线传感网络的优势，并将其整合设计出新型数据库，与传统的数据相比，无线传感网络数据库在满足传感数据存储、数据一致性、数据安全性、数据并发性等要求外，还要重点研究在无线传感器网络之上，对无线传感器分布地理信息进行管理。

无线传感器网络由随机分布的集成由传感器、数据处理单元和通信模块的微小结点以 Ad Hoc 方式构成的有线或无线网络，目的是协作地感知、采集和处理网络覆盖的地理区域中感知对象的信息，并发布给观察者。其特点是：通信能力有限，电源能量有限，计算能力有限，传感器数量大、分布范围广，网络动态性强，大规模分布式触发器和感知数据流巨大。

表面看，只要将无线传感器网络采集的数据组成数据库，让用户如同使用通常的数据库管理系统和数据采集系统一样处理感知数据就可以了。但是，与传统数据库管理的数据对象相比，无线传感器网络感知数据又有了许多新的特征。首先，感知数据只是被感知物质现象在时空上的离散采样，难以直接回应复杂的数据查询；其次，无线传感器网络数据传输丢包率高、传感器结点故障频繁、网络拓扑结构不断变化，因此获得的感知数据是不完整和不精确的；最后，无线传感器网络覆盖域广、分布密度高，将产生大量的在时空上冗余的感知数据，数据规模远远超出传统的数据库。

由于传感器网络数据的这一系列独特性质，因此传统的数据库管理系统不再适合传感数据的管理。根据无线传感器网络的实际情况，其数据库需要满足以下要求：

① 用户要知道大概的整体情况并能对感兴趣的局部发出查询命令或控制命令；

② 命令能被解析和优化，并找到数据最终来源区域；

③ 命令能快速准确地传达到指定区域并被执行；

④ 感知数据信息能够以最有效地方式传送回控制中心；

⑤ 数据信息以用户感兴趣的方式显示出来。

7.3.1　无线传感器网络数据

无线传感器网络的数据是无线传感器产生的数据，这些数据都是描述现实世界的，而且很少被处理过，由于现实世界的复杂性和无线传感网络的复杂性，这些数据都有区别于我们常见数据的特点。下面将具体探究这些特点。

① 数据的海量特征。无线传感网络是由多个分布在不同地理位置的无线传感器组成的，这些传感器在不间断地采集各种数据，并将其聚集起来，这样会形成海量的数据。

② 数据的时间特征。无线传感器采集的数据都是当前的数据，这些数据都是表示当前这一个时刻各种参数的详细值，所以无线传感网络的数据都有自己的时间标记。

③ 数据的空间特征。组成无线传感器网络的无线传感器分布在不同的地理位置，其采集的数据都是代表当地的特点的特征数据，毫无疑问，无线传感网络的数据具有空间特征。

④ 数据的冗余特征。为了采集到全面、丰富、准确的数据，无线传感网络的无线传感器地理位置分布和其采集的空间区域可能出现重叠现象，所以可能出现两个或者多个无线传感器采集的数据部分甚至全部相同。所以，无线传感网络的数据具有冗余特征。

7.3.2　无线传感器网络数据库结构

目前的一些传感器网络数据管理系统的结构主要有以下 4 种：集中式结构、半分布式结构、分布式结构、层次式结构。

① 集中式结构：无线传感器网络最简单的数据采集方法就是将每个传感器采集的数据定期发送到基站，由基站进行离线分析处理，传感器结点本身对采集的数据不做任何处理，只是简单地发送或转发感知数据。这种方法很简单，但是中心服务器会成为系统性能的瓶颈，而且容错性很差，冗余数据太多。

② 半分布式结构：当前的传感器一般都有一定的计算和存储能力，因此，某些计算可以在原始数据上进行，这就促进了半分布式模型的发展。在半分布式模型中，传感数据被聚集成某种记录（而不是原始数据），然后被传输到中央服务器进行进一步的查询处理（见图 7-12）。当前，大多数研究都集中于半分布式模型。

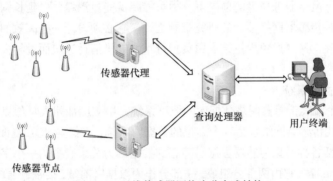

图 7-12　无线传感器网络半分布式结构

③ 分布式结构：分布式结构的数据库是指数据库中的数据在逻辑上是一个整体，但物理地分布在计算机网络的不同结点上。网络中的每一个结点都可以独立地处理本地数据库中的数据，执行局部应用；同时，也可以存取和处理多个异地数据库中的数据，执行全局应用。

④ 层次式结构：这种结构包含了传感器网络层和代理网络层两个层次。集成了网内数据处理、自适应查询处理和基于内容的查询处理等多项技术。具有多个代理结点可接收来自传感器结点的数据，并分布地处理查询同时将结果返回给用户，从而将计算和通信任务分布到各个代理结点上。

7.3.3　无线传感器网络数据库相关技术

1. 数据的存储技术

现有的传感器网络数据库系统对传感器监测的数据建模大多为对传统的数据模式进行扩展，典型的有 COUGAR 和 TinyDB 两个查询系统。两者都是传统关系模型的扩展。

COUGAR 是一个基于抽象数据类型的数据流系统，它采用两种模式对数据进行建模：用对象关系模式来组织建模存储数据；引入一种时间序列模式建模组织传感器监测数据，并定义了相应的关系代数操作、时间序列操作以及关系时间序列之间的操作。

TinyDB 采用基于关系的数据模式，并对传统的关系模式进行了扩展。它把传感器结点的测量数据定义为一个单一的、无限长的、有两类属性的虚拟关系表：一类用来定义测量数据，如结点标识符、测量时间、测量数据类型、单位等；另一类用来描述测量数据本身，如温度、位置等。传感器产生的测量数据对应表的一行，对数据的查询就是对这个无限虚拟表的查询。

2. 数据查询处理

无线传感器数据库系统可以看成一个两层结构的分布式数据库系统：运行在 Sink 结点上的代理数据库服务器和运行在传感器结点上的局部数据库。数据的查询处理过程一般为：首先，用户的查询命令被发送到网络，通过路由技术被传送到运行在 Sink 结点上的代理服务器；其次，代理服务器生成相应的查询计划；然后，查询计划在代理服务器通过路由技术发送到相应传感器结点，结点收到查询后，执行查询，并将结果传回代理服务器；最后，代理服务器对结点返回的结果进行处理，并将结果返回给相应的用户。

由于 SQL 语言在数据库领域的广泛应用，目前无线传感器网络的数据查询语言大多都延续了传统的 SQL 语言形式，并对 SQL 语言进行了扩展，典型的为 TinyDB 的查询语言。

3. 数据的查询优化

无线传感网络数据库中的查询优化策略可分为运行在 Sink 结点上的多查询优化策略和运行在网内结点上的单查询优化策略。这两种技术结合起来构造无线传感器网络的查询优化系统。优化的目标是要在保证网络服务质量的前提下，尽可能降低能量消耗，以延长网络的寿命。

查询优化问题是传感器网络领域的研究难题之一。它必须设计一些高效的算法和技术，既要降低全网的能量消耗，又要避免少量结点因负担过重，能量消耗过快而过早失效，从而影响到整个网络的使用寿命。

4. TinyDB 数据库系统

TinyDB 是一个无线传感器网络数据库的原型系统，由美国加州大学伯克利分校的研究人员开发。它将整个无线传感器网络视为一个虚拟的数据库系统，支持类 SQL 查询。传感器网络上的所有数据类型，包括各种类型传感器数据、静态的数据都为关系表中的一个字段，目前系统的关系表只有一个 sensors 表。它由两部分组成，一部分作为数据库前端，接收普通的查询和控制命令，以及基于事件的查询和由 TinyDB 根据传感器网络的能量自动调整执行周期的查询；另一部分是运行在结点上嵌入式数据库引擎，具体负责传感器网络中的数据管理，多个查询的同时执行等。

TinyDB 的客户端软件包括两部分：一部分是类似于 SQL 语言的查询语言 TinySQL，是供终端用户使用的。它屏蔽了无线传感器网络的细节，通过作为应用接口的数据库前端，用户看到的是一个数据库系统，故只需要使用类 SQL 进行数据查询检索即可，即：

```
SELECT  select-list
    [FROM sensors]
WHERE predicate
    [GROUPBY gb-list]
[HAVING predicate]
    [EPOCH DURATION time]
```

其中，select-list 是要从无线表中的属性表选择的属性。[WHERE predicates]中的 predicate 是谓词表达式，表示限制条件，如 where light>333 and temperature<444。[GROUP BY gb-list]中的 gb-list 代表属性列表。[EPOCH DURATION time]表示每个采样周期的开始之间的时间段。

另一部分是基于 Java 的应用程序界面，主要支持用户使用 TinyDB 编写应用程序，主要功能包括查询请求的接收、验证、优化，查询的管理和查询结果的接收，发送控制命令，与无线传感器网络相连接，建立数据库与用户交互的界面等。基于 Java 的应用程序界面客户端软件如图 7-13 所示。

TinyDB 的传感器结点端数据库引擎由多个模块组成，如图 7-14 所示，主要包括查询执行模块、数据管理模块、操作算子模块，以及其他一些辅助功能模块等，查询执行模块是整个数据库引擎的核心，可以调用和管理其他模块。

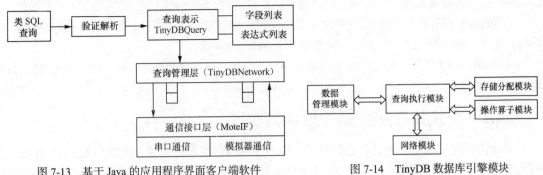

图 7-13　基于 Java 的应用程序界面客户端软件　　　　图 7-14　TinyDB 数据库引擎模块

7.4　无线物联网数据库

物联网是新一代信息技术的重要组成部分，其英文名称是"The Internet of Things"。由此，顾名思义，"物联网就是物物相连的互联网"。这有两层意思：第一，物联网的核心和基础仍然是互联网，是在互联网基础上的延伸和扩展的网络；第二，其用户端延伸和扩展到了任何物品与物品之间进行信息交换和通信。因此，物联网的定义是通过射频识别（RFID）、红外感应器、全球定位系统、激光扫描器等信息传感设备，按约定的协议，把任何物品与互联网相连接，进行信息交换和通信，以实现对物品的智能化识别、定位、跟踪、监控和管理的一种网络。无线物联网的解释就非常简单，物联网组网通信方式采用的是无线组网方式，这种组网方式能够很方便地将传感设备放置在任何地理位置。无线物联网数据库就是无线物联网所用来存储管理数据的数据库，从数据库存储的数据类型、数据库提供的应用等方面分析，无线物联网数据库和无线传感器网络数据库非常类似，可以将无线传感器网络数据库进行简单的改动甚至不改动加以使用。

7.4.1　无线物联网数据服务

物联网只是一个统称，其中还分为若干小类。在现实生活中，一般都是确定好应用服务后，再搭建有应用针对性的物联网，当前，我们只能抽象出物联网的通用基础数据服务。通用基础数据服务包括数据的汇集、数据的预处理、时空数据的存储管理、数据的分析统计、环境的异常监控等。

① 数据的汇聚。物联网包括无线物联网，都必须提供数据的汇聚管理，就是将各个传感器的实时数据通过网络进行传递，在传递过程中可能会进行数据的初步处理，最终会将数据存储到中心服务器。数据的汇聚是物联网提供应用的基础，通过对汇聚起来的数据进行分析、存储、管理，最终为用户提供各个方面的应用。

② 数据的预处理。数据的预处理主要是对采集到的原始数据处理，类似传感器网络的数据，物联网数据也有异构特性，这些未处理的数据会带来存储和管理上的不便，更无法直接供应用程序使用，所以，物联网数据服务会提供一个消除异构的数据预处理服务。

③ 时空数据的存储管理。物联网数据和传感器网络数据类似，也具有时空特性，即采集的数

据是实时的、有地理位置标记的数据，反应的是某个确定的地理环境在某个时刻表现的特征，所以物联网数据服务必须提供一个满足时空特点的存储管理。

④ 数据的分析统计。数据的分析统计是物联网应用程序的数据来源，采集到的数据通过统计分析，才能发现待评估的环境特征，从而执行其他方面的应用。

⑤ 环境的异常监控。通过对数据的统计分析，包括历史数据的统计分析，物联网络可以对环境进行监控，以便随时对被检测的环境中的机器发布命令。

7.4.2 无线物联网数据库设计与实现

无线物联网数据库设计途径有两种，一种是在现有的空间数据库（比如 MapInfo）基础上，利用空间数据库提供的接口，通过对空间数据库进行二次开发，开发出能够满足无线物联网数据库的功能应用的功能模块，并将这些功能模块与空间数据库进行集成，最终形成具有存储、处理物联网络数据的空间数据库变体。这种途径构建的数据库结构会显得非常复杂，而且构建的应用会频繁地进出基层数据库，其对无线物联网数据处理的效率可能不是很理想。另一种途径是重新设计、实现一种专门用来处理无线物联网数据的专用数据库，这种专用数据库的设计、实现是一件非常繁重的工作，工序非常复杂，会消耗大量的人力、物力和财力，除非是在对无线物联网数据进行处理业务的效率要求非常高，业务规模非常大的条件下，否则没有必要执行这项工作。下面我们就第二种途径设计实现无线物联网数据库所要注意的两个最重要的事项进行简单的阐述。

① 充分分析无线物联网数据，建立合适的数据模型。无线物联网数据有其自身的特点，如具有非常强的时空特性、异构特征等，对于这些数据进行处理的机制，构建这些数据的存储模型都与传统的数据库不同，很有必要对其进行专门的研究，这些研究的具体内容有存储这些数据的结构研究、适合数据的操作策略研究和数据的约束条件等。

② 遵循工程设计标准，制订合适的研究计划。无线物联网数据库作为数据库的一个特例，其设计也应该遵循标准的设计规范，即分为：规划→需求分析→概念设计→逻辑结构设计→数据库的物理设计→数据库的实现→数据库的运行与维护，而且每一个阶段都应该有相应的成果，为下一个阶段工作服务。当然，由于无线物联网数据库具有个性特征，在每一个阶段的具体工作可以做一些微调。

在物联网应用中，物联网数据库是最重要的一部分，其主要由数据库本身、数据采集和接口部分组成。物联网数据库框架如图 7-15 所示。

物联网数据库是建立与关系数据库和实时数据库的基础之上的。物联网数据库的数据采集模块主要包括串口数据采集、有线网络数据采集、无线传感网数据采集，以及 RFID 数据采集等。这些数据采集均可通过相应的中间件来实现。

为了具有良好的扩展性能，还可以包含一些应用程序接口，常见的实现方法可以使 Web 服务、FTP 文件传输或者消息队列接口，用于外部应用程序通过这些接口进行数据访问。

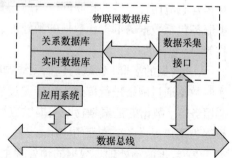

图 7-15 物联网数据库框架

7.5 空间数据库新技术

7.5.1 支持场实体的数据库

支持场实体的数据库中的"场"并不是物理学中的场，而表示因为对空间实体扫描得到大量栅格数据后，该空间数据库管理系统必须支持建模为场的空间实体，这样的实体可以包括温度、湿度或气压等。这些实体都有一个基本共同点——"连续的"，即如果两个点在空间上彼此靠近，那么这两个点的场值也是相近的。

理论上，场函数的逆变换可以将场模型变换为一个对象模型。然而，我们应该如何在数据库中表示一个场函数呢？场的连续性中有一个重要推论说明我们可以用一个相对较小的平均场值的采样代表整个函数。比如，在一个场函数中，其网络中的每个单元格制定一个参数值，这是根据该单元格内有限采样点的平均值而确定的。场函数的连续型可以确保我们的采样均值的分布可以很好地表示原函数，这样，就可以利用代表值的矩阵来表示场函数。在 GIS 和空间数据库中，这样的矩阵称为栅格，栅格的每个单元格则称为像素。

如图 7-16 所示，曲面网格上每个单元格都指定了一个颜色，这可以看作是根据单元格内的一些采样点最后给出的颜色值。

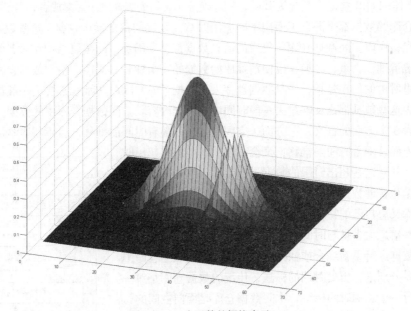

图 7-16 一个函数的栅格表示

支持场实体的数据库到目前为止还只是一个处于研究中的名词，对于支持场实体的数据库设计研发要注意以下几点。

① 作为数据库中的特例，支持场实体的数据库的研发设计也应该遵循普通数据库设计的步骤，即规划→需求分析→概念设计→逻辑结构设计→数据库的物理设计→数据库的实现→数据库的运行与维护。

② 支持场实体的数据库的研发可以采用两种方式,一种是在现有的空间数据库上通过研发扩展应用模块,并与现有的空间数据库进行功能模块上的组合,以达到支持场实体的存储管理功能,现有的很多空间数据库都支持二次开发,如 MapInfo;另一种是严格按照数据库设计步骤研发一个专用的支持场实体的数据库。

③ 在支持场实体的数据库的设计研发中需要对场实体的各种特征进行分析,如磁场中的磁场强度是一个矢量,即是具有空间特征的向量,磁场强度的大小与其带有磁力的物体位置有关。

7.5.2　空间数据仓库技术

数据仓库创始人 W.H.Inmon 在他的著作《建立数据仓库》中给数据仓库下了这样一个定义:"数据仓库就是面向主题的、集成的、稳定的、不同时间的数据集合,用以支持经营管理中的决策制定过程",数据仓库是决策支持系统(DSS)和联机分析应用数据源的结构化数据环境,是研究和解决从数据库中获取信息的问题,其特征在于面向主题、集成性、稳定性和时变性。空间数据仓库是数据仓库技术与 GIS 相结合的产物,它是在数据仓库的基础上,将空间维数据引入其中,从而增加对空间数据的管理、存储和分析能力,然后再根据不同主题从不同的 GIS 应用系统中截取空间尺度上的信息,从而达到为当今的地学研究和有关环境资源政策的制定提供最好信息服务的目的。

空间数据仓库作为数据仓库的一种,其具有普通数据仓库的特征,正如前面所讲,空间数据仓库都是面向主题的,其信息的组织都是以业务工作的主题内容为工作主线。空间数据仓库是集成的,以具体的 GIS 数据库系统为基础,在元数据抽取和集成规则下,集成各种各样的信息数据。空间数据仓库的数据都是源自于面向不同应用的 GIS 系统的日常操作数据,这些数据具有异构、冗余的特点,所以空间数据仓库所集成的信息数据都会采用统一的编码结构和命名原则,对数据进行抽取、清理、去重、转换,以便消除原始数据的冗余性和异构性。空间数据仓库的数据是稳定的,这里所讲的稳定是指,一旦数据被存入了数据仓库,除非非常有必要,一般都不对其进行修改,因为这些数据都是反映过去一段时间内的历史内容。空间数据仓库中的数据是时变的,时变主要包含 3 个方面的含义:一方面,空间数据仓库随着时间的推移,会不断地添加新的空间数据;另一方面,随着时间的推移,又会不断地清除那些超出时限的数据,并对这些超出时限的数据进行归档。空间数据仓库存储的数据与普通数据仓库存储的数据有很大的区别,所有空间数据仓库又有自己的特征,空间数据仓库包含大量的综合信息,而这些信息大多是与时间有关的,随着时间的推移,需要不断地对数据进行重新综合或抽样综合。所以空间数据仓库中的数据都要分别进行历史时期的标注,传统的数据仓库是对一批数据进行一个总的时间标注,空间数据仓库是面向空间的,在这个空间立体的自然界中,存储的数据大量都是空间数据,这些空间数据包含空间位置,也包含实体之间存在的空间关系,因此相对于任何信息来说,每个事物都应具有自己相应的空间标志。空间数据仓库具有空间维和空间度量,能做各种空间数据分析,这是空间数据仓库最基础、最本质的东西。

我们经常讲的空间数据仓库全称应该是空间数据仓库系统(见图 7-17)。空间数据仓库系统是储存、管理空间数据的

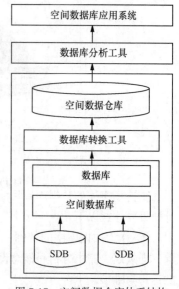

图 7-17　空间数据仓库体系结构

一种组织形式，其物理实质仍是计算机存储数据的系统，只是因为使用目的不同，其存储的数据在前端分析工具以及量和质上与传统的 GIS 应用系统有所不同。根据功能的不同，空间数据仓库系统可以分为以下几部分：空间元数据、空间源数据、数据变换工具、空间数据仓库、空间数据仓库管理系统、客户端分析工具。

① 空间元数据。空间元数据是指在空间数据库中用于描述空间数据的内容、质量、表示方法、空间参考和管理方式等特征的数据，是实现地理空间信息共享的核心标准之一。空间元数据有两个特点，一个是信息量集成，空间元数据是通过对空间数据的抽取形成的，另一个是结构规范，空间元数据具有固定的标准格式。空间元数据的两个特点在数据检索中就有很大的作用，对空间数据进行检索时，就先检索元数据，通过检索到的元数据提供的链接访问空间数据，这种检索方式效率很高。

② 空间源数据。空间源数据是从各个 GIS 系统收集而来的第一手数据，也是空间数据仓库的输入数据，这些数据具有冗余程度大和异构特性强的特点。冗余程度大是因为产生这些源数据的 GIS 系统可能具有相同的特点，如采集范围相同，处理目的相同等，从而导致其向空间数据仓库提供的数据具有部分冗余。异构特性强是因为产生这些源数据的 GIS 系统不尽相同，数据存储标准不一致，从而导致其为空间数据仓库提供的元数据出现异构特征。

③ 数据变换工具。从空间源数据的分析我们知道，空间源数据具有冗余程度大和异构特性强的特点，具有这些特点的源数据不适合直接存入空间数据仓库，更不适合空间元数据的抽取，所以必须使用数据变换工具对源数据进行转换，转换的工作任务包括去除冗余、消除异构、元数据抽取等，总之就是通过对源数据的处理，使空间数据仓库能够存入规范化的优质空间数据。

④ 空间数据仓库。空间数据仓库是空间数据仓库系统的核心部件之一，是存储管理空间数据的载体，其上层还有空间数据仓库管理系统，空间数据仓库管理系统和空间数据仓库是空间数据仓库系统的两大核心部件，空间数据仓库的主要功能是规范化的存储空间数据。

⑤ 空间数据仓库管理系统。空间数据仓库管理系统是在空间数据仓库之上的，用于建立、使用和维护空间数据仓库，它对空间数据仓库进行统一的管理和控制，以保证空间数据仓库的安全性和完整性。用户通过 DBMS 访问空间数据仓库中的数据，数据库管理员也通过 DBMS 进行空间数据仓库的维护工作。它可使多个应用程序和用户用不同的方法在同时或不同时刻去建立、修改和询问空间数据仓库。DBMS 提供数据定义语言 DDL（Data Definition Language，DDL）与数据操作语言（Data Manipulation Language，DML），供用户定义空间数据仓库的模式结构与权限约束，实现对数据的追加、删除等操作。

⑥ 客户端分析工具。空间数据仓库系统的目标是提供关于空间数据的决策支持，它不仅需要一般的统计分析工具，更需要集成有功能强大的分析和挖掘服务的客户端分析工具，客户端分析工具是数据仓库系统的重要组成部分。其主要实现对数据仓库中的数据进行分析和综合并负责从大量的数据中发现数据的关系，找到可能忽略的信息，预测趋势和行为。

7.5.3　基于内容的检索

从空间数据库的角度来看，地图代数操作由于处理的是数据分析而不是数据查询，所以要处于一个稍次要的地位。数据库的关键难点在于是从数据库中高效地检索出满足用户查询指定谓词的图像。在传统的关系型数据库中，这种搜索谓词多是基于元数据或内容。元数据就是使用简单基本的数据类型对一幅图像所做的描述，比如，在栅格数据项中可以通过坐标值、ID、日期等信息进行检索。此外，一幅图像的内容是指完整的图像含义，这大大超过了一个元数据中记录的信息所能表达的范围。如果我们要找出与一幅给定图像相似的图像，给出图像中沿河并穿越市区的马路。因为查询的结果取决于隐含在图像中的内容和关系，这类查询通常称为基于内容的检索。

基于内容的检索主要可以分成以下几步。

① 将图像数据库中的所有图像映射成多维特征空间中的点，这种映射是通过首先在数据库中为图像构建一个属性关系图。

② 对应于图像间每种相似性准则来定义一个距离度量。相似性准则可以是图像中对象的形状、颜色、空间关系等。如果搜索是基于多个相似性准则来完成的，那么最终的距离度量是各个部分的聚集。该步骤通常是由相关领域专家来完成的。

③ 建立一种聚集和索引多维特征点的存储方法。

④ 将所查询的图像映射到特征空间中的一个点或一个区域，然后选取与查询点靠近或者位于查询区域范围内的点。

⑤ 返回与选择点所对应的图像作为整个搜索的结果。

7.5.4 分布式空间数据库

分布式空间数据库把物理上分散的空间数据库组织成为一个逻辑上单一的空间数据库系统，同时又保持了单个物理空间数据库的自治性。

分布式空间数据库不仅具有空间数据库所有特点，并且由于分布式空间数据库与计算机网络结合，又具有自身的特点。分布式空间数据库的数据分布在网络中的不同结点上，网络中的每一个结点具有单独的数据处理能力，可以执行局部应用；同时，每一个结点可以通过网络执行全局应用。局部应用指仅访问本地结点的空间数据库的应用，全局应用则是指能够通过网络访问多个空间数据库的应用。分布式空间数据库系统应该具有如下几个特点。

① 物理分布性：分布式空间数据库中的数据不是存储在一个结点上，而是分散存储在由计算机网络连接起来的多个结点上。

② 逻辑整体性和访问透明性：分布式空间数据库系统中的数据物理上分散在各个结点上，但这些分散的数据逻辑上却是一个整体，能够被所有用户（全局用户）透明访问。

③ 结点自治性：各结点上的数据由本结点的空间数据库管理系统管理，具有自治处理能力，完成本结点的应用（局部应用）。

④ 一定的数据的冗余性：分布式空间数据库系统通过一定的冗余机制来提高系统的可靠性、可用性和改善系统的性能。

分布式空间数据库包括 GSDBMS（全局空间数据库管理系统）、LSDBMS（局部空间数据库管理系统）、CM（通讯管理程序，不同结点之间的通信可以采用 TCP/IP、RPC、CORBA ORB、JAVA RMI 和 DCOM 等）、GSDB（全局空间数据库）、LSDB（局部空间数据库）、GSMDB 和 LSMDB（全局空间元数据库和局部空间元数据库，空间元数据不仅包含数据字典的全部内容，而且还包括对地理空间数据的内容、质量、条件、空间参考和其他特征的描述与说明）。

空间数据的分割和分布设计，在分布式空间数据库设计中首先要解决两个问题：一是如何把空间数据分割成分配到不同结点的部分；二是如何分布这些碎片到各结点，使某一费用函数最小，是否冗余等。

以上第 1 个问题与系统的可用性、效率及查询处理有关。第 2 个问题与查询处理、并发控制及系统的可靠性有关。为了增加系统的可靠性，系统就必须使数据冗余，也就是系统将同时保持空间数据的多个副本，每个副本存储在不同的结点上，这样当系统中的某个结点出现故障时，由于在没有故障的结点上有它的副本，所以数据仍然是可用的。同时，数据冗余还可以提高数据的并行性，提高查询速度。分布式空间数据设计的一个重要原则是使数据与应用程序实现最大程度的本地化。这样应用程序使用的数据大多数来自本地结点，只有少量的数据来自远程结点，减少了数据传输，加快了系统的速度。

（1）空间数据的分割

空间数据有其自身的特点：在空间数据的组织上，水平方向采用图幅（地理空间范围）方式，垂直方向采用专题方式；空间数据的表示方式又有矢量方式和栅格方式之分；空间数据又有空间和属性两种要素。基于这些空间数据的特点，分布式空间数据库设计原则以及应用的需求，本文对空间数据设计了如下分割方法：

① 按照空间数据的表示方式，划分为矢量数据和栅格数据两部分；

② 按照地理范围，划分为多个图幅；

③ 按照专题，划分为多个专题部分；

④ 每一个专题对应于一个图层。针对空间数据按照①~④的次序进行划分，最后把空间数据划分为图层（碎片）。其中图幅的大小可以根据具体应用来定，并且各个图幅的大小既可以相等也可以不相等。

（2）空间数据的分布

空间数据的分布必须解决两个主要问题：分布到各结点的空间数据和怎样分配这些空间数据使得系统的性能最优。

大多数 GIS 的应用是针对专题和区域进行的。一些 GIS 应用大多数情况下只用到一定区域内的一个专题，如某市的电力部门，大多数情况下只会用到市范围内的线路空间数据，很少用到市以外的线路空间数据，且对于其他专题的数据只有在少数情况下才会用到。而有些 GIS 应用会用到多个区域多个专题的数据，如市城建部门会用到所在区域的多个专题的数据。

基于 GIS 应用的特点，结合分布式空间数据库的设计原则，在上面提到的空间数据分割方法的基础上，本文把图层作为空间数据的分布单位；然后，根据各个结点的应用情况，把图层分布到各个结点上。同时，对于关系比较密切的专题采用部分复制机制，以实现系统的高可靠性和高效率。

7.5.5　并行空间数据库技术

并行是 DBMS 的主要发展趋势。评估并行系统有两个重要的度量标准：线性加速和线性扩展。线性加速意味着如果硬件数量加倍，则完成任务的时间减半。线性扩展意味着如果硬件大小加倍，则完成大小为原来 2 倍的任务所需的时间与原系统完成原有大小的任务所需的时间一样。并行空间数据库系统的需求与传统的关系数据库的需求是有区别的。最根本的区别在于空间操作既是CPU 密集型又是 I/O 密集型的。此外，它是通过高级的、空间可用的生命性语言来访问的，它们比传统 SQL 具有更多的基本操作。

并行数据库系统中有 3 类主要的资源：处理器、主存模块和二级存储（通常是磁盘）。并行DBMS 不同的体系结构就是按这些资源相互作用的方式来分类的。3 种主要的体系结构为共享内存、共享磁盘和无共享。

对数据库应用的并行查询计算可以在不同的级别处理。在系统级，查询间并发可以由不同的处理器并行处理以增加系统的吞吐量。在下一级，查询间并行的不同操作可以由不同的处理器并行处理。在更低一级，操作内并行可以由不同的处理器来并行处理。

操作内并行可以通过函数分块或数据分块来达到。函数分块采用与串行情况不同的特殊数据结构和算法。数据分块技术将数据分割到不同的处理器，并在每个处理器上独立执行串行算法。通过将数据"分簇"就可以实现数据分块。

分簇的基本问题陈述如下：给定一组原子数据项、N 个磁盘和一组查询，在考虑磁盘容量限制的前提下，将数据项分割到这 N 个磁盘，使得给定查询集的响应时间最小化。理想情况下，响应时间应该为串行响应时间除以处理器数目。一些分簇问题，如对于所有范围查询的情况，没有办法达到理想响应时间。此外，许多类型的分簇问题属于 NP 问题，常使用启发式解决方案。不同的分簇技术适用于不同的查询类型和不同的查询集。对于空间数据来说，被访问的数据类型（点、线或多边形）也会影响分簇方法的选择。

一些启发式方法可用于解决分簇问题。根据要求在什么时候分割并分配数据，分簇方法可以分为两类：静态分簇平衡（在计算处理之前分块并分配数据），动态负载平衡（在运行时进行上述工作）。如果静态分簇后的数据负载平衡很差，那么动态负载平衡可以通过在处理器间传送空间对象来改善数据负载平衡。由于数据分布的高度不一致，以及空间数据的大小与范围差异很大，所以为了实现较好地加速，通常将静态分簇和动态负载平衡结合使用。动态负载平衡通常需要进行数据复制（在多个磁盘之间复制数据），因为本地处理的代价通常小于为扩展对象传输数据的代价。静态负载平衡一般通过空间分块函数来实现，空间分块函数能够在不同磁盘间系统地分布数据。

7.6 空间信息系统技术的新发展

7.6.1 超媒体网络 GIS——WebGIS

当前互联网已经成为 GIS 的一个新的系统平台，在远程部署一个数据服务器，我们就可以在本地计算机上布置一个客户端通过互联网对其进行访问，这种应用还只是一个非常简单的、大家都极易想到的应用。除此之外，互联网还有很多值得我们借用的地方，使用互联网开发一个WebGIS 就是其中之一，可以说 WebGIS 是互联网迅猛发展的一个产物，我们可以这样认为，WebGIS 就是将 GIS 通过万维网的功能进行扩展，它是由大量的、分布在不同地理位置的服务器、数据库和个人终端通过互联网链接而成，其具有分布式的体系结构。使用个人终端的用户通过安装插件的网络浏览器或者 WebGIS 专用浏览器就可以访问远程 WebGIS 数据库中的空间数据，如空间检索、空间分析、上传地图等。图 7-18 所示为 WebGIS 体系结构图。

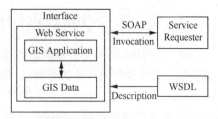

图 7-18　WebGIS 体系结构图

WebGIS 是 Internet 技术应用在 GIS 系统开发的产物。专业性很强的 GIS 产品能通过大众化的 WWW 功能得以扩展，真正成为一种能方便大众使用的专业 GIS 工具。无论在任何地点，只要可以访问 Internet，用户就可以浏览 WebGIS 站点中的空间数据，以及进一步进行各种空间检索或空间分析等。相比其他系统，WebGIS 具有以下特点。

① 满足全球的用户或服务器应用。全球任何地方，任何一个结点都可以通过 Internet 访问WebGIS 服务器提供的各种 GIS 服务，甚至还可以根据需要进行全球范围内的 GIS 数据更新。

② 大众化的 GIS。因为 Internet 的爆炸性发展，Web 服务正在进入千家万户，而建立在Internet 基础上的 WebGIS 显然给用户提供了更多使用 GIS 的机会。Web 用户可以使用浏览器进

行浏览、查询等，而额外的插件（plugin）、ActiveX 空间和 Java Applet 通常都是免费的，大大降低了终端用户的经济门槛，扩大了潜在的用户范围。而过去的 GIS 客户端系统因为技术难度高，成本昂贵，一直都是部分专家的专用工具，很难得到普及。

③ 高可扩展性。WebGIS 很容易跟 Web 中的其他服务进行集成，搭载前面介绍的插件等技术，可以很容易地建立多种灵活多变的 GIS 应用。

④ 跨平台。在过去，每发布一款新产品，厂家都要分别为不同的操作系统开发不同的版本，不仅拖延了新产品开发的进度，也提高了成本。而基于 Internet 浏览器的 WebGIS，完全可以将跨平台的特性发挥的淋漓尽致。

当前已经有很多 GIS 软件开发商推出了他们的 WebGIS 产品，如 ESRI 公司的 Map Objects Internet Map Server（IMS）和 ArcView Internet Map Server；美国 Map Info 公司的 Map Info ProServer；美国 Autodesk 公司的 Autodesk Map Guide；美国 Intergraph 公司的 GeoMedia Web Map；中国武汉大学的 Internet GeoStar。

当前主流的 WebGIS 系统主要由 4 个部分组成，分别是 WebGIS 浏览器、WebGIS 信息代理、WebGIS 服务器和 WebGIS 编辑器。

WebGIS 浏览器：WebGIS 终端用户通过 WebGIS 浏览器链接到远程 WebGIS 站点上，浏览 WebGIS 数据库中的空间数据，进行各种空间检索和空间分析等工作。WebGIS 浏览器可以是 WebGIS 专用浏览器，也可以是安装 WebGIS 插件的普通浏览器。一般情况下，WebGIS 浏览器会为用户提供语义分析机制，方便 WebGIS 代理机制接收到的是一个标准的操作命令。

WebGIS 信息代理：WebGIS 是一个介于 WebGIS 浏览器和 WebGIS 服务器之间的实体，其主要功能是定义 WebGIS 浏览器和 WebGIS 服务器之间的查询请求和响应请求的通信协议，并且初步处理 WebGIS 浏览器发送的请求，减少 WebGIS 服务器的业务压力。除此之外，WebGIS 信息代理还可以为 WebGIS 服务器和 WebGIS 浏览器分配各部分功能，平衡网络负载，以达到减少网络传输带宽，增大请求响应速度的目的。

WebGIS 服务器：WebGIS 服务器提供的是数据的存储、管理，在其上面运行有 GIS 数据库系统，其通过接收 WebGIS 信息代理机制的命令调配数据库中的数据，为用户提供服务。其一般都采用空间元数据管理技术，对分布式异构的空间数据进行描述与索引。

WebGIS 编辑器：通过 WebGIS 编辑器，用户可以按照自己的意愿创建 GIS 对象和模型，并为装配有空间数据库的服务器提供数据导入服务，可以说 WebGIS 编辑器就是 WebGIS 浏览器和 WebGIS 服务器动态交互的平台。WebGIS 编辑器可以 WebGIS 浏览器的一个插件存在，或者以 WebGIS 服务器提供的一个功能应用存在。总之，WebGIS 编辑器就是一个数据生成处理环境，其具有可视化、可交互的功能特点。

7.6.2 构件式 GIS——ComGIS

传统的 GIS 软件都是功能集成式或者模块化的软件，前者的代表为 ARC/INFO 和 GenaMap，后者的代表为 MGE。而且这些软件的平台基本上都是非常封闭的，且其设计架构由于设计时间早已经不能很好地适应当前的发展，所以在很大程度上限制了 GIS 软件的进一步发展。如果在传统 GIS 软件上进行开发会涉及以下弊端。① 开发负担重，基础软件开发负担过重是传统 GIS 所面临的重要问题之一。为满足各个应用领域在性能和功能上不断提出的更高要求，GIS 基础软件开发者必须不断扩充软件，使其变得庞大臃肿，负担过重。② 集成困难，传统 GIS 软件封闭、自成体系的结构使得 GIS 很难与应用模型、MIS（管理信息系统）或 OA（办公自动化）实现高效、有机的集成。随着时间的推移，传统 GIS 将在此方面面临越来越多的困难。③ 二次开发语言复杂，开发语言也是传统 GIS 一直存在的问题之一。大多数 GIS 软件都提供一套自成体系的二次开发语言，如 Are/Info 的 AML、MapInfo 的 MapBasie 和 Microstation 的 MDL 等。用户如想在其基础上进行二次开发，不得不学习其语言独特的语法结构、流程控制以及大量的功能函数，才能进行 GIS 应用系统的编码实现。④ 普及困难，难于普及是阻碍 GIS 应用推广和进一步发展的绊脚石。在当今的社会经济环境中，我们日常所涉及的各种信息，其中 80%在一定程度上与地理信息系统相关，GIS 应当成为一个大众服务的工具。因此，迫切需要一种新型的 GIS 软件技术体系，以满足日益增长的 GIS 应用需求，并跟上软件技术发展的潮流。随着计算机技术和全球信息技术的飞速发展，特别是构件技术、任务代理技术、可视化程序设计、分布式计算等技术的不断出现和广泛应用，对 GIS 软件提出了全新的要求。构件式 GIS 技术正是这样一种全新的 GIS 软件技术体系。GIS 软件的发展即将进入构件式 GIS 阶段。

ComGIS 与应用程序之间的无缝集成如图 7-19 所示。

而构件式的 GIS 就是把 GIS 划分为各个组件，这些组件都能完成不同的功能，通过集成的方式将这些组件组合起来，共同完成 GIS 的各种应用。经常将构件式的 GIS 的集成比作搭建积木，每一块积木就是一个组件，积木的搭建过程就是构件化组件的集成过程，最终搭建好的积木就是完成的构件化 GIS。这使 ComGIS 具有以下特性。

图 7-19 ComGIS 与应用程序之间的无缝集成

① 可复用性：这是组件式软件最基本的特性，也是组件技术和 GIS 技术相结合的最初驱动力。与传统的复用技术相比，组件的复用更注重于大范围的软件复用和软件复用的容易程度。而对于 GIS 软件组件的复用还应着眼于和其他非计算机领域结合的专业应用领域中的组件复用。

② 可封装性：封装的目的不仅是为了隐藏相关的内部设计和具体的实现细节，而是使不同的组件面向用户来看可以是一个个的相对独立的实体，而对于组件的使用者来说，封装还可以大大提高组件复用的容易程度。对于 GIS 这样功能复杂、组件繁多的专业应用更需要重视。

③ 可定制性：GIS 系统在组装过程中应随着组装环境的不同而做出相应的适当调整。这是因为 GIS 必须和专业应用结合起来才能发挥最大的潜能，因此，绝大部分 GIS 组件在开发过程中必须考虑未来其方便的可定制性，这也是系统开发的难点之一。

④ 可组装性：利用 GIS 组件开发实体系统的过程也就是将可封装性中的独立实体满足可定制性组装的过程，也就是说，组装就是实施可复用性的手段。

⑤ 语言无关性：ComGIS 可以突破传统的 GIS 开发时需要学习特殊开发语言的限制。一般标准开发语言都可以用来开发 GIS 系统。

⑥ 无缝集成性：虽然因为可定制性和可组装性等特性，我们可以将满足一定规范的不同语言开发的具有不同功能的 GIS 组件在统一标准开发环境下能够集成，但是，可能还是有很多功能是不能完全满足用户需求的，所以，GIS 组件应该还能和其他专业应用系统集成。这种集成是高效的、无缝的，并可以在一定程度上降低 GIS 开发的成本，并使得 GIS 更加大众化。

当前构件式的 GIS 已经是 GIS 发展的潮流之一，作为全球最大的 GIS 厂商美国的 ESRI 公司就推出了自己的 Map Objects，著名的桌面 GIS 厂商 MapInfo 公司也推出了 MapX，除此之外还有中国科学院研发的 ActiveMap。构件式的 GIS 彻底将功能模块化，而且这些模块都能供开发者开放使用，导致构件式的 GIS 有着非常强大的优势。从开发的角度看，采用构件式的 GIS 开发周期短，在开发过程中，能够按照功能模块的组成方式，非常清晰地为开发组的每位成员提供任务划分，开发的每个模块都有通用的接口，而且能最大限度地保证模块的重复利用率，减轻开发压力。从功能实用方面看，构件式的 GIS 具有传统 GIS 不具有的强大 GIS 功能，因为采用的是构件式的开发方式，开发人员能够随时添加新的功能，以满足业务功能需求，而且随时可以通过对模块的集成顺序的改变优化 GIS 功能。

7.6.3　开放式 GIS——OpenGIS

在明白开放式 GIS（OpenGIS）之前，我们先探讨什么是互操作性（Inter-Operablity），互操作性就是指两台或者多台计算机之间访问对方资源和数据的能力。互操作有两个重要目标：一个是跨系统，即资源和数据之间互访与具体主机系统无关；另一个是跨区域，也就是用户在一台机器上访问另一台机器上的资源就好像是在访问自己机器上的资源，对用户完全透明。实现互操作就是承认多样性的存在，用层次结构思想解决互操作问题，比如在系统之上添加一个中间层，中间层向上层应用程序提供一个统一的接口。OpenGIS 就是基于这种互操作理念形成的产物，OpenGIS 最先是由美国的开放式地理信息系统协会（OGC-Open GIS Consortium）提出的，开放式的 GIS 不仅要使地理信息在 GIS 系统中共享，而且更重要的是使地理空间信息对非 GIS 系统开放，使其为更多的用户所利用。因此，GIS 协会制定了 OpenGIS 规范，并尊从了其他的工业标准，如公共对象请求代理框架（CORBA），对象连接与嵌入/组件对象模型（OLE/COM）。开放式数据库互联以及标准化查询语言（SQL）等。OpenGIS 相对于普通的 GIS 有自己的特别之处，它提供一个统一的操作接口规范，用户与用户之间，数据库与数据库之间都能够进行相互操作；它能克服烦琐的数据转换及批处理、导入导出障碍，在分布式操作系统异构数据库环境下实现数据共享和功能共享；由于开放式的 GIS 独立于具体的系统平台，因此，它只能是抽象层的概念描述，而不是具体的实现。下面具体讲述 OpenGIS 规范。

OpenGIS 规范定义了 3 个具体模型，分别是开放式的地理数据模型、开放式的 GIS 服务模型和信息团体模型。

开放式的地理数据模型定义了一个基本信息类型的集合，这个基本信息类型的集合可以被映射到特定领域进行地理数据建模。它将现实世界进行抽象，抽象出两类基本对象——要素和覆盖，前者描述现实世界中的实体对象，后者描述现实世界中的现象。与此同时，OpenGIS 规范还定义了要素的时空参照系统、语义以及元数据来对要素进行描述，以便于共享和互操作。

开放式 GIS 服务模型定义了一个服务操作集合，这个服务操作集合中的操作用于访问地理数据模型中定义的地理类型。服务模型主要有包含要素模式和要素注册的要素实例创建过程，涉及索引目录创建的地理数据获取方法、时空参照系统的获取转换器的设计实现和不同信息团体之间语义转换设计实现。

信息团体模型的目的是建立一种途径，使得信息团体或用户维护对数据进行分类和共享所遵循的定义；实现一种有效的、更为精确的方式，使不同信息团体之间可以共享数据，尽管他们并不熟悉对方的地理要素定义。信息团体模型定义了一种转换模式，使得不同信息团体的"地理要素辞典"可以自动"翻译"。

OpenGIS 规范包括抽象规范、实现规范以及具体领域的互操作性问题，其中抽象规范是 OpenGIS 的基础，也是 OpenGIS 的主体；实现规范定义了抽象规范在不同分布计算平台上的实现，目前 OGC 已经定义了针对 CORBA，OLE/ COM 和 SQL 的简单要素访问的实现规范；针对领域的互操作性研究通过提取领域的互操作性用例，检验抽象规范能否满足该领域的需求，它是抽象规范的扩展。

抽象规范建立了一个概念模型，并将其文档化，采用了在面向对象技术中通用的 UML 作为其形式化的建模语言。抽象规范通过对现实世界的描述，建立了系统实现与现实世界之间的概念化的联系，它是与具体的软件实现无关的，而只是定义了软件应该实现的内容。

OpenGIS 的实现技术主要有以下 4 种。

① 面向对象的技术：在 OpenGIS 中，面向对象的技术是无处不在的，因为面向对象的含义就是无论如何复杂的事例都可以用一个对象来表示，每个事例都包括自己的数据类型以及对数据的各种操作（也可以称作方法）。用户在使用时，完全不需要知道对象是怎么定义的，也不需要了解对象是如何对数据进行操作的过程是怎样实现的，只需要直接调用相应的数据操作接口，只需要直接调用对象使用的相应接口，就可以实现对数据的操作。而用户也可以利用面向对象的集成与多台的特征，在基本对象特征及其操作之上，加入自定义的数据及操作过程。

② 分布式计算技术：分布式计算是指分布处理系统的计算和数据处理工作。工作时一台计算机可以将全部或部分计算工作交给其他计算机，而它本身只负责接收处理或计算后的结果，分布式计算技术的出现可以大大提高数据处理和计算的速度。建立分布式计算环境，就必须要遵循开放系统的原则。虽然开放式地理信息系统的目的是实现独立于分布式处理平台的标准与接口，但它的实现却必须以分布式处理环境为依托。

③ 开放的数据库互连技术：开放数据库互连技术是相当于访问数据库的一个统一的界面标准，实际上是一个数据库，用户应用程序的改变不会随着数据库的改变而变化。在实际使用时，用户可以通过驱动程序（也可以称作 API）建立应用程序与数据库之间的联系，这样就可以完全保证数据库的独立性。不同类型的数据库对应于不同的驱动程序。

④ 分布式对象技术：顾名思义，分布式对象技术建立在网络基础与组件的概念基础之上，其追求的目标是无缝连接与即插即用，要实现这一点关键在于解决重用和互操作问题。重用指的是一个组件可以被多种应用系统使用（也可以称作复用性），互操作是指不同的组件之间虽然是一个个独立的实体，但是可协调地共同完成某项任务。目前，微软公司的 DCOM 和对象管理组织的CORBA 两个标准都规范了组件的连接与通信相关问题。

习　题

1．加入时态特性的空间数据库与普通空间数据库有何区别？时空数据库的数据模型与空间数据库的数据模型相比有哪些改进？

2．移动对象数据库作为时空数据库的一个分支，它增加了哪些技术难点？

3．移动对象数据库的数据类型可以分成哪几类？其主要存储方式有几种？请简要描述。

4．移动数据库有着怎样的应用前景？并尝试简要设计一个基于移动数据库的应用服务系统。

5．请列举出无线传感器网络的几种数据库结构。

6．场实体数据库中"场"的含义是什么？

7．什么是数据仓库？空间数据仓库的体系结构包括哪几部分？

8．简要介绍分布式空间数据库和并行空间数据库。

9．空间信息系统（GIS）未来的发展方向有哪些？分别具有怎样的优点？

第8章
地理空间信息系统应用

地理信息系统（GIS）是用于采集、存储、管理、分析和表达空间数据的信息系统，是计算机科学、测量学、地图学、地理学等多门学科的综合技术。GIS 与数据库技术、通信技术一样，已成为现代信息技术的重要组成部分。

由于 GIS 是用来管理、分析空间数据的信息系统，所以地理信息系统能应用到与空间位置相关的各行各业，应用范围十分广泛，不但在资源环境管理和规划中发挥重要的作用，而且逐渐成为许多领域的重要应用工具。例如，矿产、森林、草场等资源的清查，城乡规划中的城镇总体规划、土地适宜性评价、道路交通规划、城市环境动态监测等，灾害监测方面，对森林火灾的预测预报、洪水灾情的监测、洪水淹没损失估算等，土地清查中的土地利用现状建库、地籍管理，环境管理信息系统建设，城市管网中的供水、排水、供电、供气及电缆系统，军事领域作战指挥中虚拟战场模拟，宏观决策方面，如通过 GIS 支持下的土地承载力研究，解决土地资源与人口容量的规划。

本章根据地理信息系统功能的划分，介绍一些地理信息系统的应用实例，可以对相关领域的 GIS 建设提供借鉴，也可以作为其他领域建设 GIS 的参考。

8.1　环境监测与管理

地理信息系统可用于区域生态规划、环境现状评价、环境影响评价、污染物削减分配、防灾决策支持、环境与区域可持续发展的决策支持、环保设施的管理和环境规划等。一个地方的环境管理信息系统可以为环境管理部门提供数据和信息存储方法，提供环境管理的数据统计、报表和图形编制方法。通过建立环境污染的若干模型，为环境管理决策提供支持，借助遥感遥测数据的搜集。利用 GIS 还可有效地用于森林火灾的预测预报，洪水灾情监测和洪水淹没损失的估算，为救灾抢险、防洪决策提供及时准确信息和决策。

8.1.1　GIS 在环境监测与管理中的应用

1. 环境规划

环境规划是一项复杂的系统工程，涉及对多源信息采集、处理、分析及对不同方案的比较、模拟、预测，要求不同方式的输出与显示方式。GIS 在信息管理方面具有突出的优越性，可以将空间信息和属性信息进行综合管理，对不同要素、不同领域的信息分层管理，并在各信息层之间建立有机的联系。因此，将有关的信息通过图形扫描输入、数据库移植、实地调查、统计汇总等方式采集输入 GIS 数据库，按照信息之间的内在联系建立互连机制，利用 GIS 数据库对规划信息进行综合管理，以提供规划使用。通过对已有资料的分析，可以为规划工作提供指导和借鉴。例如，在对城市公园、医院等公共设施的选址问题上就可以利用加权图来确定，以保证能服务到更多的居民。

2. 环境管理

环境管理的地理信息系统主要由环境数据信息管理系统和环境管理决策系统两部分组成。环境数据信息管理系统在环境监测数据库、环境遥感影像数据库和环境背景地理数据库的支持下，通过地理信息系统数据库管理系统功能，满足远程或本地用户对环境地理信息的数据的输入编辑、查询检索、管理维护、制图输出和分析等需要。尽管 GIS 在我国环境管理领域的应用时间比较短，随着人们对社会信息化管理和数字化工程的理解越来越深刻，GIS 的应用将在我国的环境保护领域做出巨大的贡献。从应用发展前景而言，环境管理领域地理信息系统应用前景和发展趋势主要有 "3S" 技术的应用、决策模型的开发、智能 GIS 和专家系统（ES）的应用与研究等几方面。

3. 水环境质量评价

利用 GIS ，可以对水资源开发的不同阶段进行分析。在水资源开发之前，模拟分析水资源的时空分布；在水资源开发过程中，实时地接收、处理、分析各种现场数据，及时提供反馈信息，为管理机关提供决策支持。利用 GIS 法进行水质评价，就是利用 GIS 空间分析和图形表达功能，分析各水质评价因子在水质评价中的作用，对数据进行预处理，即在对污染源进行调查分析的基础上确定主要评价因素。

4. 环境监测

环境地理信息系统能将城市的环境质量（水环境质量、大气环境质量、噪声）和污染源排放、治理、达标现状在 Internet 上发布和查询。用户可以通过浏览器及时了解城市水质状况、每日空气质量状况、噪声、工业污染源达标排放情况等信息，充分发挥了 GIS 直观形象的优势。结合 Internet 技术的发展，利用计算机图形技术能够有效进行环境监测、统计、分析，得出其发展趋势，如采用 GIS 与筛选函数分析水域内无点污染源的荷载分布，应用 GIS 与相关函数，分析河流生物与上游土地利用及河流形状的关系，应用 GIS 定量分析水库的流域面源污染。用 GIS 管理水资源数据，提供数据资源共享能力，增强了数据管理与分析的可视性，将数据管理的水平又提高到一个新的高度。

5. 环境预测分析

环境预测模型需要大量计算分析，即进行定性与定量分析。这些问题由于 GIS 的开发与应用，都变得高效、科学得多了。现在把基于环境预测模型的软件引进到 GIS 中，充分运用 GIS 的管理和空间分析功能，进行环境预测分析，是相当有前途的。

8.1.2　GIS 在环境监测与管理中的应用实例

1. 防洪空间信息系统

基于 GIS 建成的防洪空间信息系统，是为各级防汛部门提供准确、及时的各类防汛信息，为洪水预报、防洪调度决策和指挥防洪抢险救灾提供科学依据，达到防洪减灾，最大限度地减少洪灾损失的目的。

建立一个覆盖全范围的防洪信息数据库系统，可实现信息获取、整理、应用和传播的现代化，掌握全地区基础背景信息和洪水的动态，为防汛管理部门提供及时准确的防汛背景信息和防汛工程功能信息，使决策者和管理者能科学地评价洪水危害、发展趋势以及防汛效益，做出洪涝预防、治理的决策。

2. 大气污染扩散地理信息系统

随着经济的发展，环境污染直接影响了人们的生活质量，环境质量问题得到了越来越多的重视。环境污染包括水污染、大气污染、固体废弃物污染等，其中就大气污染而言，城市由于受到工业生产、居民生活的影响，成为大气污染发生的集中区域，历史上几次严重的污染事件，如伦敦烟雾事件（1952）、洛杉矶光化学烟雾事件（1943）都发生在大城市。近年来，通过对大气污染问题进行的研究、实验或计算，人们已经建立了适合特定区域的大气污染物扩散模式以及确定相关参数的计算方法。

城市大气污染的来源主要包括点状污染源和线状污染源，前者主要包括烟囱，后者则指汽车尾气排放。而污染扩散的影响因子，除了排放量、排放物之外，还受到气象条件、下垫面等因素的影响。通过大气动力学的研究，得到了用来描述污染物在大气中扩散规律的各种解析方程。这些大气扩散公式能为空气污染预报提供一定的支持，可以为现有污染源条件在不利的气象条件下减少有害污染物的排放，在城市规划中合理进行区域规划以及环境影响评价提供了切实有效的信息。

无论是点源污染，还是线源污染，其空间分布以及属性可以通过地理信息系统进行有效的管理，而污染扩散影响因子的空间分布同样是 GIS 的空间数据组成部分，这样，使用基于 GIS 能够建立大气污染扩散模型，可以查询强度分布状况，提供展示污染物强度空间分布，结合其他社会经济数据，进行更加细致的评价分析。

大气污染扩散地理信息系统总体结构如图 8-1 所示。

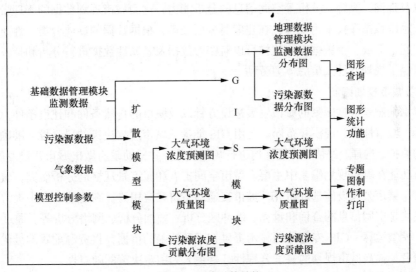

图 8-1　系统总体结构

整个系统由项目管理、数据管理、大气环境质量、污染源浓度贡献分析、GIS 管理模块 5 部分组成。其中，项目管理子模块是在进行大气多项目运作时，对各个项目分别进行管理的模块；数据管理模块对系统中的数据进行增、删、改等操作，由数据库管理系统组成，系统数据库由常规气象数据、污染源污染数据、模型控制参数、GIS 地理图形数据等组成；大气环境质量模块由网格浓度预测、测点浓度预测及大气环境质量评价模块构成；污染源浓度贡献分析子系统用于计算大气环境中污染物在给定区域内各网格的落地浓度，该子系统由气态质量模式、颗粒物质量模式组成；GIS 管理模块负责完成系统内各种数据服务的支持。

通过以上两个具体实例说明了地理信息系统在资源环境评价与管理中的应用。这些实例体现了 GIS 技术强大的数据搜集、数据管理和数据分析等方面的能力。GIS 最大的优点在于它对空间数据的操作功能。地理信息系统由于其强大的空间分析能力，因此成为空间决策不可缺少的手段，尤其在环境监测与管理方面，随着环境自然压力的日益增大，地理信息系统的应用潜力将不断扩大。

8.2　城　市　规　划

城市与区域规划中涉及资源、环境、人口、交通、经济、教育、文化、金融等多个地理变量和大量数据，GIS 可将这些数据归并到统一系统中，最后进行城市与区域多目标开发与规划，包括城镇总体规划、城市建设用地适宜性评价、环境质量评价、道路交通规划、公共设施配置以及城市环境的动态监测等。它能够在大规模城市基础设施建设中，保证绿地的比例和合理分布，保证学校、公共设施、运动场所、服务设施等能够有效的服务，因此，把 GIS 作为城乡规划、管理、分析工具，具有十分重要的意义。

8.2.1　GIS 在城市规划和管理中的应用

1. 规划数据的有效存储与管理

GIS 提供对海量数据的存储和处理，支持多种不同来源的空间数据，提供良好的数据更新维护能力，以及查询、叠合、分析等空间信息的分析能力，这为城市规划数据的管理带来很大的方便。GIS 技术以数据库技术为支撑，在建库时分层处理，根据数据的性质分类，性质相同或相近的归并在一起，形成一个数据库，这样可以对图形数据及其属性数据进行分析和指标量算，在很大程度上减轻了规划设计人员的体力劳动。

2. 辅助城市规划编制

城市规划编制是根据国家的城市发展建设方针以及城市的自然条件和建设条件，合理确定城市发展目标、城市性质、规模和布局。运用 GIS 能提高城市规划决策的科学性、准确性，通过对规划方案的模拟、选择、评估等，更好地进行规划决策，并辅助政府做出城市建设发展决策。GIS 的空间分析功能在城市规划编制中主要有城市空间扩展和城市景观格局分析研究，城市建设用地适宜性评价，城市公共设施选址研究，城市交通网络研究应用等。在这些研究中最常用到的 GIS 传统分析模块是空间信息的查询和量算、缓冲区分析、叠加分析、网络分析等。通过 GIS 数据处理和调用、模型运算、GIS 专题地图显示提供直观和精确的依据，将资源配置的最优区呈现给城市规划决策者，提高城市规划的科学合理性，避免人为主观决策的随意性。

3. 辅助规划审批

城市规划电子报批是一种全新的规划报批模式，GIS 应用支持城市规划电子报批过程，给城市规划带来方便。利用 GIS 技术，在知识规划的基础上自动生成，再与三维的建筑物模型进行叠加，可以进行超标建筑监测，达到辅助规划审批的目的。

8.2.2　GIS 在城市规划中的应用实例——公园规划系统

1. 调查研究和数据采集

GIS 作为一种重要的分析手段，同城市规划中的其他分析手段一样，GIS 的应用前提是必须有准确、详尽而真实的数据。在城市规划中，根据规划和目标、任务的不同，数据采集深度要求也不同，除了一般地理信息系统分析所需要的基本数据外，在规划组织编制前期必须根据规划目标和任务，对一些特殊数据实施具有针对性的收集。GIS 分析的重要特征是对基于三维的连续分布空间数据的处理。但在数据采集过程中，空间数据与属性数据同等重要。在公园规划中，针对 GIS 分析，重点收集了城市勘察资料、城市测量资料、环境资料、水文资料、植被分布资料、土地利用资料、工程设施资料等；但是作为城市规划，所需的资料远不止这些，还必须收集如历史、社会经济发展、人口、各工矿企事业单位的生产资料等。

2. 数据处理

通过前期基础资料收集和数据采集、数据整理，获得了 GIS 分析所需要的基础数据，包括地形图、土地利用地籍图、土地利用现状图、植被分布图等，但作为 GIS 三维空间分析的数据，二维的地形图仍不能适应规划分析工作的需要，必须转换为三维的空间数据。为此必须通过人工输入三维空间数据，其中最主要的就是采集、输入高程数据，同时通过现场调查的结果，对现状地形数据进行更新。

3. GIS 分析

GIS 作为重要的城市规划分析手段和工具，通过一定的工作平台实现分析功能，目前 GIS 系统软件和应用软件日趋成熟和完善，世界各国已设计出大量实用化的地理信息系统。不论采用何种应用平台，关键是要根据不同的规划任务来确定分析的重点。

上面通过实例介绍了 GIS 在城市规划设计中的实际应用。事实上，GIS 在城市规划建设中的应用非常广泛。但 GIS 的应用还存在诸多问题，主要表现在：数据来源与数据质量难以保证，标准规范不统一、数据共享程度低，受管理者的认识水平、基础数据、模型方法欠缺等方面的限制，GIS 的功能没有充分发挥出来。GIS 的应用方兴未艾，在城市规划领域，有必要推动城市地理信息系统的建设和应用，使其成为现代城市管理、规划、科学决策的先进工具，推动 GIS 应用往专业化方向发展。

8.3　交 通 管 理

近年来，随着地理信息系统的飞速发展，越来越多的应用领域同 GIS 技术建立了紧密的联系。由于交通信息系统具有精度高、规则复杂、动态化、离散化等特点，原有的信息技术已经不能完全满足交通应用的需求，而借助于 GIS 的强大功能，可以实现交通信息化的时代要求，因此交通领域中 GIS 的应用日益受到重视。

GIS 与交通分析和信息处理技术相结合，构成了交通信息管理系统。交通地理信息系统可以应用于交通规划、设计、施工、运营和养护的所有阶段，也可以应用于国家、省、市等不同层次的综合性交通基础设施运行管理和维护。GIS 在交通领域中的应用可用于交通规划、公路管理、设施管理及运输调度等方面。GIS 凭借其强大的数据综合、地理模拟和空间分析能力，为处理具有地理特征的交通信息提供了新的支持。

8.3.1　GIS 在交通管理中的应用

交通地理信息系统具有丰富的空间分析功能，可以应用到多个方面。

1. 交通规划设计

在建立地理数据库的基础上，GIS 在应用空间分析手段进行路网的规划、选择、分析等方面有着巨大的优势。它能借助计算机辅助设计技术，为工程师提供道路、桥梁、交叉口等设计工具，为路网的优化设计提供方便，提高了交通规划的工作效率，把规划研究人员从繁重的设计工作中解脱出来，让研究人员将主要精力投入到线路方案的综合比选分析当中，并为规划设计进入三维可视及动画模拟境界提供方便。

2. 公路管理

利用地理信息系统的产品及其信息可视化技术，集数据管理、数据分析、图形管理、图形编辑、彩色图形输出等功能于一体，可方便、有效地存储、操作、统计、分析和显示所有交通网络信息，为公路的主管部门提供及时、准确、全面的有关公路的信息，实现数据与图形、图像的综合处理，解决沿线定位和空间定位的互换，提供一套较完整的系统建设与维修的技术文档资料。

3. 交通设施管理

交通安全设施对于保障行车安全和减轻潜在事故程度有着显著的作用。为了方便、快速、准确地对基础交通设施信息进行查询和管理，就必须要选择一种科学有效的管理工具，而 GIS 兼有地理信息图形和空间定位等功能的空间型数据库管理系统，因此被用来对交通基础设施进行管理。

4. 运营管理

由于地理信息系统提供对地理、地形等数据的查询，具备分析统计功能，所以在运输企业的运营管理中，可以利用它建立交通地理信息系统数据库，为管理部门或用户提供各种查询，并提供分析、决策的支持。

8.3.2   GIS 在交通管理中的应用实例——交通地理信息系统

1. 数据源

数据库依据 1：25 万数字地图数据，按照交通地理信息系统的要求将数据按如下结构进行组织。行政区：分为省、地、县 3 级行政区，为交通基础数据；居民地：分为村、乡镇、县与县级市、地级市、省会城市 5 级居民地，为交通基础数据；铁路：作为一个线性特征专题；公路：按照公路等级，分为高速公路、普通公路、简易公路、大车路、乡村路、小路 6 个级别；公路站点；铁路站点；水系：分为河流、水渠、湖泊、水库，为交通基础数据；桥梁、涵洞：作为点特征要素专题；地形等高线：地形图数字化得到地形等高线，作为一个图层；数字高程模型：利用地形等高线生成数字高程模型，包括 TIN 和 LATTICE 两种格式。

2. 系统功能

本系统主要为道路的管理部门提供服务，其功能包括以下几个方面：日常道路的等级和路况的查询，处理在特定情况下的最优路径分析，在特定情况下进行特定工程措施的设计和费用估算，对新建道路路况的更新。

（1）交通数据管理与查询

交通数据管理包括空间数据的管理和属性数据的管理。前者包括道路线的变更、行政区界的变更、交通中心的变化、铁路和铁路站点的管理等；后者包括道路属性的变更，如等级的变化、路况的变化、桥梁的变化等。所有交通数据的管理均可在本系统完成，并可编辑修改，直观方便，易于使用。对属性经常变化的道路系统采用动态分段技术，用建立道路描述系统方法进行数据的管理，对里程桩号这一重要的交通要素建立公路里程桩号系统。此系统解决了传统的公路里程桩定位与地理坐标定位之间的转换问题。而产生公路里程桩号系统需要 3 个方面的数据：道路、道路的起始点和终点的里程桩号、道路沿途一些重要位置（道路交叉点、出入行政区的边界点等）的里程桩号。利用动态分段技术，选定桩号间距，对已知桩号两两内插，就可得到需要的里程桩号系统。利用属性查询工具，就可以查询道路上任一位置的里程桩号信息，也可以利用桩号找到对应的位置。道路描述系统是将公路属性信息从传统的表格表达方式向图

形可视化表达的重要转变，利用动态分段技术，按不同路段来描述和记录道路不同部分的属性信息，如路面铺设状况（水泥、柏油、石子等）、路面信息（国道、普通公路、高速公路、乡村路、小路）、路况（长、宽、海拔高度、所属行政区等）等。这些信息用传统的表格表示，繁乱、复杂且低效，而利用动态分段建立的描述系统，则简单有效，且清楚得多。图 8-2 所示为 108 国道陕西段的公路里程桩号系统。

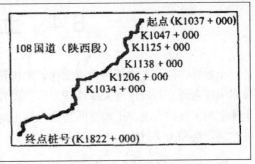

图 8-2　路径示意图

（2）查询功能

系统的查询功能主要包括两个方面：基于空间位置的查询，如从道路层上查询道路的名称、等级等属性；基于非空间的属性信息查询对应的空间位置，根据地名查找所在位置等。系统提供4 种查询方法：直接查询，根据文本等非空间特性来查询特征；综合查询，构建查询表达式来查询特征；多图查询，根据一个特征专题来查询另一个专题的特征（交叉、包含、相邻等）；格网空间查询，主要针对栅格特征数据进行的查询。

（3）制图功能

在系统中，根据需要生成各种比例尺的基础地图图件和专题图件。通过灵活地选取目标区、比例尺、专题内容、三维地面模型等进行制图和组合制图，并且系统中的空间分析结果均可按照一个单独的专题图层输出，也可根据用户需要进行各种图表（柱状图、饼状图、线条图、水平直方图、坐标散点图）输出。

（4）分析功能

分析功能是地理信息系统软件不同于一般的图形处理软件的主要之处，在本系统中，最短路径分析（见图 8-3）和最优路径分析（见图 8-4）是主要的两个分析功能。

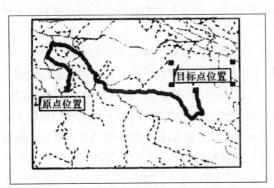

图 8-3　最短路径分析情况，粗线为分析结果

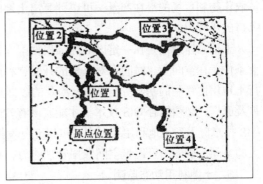

图 8-4　最优路径分析情况，粗线为分析结果

（5）系统的制表功能

属性数据的输出是在空间统计和分析基础上的统计分析结果上完成的，输出形式上采用网页链接的方式。

随着城市的发展而迅速膨胀，机动车辆和非机动车辆急剧增加，交通问题日益突出，在交通

管理中引入 GIS 技术，能为交通管理提供强有力的技术手段，有效地提高规划的效率和质量。

8.4 土地管理

土地管理涉及土地使用性质变化、地块轮廓变化、地籍权属关系变化等许多内容，借助 GIS 技术可以高效、高质量地完成这些工作。此外还可以进行土地调查、登记、统计、评价，实施对土地空间特性的管理。土地空间特性包括土地的地理位置、相邻关系、图层划分及土地相关的各种空间属性和人文属性。

8.4.1 GIS 在土地管理中的应用

1. 地籍信息管理

地籍管理的对象是作为自然资源和生产资料的土地，核心是土地的权属问题。建立、健全地籍管理制度，不仅可以及时掌握土地数量、质量的动态变化规律，而且可以对土地利用及权属的变更进行监测，为土地管理的各项工作提供信息支持。我国现阶段地籍管理的基本内容有：土地调查、土地登记、土地统计、土地分等定级、地籍档案管理。地籍管理涉及土地使用性质变化、地块轮廓变化、地籍属权变化、地籍属权关系变化等许多内容，借助 GIS 技术可以高效、高质量地完成这些工作。地理信息系统对地籍信息的管理体现在其信息直接反映每一块土地的特征，它包括土地的基本信息（位置、面积、利用级别、等级等）、权属管理（所有权、使用权、其他项权利等），附着物信息（地上、地下建筑及其各种设施情况）、文档信息（调查原始资料、法律、条例等）和图形信息（地籍图、土地利用现状图等）。地籍信息管理系统的目标是完成土地调查、登记、统计、评价，为地籍管理提供依据，为土地法律咨询提供手段。

2. 土地评价与利用规划

应用地理信息系统的空间分析，特别是空间叠加分析模型，结合不同的数学模型，进行土地适应性和质量基础评价，能获取评价目标的等级指标。在已知土地数量与质量的基础上，通过计算农作物和草场的潜在产量，可以计算出土地的生产潜力，结合人的粮食需求，可以预测出土地人口的承载力。

土地总体规划是在一定区域内，根据国家社会经济可持续发展的要求和当地自然、经济、社会条件，在空间上、时间上对土地的开发、利用、治理、保护所作的总体安排和布局，是国家实行土地用途管制的基础。土地规划涉及的数据具有种类繁多、数据量大、时效性强、精度要求高、涉及面广，必须结合 GIS 技术，才能实现有效的土地管理和数据规划，完善土地的规划编制。将 GIS 技术应用到土地利用规划中，可以充分发挥 GIS 的作用，展示复杂的地理信息，并且具备强大的空间分析能力及海量空间数据管理能力，有利于科学利用土地，实现土地的可持续利用。

3. 土地利用动态监测

在土地利用调查以及动态监测中，可以通过地理信息系统与遥感技术的结合，获取当前土地类型和土地利用信息，监测土地利用变化；通过地理信息系统数据库支持下的土地评价分析，利用专家们的知识与研究，建立土地利用决策模型，辅助土地利用决策。把计算机技术与 GIS 技术应用于执法监察工作中，不但减少土地执法人员在调查取证中进行土地现场勘测的工作量，提高工作质量和效率，而且可以及时把握土地违法案件的发展与变化的动态信息，为执法监察管理和决策提供高效和科学的信息服务。

8.4.2 GIS 在土地管理中的应用实例——土地利用地理信息系统

在土地资源管理过程中，存在海量的多时态土地利用数据，要求能够快速获取土地数量、质量、权属、土地利用数量、空间分布和利用状况以及土地动态变化等信息，能够对年度土地利用变更调查进行更新、管理、分析，能够输出各种查询、统计和分析结果，反映各权属单位地类数量的统计簿，反映各地空间分布的土地利用图及各种专题图，反映年内各地面积增加来源和减少去向变化平衡表，因此，建立土地利用信息系统能高效地管理海量的多时态土地利用数据，实现对土地资源的科学管理，及时提供科学、详实、直观的数据，为土地利用规划、基本农田保护、决策层的决策提供科学依据，实现耕地总量动态平衡，最终达到区域可持续发展。

通过引用先进的 GIS 技术，结合各种土地利用空间信息、属性信息，为土地利用管理者提供一个土地利用的缩微化模型，达到土地管理实现信息化、直观化、科学化、规范化和自动化的目标。

① 土地利用 GIS 系统建设成整个土地利用信息共享平台，充分利用数据，为土地利用管理、规划设计、分析决策等提供信息支持。

② 实现土地利用的地图化，使管理者直观地看到设备分布和线路走向图，提高土地利用规划、设计、管理的直观性和整体性。

③ 土地利用信息多元化，通过后台大型数据库的支持，除了获得地图上的二维地理信息，还可以获得多个专题的三维结构，即通过点击等方式获得对象的各种属性数据。

系统包括下面的子功能。

（1）数据处理子系统

数据处理子系统可以对数据库进行管理和维护，完成数据库的建立，数据的录入、修改及更新，并可将数据库中的数据转换成可供数据模型直接利用的数据，同时可与系统外部的数据进行交换。

（2）图形子系统

图形子系统通过对图形进行编辑修改和注记，建立图形数据库，同时制作符合制图要求的土地利用总体规划图件；对地图可进行放大、缩小、漫游、全幅显示地图，地图的标注，分层控制、任意选择图层是否可见、可编辑等基本操作。

（3）查询子系统

查询子系统支持多种数据查询检索。用户可以实现图文双向查询检索工作，即在屏幕显示的图形上用户指定点、线或面状地物，系统自动将其属性检索并显示出来；当给出一定检索条件，系统立即将响应的图形突出显示出来；另外，用户也可以通过 SQL 查询综合查询地物。

（4）统计汇总子系统

统计汇总系统能根据土地利用现状规划要求进行统计分析，如对土地需求量预测、土地适宜性评价，进行各种土地利用统计图、统计报表的制作。

（5）输出子系统

输出子系统能完成对各种土地利用专题图、统计图、统计报表的输出和打印，完成各种中间成果、窗口提取的输出和打印。

土地管理针对有限资源进行协调配置，同时考虑经济效益和生态效益，在注意经济效益的同时，兼顾经济效益，力求达到两种效益的综合统一，不断提高土地利用的整体效益和可持续利用水平。GIS 技术的发展可以为土地管理利用提供更好的技术支持。GIS 以各种地理信息数据为对象，通过将各种信息进行存储，整理并形成数据库，支持人们进行各种空间分析，为辅助人们进行各种涉及地理空间的管理决策提供科学辅助。将 GIS 技术应用到土地管理中，不仅可以提高工作效率，更重要的是可以提高决策的科学性、准确性和实效性，减少工作中的失误，提高土地利用管理的合理性。

8.5　农业气候区划

农业气候区划是根据农作物生长发育过程中对气候条件的要求和气候资源的地理分布特征来进行分区划片的。在某种农作物的气候可种植区内还有不同的地物类型，不同的农作物要求不同的地理环境。

8.5.1　GIS 在农业气候区划中的应用

1. 农业气候区划综合要素空间查询和管理

农业气候区划信息系统（ACDIS）利用 GIS 技术提供的基本功能，对其他子系统输入、处理和生成的气候资源等数据进行综合查询和管理，生成不同查询条件下的区划产品，作为区划专题内容，进而实现对区划各类产品的矢量图、栅格图、DEM、注记和属性数据，进行以地理表达式为条件的逻辑查询，以及不同图件和属性数据的综合查询、管理，并把查询结果制图输出到绘图仪或打印机，或保存为其他格式文件。

2. 气候资源小网格推算模式研究

气候资源小网格推算模式研究是区划的一项基础性工作。在收集山区气候研究成果基础上，辅助以气象哨、水文站雨量资料，通过 GIS 平台可快速计算和获取测点地理参数（高程、坡向、坡度）。采用统计分析方法，根据要素的统计特征值和地理特征将区域划分若干气候区，分别建立各区域气候要素推算统计模式，通过验证和残差订正，应用到气候资源小网格推算中。

3. 农业气候资源分析

应用 GIS 来定量采集、管理、分析具有空间特性的气候资源，建立 GIS 分析气候资源方法、步骤，包括数字高程模型建立，GIS 农业气候资源数据建立，空间分析模型建立，气候资源分析计算，气候分区及定量分析等。

4. 提取农业背景信息参与区划计算

农业气候区划是根据农作物生长发育过程中对气候条件的要求和气候资源的地理分布特征来进行分区划片的。在某种农作物的气候可种植区内具有不同的作物类型，不同的农作物要求不同的地理环境。为使农业气候区划对农业生产更具有指导作用，将非气象因子引入到农业气候区划中。农业气候区划对象中往往对土壤 pH 值有要求，根据土壤类型分布可以得出土壤 PH 值的分布，将其作为区划的一个关键指标，使得区划更加具有实际应用价值。利用 GIS 将土壤分类图作为一项数据层参与气候资源数据层集运算，得出包含土壤类型信息的区划结果。

8.5.2　GIS 在农业气候区划中的应用实例——农业气候区划信息系统

自 20 世纪 80 年代以来，中国农业生产环境、气候环境发生了巨大变化，包括以下几个方面。

① 随着农业科学技术进步，高新技术引进，农业朝高产、优质、高效、低耗方向发展，种植业向粮食—经济—饲料作物三元结构转变，小生产、大市场向规模经营方向发展，逐步实现种养

加、产供销、贸工农一体化。农村产业结构调整向农业气候区划提出了新的要求。

② 气候条件与气候资源本身发生了变化,如东北地区平均气温升高,北方地区干旱范围扩大,长江流域洪涝增多,近 20 年以来,异常气候事件呈现明显增多的趋势。

③ 农业气候区划技术条件发生了巨大变化。"3S"(GIS、RS、GPS)与网络技术在农业气候资源动态监测与开发应用中展示出广阔前景。

④ 农业生产的发展,对气候资源开发利用和保护提出了更高要求。气象部门必须依靠科技进步、技术创新适应社会的需求。建立一套基于"3S"、网络平台的区划信息系统,有助于广大气象台站在气象服务手段和技术上提升。

⑤ 面对 21 世纪农业新技术革命和可持续农业战略,农业气候资源作为一种重要的投资环境,有必要进行科学、客观的评价。

中国气象局所提出的"第三次农业气候区划"项目的目标是:采用新技术、新方法、新资料,开发"农业气候区划信息系统(Agriculture & Climate Distributed Information System, ACDIS)"软件,建立气候资源开发利用和保护监测体系,实行资源平面与立体,时间与空间全方位优化配置,发挥区域气候优势,趋利避害减轻气候灾害损失,提高资源开发的总体效益,为各级政府分类指导农业生产,农村产业结构调整,退耕还林,防止水土流失等提供决策依据。

农业气候区划信息系统(ACDIS)是基于 GIS 的平台,建立面对专业技术人员的专用工具,适合农业气候资源监测评价、气候资源管理与分析,小网格气候资源推算与空间查询、省地县三级区划产品制作等。具体实现了以下功能。

地理基础信息管理系统管理工作区的基础地理数据,如行政区划,水系,交通数据等;

小网格资源信息管理系统管理栅格格式的、与农业气候区划有关的信息,包括各种 DEM 数据;

小网格资源推算与区划产品制作,农业气候资源监测与评价,以及农业气候区划成果演示。

根据"3S"等新技术在区划中应用需求,建立了农业气候区划工作基本流程(见图 8-5)。

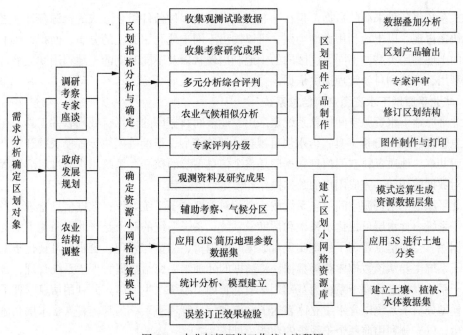

图 8-5　农业气候区划工作基本流程图

图 8-6 所示为江西省的优质早稻种植气候区划和万安县脐橙种植综合区划，除了应用 1：25 万的地理数据，还结合了 TM 影像数据，辅助 GPS 定位抽样，把早稻、脐橙的可能种植区（农田、荒山荒坡）提取出来，排除了山体、水体、居民点、道路等不能种植脐橙和早稻的区域，把可能种植区与农业气候区划图做逻辑交集运算，得到了全省优质早稻和万安县脐橙种植规划图。

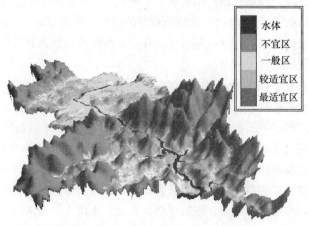

水体
不宜区
一般区
较适宜区
最适宜区

图 8-6　江西省万安县脐橙种植区划

21 世纪是一个信息时代，农业信息化落后的中国面对着发达国家的强力挑战，GIS 将以其特有的存储、处理、传输空间信息的能力，担负起加速我国农业快速走向现代化的重任。因此，深入开展地理信息系统在农业领域的应用研究将是必然趋势。

8.6　资　源　管　理

GIS 系统将各种来源的数据汇集在一起，提供区域多种条件组合形式的资源统计和进行原始数据的快速再现。以土地利用类型为例，可以输出不同土地利用类型的分布、面积，按不同高程带划分的土地利用类型，不同坡度区内的土地利用现状以及不同时期的土地利用变化等，为资源的合理利用、开发和科学管理提供依据。

1. 华北平原地下水资源空间信息系统

华北平原地下水资源空间信息系统是采用专业空间数据库的计算机处理软件工具，在功能上分为信息管理、GIS 分析工具、含水层可视化、评价模型、帮助等模块。各模块的开发充分体现数据代码共享。地质资料空间信息数据库是整个信息系统的核心，系统用户通过对应用程序的调用实现对数据的访问，完成用户的数据操作和模型评价过程。

华北平原地下水资源空间信息系统按 4 个相对独立的子系统设计：数据信息管理子系统、模型分析子系统、含水层可视化子系统和帮助子系统。各子系统的对象是华北平原地下水资源空间信息数据库。空间信息管理子系统实现对数据库的编辑、浏览与管理；含水层可视化子系统和模型分析子系统主要从该数据库获得数据，将数据的处理结果交给数据管理子系统管理；含水层立体表达子系统以信息管理子系统为基础，从信息管理子系统派生，以充分利用信息管理子系统的功能；模型分析子系统以含水层立体表达子系统和信息管理子系统为基础，从含水层立体表达子系统派生，以充分利用前两个子系统的功能（见图 8-7）。

华北平原地下水资源空间信息系统除具有对基础空间数据库及地下水资源调查评价等管理功能外，同时又能对分析处理的综合性专题图件进行管理，并建立与基础数据库的关联，形成以地下水资源管理为的多目标专业地理信息系统。4 个相对独立的子系统均为多道文档界面（MDI）下的子窗口，信息集的管理在信息集管理平台内完成，它为地下水资源工作提供信息存储、管理、检索及模型分析等方面的技术支持，实现对大区域、多水文地质单元的、多源信息的综合管理和评价分析。系统具有图形输入、拓扑结构处理、图形编辑、图形输出等基础功能，同时提供图形拼接、坐标变换、比例变换、投影变换、多图层叠加、Buffer 分析等辅助功能，结合水文地质专业的特点完善图形与属性数据的检索等功能。

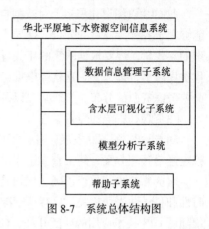

图 8-7　系统总体结构图

（1）数据信息管理子系统的功能

数据信息管理子系统提供了较强的数据信息管理功能，用户可实现数据信息的采集输入、编辑、显示浏览、查询检索、输出和基于 GIS 工具集的数据统计分析等功能。信息集的数据划分基础地理信息、空间数据库、成果图、临时成果四大类。基础地理信息以底图为主，DEM 数据、遥感数据管理功能留作今后开发；空间数据库作为系统管理的重点，按有关标准及指南进行建设，确保通用；图形方面可管理工作产生的各种 MAPGIS 格式的数据成果图；临时成果则管理本系统运行过程中需要保存的各种中间成果，包括钻孔浏览图、模型分析成果、三维可视化成果、数值模拟等成果。

（2）模型分析子系统的功能

模型分析子系统包括两个方面，一是系统的模型库，它提供水均衡法和数值法模型来解决地下水资源量的计算；二是方法库，提供水文地质研究中常用的模型和方法，完成有关地下水的一些常规计算。模型分析子系统以空间数据库中的数据信息为基础，将这两方面的内容划分成水均衡模型、地下水开采潜力评价模型、地下水动态灰色预测模型、地下水水质综合评价模型四个相对独立的并列模块。

（3）含水层可视化子系统的功能

含水层可视化子系统解决地下水资源第四纪地层结构的显示问题，以三维的方式反映第四纪地层结构的空间结构特征。利用空间数据库中的相关数据信息，自动生成反映第四纪地层结构的剖面图和三维立体图，并将这些成果用于显示和输出。利用模型分析系统的模型分析结果，进行地下水资源渗流场模拟，实现地下水资源渗流场的可视化显示。

（4）帮助子系统的功能

为便于用户使用，系统提供了帮助功能。

2．林业资源管理

（1）森林资源的动态监测

GIS 应用的主要特点是能建立地理信息库、图形库、图像和影像库、属性数据库等，能利用地理信息库进行查询，如查询某树种的分布和面积，道路的长度及其所穿过的林班等，及绘制各种林业专题图，如森林资源分布图、优势树种分布图、龄级分布图等，并能产生相应的数据报表。

（2）森林资源的分析

此 GIS 以图形化展示，对数据自动重组处理等分析工作为特征，它不仅是简单的查询，而是能够用于各种专业目的分析，推导出新的信息。例如，设计塔源林场作业方案时，首先要确定合理的年伐量，还要根据既定的年伐量和采伐方式把采伐量具体化，即在经营区内对采伐地点和采伐次序做出合理部署。这就要根据经营目的和要求，充分考虑资源本身的状况和立地条件，同时又要考虑资源的分布、交通状况以及社会、经济条件。

（3）森林资源的经营管理

随着 GIS 的不断发展，其分析功能和与其他应用程序的接口不断增强，可以建立各种模型，拟定经营管理方案，甚至直接用于决策过程。

对资源的决策是否正确、规划是否合理、计划是否周密等，都与掌握资源信息的准确性、及时性和科学性密切相关，只有基于准确可靠的数据源的 GIS 才能真正显示出它的效用与功能。相信随着 GIS 技术应用的广泛开展，GIS 必将为我国资源管理的科学化、现代化发挥越来越大的作用。

8.7 医疗保健

医疗信息化建设需要多种手段和技术支持，地理信息系统正是其中重要的一种手段。GIS 不仅可以提供用户的空间位置信息，还可以实现量算、标注、路径规划等功能，还可以在流行病预防、远程医疗、紧急救护以及后勤保障方面发挥了重要作用。从形式上讲，医疗信息系统是计算机处理技术、网络通信技术在医疗行业领域的具体应用；从本质上讲，医疗信息系统是围绕医院战略目标和发展思路，改变了对医院各类业务数据信息采集、存储、管理、使用方式，改进医院管理及业务工作模式与流程，提高工作效率，拓展业务空间，促进医院获取最佳资源效益。

1. 疾病监测

GIS 应用于疾病监测时，可以实现实时、动态地显示到发病变化情况，并展示疾病的时空分布从而达到信息的可视化。例如，印度疟疾感染病例呈上升趋势，在印度中央邦由于是森林部落地区疾病监测薄弱，缺乏有效的当地地理信息，导致预防控制机措施很难及时制定实施。印度学者 Srivastava 采用 GIS 对印度的疟疾高发地区进行分析，在 48 个区域共 313 个街区里，利用 GIS 最终确定分布在 25 个区域的 58 个街区是疟疾高发"热点"地区，只要有合适的传播条件，疟疾就会在这些地区爆发，提示相关部门着重关注这些"热点"地区的疟疾预防和控制。研究者认为 GIS 的制图功能可以及时更新信息，把疟疾高发地区精确到村庄，使得相关信息能够及时上报到国家相关部门，从而有利于政策的制定。

2. 环境健康和危险因素分析

任何涉及空间现象的有害卫生状态都可以用 GIS 技术进行分析。在对环境污染监测时，GIS 可以对环境污染状况进行空间分析和模型估计，并将估计结果以地图的形式展示形象直观。意大利学者利用 GIS 模拟意大利北部一个社区的固体废物焚烧炉排放情况，并利用 GIS 对该地区 1998—2006 年出生的先天缺陷患儿及健康对照者进行了定位，研究当地出生缺陷发生情况和废物焚烧炉位置之间的关系。

3. 公共卫生资源计划和配置

医疗卫生服务的供给具有一定的空间分布特征，各地卫生资源及卫生需求也不一样。因此应根据卫生需求的紧迫程度及产出效益，按优先次序分配有限的卫生资源。准确评估社区的医疗社会需求有利于规划政策的制定，优化配置当地公共卫生资源，并有利于医疗卫生活动和社会服务的开展。在患病和需求分析中加入空间分析模板，能够有效地集成人口统计学和社会经济学普查数据，并能对不断变化的地区情况进行分析。针对农村医疗设施空间分布的公平性问题，提出使用 GIS 技术和空间可达性指标，评估医疗设施的区域分布特征。空间可达性指标全面地反映医疗设施的空间分布特征，鉴别出资源分配较薄弱的区位并可以将其作为农村医疗改革中设施规划和资源分配的重要依据。

地理信息系统可以处理海量数据，与空间分析结合，作为疾病的预防和干预决策支持系统，其潜力是不可替代的。另外，地理信息系统的强大功能使得医疗、救护在现代信息条件下变得更加完善便捷。它在建设医疗服务体系、合理分配医疗资源方面将更加起到积极的作用。

附录
实验指导书

实验一　空间数据库基础训练

一、实验目的

（1）熟悉 MapInfo 的环境，了解 MapInfo 的文件组成。

（2）建立矢量数据文件，为后面的实习打下基础。

（3）掌握 GIS 属性数据库建立及其与空间数据库关联的方法。

二、实验内容

（1）以个人为单位进行实验——安装 MapInfo。

试验软件放在实验室的 ftp 服务器上，自行下载并按照提示安装系统。

（2）MapInfo 的一个重要概念——地图图层。

用户可以通过图形分层技术，根据自己的需求或一定的标准对各种空间实体进行分层组合，将一张地图分成不同图层。采用这种分层存放的结构，可以提高图形的搜索速度，便于各种不同数据的灵活调用、更新和管理。

（3）MapInfo 文件组成。

MapInfo 是以表的形式来组织信息的，每一个表都是一组 MapInfo 文件，这些文件组成了地图文件和数据库文件。

一个典型的 MapInfo 表将由下列文件构成。

（1）文件名.tab：描述表的数据结构。它是一个小的文本文件，描述包含数据文件的格式。

（2）文件名.Dat，或文件名.Dbf、xls、wks：这些文件包含表格数据。若工作中采用 dBASE/FoxBASE、Excel 等文件，MapInfo 将由一个 .tab 文件和以上数据或电子表格文件组成。对于栅格数据文件，该等效扩展名就是 bmp、tif、gif 等。

（3）文件名.map：该文件描述图形对象。

（4）文件名.id：这是一个交叉引用文件，用于连接数据和图形对象。

（5）此外，表还可以包含一个索引文件（文件名. ind），索引文件用于查找地图对象，如果用户在表中确定了用于查找的关键字段，该索引就存在于索引文件中。

三、实验要求

实验前要做好充分准备,包括软件的程序清单、使用步骤、使用方法以及对操作结果的分析等。

四、试验步骤

(1)启动计算机,安装软件,完成安装后进入 Windows 桌面。

(2)打开资源管理器,在 D 盘根目录下新建一子目录。目录名为"××班"。该目录作为整个班级的总目录。

(3)再在"××班"目录下新建二级子目录,并以同学各自的姓名命名。以后每位同学的实习成果都应存放在自己的目录下。

(4)回到桌面,运行 MapInfo 应用程序,进入 MapInfo 主界面。

(5)选择菜单"文件→打开表",出现"打开表"对话框,如附图 1-1 所示。

(6)将对话框中的文件类型定为栅格图像,选择正确路径,找到 china(.gif)文件,单击"打开"按钮,出现提示信息:"你想简单地显示未配准的图像,或配准它使它具有地理坐标?"单击"显示"按钮,窗口中出现 China 栅格图像。

(7)选择菜单"地图→图层控制",出现"图层控制"对话框,使"装饰图层"可编辑,如附图 1-2 所示。

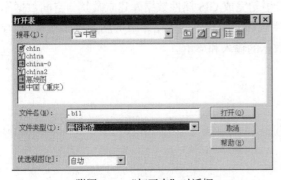

附图 1-1 "打开表"对话框

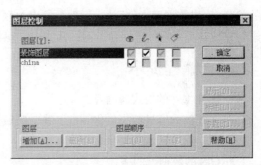

附图 1-2 "图层控制"对话框

(8)选择"绘图"工具条中的点编辑工具,找到各城市符号的中心点,单击鼠标左键,数字化图上显示所有城市的点位。

附图 1-3 MapInfo 点编辑工具

(9)选择菜单"地图→保存装饰对象",出现"保存装饰对象"对话框,选择正确路径,取名 Point,存盘。

(10)选择"绘图"工具条中的折线编辑工具,数字化长江、黄河。方法是:找到起点单击鼠标,然后沿着欲数字化线段依次寻找拐弯点,并单击鼠标,直至河流的另一端点;双击鼠标结束。重复第(9)步,取名 Line,存盘。

（11）选择"绘图"工具条中的面编辑工具，数字化各省市自治区范围。方法同上，但表示结束的鼠标双击使得终点与起点自动连接形成封闭的多边形。重复第（9）步，取名 Region 存盘。

（12）打开 Windows 资源管理器，查看以上 3 组 MapInfo 文件。

实验二　空间数据库的数据模型的设计和关联操作–1

一、实验目的

（1）熟练掌握 GIS 属性数据库建立及其与空间数据库关联的方法。

（2）熟练掌握空间数据库的数据模型。

（3）掌握用空间数据库的查询修改等功能调用，实现空间数据的输入和显示。

二、实验内容

按照准备的图片文件，根据图片的内容进行矢量化（点、线、区域），生成矢量文件点、线、区域的矢量文件。根据 GIS 提供的数据库的格式，提供对应矢量文件的属性数据库文件，利用 GIS 工具提供的操作界面，通过界面提供的连接语句完成 GIS 属性数据库建立及其与空间数据库的关联，生成数据库文件（放入标准数据库关联系统和 GIS 指定的数据库中），利用界面和 SCRIPT 语句完成各类属性的查询和运算，并实现空间数据的输入和显示。

三、编程提示

- 图片文件的格式和内容。
- 图片的内容进行矢量化（点、线、区域）。
- 点、线、区域的矢量文件。
- GIS 的数据库的格式。
- 连接语句完成 GIS 属性数据库建立及其与空间数据库关联。
- 生成数据库文件（放入标准数据库关联系统和 GIS 指定的数据库中）。
- SCRIPT 语句（SELECT）完成各类属性的查询和运算，并实现空间数据的输入和显示。

（1）创建 Table，输入属性数据。

① 运行 MapInfo 应用程序，进入 MapInfo。

② 选择菜单：选择"file（文件）→New Table（新建表）"，出现"New Table"对话框，如附图 2-1 所示。在对话框的复选框中选中"Open New Browser"，然后单击"Create（创建）"按钮，出现"New Table Structure（新表结构）"对话框，如附图 2-2 所示。

③ 在新表结构对话框中单击"Add Field（增加字段）"按钮，并给出字段的名称、类型、宽度。根据需要增加若干字段，然后单击"Create（创建）"按钮，出现"Create New Table（创建新表）"对话框，选择正确路径，为新建表起名，出现该表浏览窗口(Browser)。

④ 选择菜单：选择"Edit（编辑）→New Row（新建行）"，或按快捷健 Ctrl+E，增加新的记录。

⑤ 输入附录一所提供的信息。

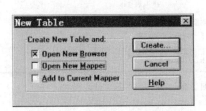
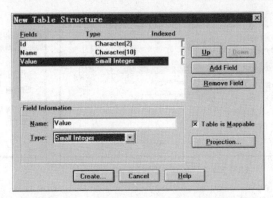

附图 2-1　"New Table"对话框　　　　附图 2-2　"New Table Structure"对话框

（2）修改空间数据的 Table 结构，插入属性数据。

① 打开实验一所数字化的城市点位 Table，选择"表→维护（Maintenance）→表结构（Table Structure）"，出现修改表结构对话框（与新表结构对话框相同）。与上面步骤③一样增加若干字段，确定后地图窗口自动关闭。

② 选择菜单：选择"窗口→新地图窗口/新浏览窗口"，使地图窗口及浏览窗口再现。

③ 选择菜单："窗口→平铺窗口（tile）"，使地图窗口与浏览窗口并列，如附图 2-3 所示。

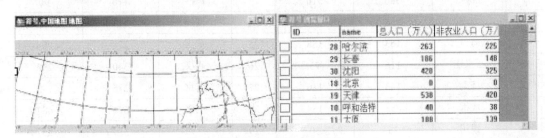

附图 2-3　MapInfo 平铺窗口

④ 在地图窗口选择某一城市符号，则浏览窗口将突出该点的记录。如果该记录不在当前窗口范围内，则选择菜单"查询→查找"，选中记录，此时选中的记录将跳到窗口的第一行。在该记录行输入相应字段的数据。

⑤ 用同样方法输入附表 2 中所有城市的数据。

（3）将新建的属性数据库与相应的空间数据库进行连接，将属性数据添加到空间数据库中。

① 打开实习一数字化的省区 Table（Region.tab）。

② 选择"表→更新列"，出现其对话框，选择 Region.tab 表进行更新。对话框中各项的设置如附图 2-4 所示。

③ 更新列（Column to Update）选择新增临时列（Add New Temporary Column），或者欲更新的项。

单击"联接"按钮出现"指定联接"对话框，选择目标 Table（欲更新）和源 Table（数据来源）的关联字段，如附图 2-5 所示（注：两关联字段的类型应一致）。

④ 以上更新是临时性的。若要永久存放，则必须选择菜单"文件→另存为"，并重新命名存盘。

⑤ 保存所有 Table。

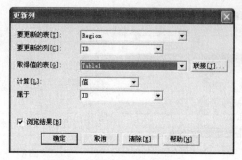

附图 2-4 "更新列"对话框

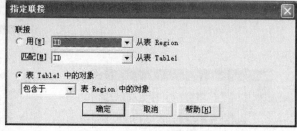

附图 2-5 "指定联接"对话框

附表1

ID	name	总人口85（万人）	非农业人口（万人）	ID	name	总人口85（万人）	非农业人口（万人）
1	哈尔滨	263	225	19	合肥	88	63
2	沈阳	420	325	20	杭州	373	102
3	长春	186	148	21	西宁	60	50
5	拉萨	25	20	22	南昌	112	96
7	北京	586	510	23	长沙	116	90
8	天津	538	420	24	福州	119	78
9	海口	163	138	25	重庆	278	208
10	石家庄	116	93	26	武汉	340	296
11	济南	143	116	27	南京	225	192
12	成都	258	159	28	上海	698	687
13	银川	35	30	29	广州	329	257
14	呼和浩特	40	38	30	贵阳	138	89
15	太原	188	139	31	南宁	93	60
16	兰州	135	106	32	昆明	149	108
17	西安	233	173	33	乌鲁木齐	100	94
18	郑州	159	101				

附表2 单位：

ID	name	教职工总数	城镇人均收入	农村人均收入	ID	name	教职工总数	城镇人均收入	农村人均收入
1	北京	101206	7861.74	3223.65	9	上海	62555	4875.5	4245.61
2	天津	26150	6621.47	2406.38	10	江苏	71092	5807.35	2456.86
3	河北	42558	4982.43	1668.73	11	浙江	28123	7366.19	2966.19
4	山西	21798	4007.86	1208.3	12	安徽	27236	4619.95	1302.82
5	内蒙古	15383	3968.09	1208.38	13	福建	20437	6201	2048.59
6	辽宁	57359	4547.23	1756.5	14	江西	24921	4090.74	1537.36
7	吉林	40260	4206.04	1609.6	15	山东	50374	5217.18	1715.09
8	黑龙江	41212	4110.08	1766.27	16	河南	40329	4111.54	1231.97

续表

ID	name	教职工总数	城镇人均收入	农村人均收入	ID	name	教职工总数	城镇人均收入	农村人均收入
17	湖北	65712	4693.82	1511.22	25	云南	17527	5616.21	1010.97
18	湖南	38783	5248.93	1425.16	26	西藏	1843	0	1200.31
19	广东	42816	8615.86	2699.24	27	陕西	50400	4022.2	962.89
20	广西	17729	5139.52	1446.14	28	甘肃	15733	3613.43	880.34
21	海南	3538	4917.55	1519.71	29	青海	3108	4015.5	1029.77
22	重庆	20257	5343.12	0	30	宁夏	3929	3863.65	998.75
23	四川	48930	4787.86	1158.29	31	新疆	17400	4878.52	1136.45
24	贵州	12811	4458.29	1086.62					

四、实验要求

实验前要做好充分准备，包括程序清单、调试步骤、调试方法，以及对程序结果的分析等。

五、实验报告

（1）程序说明。说明程序的功能、结构。

（2）调试说明。包括上机调试的情况、上机调试步骤、调试所遇到的问题是如何解决的，并对调试过程中的问题进行分析，对执行结果进行分析。

（3）写出操作步骤和程序清单和执行结果。

实验三　空间数据库的数据模型的设计和关联操作-2

一、实验目的

（1）了解 SQL Server 数据库存储数据的基本原理。

（2）了解如何在 SQL Server 中建立数据表及点线面数据表的结构。

（3）了解数据库查询的基本原理。

（4）找出本实验软件的二次开发需求并提出设计思路。

二、实验内容

（1）使用 SQL Server 作为后台数据库进行实验。

（2）使用几个查询工具进行查询。

（3）提出确切可行的设计思路扩展本软件关于数据库查询上的二次开发需求。

（4）完善该软件，即数据库开发的完善。

三、实验要求

在做本实验之前，要求学生对 SQL Server 数据库有一定的了解，并能够熟练使用本软件及 SQL Server 数据库。

四、实验步骤

（1）打开 SQL Server 数据库控制台，输入用户名与密码登录，使用添加数据库的功能将本实验所需用到的数据库添加到数据库中，并打开该数据库数据表观看结果的正确性。

注：本系统使用桥接方式连接数据库，SQL Server 数据库使用的 SQL Server 身份验证，因此可以更改 Windows 身份验证为 SQL Server 身份验证，使用用户名为 sa，密码为 uestc，如附图 3-1 所示。

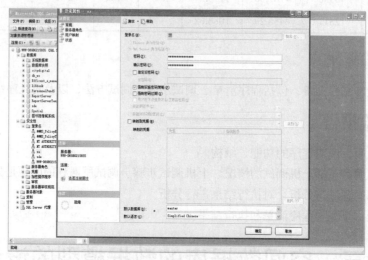

附图 3-1　创建 sa 用户及密码

（2）打开该实验软件，加载地图，如附图 3-2 所示。

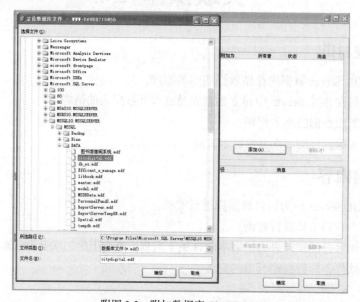

附图 3-2　附加数据库 CityDigital

（3）找到查询数据库界面，看到有 3 个板块，第一个为点查询，中间的是线查询，最下面的是面查询，如附图 3-3 所示。

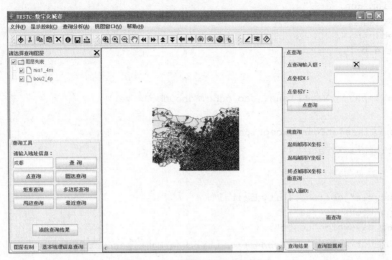

附图 3-3　右侧数据库查询界面

（4）点查询。在"点查询"框中输入数据表中的点的坐标 X、Y 值，单击"点查询"按钮，观察实验结果。

（5）线查询。在"线查询"框中输入起始坐标和终点坐标所需要的数据，可以在线数据库表中找到，然后单击"线查询"按钮进行查询，观察弹出的对话框并记录。

（6）面查询。在"面查询"框中输入 ID 号，单击"面查询"按钮进行查询数据，如附图 3-4 所示。

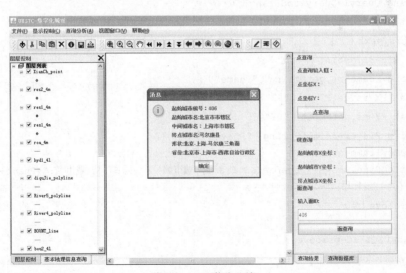

附图 3-4　面信息查询

（7）记录实验结果，并查找该部分的设计需求，如无法点击市地图查询数据库、将结果返回到地图上、再或者无法编辑 shp 文件的表格。

（8）可以对数据库开发进行补充，如新建一张点的表或者线的表，将它添加到系统上进行展示，也可以单击该地图从地图上获取新的信息以便于显示到用户界面上。本部分数据库点的连接和实现的代码如下：

```
    public static void Print(float c,float d)
    {Connection con;
    Statement sql;
    ResultSet rs;
        float a,b;
        a=c;
        b=d;
        try {Class.forName("sun.jdbc.odbc.JdbcOdbcDriver");
        }
        catch(ClassNotFoundException e)
        {e.printStackTrace();
    }
        try{
        Stringurl="jdbc:odbc:citydigital";
        String userName="sa";
        String password="uestc";
        con=DriverManager.getConnection(url,userName,password);
        sql=con.createStatement();
        StringBuffer Query=new StringBuffer("SELECT Pid,Pname,PX,PY,PLayer FROM Points
WHERE PX=");
        String as=String.valueOf(a);
        String bs=String.valueOf(b);
        Query.append(as);
        Query.append(" AND PY=");
        Query.append(bs);
        String Query1=Query.toString();
        rs=sql.executeQuery(Query1);
        if(rs.next()){
        int Pid=rs.getInt("Pid");
        String Pname=rs.getString("Pname");
        float PX=rs.getFloat("PX");
        float PY=rs.getFloat("PY");
        String PLayer=rs.getString("PLayer");
        JFrame frame=null;
        JOptionPane.showMessageDialog(frame,"城市编号:"+Pid+"\n城市名:"+Pname+"\n城市坐标:
("+PX+","+PY+")\n图层: "+PLayer+"");
        con.close();
        }}
        catch(SQLException e)
        { System.out.println(e);
        }
    }
```

如果要实现该部分，需要找到 QueryDatabase 类，在这里面可以添加一些代码实现，当然为了获取点的坐标，也需要新添加一个类如 GetPosition 类。

五、实验报告

（1）程序说明。说明程序的功能、结构。

（2）调试说明。包括上机调试的情况、上机调试步骤、调试所遇到的问题是如何解决的，并对调试过程中的问题进行分析，对执行结果进行分析。

（3）写出操作步骤和程序清单和执行结果。

实验四　　空间数据库的应用系统——数字城市设计

一、实验目的

（1）掌握用 GIS 工具软件完成空间数据的输入、处理、转换。

（2）掌握完成空间数据库的设计。

（3）掌握了解 GIS 应用的开发方法。

二、实验内容

编写数字城市的基本框架，数据表格，属性表格，道路，河流和其他城市信息。利用 GIS 完成城市地图的矢量化，对城市的数据进行输入、处理、转换。根据应用的需求（数字城市的基本框架），设计、创建、修改、建立表（Table）文件（城市拓扑图，河流图，道路图，属性等）和图形数据库，并进行属性连接，给出数字城市操作的基本界面。

三、实验要求

实验前要做好充分准备，包括汇编程序清单、调试步骤、调试方法，以及对程序结果的分析等。

四、设计流程和实现方案

数字城市的需求分析——地理信息和属性信息图。

- 城市拓扑图及其属性。
- 河流图及其属性。
- 道路图及其属性。
- 操作界面。

数字城市的系统设计。

- 城市拓扑表格：图形文件（矢量文件）和属性文件。
- 河流图及其属性：图形文件（矢量文件）和属性文件。
- 道路图及其属性：图形文件（矢量文件）和属性文件。
- 操作：　图形文件输入界面；
　　　　　属性文件输入界面；
　　　　　图形文件输出界面；
　　　　　属性文件输出界面。

程序流程如下。

第一步：城市图录入，包括图像文件，图形文件（点、线、面）。

第二步：属性数据录入。

第三步：输入界面实现。

第四步：输出界面实现。

五、实验报告

（1）设计和程序说明。说明设计程序的功能、结构。

（2）调试说明。包括上机调试的情况、上机调试步骤、调试所遇到的问题是如何解决的，并对调试过程中的问题进行分析，对执行结果进行分析。

（3）画出程序框图。

（4）写出源程序清单和执行结果。

实验五　GIS 软件的使用，空间信息的定义、输入、处理和应用–1

一、实验目的

安装 GIS 软件，熟悉空间数据库的环境，了解空间数据库的文件组成。掌握 GIS 基本数据类型，理解 GIS 数据的表现方式，了解和熟悉 GIS 软件的使用方法，用 GIS 工具软件完成空间数据的输入、处理、转换。在此基础上，了解空间数据库的设计步骤，了解 GIS 应用的开发方法。

二、实验内容

（1）安装、使用 GIS 工具软件（ArcView）：ArcView 菜单、工具栏的认识，ArcView 的文件结构认识，利用 ArcView 打开矢量数据、栅格数据。

（2）建立 GIS 应用，以电子科技大学平面图为例，实现对地图的数字化。

（3）定义各种空间数据类型并展示其内部和外部形式。

（4）对地理信息空间特征、属性特征进行输入、处理、转换、查询等操作。

（5）了解 GIS 应用中相关的信息的处理技术和特点。

三、实验要求

实验前要做好充分准备，包括软件的程序清单、使用步骤、使用方法，以及对操作结果的分析等。

四、试验步骤

（一）ArcView 的基本操作界面

1. 系统进入运行的初始界面

打开 ArcView 系统，首先呈现在用户面前的是如附图 5-1 所示的一个项目管理器和欢迎对话框，这时用户面临 3 种选择：

（1）建立一个新的视图；

（2）建立一个新的项目；

（3）打开一个已有的项目。

这是一个模式对话框，用户必须有所应答或关闭该对话框方可进行下一步，但用户可去掉该对话框最下行检查框中的选定标记，在以后的启动中不再出现该对话框，而直接到菜单栏中点取相应的菜单功能。

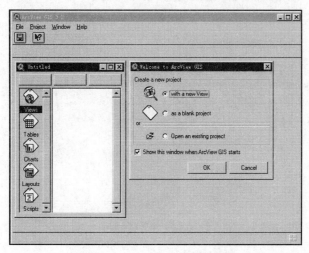

附图 5-1　ArcView 初始用户界面

ArcView 以项目（Project）作为基本的应用单元，所以启动 ArcView 的同时也打开一个项目管理器，此时无论用户作何回答，该项目管理器都会进入管理状态。

2. 建立一个新视图

当用户选中该欢迎对话框的"with a new View"选项，即建立一个新的视图时，ArcView 则以缺省名称"Untitled"打开一个项目管理器，并打开一个视图窗口（View1）和对话框，询问用户是否马上进行空间数据的输入操作，并为输入操作准备好相应的菜单和图标资源，如附图 5-2 所示。

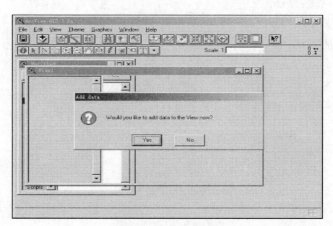

附图 5-2　建立新视图

一般情况下，这时用户应进行空间数据的输入操作，如打开已有的 shape 文件，或遥感影像文件等，也可以直接创建这些 ArcView 文件。

3. 打开一个空项目

当用户选中该欢迎对话框的"as a blank project"选项，即打开一个空项目时，ArcView 则打开一个尚没有任何 ArcView 文档加入的项目窗口，以等待用户为其加入文档，或在该项目下建立新文档，如附图 5-3 所示。

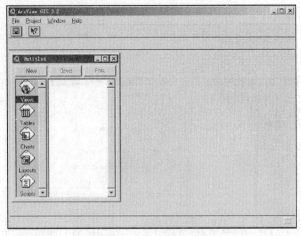

附图 5-3　打开一个空项目

4. 打开一个已有的项目

当用户选中该欢迎对话框的"Open an existing project"选项，即打开一个已有的项目时，ArcView 则打开一个打开项目对话框，打开项目对话框实际上就是一般的文件名输入对话框，用户可以在整个磁盘空间寻找要打开的 ArcView 项目文件（扩展名".apr"）。

（1）打开矢量的文件。
- View / Add theme（图层、主题）
- Data Source Type: Feature Data Source
- 打开世界地图（城市、河流、国家 3 个图层）
- 观察文件名后缀：*.shp。
- 观察显示区的图层控制栏。
- 放大文件进行观察。
- 单击工具栏 Open theme table，看属性数据。
- 观察坐标情况。
- 观察 Table 显示时的菜单与 View 显示时有何不同。

（2）打开栅格的文件。
- 新建一个 View。
- 打开工具栏 Add theme。
- Data Source Type: image Data Source。
- 打开 yunnan.tif。
- 放大文件进行观察。
- 单击工具栏 Open theme table，看属性数据。

（二）地理信息的录入

（1）启动 ERSI / ArcView3.2。

（2）出现询问框：Welcome to ArcViewGIS。

–保持所有默认设置，单击"OK"按钮。

（3）出现对话框：Add data。

–单击"yes"按钮；

–ArcView 自动建立了一个项目，并且打开了一个 View，如附图 5-4 所示。

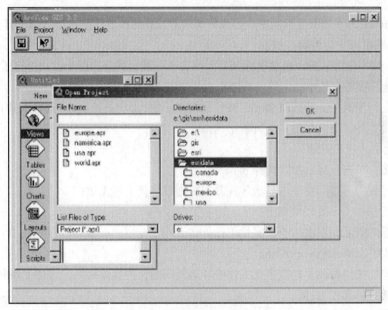

附图 5-4　打开一个已有的项目

（4）单击工具栏上的按钮 Add theme，或者菜单 View/ Add theme。

（5）出现对话框 Add theme。

–选择存放文件：电子科大校园平面图.tif 的路径；

–注意，在 Data Source Type 中，选择 imgeData Source；

–选中电子科大校园平面图.tif，单击"OK"按钮。

（6）在 View1 左边的图层控制栏上，找到电子科大校园平面图.tif 的图层按纽，在小方块上单击，使它打上勾，则电子科大校园地图在显示区显示出来。

- "电子科大校园平面图.tif"将作为数字化的底图，分析底图，确定需要的图层。电子科大校园平面图上，主要的要素有：

–电子科大校园平面图边界——外包多边形；

–电子科大几条道路——红色的线；

–电子科大校园内土地的占用（食堂、教学楼、办公楼、实验楼、学生宿舍）——各个多边形。

- 任务：数字化。

–电子科大校园平面图边界——外包多边形；

–电子科大几条道路——红色的线；

–电子科大校园内土地的占用（食堂、教学楼、办公楼、实验楼、学生宿舍）——各个多边形。

（7）数字化学校边界。

- 填加一个新的图层：View / New Theme，将用鼠标把边界画在这层上。

–出现对话框 New theme。

- 在下拉列表中，确定该层输入类型: polygon，单击"OK"按钮。

–出现要求保存该新图层的对话框。

- 确定新图层的保存位置：磁盘（drives）、路径（directories）。

–确定文件名称：校园边界；

–单击"OK"按钮。

（8）在 View1 的左边图层控制中，出现校园边界.shp 的按纽，并且小方块上打了**虚框**。**虚框**表示该图层目前可以进行编辑、修改。

- 注意：数字化信息前，必须确保相应图层处于可编辑状态，即小方块上打了**虚框**。

- 放大地图的某一部分。

–选择第二行工具栏上的按纽 Draw：按住该按纽不放，出现下拉选择；选择工具 draw polygon。

–沿着校园边界，逐步单击，进行数字化。

- 数字化中的若干问题。

–移动底图：单击鼠标右键，选择 pan；

–数字化过程中不要随意单击显示区外部，否则数字化工作无效；

–数字化工作中，不要轻易双击；

–跟踪边界结束后，双击结束数字化工作。

- 注意保存：theme/ save editing。

–数字化完后如何修改（在数字化工作中，遇到问题，再具体提问，讲述下列问题）；

–结点编辑：工具栏–右键

- 抓点功能

- 撤销上一步操作。

-合并功能 edit 菜单。

（9）数字化完校园边界.shp 之后，注意保存数据。

- 单击 Theme/Stop editing，并且在对话框 Stop editing 中单击"OK"按钮。

（10）重复上述步骤，数字化道路和各土地占用情况。

–在新建图层 new theme 中，注意选择保存的磁盘和路径。

道路图层选择: line，取名道路。

教学楼图层选择: polygon，取名教学楼。

食堂图层选择: polygon，取名食堂。

学生宿舍图层选择: polygon，取名宿舍。

办公楼图层选择: polygon，取名办公楼。

注意每次数字化之后，对数据进行保存。

（三）地理信息空间特征的录入

- 修改 legend。

–双击图标，打开 color palette；

–选择填充模式；

–设置前景色、背景色。

（四）地理信息属性特征的录入

（1）open theme table 打开属性表。

（2）建立属性：mingcheng。

–Edit/add field；

–Name/Type/Width 的设置；

–输入属性：选择输入工具，按回车确保输入成功；

–保存数据结果：Table /save editing。

（3）当空间特征与属性特征输入完之后，要终止对图层的可编辑状态。

–Theme /stop editing。

（4）重复上述步骤，数字化其他要素。

• 要求：

–数字化电子科大边界；

–数字化主要道路；

–数字化食堂；

–数字化教学楼；

–数字化办公楼。

五、实验报告

（1）程序说明。说明程序的功能、结构。

（2）调试说明。包括上机调试的情况、上机调试步骤、调试所遇到的问题是如何解决的，并对调试过程中的问题进行分析，对执行结果进行分析。

（3）写出操作步骤和程序清单和执行结果。

实验六　GIS 软件的使用，空间信息的定义、输入、处理和应用–2

一、实验目的

（1）熟悉空间数据软件的使用环境及环境配置的方法。

（2）对空间数据的组成建立基本的了解。

（3）熟悉使用空间数据软件，为以后开发作基础。

二、实验内容

（1）了解空间数据的基本组成及相关概念，并做笔记记录。

（2）了解 ArcGIS Engine 的架构及开发包相关的基础知识。

（3）了解空间数据软件所需要运行的环境，如 JDK，ArcGIS Engine Runtime 等运行所需要的环境。

（4）对地图进行基本的操作，如放大等。

三、实验要求

实验前要做好充分准备，包括软件的程序清单、使用步骤、使用方法，以及对操作结果的分析等。

四、实验步骤

（1）启动计算机，安装软件，完成安装后进入 Windows 桌面。

（2）打开资源管理器，在 D 盘根目录下新建一子目录，目录名为"××班"。该目录作为整个班级的总目录。

（3）再在"××班"目录下新建二级子目录，并以同学各自的姓名命名。以后每位同学的实习成果都应存放在自己的目录下。

（4）启动数字化城市软件，进入数字化城市软件主界面，如附图 6-1 所示。

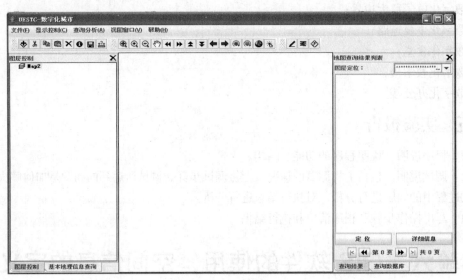

附图 6-1 软件主界面

（5）运行文件打开地图菜单，打开中国地图，注意该地方所要打开的地图是 mxd 格式的，如附图 6-2 所示。在做实验前要事先了解该格式及 shp 文件的组成。

（6）打开地图后，可以看到左侧图层栏中只有两个图层即 res1_4m 和 bou2_4p 图层，由此可见图层的数量太少无法完成后续工作，需要添加图层、使用工具栏上 Add Data 按钮找到存放实验图层的位置，选中所希望的图层 shp 文件添加，如附图 6-3 所示。

（7）在左侧图层控制中，看到可以勾选的图层列表，根据自己所需要的进行勾选，观察结果，并记录。

（8）使用工具栏上的一系列按钮进行操作，包括将地图保存为自己定义的名字或者将地图保存为位图等，也可以使用放大、缩小、前一张、后一张、上下左右移动、拖曳移动、旋转等工具进行操作实验。

（9）使用标记按钮单击某个要素，查看所选中的要素的信息，包括位置等，如附图 6-4 所示。

（10）使用测量按钮进行测距、测面积（见附图 6-5）。定义测量单位，使用测距工具测量两个点之间的距离，如成都—上海的距离；使用测线的长度测量某条河流的长度或者两个城市间的距离；使用测面积工具测量一块区域的面积或者一个省份的面积。

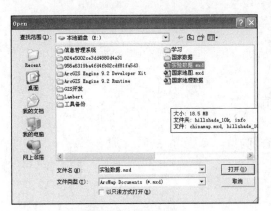

附图 6-2　打开地图

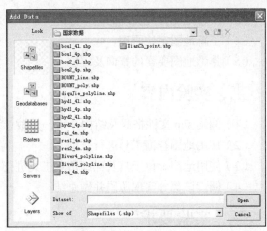

附图 6-3　添加图层

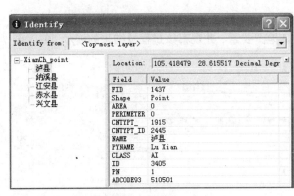

附图 6-4　标记

附图 6-5　测量

记录以上试验结果，包括截图、记录测量结果等信息。

五、实验报告

（1）程序说明。说明程序的功能、结构。

（2）调试说明。包括上机调试的情况、上机调试步骤、调试所遇到的问题是如何解决的，并对调试过程中的问题进行分析，对执行结果进行分析。

（3）写出操作步骤和程序清单和执行结果。

实验七　GIS 软件的使用，空间信息的定义、输入、处理和应用–3

一、实验目的

（1）熟悉地图查询所要查询信息的基本构成。

（2）熟悉 shp 文件的基本组成及结构。

（3）了解地图查询实现的基本原理。

（4）了解地图定位原理。

（5）熟悉地图要素的查询及定位。

二、实验内容

（1）阅读 shp 文件格式及结构介绍，并做总结。

（2）使用地图查询工具进行查询。

（3）使用地图定位工具及详细信息工具进行查询。

（4）阅读该部分实现源码并做总结。

三、实验要求

实验前回想自己所学到的空间数据的基本知识及充分掌握本软件的其他模块的知识时才能进行该实验的工作。

实验步骤

（1）打开实验软件，加载地图。

（2）使用模糊查询即输入关键字进行查询地图要素，并观察该过程及结果的展示，如附图 7-1 所示。

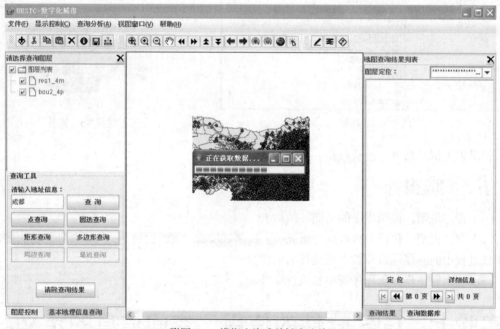

附图 7-1　模糊查询或关键字查询

（3）使用点查询单击地图进行查询，了解点查询所实现的原理即是如何获取地图关于该点的信息，如附图 7-2 所示。

（4）使用圆选查询进行查询，了解该部分的实现原理并阅读代码。

（5）使用矩形查询查询数据。

（6）使用多边形数据查询面，包括面内的所有地理要素。

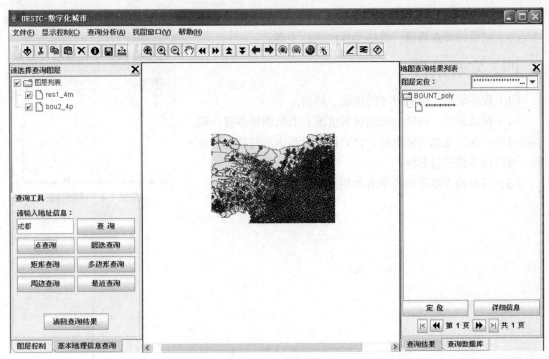

附图7-2　点选查询

（7）使用最近查询和周边查询进行查询，输入该范围内的多少米或者千米进行查询。

附图7-3　周边查询

（8）查看查询结果。以上每个查询，都可以使用在右侧查询结果栏中的定位按钮和详细按钮进行查询，观察闪烁的结果及详细信息表格中的信息，并将结果记录下来。详细信息如附图7-4

所示。

（9）记录结果并截图，总结阅读代码的心得。

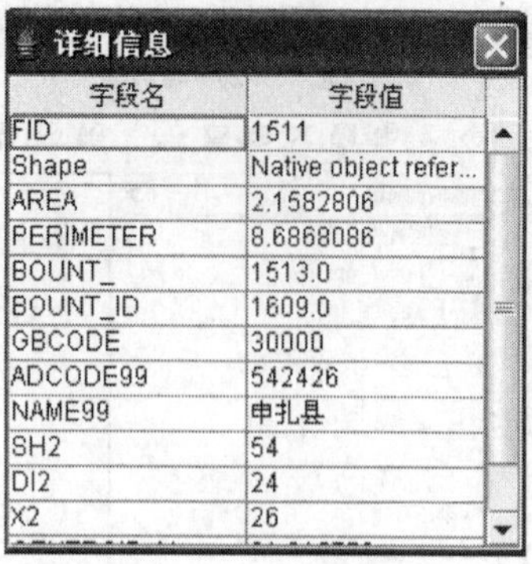

四、实验报告

（1）程序说明。说明程序的功能、结构。

（2）调试说明。包括上机调试的情况、上机调试步骤、调试所遇到的问题是如何解决的，并对调试过程中的问题进行分析，对执行结果进行分析。

（3）写出操作步骤和程序清单和执行结果。

字段名	字段值
FID	1511
Shape	Native object refer...
AREA	2.1582806
PERIMETER	8.6868086
BOUNT_	1513.0
BOUNT_ID	1609.0
GBCODE	30000
ADCODE99	542426
NAME99	申扎县
SH2	54
DI2	24
X2	26

附图 7-4　详细信息

电 子 科 技 大 学

实 验 报 告

学生姓名：	学 号：

一、实验室名称：

二、实验项目名称：

三、实验原理：

四、实验目的：

五、实验内容：

六、实验器材（设备、元器件）：

续表

七、实验步骤及操作：

八、实验数据及结果分析：

九、实验结论：

十、总结及心得体会：

十一、对本实验过程及方法、手段的改进建议：

报告评分：

指导教师签字：

参 考 文 献

[1] Shashi Shekhar(美). Sanjay Chawla(美). 空间数据库. 北京：机械工业出版社，2004

[2] 李国斌，汤永利. 空间数据库技术. 北京：电子工业出版社，2010

[3] 程昌秀. 空间数据库管理系统概论. 北京：科学出版社，2012

[4] 汤庸，叶小平，汤娜. 高级数据库技术. 北京：高等教育出版社，2008

[5] 刘明皓. 地理信息系统导论. 重庆：重庆大学出版社，2010

[6] 钟志农，李军，景宁，陈浩. 地理信息系统原理及应用. 北京：国防工业出版社，2013

[7] 张凤荔，文军，牛新征. 数据库新技术及其应用. 北京：清华大学出版社，2012

[8] 胡鹏，黄杏元，华一新. 地理信息系统原理. 武汉：武汉大学出版社，2007

[9] 倪金生，曹学军，张敏. 地理信息系统理论与实践. 北京：电子工业出版，2007

[10] 何必，李海涛，孙更新. 地理信息系统原理教程. 北京：清华大学出版社，2010

[11] 吴信才. 地理信息系统原理与方法（第二版）. 北京：电子工业出版社，2009

[12] 郝忠孝. 时空数据库新理论. 北京：科学出版社有限责任公司，2011

[13] 王能斌. 数据库系统原理. 北京：电子工业出版社，2000

[14] Ralf Hartmut Guting(德). Markus Schneider(德). 移动对象数据库. 北京：高等教育出版社，2009

[15] 郝忠孝. 时空数据库查询与推理. 北京：科学出版社，2010

[16] 吴信才. 空间数据库. 北京：科学出版社，2009

[17] 黄杏元，马劲松. 地理信息系统概论. 北京：高等教育出版社，2008

[18] 朱光，赵西安，靖常峰. 地理信息系统原理与应用. 北京：科学出版社，2010

[19] Ravi Kothuri(美). Albert Godfrind(美). Euro Beinat(美). Oracle Spatial 空间信息管理:Oracle Database 11g. 北京：清华大学出版社，2009

[20] 郝忠孝. 移动对象数据库理论基础. 北京：科学出版社，2012

[21] 郑贵洲，晁怡. 地理信息系统分析与应用. 北京：电子工业出版社，2010

[22] 郭龙江，李建中. 空间数据库的索引技术. 哈尔滨：黑龙江大学自然科学学报，2005

[23] 张志兵. 空间数据挖掘及其相关问题研究. 武汉：华中科技大学出版社，2011

[24] 王树良. 空间数据挖掘视角. 北京：测绘出版社，2008

[25] Jiawei Han(美). Micheline Kamber(美). 数据挖掘:概念与技术. 北京：机械工业出版社，2006

[26] 崔铁军. 地理空间数据库原理. 北京：科学出版社，2007

[27] 何原荣，李全杰，傅文本. Oracle Spatial 空间数据库开发应用指南. 北京：测绘出版社，2008

[28] 郝忠孝. 空间数据库理论基础. 北京：科学出版社，2013

[29] 田永中，叙永进，黎明. 地理信息系统基础与实验教程. 北京：科学出版社，2010

[30] Hector Garcia-Molina(美). Jeffrey D.Ullman(美). Jennifer Widom(美). 数据库系统实现（第2版）. 北京：机械工业出版社，2010

[31] Pang-Ning Tan(美). Michael Steinbach(美). Vipin Kumar(美). 数据挖掘导论（完整版）. 北

京：人民邮电出版社，2011

[32] Jiawei Han(美). Micheline Kamber(美). Jian Pei(美). 计算机科学丛书：数据挖掘:概念与技术（原书第 3 版）. 北京：机械工业出版社，2012

[33] Kevin Loney(美). Oracle Database 11g 完全参考手册. 北京：清华大学出版社，2010

[34] 汤国安，杨昕. ArcGIS 地理信息系统空间分析实验教程（第 2 版）. 北京：科学出版社，2012

[35] 吴静，李海涛，何必. ArcGIS 9.3 Desktop 地理信息系统应用教程. 北京：清华大学出版社，2011